La Matematica per il 3+2

Editor-in-Chief

Alfio Quarteroni, Politecnico di Milano, Milan, Italy; École Polytechnique Fédérale de Lausanne (EPFL), Lausanne, Switzerland

Series Editors

Luigi Ambrosio, Scuola Normale Superiore, Pisa, Italy

Paolo Biscari, Politecnico di Milano, Milan, Italy

Ciro Ciliberto, Università di Roma "Tor Vergata", Rome, Italy

Camillo De Lellis, Institute for Advanced Study, Princeton, NJ, USA

Lorenzo Rosasco, DIBRIS, Università degli Studi di Genova, Genova, Italy; Center for Brains Mind and Machines, Massachusetts Institute of Technology, Cambridge, Massachusetts, USA; Istituto Italiano di Tecnologia, Genova, Italy

The **UNITEXT – La Matematica per il 3+2** series is designed for undergraduate and graduate academic courses, and also includes advanced textbooks at a research level.

Originally released in Italian, the series now publishes textbooks in English addressed to students in mathematics worldwide.

Some of the most successful books in the series have evolved through several editions, adapting to the evolution of teaching curricula.

Submissions must include at least 3 sample chapters, a table of contents, and a preface outlining the aims and scope of the book, how the book fits in with the current literature, and which courses the book is suitable for.

For any further information, please contact the Editor at Springer:

francesca.bonadei@springer.com

THE SERIES IS INDEXED IN SCOPUS

***

UNITEXT is glad to announce a new series of **free webinars and interviews** handled by the Board members, who will rotate in order to interview top experts in their field.

In the first session, going live on June 9, Alfio Quarteroni will interview Luigi Ambrosio. The speakers will dive into the subject of Optimal Transport, and will discuss the most challenging open problems and the future developments in the field.

Click here to subscribe to the event!

https://cassyni.com/events/TPQ2UgkCbJvvz5QbkcWXo3

Simone Secchi

Analisi Matematica

Un'introduzione attraverso la convergenza

 Springer

Simone Secchi
Dipartimento di Matematica e Applicazioni
Università degli Studi di Milano Bicocca
Milano, Italy

ISSN 2038-5714   ISSN 2532-3318 (versione elettronica)
UNITEXT
ISSN 2038-5722   ISSN 2038-5757 (versione elettronica)
La Matematica per il 3+2
ISBN 978-3-032-20803-3   ISBN 978-3-032-20804-0 (eBook)
https://doi.org/10.1007/978-3-032-20804-0

*Questo libro è dedicato a Francesca, che mi
ha sempre incoraggiato a proseguire anche
quando pensavo che fosse solo tempo
sprecato.*

Prefazione

Il testo che state leggendo è un tentativo, forse disperato, di compilare un manuale di Analisi Matematica di base ad uso dei corsi di laurea scientifici. Gli scaffali di tutte le biblioteche universitarie traboccano di ogni sorta di compendio, trattato, riassunto degli argomenti che ritroverete anche qui: un po' di teoria degli insiemi, un pizzico di teoria dei sistemi numerici, una presa di calcolo differenziale ed una spolverata finale di calcolo integrale. Perché allora ho fatto la fatica di scrivere tutte queste pagine, e perché chiedo a voi lettori la fatica di proseguire nella lettura?

Queste domande sono le prime che qualunque editore sottopone agli autori di un manoscritto pedagogico: quali novità siete convinti di apportare allo sterminato panorama di opere già disponibili sul mercato? Le risposte, credetemi, sono quasi sempre consolatorie. Molti docenti raccolgono le proprie lezioni in bella copia, per avere un canovaccio da utilizzare l'anno accademico successivo e anche per compiacere la propria vanità. Confesso che queste motivazioni non sono estranee neppure a me.

Bisogna però anche ricordare che ogni matematico crede fermamente che la propria materia debba essere insegnata in un certo modo, seguendo un certo approccio e selezionando gli argomenti essenziali. Non esiste, per fortuna, il modo migliore per antonomasia di insegnare la matematica. Anzi, probabilmente non esiste affatto il modo migliore di insegnare. La matematica d'altronde è ormai così ricca e ramificata che nessun matematico è più in grado di padroneggiarla per intero.

Per chi, come me, ha iniziato a studiare matematica più di trent'anni fa si è accorto che gli scaffali delle librerie universitarie hanno progressivamente perso i pezzi migliori dell'editoria matematica. Ogni anno è più difficile compilare una bibliografia di facile reperibilità per i corsi: da una parte non è opportuno obbligare le matricole a confrontarsi con lo studio della matematica in lingua inglese, e dall'altra sempre più titoli classici escono dai cataloghi delle case editrici. Alcuni manuali sono sostituiti da nuove edizioni, che però appaiono sovente più povere e più rigide delle precedenti. Questo libro cerca di recuperare, anche al prezzo di risultare più impegnativo del dovuto, il carattere di insegnamento fondativo che nella tradizione italiana è sempre appartenuto al primo corso di Analisi Matematica.

Come scriveva Lucio Lombardo Radice nell'Introduzione al suo manuale di algebra,[1] i due pilastri della matematica moderna sono l'Algebra e la Topologia. Ed entrambi i pilastri poggiano sulle fondamenta della teoria degli insiemi. Proprio da qui parte il progetto di questo libro, in cui lo sviluppo dell'Analisi Matematica procede dai fondamentali della Topologia Generale. Questo approccio, sicuramente influenzato dalla visione strutturalista del collettivo Bourbaki, si è progressivamente sbiadito fino a scomparire nel gorgo della "restaurazione" del *Calculus* fatto di tecniche di calcolo ripetitivo e dogmatico. Il furore restauratore ha indotto gli editori a cessare le ristampe di alcuni testi sui quali tanti matematici ancora attivi si sono formati: penso ai primi due volumi della trilogia di Walter Rudin, al libro di Giovanni Prodi (che citeremo ampiamente), o a quello di Franco Conti. Si è detto che la matematica non procede come nei libri, dalla definizione alla dimostrazione dei teoremi, e questo è fuori discussione. Il matematico professionista si comporta piuttosto come un esploratore: inizia da un problema molto circoscritto, cerca di cogliere le idee che possono essere generalizzate, e spera che le tecniche sviluppate possano confluire in una teoria. Personalmente ritengo doveroso spiegare questo flusso creativo agli studenti, che altrimenti considererebbero il matematico alla stregua di un mago. Tuttavia ho sempre apprezzato quel momento che direi conclusivo, in cui si mette ordine sul tavolo e si perviene ad un'esposizione rigorosa ed elegante dei risultati. I libri di matematica, ormai, non sono quasi mai scritti per annunciare risultati originali, bensí per raccogliere in forma compiuta anni di lavoro e di esperienza.

Questo libro è suddiviso in capitoli di ampio respiro, e la maggior parte dei capitoli si conclude con una sezione di problemi. Voglio chiarire che in questo libro non ci sono i tipici esercizi di routine che ogni studente di *Calculus* deve svolgere — a dozzine — per padroneggiare le tecniche computazionali. Esistono ottime raccolte di esercizi, spesso curate da docenti dei singoli Atenei, ed una veloce ricerca nei cataloghi delle biblioteche universitarie o in un qualunque motore di ricerca produce una quantità sufficiente di tali eserciziari. I problemi di questo libro sono di livello un po' più elevato, ed in qualche modo offrono un complemento alla teoria esposta. Spesso i problemi si presentano come affermazioni perentorie: in questi casi è sottinteso che il lettore dovrà dimostrare che tali affermazioni sono corrette. Un'avvertenza per gli studenti: non posso consigliare questo manuale per lo studio autonomo dell'Analisi Matematica. La scelta — consapevole — di non inserire figure e la ricerca di una certa generalità delle definizioni non favoriscono l'autodidatta. Ritengo invece che questo libro possa affiancarsi proficuamente al lavoro di insegnamento in aula, o anche come complemento o approfondimento delle idee introdotte a lezione.

Inevitabilmente ogni docente dovrà fare una selezione del materiale raccolto in questo libro. In particolare, nelle Appendici alla fine del volume ho proposto alcuni contenuti che possono essere omessi in un insegnamento di primo livello. Ad esempio si trova una presentazione essenziale della *Teoria Assiomatica degli Insiemi* secondo Kelley e Morse (nota come teoria KM o MK). Pur non essendo un corso

---

[1] L. Lombardo Radice. Istituzioni di algebra astratta. Feltrinelli, 1965

esaustivo, ritengo che le nozioni esposte siano sufficienti ad avvicinare il lettore ad un capitolo fondativo dell'intera Matematica moderna. Non è semplice indicare manuali introduttivi che espongano la teoria di Kelley e Morse in italiano (e in qualche senso neppure in inglese). Indubbiamente la teoria assiomatica di Zermelo e Fraenkel è molto più popolare, ed è seguita in questa ideale classifica di popolarità dalla teoria di Bernays, Gödel e von Neumann. Come osservato da qualcuno, la teoria di Kelley e Morse è probabilmente quella più usata — anche *inconsapevolmente* — dagli studiosi di Analisi Matematica. La forma globale dell'*Assioma della Scelta* è presto sostituita dalla forma locale: quest'ultima è senza dubbio la formulazione più utile e frequente di tale principio primo, mentre la formulazione globale mostra qualche vantaggio negli sviluppi più astratti della materia. Occorre comunque accettare benevolmente il fatto empirico che nessuno studente del corso di laurea triennale in Matematica avrà davvero bisogno di possedere una padronanza assoluta di una teoria assiomatica degli insiemi. Ciononostante, mi sembra che offrire per lo meno uno spunto di riflessione e di approfondimento sia pedagogicamente necessario.

Un altro contenuto interessante delle appendici è la dimostrazione di Charles Fefferman del teorema fondamentale dell'algebra, che raramente è presentata nei manuali di Analisi Matematica I. Avendo esposto la teoria degli spazi topologici compatti, abbiamo tutti i prerequisiti per apprezzarne l'eleganza.

Ogni autore è pesantemente debitore verso i propri maestri, e verso gli autori dei testi consultati durante la propria formazione. Il libro che state leggendo non esisterebbe senza l'insegnamento di Giovanni Prodi, fondatore della scuola italiana di Analisi Non Lineare e appassionato pedagogista negli ultimi decenni del Novecento: il suo corso di Analisi Matematica [18] è stato molto amato dagli allievi ma forse accantonato troppo in fretta. Un altro capolavoro che ha raccolto meno riconoscimenti di quanti ne meritasse è [6]: le lezioni di calcolo differenziale ed integrale proposte da Franco Conti presso la Scuola Normale Superiore di Pisa nei primi anni 90 del secolo scorso restano un gioiello di eleganza pressoché insuperata. È un vero peccato che questo libro sia da tempo fuori commercio. Di più, arrivo ad auspicare che gli insegnamenti di Analisi Matematica siano preceduti da corsi ispirati proprio a quelli di Franco Conti. Dopo aver imparato ad utilizzare in modo intuitivo i concetti del Calcolo, sarà certamente più agevole approfondirli e generalizzarli.

I due testi citati sopra sono l'esemplificazione perfetta di ciò che un manuale universitario di Analisi Matematica debba essere: non un ricettario né un'enciclopedia universale, bensí una lettura da affiancare alle lezioni in aula ed alle esercitazioni. Una lettura che sappia arricchire e stimolare gli studenti, anche attraverso la pretesa di un lavoro impegnativo e inevitabilmente frustrante. Il mio umile auspicio è che questo testo possa appassionare qualche studente all'Analisi Matematica, nonostante le inevitabili imprecisioni che ogni prima edizione contiene a dispetto delle riletture. Eventuali errori ed omissioni sono ovviamente responsabilità unica di chi scrive, e possono essere segnalati all'indirizzo e-mail simone.secchi@unimib.it.

Cantù Simone Secchi
gennaio 2026

Competing Interests   The author has no competing interests to declare that are relevant to the content of this manuscript.

Indice

II Topologia generale

III Limiti

V Appendici

I
Fondamenti

Capitolo 1
Cenni di logica proposizionale

Estratto Presentiamo in modo informale e succinto i rudimenti della logica pro-oposizionale che ci serviranno per la comprensione di questo libro.

1.1 Proposizioni e connettivi logici

Una proposizione (che sarà generalmente indicata con una lettera maiuscola A, B, ..., P, Q, R, ...) è una frase dichiarativa di senso compiuto che possa esser riconosciuta come "vera" o "falsa". Questo riconoscimento può anche non essere immediato da stabilire (ciò che in matematica chiamiamo dimostrazione), ma l'affermazione non deve presentare ambiguità né alternative.[1] Sono ad esempio proposizioni

$$A : \text{il cane è un animale,}$$
$$B : 2 = 1,$$
$$C : \text{i triangoli hanno tre lati,}$$

mentre non lo sono

$$D : \text{Il cane,}$$
$$E : \text{che ore sono?}$$
$$F : \text{se } 2 = 1,$$
$$G : \text{Non fumare!}$$
$$H : \text{Io sono bugiardo.}$$

Infatti (eccetto la H) non sono frasi dichiarative. La H è una frase dichiarativa di senso compiuto, ma non si può stabilire se sia vera o falsa. Se infatti è vero che sono

---

[1] Principio di non contraddizione: un enunciato non può essere contemporaneamente vero o falso. Principio del terzo escluso: un enunciato è vero o falso, non esiste una terza possibilità (tertium non datur).

S. Secchi, *Analisi Matematica*, La Matematica per il 3+2,
https://doi.org/10.1007/978-3-032-20804-0_1

bugiardo, la frase è vera, ma mentre la dico non sto mentendo e quindi non sono bugiardo; se invece non è vero che sono bugiardo, la frase è falsa, ma mentre la dico sto mentendo e quindi sono bugiardo.

Le proposizioni possono essere legate tra loro mediante i cosiddetti connettivi logici; tra questi i più elementari sono i seguenti:

$$\text{``e''} \qquad \text{``o''} \qquad \text{``non''}$$
$$\text{(congiunzione)} \quad \text{(disgiunzione)} \quad \text{(negazione)}$$

Il connettivo "e" può essere indicato con il simbolo $\land$, il connettivo "o" con il simbolo $\lor$; per la negazione, accanto alla forma non P si possono usare le scritture $\overline{P}, \sim P, \text{o} \neg P$.

Per definizione

- "$P \land Q$" è vera se e solo se sono vere entrambe;
- "$P \lor Q$" è vera se e solo se è vera almeno una delle due;
- "$\neg P$" è vera se e solo se è falsa P;
- P è vera se e solo se è falsa "$\neg P$".

Nel caso disgiuntivo affermiamo che si realizza almeno una delle due condizioni atmosferiche, senza escludere la possibilità che siano entrambe vere.

Per indicare che due proposizioni P e Q sono equivalenti scriveremo $P \Leftrightarrow Q$. Ad esempio:

1. $P \land Q \Leftrightarrow Q \land P$ (proprietà commutativa)
2. $P \lor Q \Leftrightarrow Q \lor P$ (proprietà commutativa)
3. $(P \land Q) \land R \Leftrightarrow P \land (Q \land R)$ (proprietà associativa)
4. $(P \lor Q) \lor R \Leftrightarrow P \lor (Q \lor R)$ (proprietà associativa)
5. $\neg(\neg P) \Leftrightarrow P$ (doppia negazione)
6. $\neg(P \land Q) \Leftrightarrow \neg P \lor \neg Q$ (prima legge di De Morgan)
7. $\neg(P \lor Q) \Leftrightarrow \neg P \land \neg Q$ (seconda legge di De Morgan)
8. $P \land (Q \lor R) \Leftrightarrow (P \land Q) \lor (P \land R)$ (proprietà distributiva di $\land$ rispetto a $\lor$)
9. $P \lor (Q \land R) \Leftrightarrow (P \lor Q) \land (P \lor R)$ (proprietà distributiva di $\lor$ rispetto a $\land$)

Come indicato, le equivalenze (1), (2), (3), (4) esprimono la commutatività e l'associatività dei connettivi $\land$ e $\lor$.

La (5) stabilisce il principio che una doppia negazione equivale ad una affermazione.[2]

Per la (6) negare che due proposizioni siano contemporaneamente vere equivale ad affermare che almeno una delle due è falsa.

Per la (7) negare che almeno una di due proposizioni è vera equivale ad affermare che sono entrambe false.

La (8) e la (9) stabiliscono come interagiscono tra loro i simboli $\land$ e $\lor$.

---

[2] La doppia negazione che come abbiamo nella logica equivale ad un'affermazione nel linguaggio comune può perdere questo connotato. Ad esempio, nella logica dire "non possiamo non vincere" equivale quindi a dire "possiamo vincere" oppure "vinceremo", mentre nel linguaggio comune queste frasi assumono una sfumatura diversa che può originare significati diversi.

Esempio 1.1   Siano P: n è divisibile per 2, Q: n è divisibile per 3. Negare $(P$ e $Q)$ significa negare che n sia divisibile contemporaneamente per 2 e per 3 (cioè per 6). Questa negazione equivale a dire che n non è divisibile per 2 oppure n non è divisibile per 3. Negare $(P \lor Q)$ significa invece negare che n sia divisibile per almeno uno dei due numeri. Questo si può esprimere scrivendo che n non è divisibile per 2 e non è divisibile per 3 (più semplicemente: non è divisibile né per 2 né per 3.)

Un altro connettivo logico è il connettivo condizionale o implicazione logica:

$$\text{"se"} \ldots \text{"allora"}$$

In generale, date due proposizioni P, Q, potremo scrivere l'implicazione $P \Rightarrow Q$, che leggeremo in una delle seguenti forme:

- se P allora Q
- da P segue Q
- vale Q se vale P
- P è condizione sufficiente per Q
- Q è condizione necessaria per P.

Per la definizione dell'implicazione logica $P \Rightarrow Q$, assumiamo che sia falsa solo quando P è vera e Q è falsa (nel senso che riteniamo falso ogni ragionamento che partendo da un enunciato vero arrivi ad una conseguenza falsa):

$$\neg(P \Rightarrow Q) \Leftrightarrow (P \land \neg Q).$$

Da questa definizione segue

$$
\begin{aligned}
(P \Rightarrow Q) &\Leftrightarrow \neg(P \land \neg Q) \\
&\Leftrightarrow \neg P \lor \neg(\neg Q) \quad \text{(prima legge di De Morgan)} \\
&\Leftrightarrow \neg P \lor Q \quad \text{(doppia negazione)}.
\end{aligned}
$$

Più esplicitamente, l'implicazione $P \Rightarrow Q$ è vera se

- P e Q sono entrambe vere

oppure

- P è falsa.

Osserviamo che l'implicazione logica non soddisfa la proprietà commutativa

$$(P \Rightarrow Q) \not\Leftrightarrow (Q \Rightarrow P).$$

Infatti se P è falsa e Q è vera, l'implicazione $P \Rightarrow Q$ è vera, mentre l'implicazione $Q \Rightarrow P$ è falsa.

Esempio 1.2 Sia P la proposizione: "l'ultima cifra di un numero è zero" e Q la proposizione: "il numero è divisibile per cinque"; è evidente che $P \Rightarrow Q$ è vera, mentre $Q \Rightarrow P$ è falsa. Infatti ogni numero che ha come ultima cifra 0 risulta divisibile per 5, mentre esistono numeri divisibili per 5 che non hanno come ultima cifra 0.

Siamo ora in grado di definire in modo rigoroso il simbolo di equivalenza tra proposizioni "$\Leftrightarrow$" che fin qui abbiamo usato quasi come simbolo stenografico.

Due proposizioni P e Q sono legate dal connettivo "...se e solo se..." (che è detto doppia implicazione ed è indicato con il simbolo $P \Leftrightarrow Q$), quando valgono contemporaneamente le implicazioni $P \Rightarrow Q$ e $Q \Rightarrow P$.

Tenendo conto di quanto detto sopra a proposito della definizione di implicazione, la doppia implicazione equivale a

$$(\neg P \vee Q) \wedge (\neg Q \vee P).$$

Applicando successivamente la proprietà distributiva (viii) possiamo riscrivere:

$$[(\neg P) \wedge (\neg Q \vee P)] \vee \{Q \wedge [(\neg Q) \wedge P]\}$$
$$[(\neg P) \wedge \neg Q] \vee (\neg P \wedge P) \vee [(P \wedge Q) \vee (\neg Q \wedge Q)].$$

Poiché $(P \wedge \neg P)$, $(Q \wedge \neg Q)$ non sono mai vere, in definitiva la doppia implicazione equivale a

$$(P \wedge Q) \vee (\neg P \wedge \neg Q).$$

L'osservazione precedente ci permette dunque di affermare che $P \Leftrightarrow Q$ è vera quando P e Q sono entrambe vere o entrambe false. La scrittura $P \Leftrightarrow Q$ si legge anche "condizione necessaria e sufficiente perché sia vera P è che sia vera Q".

Una frase del tipo "x è un numero dispari" non è una proposizione, perché il suo valore di verità dipende dal valore di x: se x vale 3 si ottiene un enunciato vero, se x vale 8 si ottiene un enunciato falso.

Scritture come la precedente, che contengono delle variabili e che diventano proposizioni quando al posto di queste si sostituiscono valori particolari, si dicono enunciati aperti o predicati. In un predicato individuiamo dei soggetti (variabili) e degli enunciati; questi ultimi esprimono le proprietà di un soggetto o le relazioni tra due o più soggetti. Per indicare un predicato useremo una lettera corsiva maiuscola (legata all'enunciato) seguita da una o più lettere minuscole entro parentesi (legate al soggetto). Ad esempio, per indicare che il soggetto x possiede la proprietà P, scriveremo $P(x)$ (nell'esempio di partenza $P(x)$: x è un numero dispari); per indicare che due soggetti sono legati dalla relazione Q scriveremo $Q(x, y)$, (ad esempio $Q(x, y)$: $x < y$).

È evidente che, perché un predicato sia ben definito, occorre stabilire l'insieme in cui assumono valore le sue variabili (dominio); l'insieme di verità del predicato (cioè i valori che devono assumere le sue variabili perché l'enunciato sia vero) è un sottoinsieme di tale dominio.

Esempio 1.3

$$P(x) : x < 0$$
$$Q(x, y) : xy = 1.$$

Il dominio di P è costituito dai numeri reali; l'insieme di verità sono i numeri negativi.

Il dominio di Q è dato dalle coppie di numeri reali; l'insieme di verità sono le coppie di numeri i cui elementi sono l'uno il reciproco dell'altro.

Cambiando il dominio cambia anche l'insieme di verità. Ad esempio, se come dominio di P scegliessimo l'insieme dei numeri naturali l'enunciato sarebbe sempre falso.

Con i predicati si possono utilizzare gli stessi connettivi introdotti per le proposizioni.

Se $P(x)$, $Q(x)$ sono due predicati definiti in uno stesso dominio,

- $P(x) \wedge Q(x)$ è vero per i valori di x che rendono veri entrambi gli enunciati
- $P(x) \vee Q(x)$ è vero per i valori di x che rendono vero almeno uno dei due enunciati
- $\neg P(x)$ è vero per i valori di x che rendono falso l'enunciato $P(x)$
- $P(x) \Rightarrow Q(x)$ è vero per i valori di x che rendono falso $P(x)$ oppure vero $Q(x)$
- $P(x) \Leftrightarrow Q(x)$ è vera per i valori di x che rendono $P(x)$ e $Q(x)$ contemporaneamente veri o falsi.

Abbiamo visto che un enunciato aperto diventa una proposizione quando sostituiamo valori particolari alle sue variabili: solo in questo caso possiamo stabilire il valore dell'enunciato che si ottiene. Consideriamo però le seguenti scritture:

- tutti i multipli di 4 sono pari
- qualche numero è pari
- nessun numero è pari

che equivalgono alle seguenti:

- tutti i numeri x che sono multipli di 4 sono pari
- c'è qualche numero x che è pari
- non esiste un numero x che sia pari.

Di ciascuna di esse possiamo dire se è vera o falsa anche senza sapere di quale numero x si sta parlando (in particolare, le prime due sono vere, la terza è falsa); anche se in queste frasi ci sono delle variabili, possiamo ugualmente dire che si tratta di proposizioni. Il motivo che ci permette di fare questa affermazione è che abbiamo quantificato le variabili, nel senso che nel primo caso abbiamo detto che la proprietà vale per tutti gli elementi del dominio, nel secondo per qualche elemento, nel terzo per nessun elemento.

Un enunciato aperto può quindi essere trasformato in una proposizione in due modi diversi:

- sostituendo alle variabili valori particolari
- quantificando le variabili.

I quantificatori logici sono due:

- il quantificatore universale (indicato con il simbolo $\forall$, che si legge "per ogni") esprime il fatto che una data proprietà P vale per tutti i valori possibili delle variabili.

Esempio 1.4 (il quantificatore universale)

1. $\forall n \in \mathbb{N}$, n è multiplo di $4 \Rightarrow n$ pari,
   indica che ogni numero multiplo di 4 è pari.
2. $\forall x \in \mathbb{R}\ \forall y \in \mathbb{R}$, $(x + y)^2 = x^2 + 2xy + y^2$
   indica che l'uguaglianza scritta è valida quando diamo ad x e ad y un qualunque valore numerico.

- Il quantificatore esistenziale (indicato con il simbolo $\exists \ldots$:, che si legge "esiste almeno un/una …tale che") esprime il fatto che una data proprietà vale per almeno un valore delle variabili.

Esempio 1.5 (Il quantificatore esistenziale)   La proposizione "$\exists n \in \mathbb{N}: n$ è pari" afferma l'esistenza di almeno un numero pari.

La proposizione "$\exists x \in \mathbb{R}: 2x + 1 = 0$" afferma che l'equazione $2x + 1 = 0$ ammette almeno una soluzione.

Osservazione 1.1   Per la seconda proposizione dell'esempio precedente vale un risultato più forte di quello che abbiamo enunciato; in realtà, l'equazione ammette un'unica soluzione, cioè esiste un unico valore da assegnare alla variabile x perché valga l'uguaglianza indicata. Per esprimere questa nuova informazione scriviamo:

$$\exists! x \in \mathbb{R} : 2x + 1 = 0.$$

Il simbolo $\exists!$ si legge "esiste solamente un/una" oppure "esiste uno/una ed un solo/a".

Esempio 1.6

$$\exists! x : x^2 = 0$$

$$\exists! x : x \text{ è l'autore della Divina Commedia.}$$

Osservazione 1.2   Per esprimere il fatto che una data proprietà non è verificata per nessun valore delle variabili, ad esempio

- nessun numero è pari (che è ovviamente falsa),

oppure

- il quadrato di nessun numero è strettamente negativo (che è vera), possiamo usare il simbolo $\nexists$, che si legge "non esiste un/una":

$$\nexists n : n \text{ pari}$$

$$\nexists x : x^2 < 0.$$

Più comunemente, si preferisce usare il quantificatore $\forall$, affermando che per tutti i valori delle variabili è vera la negazione dell'asserto:

$$\forall n, n \text{ è dispari}$$

$$\forall x, x^2 \geq 0.$$

Osservazione 1.3   Quando una variabile è legata ad un quantificatore si dice che è vincolata, altrimenti si dice che è libera. Negli esempi finora incontrati le variabili erano sempre vincolate. Se scriviamo invece:

$$\text{esiste un numero } x \text{ tale che } x + y = 2$$

ovvero in forma simbolica,

$$\exists x : x + y = 2,$$

la variabile x è vincolata (al quantificatore esistenziale), mentre la variabile y è libera. In questo caso si ha un enunciato aperto, il cui significato è

$$\text{dato } y, \text{ esiste un valore di } x \text{ per il quale } x + y = 2.$$

Per chiudere un enunciato in più variabili, occorre legare ciascuna di esse ad un quantificatore. Nel caso dell'esempio precedente, potremo scrivere

$$\forall y, \exists x : x + y = 2$$

esprimendo in questo modo il fatto che, qualunque sia il valore assegnato alla variabile y, l'equazione $x + y = 2$ nell'incognita x ha sempre (almeno) una soluzione. In questo caso potremmo scrivere con più precisione

$$\forall y, \exists! x : x + y = 2$$

esprimendo l'informazione che non solo la soluzione esiste, ma è anche unica.[3]

I quantificatori verificano alcune proprietà legate al fatto che sostanzialmente essi sono congiunzioni o disgiunzioni allargate a tutti gli elementi di un insieme. Possiamo riassumere queste proprietà dicendo che

- due quantificatori dello stesso tipo possono essere scambiati di posto senza alterare il senso dell'enunciato, cioè il suo valore di verità;
- due quantificatori di diverso tipo non si possono scambiare.

---

[3] L'esempio andrebbe formulato in una forma più corretta precisando in quali insiemi numerici variano x e y. Ad esempio se x e y sono numeri interi l'equazione ha sempre soluzione; se invece x e y sono numeri naturali, l'equazione potrebbe non avere soluzioni, come succede nel caso $y = 3$: non esiste alcun numero naturale x tale che $x + 3 = 2$.

Esempio 1.7 Sia $P(x, y)$ il predicato "x, y sono numeri e $y \geq x$"; le due scritture

$$\forall x, \exists y : y \geq x$$
$$\exists y : \forall x, y \geq x,$$

sono diverse.

Infatti nel primo caso si esprime il fatto che fissato un qualunque numero, ne esiste sempre almeno uno più grande di questo. Nel secondo caso si afferma l'esistenza di un numero che è più grande di tutti gli altri numeri. Evidentemente la prima affermazione è vera, la seconda è falsa.

Esempio 1.8 Sia $P(x, y)$: "x è perpendicolare a y", esteso alle rette del piano. L'enunciato

$$\forall x, \exists y : P(x, y)$$

significa che per ogni retta x ne esiste almeno una y ad essa perpendicolare (enunciato vero), mentre

$$\exists y : \forall x, P(x, y)$$

significa che esiste una retta y perpendicolare a tutte le rette x del piano (enunciato falso).

La negazione di un enunciato che contiene quantificatori si realizza scambiando tra loro il quantificatore universale $\forall$ ed il quantificatore esistenziale $\exists$ e negando il predicato:

$$\neg[\forall x, P(x)] \Leftrightarrow \exists x : \neg P(x)$$
$$\neg[\exists x : P(x)] \Leftrightarrow \forall x, \neg P(x).$$

Esempio 1.9 Nelle seguenti coppie di predicati, uno è la negazione dell'altro:

predicato	negazione del predicato
$\exists x : x^2 - 1 < 0$	$\forall x, x^2 - 1 \geq 0$
$\forall x, x^2 = x$	$\exists x : x^2 \neq x$
$\forall x \exists y : y \geq x$	$\exists x : \forall y, y < x$

Nell'ultimo esempio, il predicato afferma che, fissato un qualunque numero x, ne esiste almeno uno y non minore di quello. La negazione afferma l'esistenza di un numero x maggiore di tutti i numeri y.

1.2 Le tabelle di verità

Per verificare le proposizioni risultano utili le cosiddette tabelle di verità. Sono tabelle che hanno su ogni colonna una diversa proposizione che compone quella assegnata da verificare, mentre sulle righe compaiono tutte le combinazioni vero/falso che si possono avere.

La tabella di verità delle proposizioni $P \vee Q$, $P \wedge Q$ e $\neg P$ sono rispettivamente:

P	Q	$P \vee Q$
V	V	V
V	F	V
F	V	V
F	F	F

P	Q	$P \wedge Q$
V	V	V
V	F	F
F	V	F
F	F	F

P	$\neg P$
V	F
V	F
F	V
F	V

Ricordiamo che due proposizioni che hanno lo stesso valore di verità si dicono equivalenti; nelle tabelle di verità le due colonne ad esse corrispondenti sono uguali.

Vediamo alcuni esempi relativi particolarmente significativi.

Esempio 1.10 (Prima legge di De Morgan) $\neg(P \wedge Q) \Leftrightarrow \neg P \vee \neg Q$

P	Q	$P \wedge Q$	$\neg(P \wedge Q)$
V	V	V	F
V	F	F	V
F	V	F	V
F	F	F	V

P	Q	$\neg P$	$\neg Q$	$\neg P \vee \neg Q$
V	V	F	F	F
V	F	F	V	V
F	V	V	F	V
F	F	V	V	V

Esempio 1.11 (Seconda legge di De Morgan) $\neg(P \vee Q) \Leftrightarrow \neg P \wedge \neg Q$

P	Q	$P \vee Q$	$\neg(P \vee Q)$
V	V	V	F
V	F	V	F
F	V	V	F
F	F	F	V

P	Q	$\neg P$	$\neg Q$	$\neg P \wedge \neg Q$
V	V	F	F	F
V	F	F	V	F
F	V	V	F	F
F	F	V	V	V

Esempio 1.12 (Proprietà distributiva di $\wedge$ rispetto a $\vee$)

P	Q	R	$Q \vee R$	$P \wedge (Q \vee R)$
V	V	V	V	V
V	F	V	V	V
F	V	V	V	F
F	F	V	V	F
V	V	F	V	V
V	F	F	F	F
F	V	F	V	F
F	F	F	F	F

P	Q	R	$P \wedge Q$	$P \wedge R$	$(P \wedge Q) \vee (P \wedge R)$
V	V	V	V	V	V
V	F	V	F	V	V
F	V	V	F	F	F
F	F	V	F	F	F
V	V	F	V	F	V
V	F	F	F	F	F
F	V	F	F	F	F
F	F	F	F	F	F

Capitolo 2
Teoria ingenua degli insiemi

Estratto Esponiamo i rudimenti della teoria ingenua degli insiemi, necessaria ad ogni studio della matematica moderna.

2.1 Insiemi

Qualunque teoria, matematica o di altra natura, ha bisogno di un sistema iniziale di *assiomi*, cioè di un un sistema di *enti* e di *proprietà* tra gli enti dai quali sia possibile dedurre il resto della teoria mediante i principi della logica. Né potrebbe essere altrimenti: per rispondere alla domanda

    Che cos'è l'ente X?

è inevitabile utilizzare altri termini, i quali siano considerati come *noti* a chi ascolti la risposta. Ognuno di questi termini potrebbe essere, a sua volta, definito mediante altri termini noti. Ma prima o poi questa *discesa logica* dovrà finire: ecco dunque la necessità di avere un certo numero di enti *non definiti*, cioè assunti come *primitivi*.

In questa parte del volume non cercheremo di sviluppare una teoria assiomatica degli insiemi, ché essa richiederebbe una maturità logico-deduttiva certamente prematura per un primo corso di Analisi Matematica. Nelle Appendici alla fine del libro si può trovare un'introduzione essenziale alla teoria di Kelley-Morse degli insiemi.

La cosiddetta *teoria ingenua degli insiemi* assume l'esistenza degli insiemi stessi e dei loro elementi (o membri) come enti primitivi (cioè non definiti), e della relazione $\in$ di appartenenza. Quindi, se X è un insieme e x è un elemento, scriveremo $x \in X$ per significare che x è un elemento di X. La scrittura $x \notin X$ costituisce la negazione logica di $x \in X$, e significa che x non è un elemento dell'insieme X. Se ogni elemento di un insieme X è anche un elemento di un insieme Y, diremo che X è un sottoinsieme di Y, e scriveremo $X \subset Y$.[1] Talvolta diremo che Y è un soprainsieme di X, e per questo scriveremo $Y \supset X$.

---

[1] Il simbolo $X \subseteq Y$ è altrettanto usato.

S. Secchi, *Analisi Matematica*, La Matematica per il 3+2,
https://doi.org/10.1007/978-3-032-20804-0_2

Definizione 2.1 Dato un insieme X, la famiglia di tutti i sottoinsiemi di X si chiama insieme delle parti di X, e si denota con 2^X.[2]

Definizione 2.2 (Assioma di estensionalità) Due insiemi X e Y sono uguali se e solo se

$$X \subset Y \text{ e } Y \subset X.$$

Scriveremo in questo caso $X = Y$.

Una formula del tipo

$$\{x \mid (\text{una formula contenente } x)\}$$

è considerato un assioma,[3] ed è interpretato come

L'insieme degli elementi x tali che la formula dopo la sbarra verticale sia vera per x.

Nella logica formale, indicando con $P(x)$ una formula dipendente dalla variabile libera x, è comune scrivere

$$\{x \mid P(x)\}.$$

Ad esempio,

$$\{x \mid x \text{ è un elefante}\}$$

definisce l'insieme di tutti gli elefanti.

Osservazione 2.1 Ovviamente è sempre possibile definire un insieme mediante una costruzione meno simbolica. Ad esempio possiamo definire l'insieme X dicendo che

$x \in X$ se e solo se è vera $P(x)$.

In questo modo abbiamo caratterizzato *tutti e soli* gli elementi dell'insieme X, e pertanto X è individuato senza ambiguità alcuna.

Osservazione 2.2 Il contenuto di questa osservazione non è strettamente necessario dal punto di vista della teoria, ma ha importanza notevole nell'uso quotidiano degli insiemi. Per ragioni che a questo punto potrebbero sembrare poco chiare, stipuliamo la seguente convenzione: *nel definire un insieme X mediante una formula P, la variabile X non deve comparire all'interno della formula P*. Il senso di questa convenzione è quello di escludere come illegittima una formula del tipo

$$X = \{x \mid x \in X\}.$$

In nessun caso la condizione che definisce un insieme di nome X può contenere la variabile X.

---

[2] Preferiamo questo simbolo a $\mathcal{P}(X)$, che pure è diffuso nella letteratura specializzata.

[3] Il simbolo $\{\ldots \mid \ldots\}$ è chiamato *classificatore*, ed è un ente primitivo della teoria degli insiemi.

Siamo arrivati ad un punto di svolta della teoria (ingenua) degli insiemi. Bertrand Russell ha mostrato che la costruzione di insiemi mediante proprietà caratterizzanti conduce inevitabilmente a *paradossi*, se non ci premuriamo di sottoscrivere regole che ne limitino gli effetti. Ad esempio, la definizione

$$R = \{x \mid x \notin x\}$$

implica che

$$R \in R \text{ se e solo se } R \notin R$$

Quest'ultima affermazione è in palese contraddizione con le leggi della logica che vogliamo accettare: nessuna proposizione può essere simultaneamente vera e falsa. Ne consegue che non è possibile utilizzare il classificatore $\{\ldots \mid \ldots\}$ per definire gli insiemi senza porre alcuna restrizione. Non sarebbe infatti possibile stabilire se l'insieme di tutti gli insiemi sia o non sia un insieme esso stesso. Le teorie assiomatiche degli insiemi hanno sviluppato approcci privi di questo genere di paradosso. La teoria degli insiemi di Kelley-Morse e quella di Bernays-Gödel-von Neumann assumono come primitivo il concetto di *classe*, e definiscono gli insiemi come gli elementi di una classe. La teoria di Zermelo-Fraenkel restringe invece l'uso del classificatore ai soli sottoinsiemi di un dato insieme.

Nell'Appendice di questo volume il lettore può trovare un'agile esposizione della teoria assiomatica degli insiemi secondo Kelley-Morse. Poiché però una buona padronanza della teoria degli insiemi è necessaria fin dai primi giorni di studio della matematica superiore, presentiamo nel seguito i rudimenti della cosiddetta teoria ingenua. Per evitare ogni paradosso indesiderato, possiamo immaginare che ogni insieme sia contenuto in un universo — non meglio specificato — U. Secondo questa convenzione, una scrittura del tipo

$$\{x \mid \ldots\}$$

deve essere letta come abbreviazione di

$$\{x \mid x \in U \text{ e} \ldots\}$$

Definizione 2.3 L'insieme vuoto è definito da

$$\emptyset = \{x \mid x \neq x\}.$$

Osservazione 2.3 Il fatto che $\emptyset$ sia sottoinsieme di *qualunque* insieme X discende dal cosiddetto principio dell'*implicazione vuota*. Infatti,

$$\emptyset \subset X$$

è equivalente a

$$\text{Per ogni } x, \text{ se } x \in \emptyset \text{ allora } x \in X.$$

Dal momento che $\emptyset$ non contiene alcun elemento, questa implicazione è vera, e dunque $\emptyset \subset X$ per qualunque insieme X. Ne consegue come corollario che esiste uno ed un solo insieme vuoto: se $\emptyset_1$ e $\emptyset_2$ fossero due insiemi vuoti, allora $\emptyset_1 \subset \emptyset_2$ e $\emptyset_2 \subset \emptyset_1$, quindi $\emptyset_1 = \emptyset_2$.

2.2 Operazioni booleane finite

A partire da due insiemi (e per banale iterazione a partire da un numero *finito* di insiemi), è possibile costruire nuovi insiemi secondo le regole della logica.

Definizione 2.4 L'unione di due insiemi X e Y è

$$X \cup Y = \{x \mid x \in X \text{ oppure } x \in Y\}.$$

Ricordiamo che la disgiunzione *oppure* sarà sempre intesa in senso non esclusivo: P oppure Q è vera se almeno una — ed eventualmente entrambe — tra le proposizioni P e Q è vera.

Definizione 2.5 L'intersezione di due insiemi X e Y è

$$X \cap Y = \{x \mid x \in X \text{ e } x \in Y\}.$$

Definizione 2.6 L'insieme complementare di un insieme Y in un insieme X è

$$X \setminus Y = \{x \mid x \in X \text{ e } x \notin Y\}.$$

Osservazione 2.4 Se nel discorso è chiaro il ruolo dell'insieme X, scriveremo più brevemente $\complement Y$ o Y^c per indicare l'insieme complementare di Y (in X).[4]

Osservazione 2.5 La Definizione 2.6 di insieme complementare non sottintende che $Y \subset X$.

Definizione 2.7 La differenza simmetrica di due insiemi X e Y è

$$X \triangle Y = (X \setminus Y) \cup (Y \setminus X).$$

In altri termini, $X \triangle Y$ è precisamente $(X \cup Y) \setminus (X \cap Y)$.

---

[4] Nella teoria assiomatica degli insiemi, $X \setminus Y$ è sovente denotato con il simbolo $X \sim Y$. Preferiamo evitare l'utilizzo sistematico del simbolo $\sim$ in questa accezione, dal momento che esso è diventato il simbolo standard per le relazioni di equivalenza, che introdurremo più avanti.

Teorema 2.1 (Leggi di De Morgan) *Per ogni coppia di insiemi X e Y,*

$$(X \cup Y)^c = X^c \cap Y^c$$
$$(X \cap Y)^c = X^c \cup Y^c.$$

Dimostrazione Infatti, $x \in (X \cup Y)^c$ se e solo se x è falso che $x \in X$ oppure $x \in Y$, e dunque se e solo se è vero che $x \notin X$ e $x \notin Y$. In modo simile si dimostra la seconda uguaglianza. $\qquad\square$

2.3 Relazioni

Ai fini della nostra trattazione, assumeremo come assioma l'esistenza delle coppie ordinate. Precisamente, una coppia ordinata è un oggetto (x, y) tale che:

1. x è un elemento di un insieme X;
2. y è un elemento di un insieme Y;
3. due coppie ordinate (x_1, y_1) e (x_2, y_2) sono uguali se e solo se $x_1 = x_2$ e $y_1 = y_2$.

Osservazione 2.6 A livello insiemistico non è strettamente necessario introdurre nuovi assiomi per definire le coppie ordinate. Intuitivamente, per assegnare una coppia ordinata (x, y), dobbiamo innanzitutto assegnare l'insieme $\{x, y\}$ dei due elementi che compongono la coppia ordinata. Fatto questo, sarà sufficiente assegnare l'elemento che appare al primo posto, o equivalentemente l'insieme singoletto che contenga tale elemento: $\{x\}$. È possibile verificare che la definizione

$$(x, y) = \{\{x\}, \{x, y\}\}$$

soddisfa effettivamente le tre proprietà caratterizzanti di una coppia ordinata. La verifica della proprietà 3 non è difficile, ma occorre distinguere vari casi (si veda ad esempio [22] o l'Appendice). Come detto, in questo capitolo non avremo mai la necessità di utilizzare la definizione insiemistica di coppia ordinata.

Definizione 2.8 Se X e Y sono due insiemi, il prodotto cartesiano $X \times Y$ è l'insieme di tutte le coppie ordinate (x, y) tali che $x \in X$ e $y \in Y$. In simboli,

$$X \times Y = \{(x, y) \mid x \in X, \ y \in Y\}.$$

Definizione 2.9 La diagonale del prodotto cartesiano $X \times X$ è il sottoinsieme

$$\Delta(X) = \{(x, x) \mid x \in X\}.$$

Definizione 2.10 Una relazione R è un insieme di coppie ordinate. Il dominio di R è l'insieme

$$\mathrm{Dom}\, R = \{x \mid \text{esiste } y \text{ tale che } (x, y) \in R\},$$

mentre l'immagine (o rango) di R è l'insieme

$$\operatorname{ran} R = \{y \mid \text{esiste } x \text{ tale che } (x, y) \in R\},$$

Il campo di R è[5]

$$\operatorname{Fld} R = \operatorname{Dom} R \cup \operatorname{ran} R.$$

Una relazione R tra X e Y è un sottoinsieme di $X \times Y$. Una relazione binaria in un insieme X è un sottoinsieme di $X \times X$.

Osservazione 2.7 L'insieme vuoto $\emptyset$ è una relazione.

Definizione 2.11 Se R è una relazione e A è un insieme, definiamo

$$R(A) = \{y \mid (x, y) \in R \text{ per qualche } x \in A\}.$$

Se A coincide con il dominio della relazione R, allora $R(A)$ è semplicemente il rango di R. In generale, $R(A)$ è un sottoinsieme di $\operatorname{ran} R$.

Parlando di relazioni, è spesso più comodo utilizzare una notazione alternativa a quella puramente insiemistica. Se R è una relazione, scriveremo

$$x R y$$

come sinonimo di $(x, y) \in R$, e diremo che x è in relazione R con y.

Esempio 2.1 La relazione identica su un insieme X è la relazione $\Delta(X)$ i cui elementi sono le coppie ordinate (x, x) tali che $x \in X$. Per ragioni geometriche, la relazione identica è anche chiamata (relazione) diagonale in X.

Definizione 2.12 Se R è una relazione, la relazione inversa R^{-1} è la relazione

$$\{(y, x) \mid (x, y) \in R\}.$$

Definizione 2.13 Se R ed S sono relazioni, la relazione composta $R \circ S$ è definita da

$$\{(x, z) \mid \text{esiste } y \text{ tale che } (x, y) \in S \text{ e } (y, z) \in R\}$$

Teorema 2.2 *Se R ed S sono due relazioni, allora*

$$(R \circ S)^{-1} = S^{-1} \circ R^{-1}.$$

Dimostrazione Infatti $x (R \circ S)^{-1} y$ se e solo se $y (R \circ S) x$ se e solo se esiste z tale che $y S z$ e $z R x$ se e solo se $x R^{-1} z$ e $z S^{-1} y$. $\square$

---

[5] In lingua inglese, `campo` è tradotto `field`, donde l'abbreviazione Fld.

2.4 Funzioni

Molte trattazioni elementari introducono le funzioni mediante veri e propri giri di parole: una funzione è una corrispondenza, una legge, un'applicazione, ecc. Poiché i sostantivi corrispondenza, legge o applicazione restano comunque privi di una definizione autonoma, le funzioni sono enti assiomatici, soggetti ad una terminologia specifica che ne permette l'utilizzo. Insomma, le funzioni sono considerate enti primitivi, alla stregua degli insiemi stessi. Questo approccio è sicuramente legittimo, ma logicamente eccessivo. Come vedremo, la definizione di funzione riposa su quello di relazione, che a sua volta richiede solo il concetto di coppia ordinata. Non è particolarmente utile pensare alle funzioni come ulteriori enti primitivi.

Definizione 2.14   Una funzione è una relazione f con la seguente proprietà:

$$\text{se } x f y \text{ e } x f z, \text{ allora } y = z.[6]$$

Se $f \subset X \times Y$ e $\mathrm{Dom}\, f = X$, diremo che f è una funzione da X in Y, e scriveremo $f \colon X \to Y$ o $X \xrightarrow{f} Y$. Per ogni $x \in X$, l'unico elemento $y \in Y$ tale che $(x, y) \in f$ è indicato con[7] $f(x)$, e l'elemento y è chiamato valore o immagine dell'elemento x tramite la funzione f. L'insieme Y è chiamato codominio della funzione f.

Definizione 2.15   Se X e Y sono due insiemi, indichiamo con Y^X l'insieme di tutte le funzioni definite su X a valori in Y.

Osservazione 2.8   La terminologia sopra introdotta è coerente con la maggior parte delle fonti sulle funzioni. Avvertiamo tuttavia che, in alcuni settori della matematica, si lascia cadere la richiesta che $\mathrm{Dom}\, f = X$, e dunque una funzione da X in Y potrebbe avere un dominio strettamente incluso in X. Queste funzioni sono talvolta chiamate *funzioni parziali*, ed è interessante osservare che si tratta della particolarizzazione più economica del concetto di relazione. Ad esempio, l'insieme delle coppie $(x, \log x) \in \mathbf{R} \times \mathbf{R}$ è in questa accezione una funzione (parziale) dall'insieme dei numeri reali in se stesso. Come detto, nella matematica elementare è più frequente assumere sempre che l'insieme X coincida con il dominio della relazione f, e nel seguito ci atterremo sempre alla Definizione 2.14.[8]

---

[6] In alcuni settori della matematica, le relazioni sono anche chiamate funzioni a più valori. Quindi le nostre funzioni sono dette funzioni ad un solo valore. In questo libro non utilizzeremo mai tale nomenclatura.

[7] Talvolta si trovano le notazioni $f x$ o $x f$ invece di $f(x)$. In questo libro non faremo uso di queste notazioni secondarie.

[8] Questa discussione non deve preoccupare troppo il lettore. Assegnare una funzione f significa assegnare tutte e sole le coppie ordinate $(x, y) \in f$. Quindi l'assegnazione di una funzione contiene automaticamente il dominio e l'immagine. In questo senso, una frase come: *sia f la funzione che ad x associa* $\sin x$ è molto imprecisa, se non del tutto scorretta. In quale insieme varia la variabile x? In effetti la formula $f = \{(x, \sin x)\}$ non è corretta, in quanto la variabile x risulta *libera*, cioè non quantificata.

Esempio 2.2   Se X è un insieme, la diagonale $\Delta(X)$ rappresenta la funzione che ad ogni $x \in X$ associa l'elemento $x \in X$. Questa è dunque la funzione identità su X, più comunemente indicata con I_X o 1_X o Id_X.

Osservazione 2.9   Il concetto di grafico di una funzione $f : X \to Y$, definito come l'insieme

$$\Gamma(f) = \{(x, f(x)) \mid x \in X\},$$

si identifica totalmente con la nostra *definition* di funzione. Lo stesso non può dire chi voglia definire le funzioni come *leggi* tra insiemi.

Definizione 2.16   Sia $f : X \to Y$. Per ogni $A \subset X$, poniamo

$$f(A) = \{y \in Y \mid \text{esiste } x \in X \text{ tale che } y = f(x)\}.$$

Il sottoinsieme $f(A)$ di Y è chiamato immagine dell'insieme A tramite f. In particolare, $f(X) \subset Y$ è detto immagine della funzione f. Analogamente, per ogni $B \subset Y$, poniamo

$$f^{-1}(B) = \{x \in X \mid f(x) \in B\}.$$

Il sottoinsieme $f^{-1}(B)$ di X è chiamato controimmagine o preimmagine di B tramite f.

Definizione 2.17   Una funzione $f : X \to Y$ è iniettiva se, per ogni $x_1 \in X$, $x_2 \in X$, l'uguaglianza $f(x_1) = f(x_2)$ implica $x_1 = x_2$. La funzione f è suriettiva se $Y = f(X)$. Una funzione che sia iniettiva e suriettiva è detta funzione biunivoca.

Osservazione 2.10   Concretamente, f è iniettiva se manda elementi distinti del dominio in elementi distinti dell'immagine. Invece, f è suriettiva se e solo se, per ogni $y \in Y$, esiste $x \in X$ tale che $y = f(x)$.

Definizione 2.18   Una funzione $f : X \to Y$ è invertibile se la relazione inversa $f^{-1} \subset Y \times X$ è una funzione. In tal caso f^{-1} è la funzione inversa di f.

Teorema 2.3   *Una funzione $f : X \to Y$ è invertibile se e solo se f è iniettiva e suriettiva. In tal caso la funzione inversa f^{-1} ha dominio Y e immagine X.*

Dimostrazione   Se f è invertibile, la relazione f^{-1} deve essere una funzione. Dunque $\mathrm{Dom}\, f^{-1} = Y$ e per ogni $y \in Y$ deve esistere uno ed un solo elemento $x \in X$ tale che $f(x) = y$. Questo implica immediatamente che f sia iniettiva e suriettiva. Viceversa, se f è iniettiva e suriettiva, le relazioni $(y, x_1) \in f^{-1}$ e $(y, x_2) \in f^{-1}$ implicano $(x_1, y) \in f$ e $(x_2, y) \in f$. Dunque $x_1 = x_2$, e f^{-1} è una funzione avente dominio Y e codominio X. $\square$

Osservazione 2.11 Il Teorema 2.3 è strettamente collegato alla nostra definizione di funzione. Se lasciassimo cadere la pretesa che il dominio di una funzione $f \subset X \times Y$ coincida con l'insieme X, la condizione necessaria e sufficiente affinché una funzione da X in Y sia invertibile si ridurrebbe alla sola iniettività. Va da sé che la funzione inversa $f^{-1} \subset Y \times X$ avrebbe un dominio di definizione più piccolo, e precisamente l'insieme $f(X) \subset Y$.

Teorema 2.4 *Sia $f \colon X \to Y$ una funzione invertibile. Allora $f^{-1} \circ f = \Delta(X)$ e $f \circ f^{-1} = \Delta(Y)$.*

Dimostrazione Infatti, $(x, y) \in f^{-1} \circ f$ se e solo se esiste z tale che $(x, z) \in f$ e $(z, y) \in f^{-1}$. Questo accade se e solo se $(x, z) \in f$ e $(y, z) \in f$. Poiché f è una funzione, $x = y$ e dunque $(x, y) \in \Delta(X)$. In modo analogo si dimostra la seconda uguaglianza. $\square$

Definizione 2.19 Siano X e Y due insiemi. Diremo che X e Y sono in corrispondenza biunivoca se esiste una funzione biunivoca $f \colon X \to Y$. Una siffatta funzione è anche chiamata cambiamento di variabile tra X e Y.

2.5 Operazioni booleane infinite

Supponiamo che I sia un insieme non vuoto, e che ad ogni $i \in I$ sia associato un insieme X_i. L'insieme degli X_i, al variare di $i \in I$, si chiama famiglia di insiemi indicizzati da I, e si indica con

$$\{X_i \mid i \in I\}.$$

Osservazione 2.12 La precedente costruzione nasconde in realtà più di un'insidia. Dal punto di vista puramente insiemistico, sarebbe sufficiente considerare insiemi di insiemi, cioè insiemi i cui elementi siano a loro volta insiemi. L'uso di una notazione parametrica come quella introdotta sopra è tuttavia molto comoda e forse più intuitiva. Torneremo più avanti su questa discussione. Una famiglia di insiemi indicizzati da I è più propriamente una *funzione* che ad ogni $i \in I$ associa l'insieme X_i. Ovviamente non è logicamente corretto confondere la funzione

$$i \in I \mapsto X_i$$

con l'insieme dei valori $\{X_i \mid i \in I\}$. Per questa ragione si preferisce talvolta la notazione

$$\langle X_i \mid i \in I \rangle,$$

che a ben guardare potrebbe essere utilizzata per descrivere completamente qualunque funzione. D'altronde qualunque famiglia $\mathcal{F}$ di insiemi può essere scritto in forma indicizzata mediante la corrispondenza che ad ogni $A \in \mathcal{F}$ associa A stesso. Quindi l'insieme I degli indici è $\mathcal{F}$, e la funzione subordinata all'indicizzazione è la funzione identica.

Definizione 2.20   Sia $\{X_i \mid i \in I\}$ una famiglia di insiemi. L'unione degli elementi di tale famiglia è l'insieme

$$\bigcup_{i \in I} X_i = \{x \mid x \in X_i \text{ per qualche } i \in I\}.$$

L'intersezione degli elementi della famiglia è l'insieme

$$\bigcap_{i \in I} X_i = \{x \mid x \in X_i \text{ per ogni } i \in I\}.$$

Nel caso particolare in cui l'insieme degli indici I sia finito, diciamo $I = \{1, 2, \ldots, n\}$, è consuetudine scrivere

$$\bigcup_{i=1}^{n} X_i, \qquad \bigcap_{i=1}^{n} X_i$$

per denotare l'unione e l'intersezione degli insiemi $X_1, \ldots, X_n$.

Con una dimostrazione del tutto analoga a quella vista nel caso di due insiemi, si ottiene la seguente versione infinita delle leggi di De Morgan.

Teorema 2.5   *Sia $\{X_i \mid i \in I\}$ una famiglia di insiemi. Valgono le relazioni*

$$\complement\left(\bigcup_{i \in I} X_i\right) = \bigcap_{i \in I}(\complement X_i)$$

$$\complement\left(\bigcap_{i \in I} X_i\right) = \bigcup_{i \in I}(\complement X_i).$$

2.6   Relazioni di equivalenza

Definizione 2.21   Sia R una relazione con campo X. Diremo che R è

- riflessiva se xRx per ogni $x \in X$;
- simmetrica se, per ogni x e y in X, accade che xRy ogni volta che yRx;
- antisimmetrica se, per ogni x e y in X, le ipotesi xRy e yRx implicano $x = y$;[9]
- transitiva se, per ogni x, y e z in X, le ipotesi xRy e yRz implicano xRz.

---

[9] Alcuni testi propongono una definizione diversa dalla nostra: R è antisimmetrica se la condizioni xRy e yRx non valgono mai simultaneamente, per alcun x e y in X.

Osservazione 2.13   Si verifica facilmente che una relazione R con campo X è riflessiva se e solo se $\Delta(X) \subset R$; simmetrica se e solo se $R = R^{-1}$; antisimmetrica se e solo se $R \cap R^{-1} = \Delta(X)$; transitiva se e solo se $R \circ R \subset R$.

Prima di proseguire, sembra utile un'osservazione generale. Qualunque relazione R induce una relazione riflessiva R', definita come segue:

$xR'y$ se e solo se xRy oppure $x = y$.

In termini insiemistici,

$$R' = R \cup \Delta(X),$$

dove X è il campo di R. Nella maggior parte dei casi concreti, la presenza della diagonale nelle relazioni è un fatto del tutto innocuo, e spesso intuitivo. Pensiamo ad esempio alla relazione di congruenza di figure piane nella geometria euclidea, in cui ritenere non congruenti due triangoli uguali sarebbe una pretesa alquanto bizzarra. Per questa ragione la nostra definizione di relazione antisimmetrica si legge $R \cap R^{-1} = \Delta(X)$ invece di $R \cap R^{-1} = \emptyset$.

Definizione 2.22   Una relazione di equivalenza è una relazione riflessiva, simmetrica e transitiva.

Supponiamo che R sia una relazione di equivalenza con dominio X. La classe di equivalenza $[x]_R$ di un elemento $x \in X$ è l'insieme

$$[x]_R = \{y \mid xRy\}.$$

Ovviamente

$$X = \bigcup_{x \in X} [x]_R,$$

poiché ogni elemento di x appartiene alla classe $[x]_R$ (per proprietà riflessiva). Ora, è chiaro che se xRy, allora $[x]_R = [y]_R$, grazie alla proprietà transitiva di R. Viceversa, supponiamo che $[x]_R = [y]_R$. Ogni volta che zRx, deve accadere che zRy. Poiché xRx per ogni x, deve essere xRy. Abbiamo così dimostrato che $[x]_R = [y]_R$ se e solo se xRy. In conclusione

Teorema 2.6   *Se R è una relazione di equivalenza con dominio X, allora X è l'unione disgiunta delle classi di equivalenza definite dai suoi elementi.*

Osservazione 2.14   Quando la relazione di equivalenza R sia chiara dal contesto, scriveremo più brevemente $[x]$ invece di $[x]_R$.

Definizione 2.23 Sia R una relazione di equivalenza sull'insieme X. L'insieme di tutte le classi di equivalenza prende il nome di insieme quoziente di X rispetto alla relazione R, e si denota con

$$X/R = \{[x] \mid x \in X\}.$$

È interessante — e utile — osservare che il Teorema 2.6 può essere rovesciato: ogni relazione di equivalenza è univocamente determinato dalle sue classi di equivalenza. Questa affermazione è molto imprecisa, e dobbiamo introdurre una nuova definizione per essere rigorosi.

Definizione 2.24 Una partizione di un insieme X è una collezione $\mathcal{P} = \{P_i \mid i \in I\}$ tale che

$$X = \bigcup_{i \in I} P_i$$

e $P_i \cap P_j = \emptyset$ per $i \neq j$.

In particolare, ogni punto x di X appartiene ad uno ed uno solo degli insiemi di $\mathcal{P}$. Si dice anche che gli insiemi P_i di una partizione sono a due a due disgiunti.

Teorema 2.7 *Data una partizione $\mathcal{P}$ dell'insieme X, esiste una relazione di equivalenza R avente dominio X tale che $\mathcal{P}$ sia l'insieme delle classi di equivalenza di R.*

Dimostrazione Supponiamo che $\mathcal{P} = \{P_i \mid i \in I\}$ sia una partizione di X. Come detto sopra, ogni $x \in X$ appartiene ad uno ed un solo insieme P_i. A questo punto la definizione della relazione R è intuitiva: presi due elementi x e y di X, definiamo xRy se e solo se x e y appartengono allo stesso insieme P_i di $\mathcal{P}$, cioè se e solo se esiste $i \in I$ tale che $\{x, y\} \subset P_i$. Osserviamo che se x e y appartengono a P_i, allora l'indice i è univocamente determinato. È chiaro che xRx, poiché $x \in P_i$ per qualche $i \in I$. Se xRy, allora $\{x, y\} \subset P_i$ per qualche i, e ovviamente $\{y, x\} \subset P_i$, cioè yRx. Infine, se xRy e yRz, allora esistono i e j tali che $\{x, y\} \subset P_i, \{y, z\} \subset P_j$. In particolare $y \in P_i \cap P_j$, e questo è possibile se e solo se $i = j$. Dunque x, y e z appartengono allo stesso insieme P_i di $\mathcal{P}$. Abbiamo così verificato che R è una relazione di equivalenza con dominio X. Infine, la classe di equivalenza di un elemento $x \in P_i$ ha la forma

$$[x] = \{y \in X \mid \text{esiste } i \in I \text{ tale che } \{x, y\} \subset P_i\} = P_i,$$

quindi le classi di equivalenza della relazione di equivalenza R coincidono con gli insiemi della partizione $\mathcal{P}$. $\square$

2.7 Relazioni d'ordine

Dopo le relazioni di equivalenza, introduciamo in questa sezione una seconda tipologia di relazioni tra insiemi di utilità fondamentale. Avvertiamo tuttavia il lettore che la nomenclatura relativa alle relazioni d'ordine sono soggette ad una notevole variabilità, che cerchiamo di motivare. La relazione d'ordine più familiare è sicuramente quella del confronto tra numeri — diciamo interi relativi, per fissare le idee. Dati due numeri interi relativi, sappiamo dire quando l'uno sia minore dell'altro. In simboli, $x < y$. Ad esempio, $1 < 2$, $-5 < -3$, e così via. Ovviamente $x < x$ è sempre falsa, e le due relazioni $x < y$ e $y < x$ sono tra loro incompatibili. Invece la proprietà transitiva è banalmente verificata. Seguiamo (prevalentemente) la nomenclatura di [13].

Definizione 2.25 Sia R una relazione. Dato un qualunque insieme X, la relazione $R \cap (X \times X)$ è una relazione il cui dominio coincide con X. Diremo che R soddisfa una determinata proprietà su X se $R \cap (X \times X)$ soddisfa quella proprietà.

Definizione 2.26 Una relazione $<$ è un quasi-ordine su un insieme X se essa soddisfa la proprietà transitiva su X.

Esiste un modo universale per mutare un quasi-ordine in una relazione simmetrica.

Definizione 2.27 Se $<$ è un quasi-ordine su X, la relazione $\leq$ definita da $x \leq y$ se e solo se $x < y$ oppure $x = y$ è una relazione riflessiva su X.

Definizione 2.28 Una relazione $\leq$ è un ordinamento parziale su un insieme X se essa è riflessiva, antisimmetrica e transitiva su X. L'insieme X è un detto insieme parzialmente ordinato, o poset.

Ricapitolando: dato un quasi-ordine $<$, lo estendiamo ad una relazione riflessiva e transitiva $\leq$. La proprietà che $x < y$ e $y < x$ siano sempre incompatibili, si trasforma in: se $x \leq y$ e $y \leq x$, allora $x = y$.

Osservazione 2.15 Occorre prestare attenzione al fatto che una relazione d'ordine parziale su X non ripartisce tutti gli elementi di X in classi disgiunte. Generalmente, possono esistere coppie (x, y) tali che né (x, y) né (y, x) appartengano alla relazione. Si dice in tal caso che gli elementi x e y non sono confrontabili nella relazione d'ordine considerata.

Definizione 2.29 Una relazione di quasi-ordine $<$ su un insieme X è filtrante se, per ogni x e ogni y in X, esiste $z \in X$ tale che $x < z$ e $y < z$. Questa definizione resta inalterata se estendiamo la relazione $<$ ad una relazione $\leq$ che sia riflessiva e transitiva, come spiegato nella Definizione 2.27.

Definizione 2.30 Siano X un insieme e $\leq$ una relazione d'ordine parziale su X. Diremo che $\leq$ è una relazione d'ordine totale su X se, presi comunque due elementi x e y nel campo di $\leq$, una delle due relazioni

$$x \leq y, \qquad y \leq x$$

è soddisfatta. In tal caso, X è totalmente (o anche linearmente) ordinato da $\leq$.

Osservazione 2.16 La precedente definizione è significativa anche per un quasi-ordine: un quasi-ordine $<$ è totale se, per ogni scelta di x e y, una (e solo una) delle tre alternative

$$x < y, \quad x = y, \quad y < y$$

è vera.

Definizione 2.31 Sia $\leq$ una relazione d'ordine parziale su X. Sia $A \subset X$. Un elemento $y \in X$ è un maggiorante di A se

$a \leq y$ per ogni $a \in A$.

Un elemento $y \in X$ è un minorante di A se

$y \leq a$ per ogni $a \in A$.

Definizione 2.32 Sia $\leq$ una relazione d'ordine parziale su X. Sia $A \subset X$. Un elemento $y \in X$ è l'estremo superiore di A, in simboli $y = \sup A$, se y è un maggiorante di A e se $y \leq z$ per ogni maggiorante z di A. Un elemento $y \in X$ è l'estremo inferiore di A, in simboli $y = \inf A$, se y è un minorante di A e se $z \leq y$ per ogni minorante z di A.[10]

Osservazione 2.17 Supponiamo che $\leq$ sia una relazione d'ordine parziale sull'insieme X. Con evidente abuso di notazione, scriveremo $x \geq y$ come sinonimo di $y \leq x$. Questa nomenclatura, che alla lettera sarebbe scorretta, si rivela molto pratica in Analisi Matematica, ed in particolar modo nella teoria delle disuguaglianze fra numeri reali. In particolare, $\leq$ è un ordine totale su X se, per ogni scelta di x e y, una ed una sola delle relazioni

$$x < y, \quad x = y, \quad x > y$$

è soddisfatta.

Definizione 2.33 Un elemento m di un insieme parzialmente ordinato X si dice massimo se per ogni $x \in X$ risulta $x \leq m$. L'elemento m si chiama massimale se vale la seguente condizione:

per ogni $y \in X$, se $y \geq m$, allora $y = m$.

Lasciamo al lettore la dimostrazione dei seguenti fatti: ogni elemento massimo è anche massimale, ma il viceversa è falso (si ricordi che non necessariamente tutti

---

[10] Quindi $\sup A$ è il più piccolo fra i maggioranti di A, mentre $\inf A$ è il più grande fra i minoranti di A.

gli elementi di un insieme parzialmente ordinato sono tra loro confrontabili). Un insieme parzialmente ordinato può avere al più un elemento massimo, mentre può avere diversi elementi massimali.

Definizione 2.34 Un insieme X è completo per l'ordine (rispetto ad una relazione d'ordine parziale $\leq$) se ogni sottoinsieme $A \neq \emptyset$ di X che possiede un maggiorante possiede estremo superiore.

Teorema 2.8 *Un insieme X è completo per l'ordine $\leq$ se e solo se ogni sottoinsieme $A \neq \emptyset$ di X che possiede un minorante possiede estremo inferiore.*

Dimostrazione Supponiamo che X sia completo per l'ordine. Se A è un sottoinsieme non vuoto dotato di minorante, possiamo definire l'insieme B di tutti i minoranti di A. Questo insieme B non è vuoto, ed ogni elemento di A è un maggiorante di B. Per ipotesi esiste $b = \sup B$. Evidentemente b è minore o uguale di ogni maggiorante di B, ed in particolare b è minore o uguale di ogni elemento di A. D'altronde b è esso stesso un maggiorante di B, cioè b è minore o uguale di ogni minorante di A. Dunque b è il più grande minorante di A, che per definizione è l'estremo inferiore di A. L'implicazione opposta del teorema può essere dimostrata applicando quanto appena visto alla relazione inversa di $\leq$. $\qquad\qquad\square$

Definizione 2.35 Siano X, Y due insiemi, e siano $\leq_X$, $\leq_Y$ due relazioni d'ordine parziale su X e Y, rispettivamente. Una funzione $f\colon X \to Y$ è isotona se $u \leq_X v$ implica $f(u) \leq_Y f(v)$.

Osservazione 2.18 Le funzioni isotone sono — per definizione — le funzioni che rispettano gli ordinamenti di X e Y. Eviteremo di definirle monotone in questa generalità,[11] perché l'aggettivo *monotono* sarà oggetto di uso particolare nel contesto delle funzioni reali di una variabile reale.

2.8 L'assioma della scelta e formulazioni equivalenti

Ogni studioso di matematica si imbatte, prima o poi, in una dimostrazione che consiste nello *scegliere* un elemento da un insieme non vuoto. Il fatto che ogni insieme non vuoto contenga (almeno) un elemento ci porterebbe alla conclusione che questa scelta sia banale. Supponiamo però che si voglia fare una scelta multipla: da ogni insieme non vuoto appartenente ad una data collezione di insiemi vogliamo scegliere uno ed un solo elemento. Ebbene, la possibilità di effettuare queste scelte simultanee non è una banale conseguenza della teoria degli insiemi. Occorre infatti assumere uno specifico assioma, che ora enunciamo. L'esposizione di questa sezione segue da vicino quella di [18].

---

[11] Come suggerito invece in [13].

Assioma della scelta. Per ogni famiglia $\mathcal{F}$ di sottoinsiemi non vuoti di un insieme E, esiste una funzione φ — detta funzione di scelta — tale che $\varphi(X) \in X$ per ogni $X \in \mathcal{F}$.

Ripetiamo: sapere che un insieme è non vuoto non implica la validità dell'Assioma della Scelta. In questo libro non ci discuteremo dell'opportunità di aggiungere l'Assioma della Scelta alla teoria degli insiemi. Si tratta di una questione di notevole interesse, ma anche di notevole complessità. Ci accontentiamo di avvertire il lettore che, se volessimo rinunciare *tout court* all'Assioma della Scelta, dovremmo inevitabilmente rinunciare ad alcuni tra i più profondi teoremi dell'Analisi Matematica. Da questo punto in poi, riterremo valido l'Assioma della Scelta enunciato sopra.

Senza addentrarci in dimostrazioni che andrebbero ben oltre le possibilità di un libro come questo, vogliamo proporre un enunciato equivalente all'Assioma della Scelta, strettamente correlato agli insiemi ordinati.

Osservazione 2.19 L'Assioma della Scelta è talvolta enunciato sotto l'ipotesi ulteriore che gli insiemi della famiglia $\mathcal{F}$ siano a due a due disgiunti. Per ragioni puramente psicologiche sembra più facile accettare la validità dell'Assioma della Scelta per famiglie disgiunte (o addirittura per partizioni dell'insieme E). Si tratta però di un'illusione logica, e per capirlo supponiamo che gli elementi della famiglia $\mathcal{F}$ siano indicizzati:

$$\mathcal{F} = \{A_i \mid i \in I\}.$$

Allora la famiglia

$$\{\{i\} \times A_i \mid i \in I\}$$

è una famiglia di insiemi a due a due disgiunti. Infatti $i \neq j$ implica

$$(\{i\} \times A_i) \cap (\{j\} \times A_j) = \emptyset.$$

per definizione di coppia ordinata. È allora facile verificare che una funzione di scelta per la famiglia $\{\{i\} \times A_i \mid i \in I\}$ subordina una funzione di scelta per la famiglia $\mathcal{F}$.

Definizione 2.36 Sia X un insieme parzialmente ordinato dalla relazione $\leq$. Un sottoinsieme K di X si chiama catena se esso è totalmente ordinato dalla relazione $\leq$.[12] Una catena K è ampliabile se esiste una catena $K' \neq K$ tale che $K \subset K'$.

Concretamente, una catena K è ampliabile se è possibile aggiungere a K un elemento $\bar{x} \in X \setminus K$ tale che $K \cup \{\bar{x}\}$ sia ancora una catena. Ebbene, sussiste il seguente risultato, che è equivalente all'Assioma della Scelta.

---

[12] Più formalmente, se $\leq \cap (K \times T)$ è una relazione d'ordine totale su K.

Teorema 2.9 (Principio di massimalità) *In ogni insieme parzialmente ordinato esistono catene non ampliabili.*[13]

Nella maggior parte delle situazioni di interesse per l'Analisi Matematica, il Teorema 2.9 è un assioma molto più utile dell'Assioma della Scelta (pur essendo logicamente equivalente ad esso). Ma ancora più frequente è un altro assioma di massimalità, che deduciamo dal Teorema 2.9.

Teorema 2.10 (Zorn) *Sia X un insieme parzialmente ordinato non vuoto, in cui ogni catena K ammette un maggiorante. Allora esiste in X un elemento massimale.*

Dimostrazione Per il Teorema 2.9 esiste in X una catena K non ampliabile, evidentemente non vuota. Sia s un maggiorante di K. Se $s \notin K$, allora K sarebbe ampliabile mediante aggiunta di s. Dunque $s \in K$. Dimostriamo che s è un elemento massimale per K. Supponiamo infatti che $y \geq s$ per qualche $y \in X$. Evidentemente y è un maggiorante di K, e come sopra y deve appartenere a K. Deduciamo che $y \leq s$ (perché s è un maggiorante di K), e infine che $y = s$. Come desiderato, s è l'elemento massimale di K che stavamo cercando. $\square$

Il lettore interessato ad ulteriori formulazioni equivalenti dell'Assioma della Scelta potrà trovare molte informazioni in [8, 13, 22].

2.9 Cardinalità degli insiemi

In questa sezione assumeremo una conoscenza intuitiva dell'insieme

$$\mathbf{N} = \{0, 1, 2, 3, \ldots\}$$

dei numeri naturali.

Definizione 2.37 Due insiemi X e Y hanno la stessa cardinalità se esiste una funzione biunivoca di X su Y. Se X e Y hanno la stessa cardinalità, scriveremo

$$c(X) = c(Y).$$

Osservazione 2.20 In questo libro non cercheremo di definire il concetto di cardinalità. Si tratta di un problema tutt'altro che banale, e vogliamo solo tratteggiarne le insidie. La relazione

$X \sim Y$ se e solo se X e Y hanno la stessa cardinalità

---

[13] Una catena non ampliabile è comunemente detta massimale.

è una relazione di equivalenza formale, nel senso che $\sim$ soddisfa formalmente le proprietà riflessiva, simmetrica e transitiva. Se volessimo assegnare ad *ogni* insieme X una cardinalità $c(X)$, dovremmo necessariamente definire una funzione c sull'insieme di *tutti* gli insiemi. Ora, sappiamo che l'insieme di tutti gli insiemi non è un insieme (paradosso di Russell). Certo, potremmo stabilire di assegnare una cardinalità esclusivamente ai sottoinsiemi di un presunto *universo* U di nostro interesse. Ma questo non risolverebbe del tutto il problema, dal momento che non potremmo mai avere la certezza che proprio quell'insieme che adesso ci interessa sia sottoinsieme di U. Una trattazione rigorosa e non contraddittoria della teoria dei numeri cardinali non può essere proposta in questa sede: rimandiamo il lettore interessato ai trattati [11, 16]

Definizione 2.38   L'insieme vuoto $\emptyset$ ha cardinalità 0.

Osservazione 2.21   Con questa definizione si esaurisce il lavoro del numero zero nella teoria della cardinalità. Poiché esiste uno ed un solo insieme vuoto, esso è anche l'unico insieme che ha cardinalità zero. Per questa ragione lavoreremo tacitamente con insiemi non vuoti, anche quando non esplicitamente ribadito.

Definizione 2.39   Per ogni numero naturale $n \geq 1$, definiamo l'intervallo

$$I_n = \{1, 2, \ldots, n\}.$$

Un insieme $X \neq \emptyset$ è finito se esiste un numero naturale n tale che

$$c(X) = c(I_n).$$

Un insieme X è infinito se non è finito.

Siano m ed n due numeri naturali non nulli. Senza ledere la generalità del discorso, supponiamo che $m < n$. Sia f una funzione iniettiva definita su I_m a valori in I_n. Una volta scelti gli m valori distinti $f(1), f(2), \ldots, f(m)$, l'insieme

$$I_n \setminus \{f(1), f(2), \ldots, f(m)\}$$

non è vuoto, dal momento che $n > m$. Quindi $f \colon I_m \to I_n$ non può essere suriettiva. Viceversa, una funzione $g \colon I_n \to I_m$ non può essere iniettiva. Infatti, una volta scelti m valori distinti $g(1), g(2), \ldots, g(m)$, per assegnare i valori ai restanti $n - m$ elementi di

$$I_n \setminus \{g(1), g(2), \ldots, g(m)\}$$

dovremmo fatalmente scegliere ancora tra gli stessi m valori già utilizzati. Queste considerazioni permettono di concludere che

Teorema 2.11   *Siano m ed n numeri naturali. Risulta $c(I_n) = c(I_m)$ se e solo se $m = n$.*

Definizione 2.40 La cardinalità di un insieme finito (non vuoto) X è l'unico numero naturale n tale che $c(X) = c(I_n)$.

Inoltre, è evidente che esistono insiemi finiti di qualunque cardinalità n: è sufficiente infatti considerare proprio l'intervallo I_n, che ha cardinalità n. La teoria della cardinalità per gli insiemi finiti è piuttosto banale: a meno di *cambiare nome* agli elementi, qualunque insieme finito è identificato a qualche intervallo I_n. Alquanto diversa è la questione della cardinalità degli insiemi infiniti. Ripetendo le considerazioni fatte sopra, si dimostra facilmente che

Teorema 2.12 *L'insieme* **N** *dei numeri naturali è infinito.*

Il fatto è che non tutti gli insiemi infiniti hanno la stessa struttura insiemistica, a differenza degli insiemi finiti. Vedremo che l'insieme **R** dei numeri reali non ha la stessa cardinalità di **N**, pur essendo anch'esso un insieme infinito.

Definizione 2.41 Siano X ed Y due insiemi non vuoti. Diremo che

$$c(X) \leq c(Y)$$

se esiste un'applicazione iniettiva $\phi\colon X \to Y$.[14] Diremo che

$$c(X) < c(Y)$$

se esiste un'applicazione iniettiva ma non suriettiva $\phi\colon X \to Y$.[15]

Cominciamo ad occuparci degli insiemi infiniti.

Definizione 2.42 Un insieme X è numerabile se ha la stessa cardinalità di **N**. Un insieme X è al più numerabile se esso è finito oppure numerabile.

Osservazione 2.22 È importante sottolineare che la nomenclatura può essere fonte di malintesi. Alcuni testi chiamano numerabili gli insiemi che noi abbiamo chiamato al più numerabili. In particolare, l'insieme dei numeri pari è per noi numerabile, mentre $\{1, 5, 7, 9\}$ non lo è. L'affermazione che l'insieme dei numeri pari sia numerabile può essere dimostrata facilmente. In effetti, un numero naturale n è pari se e solo se esiste un numero naturale k tale che $n = 2k$. Inoltre, tale k è unico. Quindi la funzione che ad ogni numero pari n associa l'unico numero naturale k tale che $n = 2k$ è una funzione iniettiva e suriettiva.

Prima di proseguire, introduciamo una terminologia che ci aiuterà in alcune dimostrazioni. Una enumerazione di un insieme al più numerabile X è una stringa,[16]

---

[14] Equivalentemente, se X ha la stessa cardinalità di un sottoinsieme di Y.

[15] Equivalentemente, se X ha la stessa cardinalità di un sottoinsieme proprio di Y.

[16] Prendiamo in prestito un termine dall'informatica.

eventualmente finita,

$$x_0, x_1, x_2, x_3, \ldots, x_n, x_{n+1}, \ldots$$

nella quale compaiano una ed una sola volta tutti e soli gli elementi dell'insieme X.
Potremo quindi scrivere brevemente

$$X = \{x_1, x_2, x_3, \ldots\}$$

per descrivere un arbitrario insieme al più numerabile. La stringa è finita se e solo
se X è un insieme finito. Naturalmente non abbiamo detto niente di nuovo: una enumerazione è semplicemente una funzione biunivoca $x: \mathbf{N} \to X$ definita da $x(n) = x_n$
per ogni n naturale.

Il prossimo teorema è uno strumento essenziale nell'analisi della cardinalità
degli insiemi.

Teorema 2.13 (Cantor-Schröder-Bernstein)　*Siano X ed Y due insiemi. Se*
$c(X) \leq c(Y)$ e $c(Y) \leq c(X)$, *allora* $c(X) = c(Y)$.

Esplicitamente, se esistono una funzione iniettiva da X in Y ed una funzione
iniettiva da Y in X, allora esiste una funzione biunivoca di X su Y. Il teorema
non è banale, e proponiamo la dimostrazione di [18].[17] Faremo uso del seguente
principio.

Teorema 2.14　*Se un insieme X può essere messo in corrispondenza biunivoca con
un suo sottoinsieme Z, allora X può essere messo in corrispondenza biunivoca con
qualunque sottoinsieme V tale che $Z \subset V \subset X$.*

Dimostrazione　Sia $h: X \to Z$ una funzione biunivoca. Posto

$$E = V \setminus Z, \qquad F = X \setminus V,$$

risulta

$$X = Z \cup E \cup F, \qquad V = Z \cup E.$$

Gli insiemi Z, E ed F sono mutualmente disgiunti. Posto

$$Z_1 = h(Z), \quad E_1 = h(E), \quad F_1 = h(F),$$

risulterà

$$Z = h(X) = Z_1 \cup E_1 \cup F_1.$$

---

[17] Una dimostrazione di grande eleganza appare in [13], che consigliamo di leggere solo dopo aver
compreso la nostra.

Ricordando che h è una funzione biunivoca, Z_1, E_1 e F_1 sono mutualmente disgiunti. Sia $n \geq 1$ un numero naturale. Definiamo

$$Z_n = h^n(Z), \quad E_n = h^n(E), \quad F_n = h^n(F),$$

dove h^n indica la composizione di h con se stessa n volte. Allora

$$h^n(X) = h^{n-1}(Z) = Z_{n-1} = Z_n \cup E_n \cup F_n.$$

Sia

$$M = \bigcap_{n=1}^{\infty} Z_n.$$

Se $x \in X \setminus M$, esiste un numero naturale k tale che $x \in Z_k \setminus Z_{k+1}$. Ricordando che

$$Z_k = Z_{k+1} \cup E_{k+1} \cup F_{k+1},$$

deduciamo che x appartiene a E_{k+1} oppure a F_{k+1}. Quindi

$$X = M \cup E \cup F \cup E_1 \cup F_1 \cup \cdots \cup E_n \cup F_n \cup \cdots$$
$$V = M \cup E \cup F_1 \cup E_1 \cup F_2 \cup \cdots \cup E_n \cup F_{n+1} \cup \cdots$$

Possiamo finalmente costruire una funzione biunivoca $g \colon X \to V$. Infatti, prescriviamo che g sia la funzione identica su M e su ogni insieme E_n, mentre prescriviamo che g sia la funzione h su ogni F_n. Poiché $F_{n+1} = h(F_n) = g(F_n)$, si vede immediatamente che g è iniettiva e suriettiva. $\qquad\square$

Dimostrazione del Teorema di Cantor-Schröder-Bernstein   Per ipotesi esistono una funzione iniettiva $f \colon X \to Y$ ed una funzione iniettiva $s \colon Y \to X$. Chiaramente $s \circ f(X) \subset s(Y) \subset X$. I due insiemi X e $s \circ f(X)$ sono in corrispondenza biunivoca, quindi esiste una funzione biunivoca di X su $s(Y)$. Per ipotesi $s(Y)$ è in corrispondenza biunivoca con X, e la dimostrazione è conclusa. $\qquad\square$

Esempio 2.3   Gli insiemi $\mathbf{N}$ e $\mathbf{N} \times \mathbf{N}$ hanno la stessa cardinalità. Infatti la funzione $n \mapsto (n, 0)$ è una funzione iniettiva da $\mathbf{N}$ a $\mathbf{N} \times \mathbf{N}$. Viceversa, ad ogni coppia ordinata (m, n) di numeri naturali associamo il numero naturale $2^n \cdot 3^m$. La verifica dell'iniettività di questa funzione si riduce a verificare la seguente affermazione: l'unica coppia (m, n) di interi tali che $2^n = 3^m$ è la coppia $(0, 0)$. Se n ed m sono numeri interi di segno discorde, tale uguaglianza è impossibile, perché uno dei due membri è minore o uguale ad 1 e l'altro è maggiore di 1. Resta il caso in cui n ed m sia entrambi positivi. Ma anche in questo caso l'uguaglianza è impossibile: se 2 divide un prodotto di interi, allora 2 divide almeno uno dei due fattori. Quindi 3 sarebbe un multiplo di 2, ciò che è palesemente falso. L'unica possibilità è che $m = n = 0$. Possiamo ormai applicare il Teorema di Cantor-Schröder-Bernstein e concludere.

Esempio 2.4 L'insieme $\mathbf{Z}$ dei numeri interi ha la stessa cardinalità di $\mathbf{N}$. Infatti ogni numero naturale è un numero intero. Viceversa, possiamo *iniettare* $\mathbf{Z}$ in $\mathbf{N}$ con il seguente procedimento:

$$0 \mapsto 0, \ 1 \mapsto 1, \ -1 \mapsto 2, \ 2 \mapsto 3, \ -2 \mapsto 4, \ldots$$

Con il linguaggio delle enumerazioni, rappresentiamo $\mathbf{Z}$ come segue:

$$x_0 = 0$$
$$x_1 = 1$$
$$x_2 = -1$$
$$x_3 = 2$$
$$x_4 = -2$$
$$\vdots$$

Per il Teorema di Cantor-Schröder-Bernstein, $c(\mathbf{Z}) = c(\mathbf{N})$.

Esempio 2.5 L'insieme $\mathbf{Q}$ dei numeri razionali ha la stessa cardinalità di $\mathbf{N}$. Come sopra, $\mathbf{N} \subset \mathbf{Q}$. Viceversa, ogni frazione p/q, ridotta ai minimi termini,[18] può essere trasformata nella coppia (p, q) di numeri interi. Questa trasformazione è una funzione iniettiva. Dunque $c(\mathbf{Q}) \leq c(\mathbf{Z} \times \mathbf{Z}) = c(\mathbf{N} \times \mathbf{N}) = c(\mathbf{N})$. Il Teorema di Cantor-Schröder-Bernstein implica che $c(\mathbf{Q}) = c(\mathbf{N})$.

Proponiamo adesso alcune utili proprietà degli insiemi al più numerabili, seguendo [1].

Teorema 2.15 *Ogni sottoinsieme di un insieme al più numerabile è al più numerabile.*

Dimostrazione Sia X un insieme al più numerabile, e sia A un suo sottoinsieme. Se A è finito, non c'è altro da dimostrare. Supponiamo allora che A (e a maggior ragione X) sia infinito. Sia $\{x_0, x_1, \ldots\}$ una enumerazione di X. Sia $k(1)$ il più piccolo numero naturale tale che $x_{k(1)} \in A$. Poi scegliamo il più piccolo numero naturale $k(2) > k(1)$ tale che $x_{k(2)} \in A$. Iterando questa costruzione, otteniamo una funzione $n \in \mathbf{N} \mapsto k(n) \in \mathbf{N}$ tale che $k(i) < k(j)$ per ogni $i < j$. Allora la composizione $x \circ k$ è una enumerazione di A. Infatti tutti gli elementi di A appaiono nella enumerazione

$$x_{k(1)}, x_{k(2)}, \ldots, x_{k(n)}, \ldots$$

Inoltre da $x_{k(i)} = x_{k(j)}$ segue $k(i) = k(j)$ (perché x è una enumerazione iniettiva), e infine $i = j$. $\qquad\qquad\square$

---

[18] Cioè tale che p e q non abbiano fattori comuni.

Teorema 2.16 *Se* $\mathcal{F} = \{A_1, A_2, \ldots, A_n, \ldots\}$ *è una famiglia di insiemi al più numerabili mutualmente disgiunti, allora l'unione* $\bigcup_{n=1}^{\infty} A_n$ *è al più numerabile.*

Dimostrazione Per ogni n naturale, sia $A_n = \{a_{1,n}, a_{2,n}, \ldots\}$ una enumerazione di A_n. Poniamo $S = \bigcup_{n=1}^{\infty} A_n$. Ogni elemento $x \in S$ appartiene almeno ad uno degli insiemi A_n, pertanto esiste una coppia (m, n) di numeri naturali tali che $x = a_{m,n}$. Ora, questa coppia è unica, poiché gli insiemi della famiglia $\mathcal{F}$ sono mutualmente disgiunti. La funzione f definita da $f(x) = (m, n)$ se $x = a_{m,n} \in S$ è ben definita sul dominio S e la sua immagine $f(S)$ è un sottoinsieme di $\mathbf{N} \times \mathbf{N}$. Quindi $f(S)$ è un insieme al più numerabile. Poiché f è iniettiva, $c(S) = c(f(S))$. $\qquad\square$

Il precedente risultato si estende alle unioni qualsiasi di insiemi al più numerabili.

Teorema 2.17 *Se* $\mathcal{F} = \{A_1, A_2, A_3, \ldots\}$ *è una famiglia al più numerabile di insiemi qualsiasi, poniamo* $B_1 = A_1$ *e*

$$B_n = A_n \setminus \bigcup_{k=1}^{n-1} A_k.$$

Allora $\mathcal{G} = \{B_1, B_2, B_3, \ldots\}$ *è una famiglia al più numerabile di insiemi mutualmente disgiunti, e risulta*

$$\bigcup_{n=1}^{\infty} B_n = \bigcup_{n=1}^{\infty} A_n.$$

Dimostrazione L'affermazione che $B_i \cap B_j = \emptyset$ per $i \neq j$ è evidente dalla definizione. Abbreviamo $A = \bigcup_{n=1}^{\infty} A_n$, $B = \bigcup_{n=1}^{\infty} B_n$. Se $x \in A$, allora esiste k tale che $x \in A_k$. Sia n il più piccolo numero naturale tale che $x \in A_n$. Quindi x non appartiene ad alcuno degli insiemi $A_1, A_2, \ldots, A_{n-1}$. Quindi $x \in B_n \subset B$. Questo dimostra che $A \subset B$. Viceversa, se $x \in B$, allora $x \in B_n$ per qualche n, e a maggior ragione $x \in A_n$. In conclusione $B \subset A$, e la dimostrazione è conclusa. $\qquad\square$

Il seguente teorema è ormai una conseguenza diretta dei precedenti.

Teorema 2.18 *Se* $\mathcal{F}$ *è una famiglia al più numerabile di insiemi al più numerabili, allora l'unione di tutti i membri di* $\mathcal{F}$ *è un insieme al più numerabile.*

Possiamo così ottenere una dimostrazione (leggermente) diversa del fatto che l'insieme $\mathbf{Q}$ dei numeri razionali sia numerabile. Dato n naturale non nullo, l'insieme A_n delle frazioni il cui denominatore sia n è un insieme numerabile. Ogni frazione appartiene all'unione $\bigcup_{n=1}^{\infty} A_n$, e quindi $\mathbf{Q}$ è un insieme numerabile.

2.10   Gli assiomi della teoria ZFC

Per soddisfare la curiosità di qualche lettore particolarmente intraprendente, in questa sezione elenchiamo gli assiomi della teoria ZFC degli insiemi. L'unica costante non definita — cioè primitiva — di questa teoria è $\in$. Pur non essendo formalmente richiesto, leggeremo questa costante "appartiene", o "è elemento di".

Assioma dell'insieme nullo $\exists\emptyset\forall z(z \notin \emptyset)$. A parole: esiste un insieme $\emptyset$ al quale non appartiene alcun elemento z.

Assioma di estensione $\forall x\forall y(\forall z(z \in x \Leftrightarrow z \in y) \Rightarrow x = y)$. A parole: due insiemi x e y sono uguali se contengono esattamente gli stessi elementi.

Assioma di coppia $\forall x\forall y\exists u\forall z(z \in u \Leftrightarrow (z = x \vee z = y))$. A parole: dati due elementi x e y, esiste un insieme u al quale appartengono esattamente x e y.

Assioma dell'unione $\forall x\exists u\forall z(z \in u \Leftrightarrow \exists w \in x(z \in w))$ Per comprendere il senso di questo assioma, è conveniente immaginare x come un insieme di insiemi, cioè un insieme i cui elementi siano insiemi. L'assioma afferma allora che, data una collezione qualsiasi di insiemi, esiste un insieme i cui elementi siano esattamente gli elementi di qualche insieme della collezione.

Assioma dell'infinito $\exists I(\emptyset \in I \wedge \mathrm{Ind}(I))$, dove $\mathrm{Ind}(x)$ significa

$$\forall y(y \in x \Rightarrow (y \cup \{y\}) \in x).$$

Questo assioma postula l'esistenza di un insieme I al quale appartiene $\emptyset$ e che goda della proprietà: se $y \in I$, allora $y \cup \{y\}$ appartiene ad I. Nel dialetto della teoria degli insiemi, $y \cup \{y\}$ è chiamato *successore* di y.

Assioma schema di separazione   Per ogni formula $\varphi(z, p_1, \ldots, p_n)$ dipendente dalle variabili libere $z, p_1, \ldots, p_n$, la seguente formula è un assioma:

$$\forall x\forall p_1 \ldots \forall p_n\exists y\forall z(z \in y \Leftrightarrow (z \in x \wedge \varphi(x, p_1, \ldots, p_n))).$$

Informalmente, è possibile specificare un insieme mediante la richiesta che i suoi elementi soddisfino una certa proprietà φ. Se x è un insieme e se $\varphi(z)$ è una formula dipendente da una variabile libera, tale insieme sarà indicato con

$$\{z \in x \mid \varphi(z)\}.$$

Le variabili $p_1, \ldots, p_n$ sono tipicamente pensate come parametri. Ad esempio, se $p(z, a)$ rappresenta

$$z \in a,$$

possiamo definire

$$\{z \in x \mid z \in a\},$$

che nel linguaggio intuitivo è l'intersezione di x e a.

Assioma dell'insieme delle parti $\forall x \exists y \forall z (z \in y \Leftrightarrow z \subset x)$, dove $z \subset x$ significa

$$\forall w (w \in z \Rightarrow w \in x).$$

Intuitivamente, se x è una collezione di insiemi, y è l'insieme di tutti i sottoinsiemi (propri e non) di x.

I precedenti assiomi permettono di definire tutte la teoria ingenua degli insiemi a partire dal solo simbolo $\in$ di appartenenza. Ovviamente lo sviluppo sistematico di una siffatta teoria richiede molto lavoro, e ad esso sono dedicati interi manuali. È poi interessante osservare che la teoria assiomatica degli insiemi può essere costruita a partire da famiglie di assiomi differenti da quelli elencati sopra. In particolare, l'assioma schema di separazione può essere reso *assoluto* nel seguente senso: assegnata una formula $\varphi(z)$, è definito un oggetto

$$\{x \mid \varphi(x)\}.$$

La pretesa che tale oggetto sia un insieme è impossibile, dal momento che si ricade facilmente nel paradosso di Russell. Sono state tuttavia sviluppate teorie assiomatiche degli insiemi i cui oggetti primitivi sono qualcosa di più generale degli insiemi, e che solitamente si chiamano *classi*. In tali teorie, non è necessario postulare l'esistenza dell'insieme vuoto, che può essere introdotto come la classe

$$\{x \mid x \neq x\}.$$

Gli insiemi sono gli elementi delle classi: x è un insieme se esiste una classe y tale che $x \in y$. Rimandiamo alle Appendici e a [22] per una descrizione della teoria delle classi di Kelley-Morse, e per ulteriori ragguagli bibliografici.

2.11   Strutture algebriche astratte

Per contestualizzare meglio i sistemi numerici, dei quali parleremo nel prossimo capitolo, raccogliamo in questa sezione le definizioni delle principali strutture algebriche: gruppi, anelli e campi. Esempi di ciascuna di tali strutture appaiono frequentemente in tutta la matematica moderna.

Definizione 2.43 Sia G un insieme. Diremo che G è un gruppo se esiste una relazione binaria[19] in G, denotata con $(g_1, g_2) \mapsto g_1 g_2$ per ogni $g_i \in G$, $i = 1, 2$, che soddisfi i seguenti assiomi:

1. Proprietà associativa: per ogni g_1, g_2 e g_3 in G, risulta $(g_1 g_2)g_3 = g_1(g_2 g_3)$;
2. Esistenza dell'elemento neutro: esiste un elemento $u \in G$ tale che $ug = gu = g$ per ogni $g \in G$;
3. Esistenza dell'elemento inverso: per ogni $g \in G$ esiste un elemento $g^{-1} \in G$ tale che $gg^{-1} = g^{-1}g = u$.

Se è soddisfatta solo la proprietà associativa, G è chiamato semigruppo. Se è soddisfatto anche l'assioma

4. Proprietà commutativa: per ogni g_1 e g_2 in G, risulta $g_1 g_2 = g_2 g_1$,

il gruppo G è detto commutativo o abeliano.

Definizione 2.44 Siano G e G' due gruppi, Una funzione $f: G \to G'$ è un omomorfismo se[20]

$$f(g_1 g_2) = f(g_1) f(g_2) \quad \text{per ogni } g_1 \text{ e } g_2 \text{ in } G.$$

Un omomorfismo di gruppi che sia iniettivo e suriettivo si chiama isomorfismo. Due gruppi G e G' sono isomorfi se esiste un isomorfismo di G su G'.

Osservazione 2.23 Non è difficile mostrare che l'elemento neutro è unico in qualunque gruppo. Inoltre ogni elemento di un gruppo possiede uno ed un solo elemento inverso. Lasciamo queste semplici dimostrazioni per esercizio.

Osservazione 2.24 Invece della notazione moltiplicativa che abbiamo preferito, talvolta la relazione binaria che definisce la struttura di gruppo è indicata come una somma: $g_1 + g_2$ invece di $g_1 g_2$. Va da sé che si tratta comunque di scritture astratte, e che il simbolo di somma o di prodotto non hanno in generale alcun collegamento con le operazioni di somma e prodotto che già conosciamo in altre situazioni. Se il lettore si sente disorientato, potrà fare l'esercizio di scrivere sistematicamente $g_1 \# g_2$.

In questo libro non avremo la necessità di utilizzare sistematicamente le strutture algebriche astratte. Tuttavia ci capiterà di utilizzare alcuni termini, e preferiamo che essi siano stati già introdotti.

Definizione 2.45 Un anello è un insieme A nel quale siano definite due operazioni: una somma $+: A \times A \to A$ e un prodotto $\cdot: A \times A \to A$ tali che

---

[19] Più comunemente chiamata operazione.
[20] Seguiamo qui il piccolo abuso di notazione di non distinguere la notazione per l'operazione in G da quella in G'. Il contesto, d'altronde, chiarisce quale sia il prodotto utilizzato.

1. A sia un gruppo commutativo rispetto all'operazione di somma; l'elemento neutro sarà indicato con 0.
2. A sia un semigruppo rispetto all'operazione di prodotto.
3. L'operazione di prodotto sia distributiva rispetto all'operazione di somma: per ogni a, b, c in A,

$$a(b + c) = ab + ac, \qquad (a + b)c = ac + bc.$$

Se il prodotto soddisfa la proprietà commutativa, l'anello A è chiamato anello commutativo. Se esiste un elemento neutro $u \in A$ per il prodotto, u è chiamato elemento neutro dell'anello A, ed è spesso indicato con il simbolo 1. In tal caso A è un anello con unità.[21]

Definizione 2.46 Siano A e A' due anelli. Una funzione biunivoca $f : A \to A'$ è un isomorfismo di anelli se f soddisfa le condizioni

1. $f(a_1 + a_2) = f(a_1) + f(a_2)$,
2. $f(a_1 a_2) = f(a_1) f(a_2)$

per ogni scelta di a_1 e a_2 in A.

Definizione 2.47 Un anello K è un corpo se possiede elemento neutro $u \neq 0$ e se ogni elemento $a \neq 0$ di K possiede un inverso moltiplicativo a^{-1}:

$$aa^{-1} = a^{-1}a = u$$

Un corpo K è un campo se l'operazione di prodotto è commutativa.

Nel prossimo capitolo affronteremo lo studio dei principali sistemi numerici in modo formale. Vedremo che l'insieme $\mathbf{N}$ dei numeri naturali è un semigruppo rispetto alla somma, $\mathbf{Z}$ è un anello commutativo, mentre $\mathbf{Q}$ e $\mathbf{R}$ sono campi.

2.12 Problemi

2.1 Siano A e B due insiemi arbitrari. Dimostrare le leggi di De Morgan:

$$(A \cup B)^c = A^c \cap B^c, \qquad (A \cap B)^c = A^c \cup B^c,$$

dove il complemento è inteso rispetto a un insieme universo fissato U.

2.2 Sia $A \subseteq B$. Dimostrare che:

$$A \subseteq B \quad \Longleftrightarrow \quad A \cap B = A.$$

---

[21] Evidentemente 1 è qui solo un simbolo, che nulla ha a che vedere con il numero naturale 1.

2.3 Sia A un insieme finito con n elementi. Dimostrare che l'insieme di tutti i sottoinsiemi di A ha cardinalità 2^n.

2.4 Siano A, B e C tre insiemi. Dimostrare la proprietà distributiva:

$$A \cup (B \cap C) = (A \cup B) \cap (A \cup C).$$

2.5 Siano (m,n) e (m',n') due coppie di numeri naturali. Diremo che $(m,n) \sim (m',n')$ se e solo se

$$m + n' = m' + n.$$

Ad esempio, $(2,3) \sim (3,4)$. Si presti attenzione al fatto che la condizione $m + n' = m' + n$ è sempre significativa nell'ambito dei numeri naturali, mentre la scrittura $m - m' = n - n'$ perde senso non appena $m < m'$ o $n < n'$. È facile verificare che $\sim$ è una relazione di equivalenza il cui campo è l'insieme $\mathbf{N}$ dei numeri naturali. I numeri interi relativi possono allora essere identificati con le classi di equivalenza rispetto alla relazione $\sim$: intuitivamente ogni numero intero $p \in \mathbf{Z}$ è la differenza di due numeri naturali. Poiché una tale rappresentazione non è univoca, identifichiamo tra loro tutte le coppie di numeri naturali che — per differenza — danno luogo allo stesso numero intero. Quindi $-1 = 2 - 3 = 3 - 4 = 4 - 5 = \ldots$ In conclusione, $\mathbf{Z} = (\mathbf{N} \times \mathbf{N})/ \sim$.

A questo punto possiamo definire un'operazione di addizione in $\mathbf{Z}$:

$$[(m,n)] + [(m',n')] = [(m + m', n + n')].$$

Si verifica facilmente che questa definizione non dipende dai rappresentanti delle due classi di equivalenza. Vediamo un esempio numerico: $-1 = 2 - 3$ e $5 = 6 - 1$. Allora $4 = -1 + 5 = (2 + 6) - (3 + 1)$. Con un po' di lavoro che lasciamo al lettore volenteroso, si dimostra che questa operazione soddisfa le usuali proprietà della somma fra numeri interi relativi. Il numero $0 = [(m,m)]$ (per qualunque scelta di m in $\mathbf{N}$) è l'elemento neutro, ed ogni elemento $[(m,n)]$ di $\mathbf{Z}$ possiede uno ed un solo elemento opposto $[(-m,-n)]$ in $\mathbf{Z}$.

2.6 Siano (m,n) e (m',n') due coppie di numeri interi relativi tali che $n \neq 0$ e $n' \neq 0$. Diremo che $(m,n) \sim (m',n')$ se e solo se

$$m \cdot n' = m' \cdot n.$$

Procedendo come nell'Esempio 2.5 si costruisce l'insieme $\mathbf{Q} = (\mathbf{Z} \times (\mathbf{Z} \setminus \{0\}))/ \sim$ dei numeri razionali: ogni frazione r è visualizzata come una coppia ordinata di numeri interi (m,n) tali che $n \neq 0$ attraverso la scrittura $r = p/q$. Evidentemente questa rappresentazione non è univoca, e per questo motivo identifichiamo fra loro tutte le frazioni che a scuola ci hanno insegnato a chiamare equivalenti, cioè non ridotte ai minimi termini. Ad esempio

$$\frac{2}{3} = \frac{4}{6} = \frac{6}{9} = \cdots$$

Imitando quanto visto nell'esempio 2.5 possiamo definire un'operazione di somma in **Q**. Ma sappiamo anche che possiamo moltiplicare tra loro due frazioni; quindi definiamo un'operazione di moltiplicazione attraverso la posizione

$$[(m,n)] \cdot [(m',n')] = [(mm',nn')].$$

È chiaro che questa definizione rispecchia le aspettative:

$$\frac{m}{n} \cdot \frac{m'}{n'} = \frac{mm'}{nn'}.$$

L'elemento $1 = [(m,m)]$ (per qualunque scelta di $m \neq 0$ in **Z**) è l'elemento neutro per il prodotto, ed ogni elemento $[(m,n)] \neq [(0,1)] = 0$ possiede uno ed un solo elemento inverso $[(n,m)]$.

2.7   Siano A e B due insiemi (non vuoti), e consideriamo una funzione suriettiva $f\colon A \to B$. La famiglia

$$\mathcal{P} = \left\{ f^{-1}(\{y\}) \mid y \in B \right\}$$

è allora una partizione di A: evidentemente $f^{-1}(\{y_1\}) \cap f^{-1}(\{y_2\}) = \emptyset$ se $y_1 \neq y_2$, ed ogni x appartiene a $f^{-1}(\{f(x)\})$. Questa partizione costituisce allora l'insieme quoziente di A, rispetto alla relazione di equivalenza così definita:

$x_1 \sim x_2$ se e solo se $f(x_1) = f(x_2)$.

Definiamo la funzione $\tilde{f}\colon \mathcal{P} \to B$ mediante la posizione

$$\tilde{f}([x]) = f(x).$$

Se $[x] = [x']$, allora $f(x) = f(x')$, e dunque $\tilde{f}([x]) = \tilde{f}([x'])$. La funzione $\tilde{f}$ risulta pertanto ben definita. D'altronde $f(x) = f(x')$ implica $x \sim x'$, e dunque $[x] = [x']$. Quindi $\tilde{f}$ è una funzione iniettiva. Essendo chiaro che $\tilde{f}$ sia anche suriettiva, abbiamo dimostrato che ogni funzione suriettiva tra due insiemi induce una corrispondenza biunivoca tra l'insieme quoziente rispetto alla partizione $\mathcal{P}$ e il codominio della funzione assegnata.

Capitolo 3
Numeri

Estratto Questo capitolo introduce i principali sistemi numerici di utilizzo più frequente nell'Analisi Matematica (di base). Seguiremo un approccio pragmatico, introducendo direttamente il campo ordinato dei numeri reali attraverso un sistema di assiomi che lo caratterizzano completamente, e definiremo i numeri naturali come un particolare sottoinsieme dei numeri reali. (Tecnicamente gli assiomi caratterizzano il campo ordinato dei numeri reali solo a meno di isomorfismi, cioè di corrispondenze biunivoche che rispettano le operazioni di campo. Ma di questa parziale unicità ci accontenteremo di sapere che sussiste, senza arrischiare una dimostrazione rigorosa). L'approccio più intuitivo, che consiste nel definire per primi i numeri naturali e nel costruire a partire da essi i numeri interi, poi i razionali e infine i reali, ci lascerebbe con il difficile compito di trovare una costruzione dei numeri naturali che si basi esclusivamente sulla teoria degli insiemi. Questo è certamente possibile, ma tutt'altro che ragionevole nei limiti di un primo corso di Analisi Matematica come è il nostro. Seguendo una via che è meno deduttiva ma pedagogicamente più diretta, introdurremo fin dall'inizio un sistema assiomatico che descrive il sistema dei numeri reali come campo totalmente ordinato con una proprietà specifica: l'assioma di Dedekind, che poi si riduce alla completezza per l'ordine. Tra le molte fonti a disposizione, seguiamo qui l'esposizione di [14].

3.1 Numeri reali

Un modello assiomatico per il sistema dei numeri reali parte da un campo $\mathbf{R}$, le cui due operazioni sono indicate al solito con $+$ e $\cdot$ (il prodotto è quasi sempre rappresentato per giustapposizione: ab invece di $a \cdot b$), i cui elementi neutri sono rispettivamente 0 e 1. L'elemento inverso di $x \in \mathbf{R}$ rispetto alla somma sarà indicato con $-x$ e sarà chiamato comunemente opposto di x, mentre l'elemento inverso di $x \neq 0$ sarà indicato con x^{-1} e sarà chiamato reciproco di $x \neq 0$. Per brevità e

S. Secchi, *Analisi Matematica*, La Matematica per il 3+2,
https://doi.org/10.1007/978-3-032-20804-0_3

consuetudine, definiamo

$$x + (-y) = x - y$$
$$\frac{1}{x} = x^{-1} \qquad \text{per ogni } x \neq 0$$
$$\frac{x}{y} = x \cdot y^{-1} \qquad \text{per ogni } x \in \mathbf{R} \text{ e ogni } y \neq 0.$$

Nel seguito ci atterremo quasi esclusivamente alla precedente notazione frazionaria. Le proprietà elencate nei prossimi teoremi sono valide in qualunque campo. Per questa ragione parleremo genericamente di *numeri* e non di numeri reali: il lettore potrà interpretare il sostantivo *numero* come sinonimo di *elemento di un campo*.

Teorema 3.1 *Se $a + y = a$ per ogni numero y, e se $b + y = b$ per ogni numero y, allora $a = b$.*

Dimostrazione Per ipotesi, $a+b=a$ e $b+a=a$. Poiché $a+b=b+a$, deduciamo $a = b$. $\qquad\square$

Corollario 3.1 *L'elemento neutro 0 è unico.*

Teorema 3.2 *Se $a + b = 0$ e $a + c = 0$, allora $b = c$.*

Dimostrazione Infatti, $b + (a + c) = (b + a) + c$. Siccome $a + c = 0$, $b = (b + a) + c$. Ma $b + a = a + b = 0$, sicché $b = 0 + c = c$. $\qquad\square$

Corollario 3.2 *L'inverso additivo di un numero è unico.*

Teorema 3.3 *Per ogni numero a, $-(-a) = a$.*

Dimostrazione L'inverso additivo di $-a$ è quel numero x tale che $x + (-a) = 0$. Ma $-a + a = a + (-a) = 0$, quindi $x = a$. $\qquad\square$

Teorema 3.4 *Se $x + a = b$, allora $x = b - a$.*

Dimostrazione Dall'ipotesi, $(x + a) - b = b - b = 0$. Ma $(x + a) - b = x + (a - b)$, sicché x è l'opposto di $a - b$. Ora, $-(a - b) = b - a$, poiché

$$(b - a) + (a - b) = b + (-a + a) - b = (b - b) + (a - a) = 0.$$

Quindi $x = b - a$. $\qquad\square$

Inutile dire che analoghe affermazioni possono essere dimostrate per il prodotto invece che per la somma.

Teorema 3.5 *Se a e b sono numeri non uguali a 0, allora*

$$\frac{1}{ab} = \frac{1}{a} \cdot \frac{1}{b}.$$

Dimostrazione Dobbiamo dimostrare che

$$(ab) \cdot \left(\frac{1}{a} \cdot \frac{1}{b} \right) = 1.$$

Ma

$$
\begin{aligned}
(ab) \cdot \left(\frac{1}{a} \cdot \frac{1}{b} \right) &= \left((ab) \cdot \frac{1}{a} \right) \cdot \frac{1}{b} \\
&= \left(\frac{1}{a} \cdot (ab) \right) \cdot \frac{1}{b} \\
&= \left(\left(\frac{1}{a} \cdot a \right) \cdot b \right) \cdot \frac{1}{b} \\
&= (1 \cdot b) \cdot \frac{1}{b} \\
&= 1 \cdot \left(b \cdot \frac{1}{b} \right) \\
&= 1 \cdot 1 = 1.
\end{aligned}
$$
$\square$

Teorema 3.6 *Se a, b, c e d sono numeri tali che $b \neq 0$ e $d \neq 0$, allora*

$$\frac{a}{b} \cdot \frac{c}{d} = \frac{ac}{bd}.$$

Dimostrazione Osserviamo che

$$
\begin{aligned}
\frac{ac}{bd} &= ac \cdot \frac{1}{bd} \\
&= a \cdot \frac{1}{bd} \cdot c \\
&= a \cdot \frac{1}{b} \cdot \frac{1}{d} \cdot c \\
&= \left(a \cdot \frac{1}{b} \right) \left(\frac{1}{d} \cdot c \right) \\
&= \frac{a}{b} \cdot \frac{c}{d}.
\end{aligned}
$$
$\square$

Teorema 3.7 *Se a, b, c, e d sono numeri e nessuno fra b, c e d è 0, allora*

$$\frac{\frac{a}{b}}{\frac{c}{d}} = \frac{a}{b} \cdot \frac{d}{c}$$

Dimostrazione   È sufficiente (perché?) far vedere che

$$\left(\frac{c}{d}\right)^{-1} = \frac{d}{c}.$$

Ora,

$$\begin{aligned}
\frac{c}{d} \cdot \frac{d}{c} &= \frac{cd}{dc} \\
&= \frac{cd}{cd} \\
&= 1.
\end{aligned}$$
$\square$

Teorema 3.8   *Se a, b, c e d sono numeri tali che $b \neq 0$ e $d \neq 0$, e se $a/b = c/d$,
allora*

$$ad = bc.$$

Dimostrazione   Infatti

$$\begin{aligned}
ad &= ad \cdot \frac{1}{b} \cdot b \\
&= \frac{a}{b} \cdot d \cdot b \\
&= \frac{c}{d} \cdot d \cdot b \\
&= c \cdot \left(\frac{1}{d}\right) \cdot d \cdot b \\
&= bc.
\end{aligned}$$
$\square$

Teorema 3.9   *Se a, b, c sono numeri tali che $c \neq 0$, allora*

$$\frac{a}{c} + \frac{b}{c} = \frac{a + b}{c}.$$

Dimostrazione   Per la proprietà distributiva,

$$\frac{a + b}{c} = (a + b)\frac{1}{c} = \frac{a}{c} + \frac{b}{c}.$$
$\square$

Teorema 3.10   *Per ogni numero x, risulta $x \cdot 0 = 0$.*

Dimostrazione   Per la proprietà distributiva,

$$(x \cdot 0) + (x \cdot 0) = x(0 + 0) = x \cdot 0.$$

Quindi $x \cdot 0 = 0$.
$\square$

Corollario 3.3 *Il numero 0 non ha reciproco.*

Dimostrazione Sia x un numero tale che $x \cdot 0 = 1$. Poiché $x \cdot 0 = 0$, avremmo $0 = 1$, contro un assioma di campo. Quindi un tale numero x non esiste. $\square$

Osservazione 3.1 Il precedente Corollario motiva quella regola aurea che ogni (buon) insegnante di scuola ci ha insegnato: non si divide MAI per zero!

Teorema 3.11 *Se x e y sono numeri, allora*

$$(-x)y = -(xy)$$
$$(-x)(-y) = xy.$$

Dimostrazione Per verificare la prima uguaglianza, dobbiamo mostrare che $(-x)y$ è l'opposto di xy. Infatti

$$(-x)y + (xy) = (-x + x)y = 0 \cdot y = 0.$$

Infine,

$$(-x)(-y) = -(x(-y)) = -(-(xy)) = xy. \qquad \square$$

Alla struttura algebrica di campo aggiungiamo adesso una relazione d'ordine. Supporremo per questo che esista un insieme P di numeri che soddisfi i seguenti assiomi:

Assiomi di positività (1) Per ogni numero x, esattamente una delle seguenti affermazioni è vera: $x \in P$, $x = 0$, $-x \in P$. (2) Se x e y appartengono a P, allora $x + y \in P$ e $xy \in P$.

Definizione 3.1 Un numero $x \in P$ è chiamato positivo. Un numero x è negativo se $-x \in P$.

Osservazione 3.2 Equivalentemente, avremmo potuto introdurre un sottoinsieme NN tale che (1) per ogni numero x, $x \in$ NN oppure $-x \in$ NN e (2) l'unico numero x tale che $x \in$ NN e $-x \in$ NN è $x = 0$. Gli elementi di NN sono i numeri non negativi. In questo libro distingueremo sempre i numeri positivi dai numeri non negativi, ma avvisiamo che alcuni testi utilizzano l'aggettivo *positivo* con il significato di *positivo o nullo*.

Teorema 3.12 *La relazione*

   $x \geq y$ *se e solo se* $x - y \in P$ *oppure* $x = y$

è una relazione d'ordine totale su **R**. *In particolare* P $= \{x \in \mathbf{R} \mid x > 0\}$.

Dimostrazione Lasciamo i dettagli della semplice dimostrazione al lettore. La totalità dell'ordine è ovviamente conseguenza del primo assioma di positività. La proprietà transitiva si verifica secondo i seguente schema: supponiamo che $x \leq y$ e $y \leq z$, cioè $y - x \geq 0$ e $z - y \geq 0$. Dunque $(z - y) + (y - x) = z - x \geq 0$. $\quad\square$

Teorema 3.13 $1 \in$ P.

Dimostrazione Un assioma di campo esclude la possibilità che $1 = 0$. Quindi resta da escludere che $-1 \in$ P. Se $-1 \in$ P, allora $(-1)(-1) \in$ P in quanto prodotto di numeri positivi. Ma $(-1)(-1) = 1$, e dunque $1 = -(-1)$ sarebbe positivo: questo è impossibile, perché 1 è l'opposto del numero positivo -1. Concludiamo che necessariamente $1 \in$ P. $\quad\square$

Teorema 3.14 *Il prodotto di due numeri negativi è positivo, e il prodotto di un numero positivo e di un numero negativo.*

Dimostrazione Se x ed y sono numeri negativi, allora $-x$ e $-y$ sono positivi. Quindi $(-x)(-y) = xy > 0$. Se $x > 0$ e $y < 0$, allora $x(-y) > 0$. Ma $x(-y) = -(xy)$, sicché $xy < 0$. $\quad\square$

Teorema 3.15 *Siano x ed y due numeri tali che $x < y$.*

1. *Per ogni numero a, $x + a < y + a$.*
2. *Se $u < v$, allora $x + u < y + v$.*
3. *Se $a > 0$, allora $ax < ay$.*
4. *Se $a < 0$, allora $ax > ay$.*

Dimostrazione Le prime due affermazioni sono di verifica immediata. Se $a > 0$, allora $ay - ax = a(y - x) > 0$ in quanto prodotto di due numeri positivi. Se $a < 0$, allora $a(y - x) < 0$ in quanto prodotto di un numero negativo e di un numero positivo. Quindi $a(x - y) > 0$, cioè $ax > ay$. $\quad\square$

Osserviamo che — anche a livello intuitivo — il campo dei numeri razionali **Q** soddisfa *tutti* gli assiomi appena introdotti. Per arrivare finalmente ad un modello dei numeri reali, occorre un ultimo assioma. Ci sono diversi modi di formulare questo assioma, e uno dei più efficaci è quello che vediamo ora.

Definizione 3.2 Una sezione di **R** è una coppia ordinata (L, R) di sottoinsiemi non vuoti L ed R tali che $L \cup R = \mathbf{R}$ e

per ogni $\ell \in L$ ed ogni $r \in R$, risulta $\ell < r$.

Ad esempio, $L = \{x \in \mathbf{R} \mid x \leq 2\}$ e $R = \{x \in \mathbf{R} \mid x > 2\}$ formano una sezione di **R**.

Assioma di continuità Un campo totalmente ordinato soddisfa l'assioma di continuità se per ogni sezione (L, R) del campo esiste un elemento separatore, cioè esiste un numero Λ tale che $\ell \leq \Lambda \leq r$ per ogni $\ell \in L$ ed ogni $r \in R$.

Osservazione 3.3 Semplici considerazioni insiemistiche mostrano che esiste al più un elemento separatore di una sezione. L'assioma di continuità è spesso formulato come segue: scelta comunque una sezione (L, R) del campo, o L possiede elemento massimo, o R possiede elemento minimo. L'equivalenza delle due forme dell'assioma è di immediata verifica, ricordando che ogni numero appartiene esattamente ad uno ed uno solo tra L e R.

Teorema 3.16 *In ogni campo totalmente ordinato sono equivalenti:*

1. *l'assioma di continuità, e*
2. *la proprietà dell'estremo superiore: ogni sottoinsieme non vuoto E che possieda un maggiorante, possiede estremo superiore.*

Dimostrazione La proprietà dell'estremo superiore implica banalmente l'assioma di continuità: se (L, R) è una sezione del campo, l'insieme L è non vuoto ed ogni elemento dell'insieme non vuoto R ne è un maggiorante. Posto $\Lambda = \sup L$, è immediato verificare che Λ è l'elemento separatore di (L, R): infatti ogni $\ell \in L$ deve soddisfare $\ell \leq \Lambda$ (perché Λ è un maggiorante di L), e nessun elemento di R — che è il complementare di L nel campo — può essere minore di Λ, ché altrimenti sarebbe esso stesso un maggiorante di L ancora più piccolo di Λ.

Viceversa, supponiamo che il campo soddisfi l'assioma di continuità, e sia E un sottoinsieme non vuoto del campo dotato di almeno un maggiorante. Allora l'insieme R dei maggioranti di E è non vuoto. Sia L il complementare di R nel campo. Siccome $E \neq \emptyset$, $L \neq \emptyset$. Fissiamo un elemento arbitrario $\ell \in L$ ed un elemento arbitrario $r \in R$. Poiché ℓ non è un maggiorante di E, esiste $e \in E$ tale che $\ell < e$. Ma allora $e \leq r$, e dunque $\ell < r$. Abbiamo così dimostrato che (L, R) è una sezione del campo. Sia Λ l'elemento separatore di questa sezione. Dunque i numeri minori di Λ non sono maggioranti di E, mentre i numeri maggiori di Λ sono maggioranti di E. Dobbiamo dimostrare che $\Lambda \in R$. Se fosse $\Lambda \in L$,[1] esisterebbe $e \in E$ tale che $\Lambda < e$. Ma allora tutti i numeri compresi tra Λ ed e, pur essendo maggiori di Λ, non sarebbero maggioranti di E. Questa contraddizione mostra che $\Lambda \in R$, cioè Λ è il più piccolo maggiorante di E, che per definizione coincide con $\sup E$. $\square$

Osservazione 3.4 Omettiamo la dimostrazione formale del seguente asserto: un campo totalmente ordinato ha la proprietà dell'estremo superiore se, e solo se, ogni sottoinsieme non vuoto avente almeno un minorante possiede estremo inferiore. Il lettore interessato può provare a sviluppare da sé la dimostrazione, oppure può trovarla in [13].

Osservazione 3.5 Alcuni manuali, si veda [21], propongono la proprietà dell'estremo superiore come assioma del campo dei numeri reali. Abbiamo preferito attenerci alla tradizione della manualistica italiana, ad esempio [10, 18].

---

[1] *Tertium non datur*, poiché (L, R) è una sezione del campo.

3.2 Numeri naturali

È ben noto che il primo sistema numerico utilizzato dall'umanità è quello dei numeri naturali:

$$(0), 1, 2, 3, 4, \ldots$$

Abbiamo messo tra parentesi il numero 0 (zero), storicamente introdotto molti secoli più tardi, e ancora oggi afflitto da una sorta di stigma che ne mette in discussione l'appartenenza all'insieme dei numeri naturali.

Qualche lettore potrebbe a questo punto affermare che *ogni* campo K contiene i numeri naturali: iniziamo dallo zero, elemento neutro per la somma, poi prendiamo 1, elemento neutro per il prodotto, e ricorsivamente definiamo

$$2 = 1 + 1$$
$$3 = 2 + 1$$
$$4 = 3 + 1$$
$$\vdots$$

E così via. Già: e così via. Ma che cosa significa "e così via"? Nella nostra testa, abbiamo in mente un ragionamento di questo tipo:

Dopo aver definito n, definiamo il successivo numero naturale come $n + 1$.

Questo modo di trovare i numeri naturali in ogni campo non è del tutto scorretto, ma si fonda su un ragionamento circolare. Abbiamo infatti bisogno di conoscere già il principio della ricorsività, che alla fine è esattamente la proprietà che definisce i numeri naturali stessi. Per uscire da questa *impasse*, utilizziamo uno stratagemma classico.

Definizione 3.3 Un sottoinsieme A del campo $\mathbf{R}$ è induttivo se $0 \in A$ e se, ogni volta che $x \in A$, anche $x + 1 \in A$.[2]

Poiché $\mathbf{R}$ è (banalmente) un insieme induttivo, la famiglia I di tutti i sottoinsiemi induttivi di $\mathbf{R}$ non è vuota. Possiamo allora immaginare di cercare quei numeri che appartengano a *tutti* i sottoinsiemi induttivi.

Definizione 3.4 L'insieme $\mathbf{N}$ dei numeri naturali è l'intersezione di tutti i membri della famiglia I. Un numero reale x è un numero naturale se e solo se x appartiene ad ogni sottoinsieme induttivo di $\mathbf{R}$.

Teorema 3.17 *Se A è un insieme induttivo, allora $\mathbf{N} \subset A$.*

---

[2] Questa definizione differisce da quella di [14] per il fatto di iniziare a contare da 0 anziché da 1. Ma si tratta di una differenza ininfluente per lo sviluppo della teoria.

Dimostrazione Per ipotesi, $A \in \mathcal{I}$. Ogni numero $x \in \mathbf{N}$ deve in particolare appartenere ad A, e dunque $\mathbf{N} \subset A$. $\square$

Teorema 3.18 *Se x è un numero naturale, anche $x + 1$ è un numero naturale. In altre parole, $\mathbf{N}$ è un insieme induttivo.*

Dimostrazione Se x è un numero naturale, allora x appartiene ad ogni insieme induttivo. Ma allora $x + 1$ appartiene ad ogni insieme induttivo, e quindi $x + 1$ è un numero naturale. $\square$

Il Teorema 3.17 è anche noto come Principio di Induzione. Per comodità del lettore, lo riformuliamo in un modo più maneggevole.

Principio di Induzione Sia $A \subset \mathbf{N}$ tale che

1. $0 \in A$;
2. se $x \in A$, allora $x + 1 \in A$.

Allora $A = \mathbf{N}$.

Tipicamente, il Principio di Induzione si applica all'interno di un algoritmo proposizionale. Supponiamo che, per ogni $n \in \mathbf{N}$, P_n sia una proposizione logica. Supponiamo che:

1. P_0 è vera, e
2. ogni volta che P_n è vera, anche P_{n+1} è vera.

La conclusione è che P_n è vera per ogni $n \in \mathbf{N}$. Infatti, è sufficiente definire

$$A = \{n \in \mathbf{N} \mid P_n \text{ è vera}\},$$

ed osservare che le ipotesi 1 e 2 garantiscono che A sia un insieme induttivo contenuto in $\mathbf{N}$. Il Principio di Induzione mostra infine che $A = \mathbf{N}$.

Teorema 3.19 *Ogni numero naturale n soddisfa $n \geq 0$.*

Dimostrazione L'insieme $\{x \in \mathbf{R} \mid x \geq 0\}$ è induttivo, come si verifica immediatamente. Quindi $\mathbf{N} \subset \{x \in \mathbf{R} \mid x \geq 0\}$. $\square$

Teorema 3.20 *L'insieme*

$$\{x \in \mathbf{R} \mid x = 0 \text{ oppure } x - 1 \text{ è un numero naturale}\}$$

è un insieme induttivo.

Dimostrazione Sia A l'insieme in oggetto. Per costruzione $0 \in A$. Supponiamo che $x \in A$, e che $x \neq 0$. Allora $x - 1$ è un numero naturale. Dunque $x = (x-1)+1$ è un numero naturale, e concludiamo che anche $x + 1$ è un numero naturale, cioè $x + 1 \in A$. Abbiamo così dimostrato che A è induttivo. $\square$

Teorema 3.21 *Se n un numero naturale, nessun numero x tale che $n < x < n + 1$ è naturale.*

Dimostrazione Definiamo l'insieme B come l'insieme dei numeri n tali che n sia naturale e per ogni x, se $n < x < n + 1$, allora x non è un numero naturale. Affermiamo che B è induttivo. Chiaramente $0 \in B$, perché nessun numero x tale che $0 < x < 1$ è naturale.[3] Supponiamo che $n \in B$, e dimostriamo che $n + 1 \in B$. Per ipotesi n è un numero naturale, e nessun numero x tale che $n < x < n + 1$ è naturale. Ovviamente $n + 1$ è naturale. Sia x un numero tale che $n + 1 < x < n + 2$. Se fosse $x \in \mathbf{N}$, allora $x > 1$ e il Teorema precedente implicherebbe che $x - 1$ sarebbe un numero naturale. Ma $n < x - 1 < n + 1$, contro l'ipotesi induttiva. Dunque x non è naturale, e B è un insieme induttivo. $\square$

Teorema 3.22 (Principio del Buon Ordinamento) *Ogni sottoinsieme non vuoto A di $\mathbf{N}$ ha elemento minimo.*

Dimostrazione Supponiamo per assurdo che A non abbia minimo, e introduciamo $B = \mathbf{N} \setminus A$. Deve essere $0 \in B$, altrimenti $0 \in A$ e sarebbe l'elemento minimo di A. Mostriamo che B è un insieme induttivo, supponendo che $n \in B$. Se $n + 1 \in A$, allora $n + 1$ sarebbe l'elemento minimo di A, dal momento che fra n ed $n + 1$ non esistono numeri naturali. Siccome stiamo supponendo che A non possieda elemento minimo, deve essere $n + 1 \in B$, e B è induttivo. Dunque $B = \mathbf{N}$, ma questo implica $A = \emptyset$, contro l'ipotesi. Poiché l'ipotesi che A non avesse elemento minimo è impossibile, la dimostrazione è conclusa. $\square$

Osservazione 3.6 Per definizione, un qualunque insieme (parzialmente) ordinato è ben ordinato se e solo se ogni sottoinsieme non vuoto possiede elemento minimo. Abbiamo appena visto che $\mathbf{N}$, con la relazione d'ordine ereditata da quella di $\mathbf{R}$, è ben ordinato. Lo stesso non si può dire per $\mathbf{R}$: ad esempio l'insieme dei numeri minori di 0 non ha elemento minimo, per le proprietà di campo ordinato. Un risultato teorico di grande importanza afferma che *ogni* insieme non vuoto può essere ben ordinato, nel senso che in ogni insieme non vuoto è possibile definire una relazione d'ordine che soddisfi il Principio del Buon Ordinamento. Ci limitiamo ad informare il nostro lettore che l'esistenza di un buon ordinamento per qualsiasi insieme non vuoto è logicamente equivalente all'Assioma della Scelta. Per maggiori informazioni rimandiamo a [13, 22].

Teorema 3.23 (Proprietà archimedea) *Per ogni numero reale c, esiste un numero $n \in \mathbf{N}$ tale che $n > c$.*

Dimostrazione Definiamo L come l'insieme dei numeri reali x tali che $x < n$ per qualche $n \in \mathbf{N}$ ed R come l'insieme dei numeri reali x tali che $x \geq n$ per ogni $n \in \mathbf{N}$. Evidentemente $\mathbf{R} = L \cup R$, e la tesi equivale a dimostrare che $R = \emptyset$. Mostriamo

---

[3] Altrimenti $x - 1$ sarebbe naturale ma $x - 1 < 0$, e sappiamo che questo è impossibile.

che (L, R) è una sezione. Se $\ell \in L$ e $r \in R$, allora ℓ è minore di qualche numero naturale, mentre r è maggiore in tutti i numeri naturali. Dunque, in particolare, $\ell < r$. L'insieme L non ha elemento massimo, perché se $\ell \in L$, allora esiste $n \in \mathbf{N}$ tale che $\ell < n$. Quindi $\ell + 1 < n + 1$, cioè $\ell + 1$ appartiene ad L. Ne segue che nessun elemento di L può essere elemento massimo.

Similmente, R non ha elemento minimo: se $b \in R$ fosse l'elemento minimo, allora $b - 1$ non apparterrebbe a R, e dunque $b - 1 \in L$. Quindi $b - 1 < n$ per un opportuno numero naturale n, e $b < n + 1$, contro l'ipotesi che $b \in R$. Queste conclusioni sono in contraddizione con l'Assioma di continuità, a meno che L oppure R sia vuoto. Ma $0 \in L$, dunque $R = \emptyset$, e la dimostrazione è conclusa. $\qquad\square$

Corollario 3.4 *Se $x > 0$ e y sono due numeri reali qualunque, esiste un numero naturale n tale che $nx > y$.*

Dimostrazione Segue dalla proprietà archimedea con la scelta $c = y/x$. $\qquad\square$

Corollario 3.5 *Per ogni numero reale $\varepsilon > 0$ esiste un numero naturale n tale che $1/n < \varepsilon$.*

Dimostrazione Infatti la relazione $\frac{1}{n} < \varepsilon$ è equivalente a $1 < n\varepsilon$. La tesi segue dalla proprietà archimedea. $\qquad\square$

Osservazione 3.7 Il Corollario 3.5 è di importanza capitale per lo sviluppo di tutta l'Analisi Matematica. In particolare esso contiene la dimostrazione della prima relazione di *limite* per successioni, come vedremo in un capitolo successivo.

Una forma apparentemente più forte del Principio di Induzione è la seguente.

Secondo Principio di Induzione Supponiamo che $B \subset \mathbf{N}$ sia tale che $0 \in B$ e

se $b \in B$ per ogni $b \leq a$, allora $a + 1 \in B$.

Allora $B = \mathbf{N}$.

Il Secondo Principio di Induzione è in effetti equivalente al Principio di Induzione stesso. Da una parte, infatti, il Secondo Principio implica banalmente il Principio di Induzione. Viceversa, se B soddisfa le ipotesi del Secondo Principio di Induzione, allora l'insieme A definito da

$x \in A$ se e solo se ogni $b \leq a$ appartiene a B

è induttivo. Infatti $0 \in A$, e se $n \in A$ allora per ogni $b \leq n$ si ha $b \in B$. Ne segue per ipotesi che $n + 1 \in B$ e dunque $n + 1 \in A$. Per il Principio di Induzione, $A = \mathbf{N}$, e dunque $B = \mathbf{N}$.

Isolati in numeri naturali fra i numeri reali, la costruzione dell'insieme $\mathbf{Z}$ dei numeri interi relativi e dell'insieme $\mathbf{Q}$ dei numeri razionali è più agevole. Ad esempio

Definizione 3.5 Un numero x è un intero se $x = 0$, oppure x è naturale, oppure $-x$ è naturale. L'insieme di tutti i numeri interi è denotato con $\mathbf{Z}$.

Definizione 3.6 Un numero x è un numero razionale se esistono due numeri interi p e q tali che $q \neq 0$ e $x = \frac{p}{q}$.

Le precedenti definizioni ricalcano quelle *ingenue* che ci sono state insegnate a scuola, e nessuna delle usuali proprietà dei numeri interi e razionali può sorprenderci. Interrompiamo qui la discussione di queste strutture numeriche, dal momento che per i nostri scopi sarà sufficiente possedere le elementari abilità di calcolo con questi numeri. Informazioni aggiuntive possono essere reperite in [14].

Chiudiamo la Sezione con una coppia di risultati che dimostra la profonda differenza fra il campo ordinato $\mathbf{Q}$ e il campo ordinato $\mathbf{R}$.

Teorema 3.24 *Non esiste alcun numero razionale x tale che $x^2 = 2$.*

Dimostrazione Procediamo per contraddizione, supponendo che esista $x = m/n$ tale che $x^2 = 2$. Ovviamente la rappresentazione di x come frazione m/n per opportuni numeri interi m ed n, $n \neq 0$, non è unica. Tuttavia essa diventa unica aggiungendo il vincolo che i numeri m ed n sia coprimi, cioè che la frazione m/n sia ridotta ai minimi termini.[4] Il resto della dimostrazione è un astuto gioco basato sulla divisibilità per 2. Ricordiamo che m è pari se $m = 2p$ per qualche intero p, mentre m è dispari se $m = 2p + 1$ per qualche intero p. Ogni numero intero è pari oppure dispari, come si verifica facilmente. Nessun numero è simultaneamente pari e dispari, giacché $2p = 2q + 1$ implica

$$2(p - q) = 1.$$

Questa uguaglianza non è possibile, dal momento che 2 non ha reciproco in $\mathbf{Z}$.[5] L'ipotesi $x^2 = 2$ diventa $m^2 = 2n^2$. Quindi m^2 è pari, e necessariamente m deve essere pari.[6] Esiste quindi un intero p tale che $m = 2p$. Allora $m^2 = 4p^2$, e $4p^2 = 2n^2$. Dunque $n^2 = 2p^2$, e anche n è pari. Questo è impossibile, perché m ed n sono coprimi. $\qquad\qquad\square$

Teorema 3.25 *Per ogni numero reale $a > 0$ esiste un numero reale $x > 0$ tale che $x^2 = a$.*

---

[4] Non possiamo addentrarci qui in una discussione approfondita sulla teoria dei numeri primi. Affermare che due numeri interi m ed n sono coprimi significa dire che 1 è l'unico numero intero che divida simultaneamente m ed n.

[5] Poiché $2 > 1$, l'eventuale reciproco intero di 2 sarebbe un intero positivo strettamente minore di 1, il che è impossibile.

[6] Se $m = 2p + 1$, allora $m^2 = (2p + 1)^2 = 4p^2 + 4p + 1 = 2(2p^2 + 2p) + 1$ è dispari.

Definiamo gli insiemi

$$L = \{y \mid y \leq 0, \text{ oppure } y > 0 \text{ e } y^2 < a\}$$
$$R = \{z \mid z > 0 \text{ e } z^2 > a\}.$$

Se non esiste alcun numero reale positivo il cui quadrato sia uguale ad a, allora $L \cup R = \mathbf{R}$. Mostriamo che questa ipotesi contraddice l'Assioma di continuità.

Lemma 3.1 *Gli insiemi L ed R non sono vuoti.*

Dimostrazione Chiaramente $0 \in L$. Sappiamo che esiste $n \in \mathbf{N}$ tale che $n > a$. Quindi $n \geq 1$ e dunque $n^2 = n \cdot n \geq n \cdot 1 = n$. Pertanto $n^2 \geq n > a$, cioè $n \in R$. $\square$

Lemma 3.2 *Ogni elemento di L è minore di ogni elemento di R.*

Dimostrazione Siano $y \in L$ e $z \in R$. Se $y \leq 0$ allora $y < z$ perché $z > 0$. Se $y > 0$ allora $y^2 < a$ e $z^2 > a$, quindi $z^2 > y^2$. Allora

$$z^2 - y^2 = (z - y)(z + y) > 0.$$

Ma $z + y$ è la somma di due numeri positivi e dunque è positivo. Segue che $z - y$ è positivo. $\square$

Lemma 3.3 *L non possiede elemento massimo.*

Dimostrazione Poiché $0 \in L$, nessun numero negativo può essere l'elemento massimo di L. Sia $y \geq 0$ l'elemento massimo di L. In particolare $y^2 < a$ e dunque $a - y^2 > 0$. Scegliamo un numero naturale n tale che

$$\frac{2y + 1}{n} < a - y^2.$$

Questa scelta è sicuramente possibile per la proprietà archimedea. Quindi

$$\frac{2y}{n} + \frac{1}{n^2} = \frac{1}{n}\left(2y + \frac{1}{n}\right) < a - y^2.$$

Ma questa disuguaglianza equivale a

$$\left(y + \frac{1}{n}\right)^2 < a,$$

osservando che $\left(y + \frac{1}{n}\right)^2 = y^2 + \frac{2y}{n} + \frac{1}{n^2}$. Quindi esiste $n \in \mathbf{N}$ tale che $y + 1/n \in L$, contro l'ipotesi che y fosse l'elemento massimo di L. $\square$

Lemma 3.4 *L'insieme R non possiede elemento minimo.*

Dimostrazione Come sopra, vogliamo dimostrare che se $z > 0$ e $z^2 > a$, esiste un numero naturale n tale che $z - 1/n > 0$ e $(z - 1/n)^2 > a$. Un tale numero n esiste se e solo se

$$\frac{1}{n} < z \quad \text{e} \quad z^2 - \frac{2z}{n} + \frac{1}{n^2} > a^2,$$

cioè se e solo se

$$\frac{1}{n} < z \quad \text{e} \quad z^2 - a > \frac{2z}{n} - \frac{1}{n^2}.$$

Poiché $1/n^2 > 0$, è sufficiente determinare un numero naturale n tale che

$$\frac{1}{n} < z \quad \text{e} \quad z^2 - a > \frac{2z}{n},$$

cioè

$$\frac{1}{n} < z \quad \text{e} \quad \frac{z^2 - a}{2z} > \frac{1}{n}.$$

Ma possiamo scegliere n tale che

$$\frac{1}{n} < \min\left\{z, \frac{z^2 - a}{2z}\right\},$$

sempre in virtù della proprietà archimedea. Quindi R non ha elemento minimo. $\square$

La dimostrazione del Teorema 3.25 è ormai immediata: se un tale x non esistesse, (L, R) sarebbe una sezione di $\mathbf{R}$ priva dell'elemento separatore, in contraddizione con l'Assioma di continuità. Assurdo.

Lemma 3.5 *Se a e b sono numeri reali tali che $b - a > 1$, allora esiste un numero intero n tale che $a < n < b$.*

Dimostrazione Supponiamo inizialmente che $a > 0$ e $b > 0$. Definiamo n come il più piccolo numero naturale tale che $n > a$. Questo numero esiste per il buon ordinamento di $\mathbf{N}$. Allora $n - 1$, che è il più grande numero naturale inferiore ad n, deve soddisfare $n - 1 \leq a < n$. Deve essere anche $n < b$. Se infatti fosse $n \geq b$, ricordando che $b > a + 1$ avremmo $n \geq b > a + 1 \geq n$, contro la scelta di n. La tesi è dunque dimostrata nel caso particolare in cui a e b siano positivi. Se $a < 0 < b$, la tesi segue scegliendo $n = 0$. Se $a < b < 0$, sommiamo ad a e a b un numero naturale m in modo che $a + m > 0$. Per la prima parte della dimostrazione esiste un naturale n tale che $a + m < n < b + m$. Allora $n - m$ è l'intero relativo desiderato.
$\square$

Teorema 3.26 (Densità dei numeri razionali) *Per ogni coppia di numeri reali a e b tali che a < b, esiste un numero razionale r tale che a < r < b.*

Dimostrazione Fissiamo un numero naturale q tale che $1/q < b - a$: l'esistenza di un tale q è garantita dalla proprietà archimedea di **R**. Quindi

$$1 < q(b - a) = bq - qa.$$

Per il Lemma 3.5 esiste un numero intero p tale che $qa < p < bq$. Poiché necessariamente $q > 0$, otteniamo

$$a < \frac{p}{q} < b,$$

e la dimostrazione è conclusa.   □

Definizione 3.7 Un numero razionale r è diadico se esistono $m \in \mathbf{Z}$ e $n \in \mathbf{N}$, tali che

$$r = \frac{m}{2^n}.$$

Teorema 3.27 (Densità dei numeri diadici) *Per ogni coppia di numeri reali a e b tali che a < b, esiste un numero diadico r tale che a < r < b.*

Dimostrazione Si scelga $n \in \mathbf{N}$ tale che $2^n(b - a) > 1$. Quindi esiste un intero m tale che $2^n a < m < 2^n b$, da cui la tesi.   □

3.3 La disuguaglianza di Bernoulli

Invitiamo i lettori a memorizzare il prossimo risultato, che useremo varie volte nel resto del libro.

Teorema 3.28 *Per ogni $h \in \mathbf{R}$ con $h > -1$ e per ogni $n \in \mathbf{N}$ vale la relazione*

$$(1 + h)^n > 1 + nh. \tag{3.1}$$

Dimostrazione Fissato h come nell'enunciato, indichiamo con P_n la relazione (3.1). Evidentemente P_0 è vera, dal momento che (3.1) si riduce a $1 \geq 1$. Supponiamo che P_n sia vera per qualche n, e dimostriamo che deve essere vera anche P_{n+1}. Infatti

$$\begin{aligned}
(1 + h)^{n+1} &= (1 + h)(1 + h)^n \geq (1 + h)(1 + nh) \\
&= 1 + (n+)h + nh^2 \geq 1 + (n + 1)h,
\end{aligned}$$

che evidentemente coincide con P_{n+1}. La dimostrazione è completa.   □

3.4 Disuguaglianza AM-GM

Una delle disuguaglianze più importanti di tutta la matematica è quella che collega le medie aritmetica e geometrica. Premettiamo una definizione.

Definizione 3.8 Siano $n \in \mathbf{N}$, $n \geq 1$, e $x_1, \ldots, x_n$ numeri reali. La media aritmetica dei numeri $x_1, \ldots, x_n$ è

$$\frac{x_1 + \cdots + x_n}{n}.$$

Se $x_i > 0$ per $i = 1, \ldots, n$, la media geometrica dei numeri $x_1, \ldots, x_n$ è

$$(x_1 \cdots x_n)^{1/n}.$$

Osservazione 3.8 La media geometrica di numeri reali di segno qualunque potrebbe non essere calcolabile. Ad esempio, se n fosse pari e se il prodotto $x_1 \cdots x_n$ fosse negativo, la media geometrica non avrebbe significato nel campo dei numeri reali.

Teorema 3.29 (A.-L. Cauchy) *Per ogni $n \in \mathbf{N}$, $n \geq 1$, e per ogni scelta dei numeri reali positivi $x_1, \ldots, x_n$, vale la disuguaglianza*

$$(x_1 \cdots x_n)^{1/n} \leq \frac{x_1 + \cdots + x_n}{n}.$$

Di questo fondamentale risultato è possibile fornire tante dimostrazioni. La più semplice, ma non la più elementare, si basa sulle proprietà delle funzioni convesse, ed è proposta come esercizio in un capitolo successivo. In questa sezione mostriamo che il Teorema 3.29 è logicamente equivalente alla disuguaglianza di Bernoulli (3.1).

Teorema 3.30 *Sono affermazioni equivalenti:*

(AM-GM) *Per ogni $n \in \mathbf{N}$, $n \geq 1$, e per ogni scelta dei numeri reali positivi $x_1, \ldots, x_n$, vale la disuguaglianza* (3.3);

(B) *per ogni $x > 0$ e per ogni $n \in \mathbf{N}$, vale la disuguaglianza*

$$x^n \geq 1 + n(x - 1).$$

Dimostrazione Mostriamo che (B) implica (AM-GM). Poniamo

$$A_n = \frac{x_1 + \cdots + x_n}{n},$$
$$G_n = (x_1 \cdots x_n)^{1/n}.$$

Poiché $A_n/A_{n-1} > 0$, la disuguaglianza (B) implica

$$\left(\frac{A_n}{A_{n-1}}\right)^n \geq 1 + n\left(\frac{A_n}{A_{n-1}} - 1\right)$$
$$= \frac{A_{n-1} + nA_n - nA_{n-1}}{A_{n-1}}$$
$$= \frac{nA_n - (n-1)A_{n-1}}{A_{n-1}} = \frac{x_n}{A_{n-1}}.$$

Deduciamo che

$$A_n^n \geq x_n \cdot A_{n-1}^{n-1}.$$

Iterando questa disuguaglianza perveniamo a

$$A_n^n \geq x_n \cdot A_{n-1}^{n-1} \geq x_n \cdot x_{n-1} \cdot A_{n-2}^{n-2}$$
$$\geq \ldots \geq x_n x_{n-1} \cdots x_2 \cdot A_1$$
$$= x_n x_{n-1} \cdots x_2 x_1 = G_n^n,$$

e dunque $A_n \geq G_n$. Per dimostrare l'implicazione opposta, osserviamo che per $n = 1$ la disuguaglianza (B) si riduce ad un'identità. Se $n \geq 2$ e $0 < x < 1 - \frac{1}{n}$, allora $x^n > 0 \geq 1 + n(x - 1)$, sicché non è restrittivo supporre che $n \geq 2$ e $x > 1 - \frac{1}{n}$. In particolare $1 + n(x - 1) > 0$, e applicando (AM-GM) ai numeri

$$1 + n(x - 1), 1, 1, \ldots, 1$$

otteniamo

$$x^n = \left(\frac{(1 + n(x - 1)) + 1 + \cdots + 1}{n}\right)^n$$
$$\geq (1 + n(x - 1)) \cdot 1 \cdots 1 = 1 + n(x - 1).$$

Questo mostra che (AM-GM) implica (B), e il teorema è dimostrato. $\square$

3.5 Numeri complessi

I sistemi numerici costituiscono, idealmente, una piramide: a partire dal più piccolo, $\mathbf{N}$, si aggiungono (infiniti) elementi e si ottengono $\mathbf{Z}$, $\mathbf{Q}$ e infine $\mathbf{R}$. Ad ogni *estensione*, una nuova tipologia di equazioni ottiene soluzioni. L'equazione

$$x + 1 = 0$$

non ha soluzioni $x \in \mathbf{N}$, mentre ha l'unica soluzione $x = -1$ in $\mathbf{Z}$. L'equazione

$$2x = 3$$

non ha soluzione $x \in \mathbf{Z}$, ma ha l'unica soluzione $x = 2/3$ in $\mathbf{Q}$. Infine, l'equazione

$$x^2 - 2 = 0$$

non ha soluzioni $x \in \mathbf{Q}$, mentre ha due soluzioni $x = \pm\sqrt{2}$ in $\mathbf{R}$. Questo processo di ampliamento delle strutture numeriche è destinato a chiudersi con $\mathbf{R}$? Assolutamente no! Gli assiomi di campo ordinato impediscono all'equazione

$$x^2 + 1 = 0$$

di possedere una soluzione reale x. Infatti, $x^2 = x \cdot x$ deve essere positivo o nullo, quindi $x^2 + 1 \geq 0 + 1 = 1 > 0$.

Storicamente è stata proprio l'esigenza di risolvere equazioni algebriche di grado superiore ad uno che condusse i matematici ad definire i cosiddetti *numeri surdi*, cioè numeri che formalmente risolvono equazioni ma che non sono numeri reali. Il più famoso di questi numeri (ass)surdi è $\sqrt{-1}$, numero *immaginario* il cui quadrato dovrebbe essere uguale a $-1 < 0$. Tutto questo sembra lontano dall'algido rigore della matematica, eppure i numeri immaginari sono molto... reali.

Definizione 3.9   Un numero complesso è una coppia ordinata (a, b) di numeri reali. L'insieme dei numeri complessi è indicato con il simbolo $\mathbf{C}$. Il sottoinsieme

$$\{(a, 0) \mid a \in \mathbf{R}\}$$

si chiama asse reale, e il sottoinsieme

$$\{(0, b) \mid b \in \mathbf{R}\}$$

si chiama asse immaginario. Il numero reale a è la parte reale del numero complesso (a, b), e si indica con $\Re(a, b)$. Il numero reale b è la parte immaginaria del numero complesso (a, b), e si indica con $\Im(a, b)$.[7]

Osservazione 3.9   Dal momento che i numeri complessi sono tutti e soli i punti di un piano cartesiano, $\mathbf{C}$ è spesso chiamato *piano complesso*, o *Piano di Argand-Gauss*.

Definizione 3.10   In $\mathbf{C}$ sono definite due operazioni $+$ e $\cdot$ — dette somma e prodotto — attraverso le formule:

$$(a, b) + (c, d) = (a + c, b + d)$$
$$(a, b) \cdot (c, d) = (ac - bd, ad + bc).$$

Come al solito, il simbolo del prodotto è quasi sempre omesso.

---

[7] Le notazioni Re (a, b) e Im (a, b) sono altrettanto comuni in letteratura.

Teorema 3.31 *L'insieme* $\mathbf{C}$ *è un campo rispetto alle operazioni di somma e prodotto.*

Dimostrazione Omettiamo la maggior parte delle (noiose) verifiche che conducono alla dimostrazione di questo teorema. L'elemento neutro per la somma è $0 = (0,0)$. L'elemento neutro per il prodotto è $1 = (1,0)$. È però utile ricavare una formula esplicita per l'inverso di un numero complesso $z = (a,b) = \neq 0$. Dall'identità

$$(a,b)(a,-b) = a^2 + b^2 \tag{3.2}$$

segue immediatamente che

$$\frac{1}{z} = \frac{1}{a^2 + b^2}(a,-b)$$

è l'inverso moltiplicativo di z. Notiamo che $a^2 + b^2 = 0$ se e solo se $a = b = 0$, cioè se e solo se $z = 0$. $\square$

Definizione 3.11 Il modulo di un numero complesso $z = (a,b)$ è

$$|z| = \sqrt{a^2 + b^2}.$$

Il complesso coniugato di un numero complesso $z = (a,b)$ è

$$\bar{z} = (a,-b).$$

Osservazione 3.10 Segnaliamo che altre notazioni sono talvolta utilizzate per indicare il complesso coniugato. Le più diffuse, pur restando ampiamente minoritarie nella manualistica matematica, sono

$$z^*, \quad z^\dagger.$$

Esempio 3.1 Sia $z = (a,b)$ un numero complesso. L'uguaglianza (3.2) si riscrive nella forma $z\bar{z} = |z|^2$, sicché

$$\frac{1}{z} = \frac{\bar{z}}{|z|^2} \quad \text{per ogni } z \neq 0.$$

Teorema 3.32 *Per ogni numero complesso z valgono le seguenti proprietà:*

1. $|\Re z| \leq |z|$,
2. $|\Im z| \leq |z|$,
3. $|z^{-1}| = \frac{1}{|z|}$,
4. $|\bar{z}| = |z|$.

Inoltre, per ogni $z \in \mathbf{C}$ e ogni $w \in \mathbf{C}$,

5. $|zw| = |z|\,|w|$

Dimostrazione Sia $z = (a, b)$. Poiché $|z|^2 = a^2 + b^2 \geq a^2$ e $|z|^2 = a^2 + b^2 \geq b^2$, le proprietà 1 e 2 seguono estraendo la radice quadrata. Inoltre

$$\left| \frac{1}{z} \right| = \left| \frac{\bar{z}}{|z|^2} \right| = \frac{|\bar{z}|}{|z|^2},$$

sicché 3 segue da 4. Ma

$$|\bar{z}| = \sqrt{a^2 + (-b)^2} = \sqrt{a^2 + b^2} = |z|,$$

e anche 4 è verificata. Per dimostrare la proprietà 5, scriviamo $z = (a, b)$ e $w = (c, d)$. Allora

$$\begin{aligned}
|zw|^2 &= (ac - bd)^2 + (ad + bc)^2 \\
&= a^2 c^2 + b^2 d^2 + a^2 d^2 + b^2 c^2 \\
&= (a^2 + b^2)(c^2 + d^2) \\
&= |z|^2 |w|^2.
\end{aligned}$$
$\qquad\qquad\square$

Teorema 3.33 *Per ogni coppia di numeri complessi z e w, vale la disuguaglianza triangolare*

$$|z + w| \leq |z| + |w|.$$

Dimostrazione La seguente catena di disuguaglianze segue dalle relazioni appena dimostrate:

$$\begin{aligned}
|z + w|^2 &= (z + w)\overline{z + w} = (z + w)(\bar{z} + \bar{w}) \\
&= |z|^2 + |w|^2 + 2\Re(z\bar{w}) \\
&\leq |z|^2 + |w|^2 + 2|z|\,|w| \\
&= (|z|^2 + |w|^2).
\end{aligned}$$
$\qquad\qquad\square$

Definizione 3.12 (Unità immaginaria) $\mathrm{i} = (0, 1)$.

In un certo senso, la teoria algebrica dei numeri complessi non ha molto altro da dire. La maggior parte della pedagogia dei numeri complessi consiste nella formulazione alternativa dei numeri complessi, e in questo testo non possiamo esimerci dal proporre le due nomenclature più popolari per tali numeri: quella algebrica e quella trigonometrica.

3.5.1 *Forma algebrica dei numeri complessi*

Supponiamo che $z = (a, b)$ sia un numero complesso. Osserviamo che $(a, b) = (a, 0) + (0, b)$. Inoltre $(0, b) = (b, 0)(0, 1)$, come si verifica facilmente (esercizio!).

Se *conveniamo* di identificare il numero reale a con il numero complesso $(a, 0)$, possiamo finalmente scrivere

$$z = (a, b) = a + b\mathrm{i}.$$

Questa è la cosiddetta forma algebrica del numero complesso $z = (a, b)$. Utilizzando questa notazione diventa particolarmente semplice memorizzare le regole per operare algebricamente in **C**. Infatti

$$z_1 + z_2 = (a + b\mathrm{i}) + (c + d\mathrm{i}) = (a + c) + (b + d)\mathrm{i}$$
$$z_1 z_2 = (a + b\mathrm{i})(c + d\mathrm{i}) = ac + ad\mathrm{i} + b\mathrm{i}c + bd\mathrm{i}^2$$
$$= (ac - bd) + (ad + bc)\mathrm{i},$$

ricordando che $\mathrm{i}^2 = (0, 1)(0, 1) = (-1, 0)$. Inoltre

$$\bar{z} = a - b\mathrm{i}$$

e

$$\frac{1}{z} = \frac{a}{a^2 + b^2} - \frac{b}{a^2 + b^2}\mathrm{i}$$

non appena $z \neq 0$.

3.5.2   *Forma trigonometrica dei numeri complessi*

Poiché ogni numero complesso z è una coppia ordinata di numeri reali, un po' di trigonometria elementare mostra che ogni numero complesso $z \neq 0$ può essere univocamente identificato dalla distanza ϱ del punto (a, b) dall'origine $(0, 0)$ degli assi cartesiani, e da un angolo ϑ, che per convenzione sarà l'angolo individuato dal semiasse positivo dei numeri reali e dalla retta che congiunge $(0, 0)$ e (a, b). Questo angolo sarà sempre misurato in radianti, in verso antiorario. Inoltre ϑ è unico a meno di multipli dell'angolo 2π. Quali sono le relazioni che collegano (a, b) con ϱ e ϑ?

La risposta è data ancora dalla trigonometria:

$$\varrho = \sqrt{a^2 + b^2},$$
$$a = \varrho \cos \vartheta,$$
$$b = \varrho \sin \vartheta.$$

In particolare $\varrho = |(a, b)|$, il modulo del numero complesso (a, b). Riassumendo: ogni numero complesso $z = (a, b) \neq (0, 0)$ è univocamente identificato dal numero

$\varrho > 0$ e dall'angolo $\vartheta \in [0, 2\pi)$. Questo angolo si chiama argomento principale di z, ed è spesso denotato con $\operatorname{Arg} z$. Infine,

$$z = a + b\mathrm{i} = \varrho(\cos \vartheta + \mathrm{i} \sin \vartheta).$$

Abbiamo finora escluso il numero complesso $z = 0$. Se per questo particolare numero complesso risulta $\varrho = 0$, il discorso relativo all'argomento si fa ... indeterminato. In effetti l'uguaglianza

$$(0, 0) = \varrho \cos \vartheta + \mathrm{i}\varrho \sin \vartheta$$

è verificata per $\varrho = 0$, *indipendentemente* dalla scelta dell'angolo ϑ. Si usa dire che il numero complesso 0 ha argomento indeterminato. In questo senso non esiste una perfetta corrispondenza biunivoca tra i numeri complessi e le coppie (ϱ, ϑ) formate dai moduli e dagli argomenti, nemmeno restringendo gli angoli alla determinazione $[0, 2\pi)$. Ma questa peculiarità nulla toglie all'utilità di rappresentare i numeri complessi anche in forma trigonometrica, quando necessario.

Alcuni testi propongono una terza rappresentazione dei numeri complessi, chiamata *forma polare* o *esponenziale*. Tipicamente si introduce l'identità di Eulero

$$\mathrm{e}^{\mathrm{i}\vartheta} = \cos \vartheta + \mathrm{i} \sin \vartheta,$$

valida per ogni numero reale ϑ. Purtroppo, in questo momento, non abbiamo alcuna garanzia che la quantità a primo membro $\mathrm{e}^{\mathrm{i}\vartheta}$ sia effettivamente un elevamento a potenza. L'elevamento di un numero reale ad un esponente immaginario non è definibile in termini elementari, e pertanto l'identità di Eulero si riduce ad una definizione formale proprio del simbolo $\mathrm{e}^{\mathrm{i}\vartheta}$. Forse preferibile è l'onestà intellettuale di chi definisce piuttosto un simbolo meno problematico.

Definizione 3.13   Per ogni $\vartheta \in \mathbf{R}$, poniamo

$$\operatorname{cis} \vartheta = \cos \vartheta + \mathrm{i} \sin \vartheta.$$

Teorema 3.34   *Per ogni ϑ_1 e ϑ_2 in* $\mathbf{R}$*, risulta*

$$\operatorname{cis}(\vartheta_1 + \vartheta_2) = (\operatorname{cis} \vartheta_1)(\operatorname{cis} \vartheta_2).$$

Dimostrazione   L'uguaglianza segue direttamente dalle formule di addizione

$$\cos(\vartheta_1 + \vartheta_2) = \cos \vartheta_1 \cos \vartheta_2 - \sin \vartheta_1 \sin \vartheta_2$$
$$\sin(\vartheta_1 + \vartheta_2) = \sin \vartheta_1 \cos \vartheta_2 + \cos \vartheta_1 \sin \vartheta_2. \qquad \square$$

Osservazione 3.11   Il Teorema 3.34 è un altro esempio di *coerenza* della notazione esponenziale contenuta nell'identità di Eulero. Ma — ripetiamo — non ci consente ancora di concludere che $\operatorname{cis} \vartheta$ sia il risultato dell'elevamento a potenza del numero reale e all'esponente immaginario $\mathrm{i}\vartheta$.

Grazie al Teorema 3.34 possiamo elegantemente rappresentare il prodotto dei numeri complessi

$$z = \varrho_1 \operatorname{cis} \vartheta_1$$
$$w = \varrho_2 \operatorname{cis} \vartheta_2$$

nella forma

$$zw = \varrho_1 \varrho_2 \operatorname{cis}(\vartheta_1 + \vartheta_2).$$

In termini suggestivi, il prodotto di due numeri complessi in forma esponenziale rispetta le regole formali delle potenze:

$$\varrho_1 e^{i\vartheta_1} \varrho_2 e^{i\vartheta_2} = \varrho_1 \varrho_2 e^{i(\vartheta_1 + \vartheta_2)}.$$

3.5.3 *Potenze e radici di un numero complesso*

Procedendo per induzione su n, la formula

$$zw = \varrho_1 \varrho_2 \operatorname{cis}(\vartheta_1 + \vartheta_2).$$

porta all'identità di De Moivre

$$z^n = \varrho^n \operatorname{cis}(n\vartheta), \quad n = 1, 2, 3, \ldots \tag{3.3}$$

Questa uguaglianza, che possiamo chiamare formula per le potenze (naturali) di un numero complesso, si estende agli esponenti negativi $-n$ osservando che

$$z^{-n} = \frac{1}{z^n}$$

e che $1/z = \varrho^{-1} \operatorname{cis}(-\vartheta)$, e dunque (3.3) vale per ogni $n \in \mathbf{Z}$. Volendo utilizzare l'identità di Eulero, possiamo riscrivere (3.3) come

$$z^n = \varrho^n e^{in\vartheta}.$$

La formula (3.3) è di grande utilità per risolvere il problema dell'estrazione delle radici n-esime di un numero complesso. Formalmente, supponiamo che α sia un numero complesso assegnato e che $n \in \mathbf{N}$.

Definizione 3.14 Un numero complesso $z \in \mathbf{C}$ è una radice n-esima di α se $z^n = \alpha$.

A questo punto possiamo domandarci se esista una formula per esprimere tutte le radici n-esime di un numero complesso in funzione di α. Supponiamo che

$$\alpha = R \operatorname{cis} \varphi,$$

e cerchiamo le soluzioni z nella forma

$$z = \varrho \operatorname{cis} \vartheta.$$

La formula (3.3) porge l'uguaglianza

$$\varrho^n \operatorname{cis}(n\vartheta) = R^n \operatorname{cis} \varphi.$$

Quindi $\varrho^n = R$, $\cos(n\vartheta) = \cos\varphi$, $\sin(n\vartheta) = \sin\varphi$. Pertanto

$$\varrho = R^{1/n}$$
$$\vartheta = \frac{\varphi + 2k\pi}{n}, \quad k = 0, \pm 1, \pm 2, \pm 3, \ldots$$

Se algebricamente abbiamo individuato infiniti valori dell'angolo ϑ, dal punto di vista dei numeri complessi solo n di tali valori corrispondono a soluzioni complesse z distinte: infatti la periodicità delle funzioni seno e coseno implica che possiamo costruire tutte e sole le soluzioni distinte $z = \varrho(\cos\vartheta + i\sin\vartheta)$ con le scelte

$$\varrho = R^{1/n}$$
$$\vartheta = \frac{\varphi + 2k\pi}{n}, \quad k = 0, 1, 2, 3, \ldots, n - 1.$$

Per giustificare questa affermazione, dobbiamo dimostrare che ogni numero del tipo $\frac{\varphi + 2h\pi}{n}$ con h intero differisce da una delle precedenti soluzioni per un multiplo di 2π. Infatti, ogni numero intero h si può scrivere come

$$h = qn + r,$$

dove q (il quoziente) ed r (il resto) sono numeri interi e $0 \leq r < n - 1$. Otteniamo allora

$$\frac{\varphi + 2h\pi}{n} = \frac{\varphi + 2rn}{n} + 2q\pi,$$

e la tesi è dimostrata. Riassumendo:

Teorema 3.35 *Dato $n \in \mathbf{N}$, ogni numero complesso $\alpha \neq 0$ possiede esattamente n radici n-esime complesse. Il numero complesso $\alpha = 0$ possiede la sola radice n-esima $z = 0$.*

Osservazione 3.12 Alcuni testi, ad esempio [10], non separano il caso speciale $\alpha = 0$ nell'enunciato precedente. A noi non appare del tutto legittimo attribuire al numero complesso 0 *esattamente n radici n-esime distinte*. Si badi che nel teorema di non si parla mai di *molteplicità* delle soluzioni.[8]

---

[8] Gli algebristi ovviamente sostengono che l'equazione $z^n = 0$ possiede n soluzioni uguali $z = 0$. Qualche buona ragione ce l'hanno, ma in questo libro non ci sembra necessario arrivare ad una tale raffinatezza di linguaggio.

La potenza algebrica dei numeri complessi non si limita all'estrazione delle radici n-esime. Vale infatti il seguente risultato, che ci limitiamo qui ad enunciare. Una dimostrazione molto famosa ed elegante è riportata in Appendice.

Teorema 3.36 (Teorema fondamentale dell'algebra) *Ogni polinomio a coefficienti complessi possiede almeno una radice complessa.*

3.6 Problemi

3.1 Per ogni scelta dei numeri reali $a \neq 0$, b e c, se $ab = ac$ allora $b = c$.

3.2 Se a, b, c, d sono numeri reali tali che $b \neq 0$ e $d \neq 0$, allora $\frac{a}{b} + \frac{c}{d} = \frac{ad+bc}{bd}$.

3.3 Tra quali dei seguenti insiemi c'è uguaglianza?

$$
\begin{aligned}
A &= \{x \in \mathbf{R} \mid x < 1 \text{ oppure } x > 0\} \\
B &= \{x \in \mathbf{R} \mid x < 1 \text{ e } x > 0\} \\
C &= \{x \in \mathbf{R} \mid 0 < x < 1\} \\
D &= \{x \in \mathbf{R} \mid 0 < 1\}
\end{aligned}
$$

3.4 L'unico numero naturale il cui reciproco è un numero naturale, è 1.

3.5 Definiamo un insieme A come segue: $x \in A$ se e solo se esiste un numero intero $n \geq 0$ tale che $x = 3n$, oppure $x = 3n + 1$, oppure $x = 3n + 2$. Allora A è un insieme induttivo.

3.6 Esiste un numero razionale il cui quadrato sia 3? Può essere utile il Problema 3.5.

3.7 L'insieme

$$
A = \{m \in \mathbf{N} \mid 2^m > m\}
$$

è induttivo. Dedurre che $2^n > n$ per ogni numero naturale n.

3.8 Per ogni numero intero $n \geq 0$ si definisce il fattoriale $n!$ di n come

$$
\begin{aligned}
0! &= 1 \\
n! &= 1 \cdot 2 \cdot 3 \cdots (n - 1)n \quad \text{per } n > 1.
\end{aligned}
$$

Dati due numeri interi $n \geq k \geq 0$, il coefficiente binomiale $\binom{n}{k}$ è definito da

$$\binom{n}{k} = \frac{n!}{k!(n-k)!}.$$

Dimostrare che

$$\binom{n}{k-1} + \binom{n}{k} = \binom{n+1}{k}.$$

3.9 Per ogni coppia a, b di numeri reali, e per ogni numero intero $n \geq 0$. Dimostrare la formula del binomio di Newton

$$(a+b)^n = \sum_{k=0}^{n} \binom{n}{k} a^{n-k} b^k.$$

3.10 Consideriamo le seguenti affermazioni.

(a) Per ogni $z \in \mathbf{C}$ esattamente una delle seguenti alternative è vera: $z \in P$, $-z \in P$, $z = 0$.
(b) Se z e z appartengono a P, allora anche $z + w$ e zw appartengono a P.

Dimostrare che se P è un qualunque sottoinsieme di $\mathbf{C}$, allora o (a) è falsa o (b) è falsa. Di conseguenza $\mathbf{C}$ non è un campo ordinato.

3.11 Per ogni numero reale $q \neq 1$ e per ogni numero naturale n, vale l'identità

$$\sum_{k=0}^{n} q^k = \frac{1 - q^{n+1}}{1 - q}.$$

3.12 Definiamo $a_0 = 0$, $a_1 = 1$, e per ogni $n \geq 0$ $a_{n+2} = a_n + a_{n+1}$.

1. Risulta $a_{n+2} = 1 + \sum_{k=1}^{n} a_k$ per ogni n naturale.
2. Se $b_n = a_n^2 + a_{n-1} a_{n+1}$ per ogni $n \geq 1$, allora $b_n = (-1)^n$ per ogni n. *Suggerimento:* è utile dimostrare che $b_n + b_{n+1} = 0$ per ogni n.

La funzione $n \mapsto a_n$ è la cosiddetta *successione di Fibonacci*.

3.13 Per ogni numero reale x, definiamo $\{x\}$ come la distanza di x dal numero intero ad esso più vicino.

1. Ricordando che, per ogni $x \in \mathbf{R}$ esiste uno ed un solo numero $[x] \in \mathbf{Z}$ tale che $[x] \leq x < [x] + 1$, risulta

$$\{x\} = \min\{x - [x], [x] + 1 - x\}$$

   per ogni x reale.

2. Dal fatto che

$$\min\{a, b\} = \frac{a + b - |a - b|}{2} \quad \text{per ogni } a, b,$$

segue che

$$\{x\} = \frac{1}{2} - \left|\frac{1}{2} - x + [x]\right| \quad \text{per ogni } x.$$

3. Per ogni x reale,

$$\left\{[x] + \frac{1}{2}\right\} = \frac{1}{2}.$$

4. Per ogni x reale,

$$\{x + 1\} = \{x\}.$$

3.14 Sia

$$P(z) = a_0 + a_1 z + a_2 z^2 + \cdots + a_n z^n$$

un polinomio nella variabile $z \in \mathbf{C}$ a coefficienti $a_0, \ldots, a_n$ *reali*. Se $P(z) = 0$ per qualche z, allora $P(\bar{z}) = 0$.

3.15 Dimostrare che

$$\frac{(1 + i)^n}{(1 - i)^{n-2}} = 2i^{n-1}$$

per ogni $n \in \mathbf{N}, n \geq 1$.

3.16 Costruire un numero complesso z tale che $|z| = 1$ ma $z^n \neq 1$ per qualunque $n \in \mathbf{N}, n \geq 1$.

3.17 Siano a, b e c numeri complessi, con $a \neq 0$. Allora $az^2 + bz + c = 0$ se e solo se

$$z = \frac{-b + s}{2a}, \qquad s^2 = b^2 - 4ac.$$

3.18 Per ogni $z \in \mathbf{C}$ e ogni $w \in \mathbf{C}$, risulta

$$|z + w|^2 + |z - w|^2 = 2\big(|z|^2 + |w|^2\big).$$

Qual è l'interpretazione geometrica di questa identità?

3.19 Introduciamo una relazione $\leq$ in $\mathbf{C}$ come segue: se $z_1 = x_1 + y_1 i$ e $z_2 = x_2 + y_2 i$, scriviamo $z_1 \leq z_2$ se e solo se $x_1 \leq x_2$ e $y_1 \leq y_2$.

1. La relazione $\leq$ è un ordinamento parziale su $\mathbf{C}$, detto *ordine lessicografico*.
2. Quali sono i numeri complessi z tali che $z \geq 0$? Si rappresentino tali numeri nel piano complesso.
3. La relazione $\leq$ è compatibile con la somma di numeri complessi,[9] mentre non è compatibile con il prodotto di numeri complessi.

3.20 Per ogni $z_1 \in \mathbf{C}$ e ogni $z_2 \in \mathbf{C}$, definiamo

$$z_1 * z_2 = (x_1 x_2, y_1 y_2),$$

dove $z_1 = x_1 + y_1 i$ e $z_2 = x_2 + y_2 i$.

1. Qual è l'elemento neutro per l'operazione $*$?
2. Quali sono gli elementi invertibili per $*$?
3. Dedurre che $(\mathbf{C}, +, *)$ non è un campo.

---

[9] Nel senso che $z_1 + z_2 \geq 0$ se $z_1 \geq 0$ e $z_2 \geq 0$.

II
Topologia generale

Capitolo 4
Spazi topologici

Estratto Il dibattito se fornire una prima esposizione dei fondamenti della Topologia Generale in un primo corso di Analisi Matematica è antico, e mai del tutto esaurito. La tradizione didattica italiana si è sempre fondata sull'assioma, invero gratuito, che la Topologia sia di pertinenza della Geometria, e che allo studente di Analisi Matematica sia sufficiente una conoscenza ragionevole degli spazi metrici. Tra i rarissimi manuali che invece scelgono di raccontare al lettore qualche costruzione non metrica della topologia c'è quello di Giovanni Prodi [18], che a suo tempo introdusse questa novità come principio di innovazione pedagogico. Ovviamente non è questa la sede per un approfondito corso di Topologia. Ci accontenteremo di descrivere i rudimenti di questa disciplina in un modo utile per lo studente di matematica, anche in vista delle successive applicazioni. A differenza di [18], procederemo su una via ormai più consueta: invece di definire le topologie *esclusivamente* mediante gli intorni, le definiremo attraverso gli assiomi degli insiemi aperti. Mostreremo certamente che i due approcci si equivalgono, e talvolta sarà più conveniente lavorare proprio con gli intorni. Tuttavia il nostro interesse è quello di familiarizzare il lettore ad un linguaggio che ritroverà nel corso dei suoi studi, ed è un dato di fatto che l'insegnamento della Topologia è ormai universalmente fondato sulla definizione di inseme aperto.

4.1 Insiemi aperti

Definizione 4.1 Sia X un insieme. Una topologia su X è una famiglia τ di sottoinsiemi di X, ciascuno dei quali sarà chiamato insieme aperto, che soddisfi le seguenti proprietà:

1. $\emptyset \in \tau$, $X \in \tau$;
2. se $A_1 \in \tau$ e $A_2 \in \tau$, allora $A_1 \cap A_2 \in \tau$;
3. se $A_i \in \tau$ per ogni $i \in I$, allora $\bigcup_{i \in I} A_i \in \tau$.

L'insieme X è lo spazio della topologia. Gli aperti $\emptyset$ e X sono gli aperti banali. Gli altri aperti della topologia sono chiamati aperti non banali.

© The Author(s), under exclusive license to Springer Nature Switzerland AG 2026

S. Secchi, *Analisi Matematica*, La Matematica per il 3+2,

https://doi.org/10.1007/978-3-032-20804-0_4

Quindi: l'insieme vuoto è aperto, X è aperto, l'intersezione di un numero finito di aperti è un insieme aperto, e l'unione qualsiasi di insiemi aperti è un insieme aperto. L'insieme I degli indici di questa unione può essere finito, infinito, numerabile, non numerabile: può essere un insieme *qualunque*.

Osservazione 4.1 Come visto, qualunque topologia contiene l'insieme vuoto e lo spazio. È possibile ottimizzare la definizione di topologia in modo tale che il primo assioma sia conseguenza degli altri, si veda [13, 22]. In questa sede preferiamo però evitare di utilizzare la teoria degli insiemi in modo troppo raffinato, e comunque non sarà dannoso ricordare sempre di prescrivere X e $\emptyset$ fra gli aperti di qualunque topologia. D'altra parte, per la stessa ragione la definizione di una topologia equivale all'assegnazione degli aperti non banali.

Lasciamo al lettore il facile compito di verificare che le topologie descritte nei prossimi esempi soddisfano effettivamente i tre assiomi della Definizione 4.1.

Esempio 4.1 La topologia più piccola (cioè con il minor numero possibile di aperti) che si possa definire su un insieme (non vuoto) X è

$$\tau_b = \{\emptyset, X\}.$$

Questa topologia si chiama topologia banale, o anche topologia indiscreta.

Esempio 4.2 All'opposto, la topologia più grande (cioè con il maggior numero possibile di aperti) che si possa definire su un insieme (non vuoto) X è

$$\tau_d = \{A \mid A \subset X\} = 2^X.$$

Questa topologia si chiama topologia discreta su X, ed è la topologia in cui ogni sottoinsieme di X è aperto.

Esempio 4.3 La topologia cofinita su un insieme X è la topologia i cui aperti non banali sono i sottoinsiemi A tali che $X \setminus A$ sia un insieme finito.

Definizione 4.2 Sia $\mathbf{R}$ il campo ordinato dei numeri reali. Un insieme A è un aperto non banale della topologia euclidea τ_e se e solo se, per ogni $x \in A$, esiste un intervallo aperto (a, b) tale che

$$x \in (a, b) \subset A.$$

Questa definizione diventerà più trasparente nel seguito del capitolo, e sarà di importanza fondamentale in tutto il libro.

Definizione 4.3 Sia X uno spazio topologico con topologia τ. Un sottoinsieme C di X è chiuso se $X \setminus C \in \tau$. A parole: gli insiemi chiusi sono tutti e soli i complementari degli insiemi aperti.

Osservazione 4.2 La definizione degli insiemi chiusi per una topologia è un esempio perfetto della possibile discordanza tra il linguaggio comune e quello proprio della matematica. Nella lingua italiana l'aggettivo *chiuso* è comunemente interpretato come l'opposto di *aperto*: una porta chiusa è una porta che non è aperta. In matematica — al contrario — un insieme chiuso non è un insieme che non soddisfa la definizione di insieme aperto. Ad esempio l'intervallo $(0, 1]$ non è né aperto né chiuso per la topologia euclidea di $\mathbf{R}$. Infatti in corrispondenza del punto 1 non esiste alcun intervallo (a, b) tale che $1 \in (a, b) \subset (0, 1]$. Inoltre $\mathbf{R} \setminus (0, 1] = (-\infty, 0] \cup (1, +\infty)$, come sopra non esiste alcun intervallo aperto (a, b) tale che $0 \in (a, b) \subset (-\infty, 0] \cup (1, +\infty)$.

Le leggi di De Morgan garantiscono immediatamente le seguenti proprietà degli insiemi chiusi.

Teorema 4.1 *Sia X uno spazio topologico con topologia τ.*

1. *Gli insiemi $\emptyset$ e X sono chiusi.*
2. *Se C_1 e C_2 sono chiusi, allora $C_1 \cup C_2$ è un insieme chiuso.*
3. *Se C_i è chiuso per ogni $i \in I$,[1] allora $\bigcap_{i \in I} C_i$ è un insieme chiuso.*

Concludiamo con il principio di confronto tra topologie su uno stesso insieme.

Definizione 4.4 Siano τ_1 e τ_2 due topologie sullo stesso insieme X. Diremo che τ_1 è più piccola di τ_2 se $\tau_1 \subset \tau_2$, o equivalentemente che τ_2 è più grande di τ_1. Due topologie sono equivalenti se ciascuna è più piccola dell'altra.

Osservazione 4.3 La terminologia del confronto tra topologie è sempre un problema pedagogico. In letteratura si trova frequentemente l'espressione

τ_1 è più fine di τ_2 se $\tau_1 \supset \tau_2$.

La nostra scelta degli aggettivi, ancorché inusuale, fa esplicito riferimento alla *quantità* degli aperti. Una topologia piccola è — intuitivamente — una topologia che ha pochi aperti. Quindi la topologia banale è la più piccola in assoluto, e la topologia discreta è la più grande in assoluto.

4.1.1 Basi e sottobasi

Definizione 4.5 Sia X uno spazio topologico con topologia τ. Una famiglia $\mathcal{B}$ di insiemi aperti è una base per la topologia τ se ogni $A \in \tau$ è unione di elementi di $\mathcal{B}$.

La definizione di base può essere riformulata in un modo più concreto in virtù della seguente caratterizzazione.

---

[1] Al solito, I è un insieme non vuoto di indici, la cui natura non è rilevante per il nostro discorso.

Teorema 4.2 *Sia X uno spazio topologico con topologia τ. Sono equivalenti:*

1. *$\mathcal{B}$ è una base per τ;*
2. *per ogni $A \in \tau$ ed ogni $x \in A$, esiste $B \in \mathcal{B}$ tale che $x \in B \subset A$.*

Dimostrazione Supponiamo che valga (a). Scelto comunque un insieme aperto A, A è unione di una famiglia di membri di $\mathcal{B}$, e per ogni $x \in A$ esiste $B \in \mathcal{B}$ tale che $x \in B \subset A$. Viceversa, se vale (b) e A è un qualunque aperto di τ, definiamo V come l'unione di tutti i membri della famiglia $\mathcal{B}$ che sono sottoinsiemi di A. Per ogni $x \in A$ esiste $B \in \mathcal{B}$ tale che $x \in B \subset A$, quindi $x \in V$. Concludiamo che $A \subset V$, e siccome $V \subset A$ arriviamo alla conclusione $V = A$. $\qquad\square$

È interessante domandarsi quali famiglie di sottoinsiemi siano basi per *qualche* topologia. La risposta è contenuta nel prossimo risultato. Premettiamo un'osservazione un po' sottile di teoria degli insiemi. In alcuni testi la proprietà (b) è proposta con la richiesta aggiuntiva che $A \neq \emptyset$. Si tratta di un *horror vacui* non necessario, dal momento che l'insieme vuoto gode di qualsiasi proprietà, proprio perché esso non contiene alcun elemento. La proposizione

per ogni $x \in A$ risulta che ...

è sempre vera se non esiste alcun $x \in A$. In Logica una proposizione del tipo

$$\forall x (P(x) \implies Q(x))$$

è sicuramente vera, se non esiste alcun x tale che $P(x)$. In questi casi si parla appunto di *implicazione vuota*.

Osservazione 4.4 Il discorso appena fatto apre la via ad una domanda piuttosto frequente: fra gli elementi di una base $\mathcal{B}$ deve comparire l'insieme vuoto? La risposta più corretta è che mettere o togliere $\emptyset$ non fa alcuna differenza. Più concretamente: se ci fa piacere, possiamo utilizzare gli elementi di $\mathcal{B}$ per descrivere esclusivamente gli aperti non banali, perché alla fine l'insieme vuoto deve essere sempre un insieme aperto, per definizione di topologia. Ma quando diciamo

Per ogni $x \in B_1 \cap B_2 \ldots$

la proposizione che segue in puntini sarà sempre vera nel caso in cui $B_1 \cap B_2 = \emptyset$. Insomma, includere l'insieme vuoto nelle basi per una topologia può essere rassicurante, ma è del tutto superfluo da un punto di vista logico.

Teorema 4.3 *Una famiglia $\mathcal{B}$ di sottoinsiemi di X è una base per una topologia τ su X se e solo se*

$$X = \bigcup \mathcal{B}$$

e per ogni coppia di insiemi B_1 e B_2 di $\mathcal{B}$ ed ogni punto $x \in B_1 \cap B_2$, esiste $B_3 \in \mathcal{B}$ tale che $x \in B_2 \subset B_1 \cap B_2$.

Dimostrazione Osserviamo che la richiesta $X = \bigcup \mathcal{B}$ è necessaria a garantire che X sia unione di elementi di $\mathcal{B}$. Se $\mathcal{B}$ è base per una topologia τ su X, presi comunque B_1 e B_2 in $\mathcal{B}$, l'intersezione $B_1 \cap B_2$ è un insieme aperto, dunque per ogni $x \in B_1 \cap B_2$ esiste $B_3 \in \mathcal{B}$ tale che $x \in B_3 \subset B_1 \cap B_2$. Viceversa, se $\mathcal{B}$ soddisfa le ipotesi del teorema, definiamo τ nel seguente modo: $\emptyset \in \tau$, $A \in \tau$ se e solo se A è unione di elementi della famiglia $\mathcal{B}$. Un semplice esercizio di algebra booleana degli insiemi mostra che l'unione di insiemi aperti è un insieme aperto. Fissiamo allora A_1 e A_2 in τ. Se $x \in A_1 \cap A_2$, per ipotesi esistono B_1 e B_2 in $\mathcal{B}$ tali che $x \in B_1 \subset A_1$ e $x \in B_2 \subset A_2$. Quindi $x \in B_1 \cap B_2 \subset A_1 \cap A_2$, e infine $A_1 \cap A_2 \in \tau$. $\square$

Definizione 4.6 Siano X un insieme e $\mathcal{B}$ una famiglia di sottoinsiemi di X che soddisfi

1. per ogni $x \in X$ esiste $B \in \mathcal{B}$ tale che $x \in B$;
2. per ogni coppia di insiemi B_1 e B_2 di $\mathcal{B}$ ed ogni punto $x \in B_1 \cap B_2$, esiste $B_3 \in \mathcal{B}$ tale che $x \in B_2 \subset B_1 \cap B_2$.

La topologia generata da $\mathcal{B}$ è la topologia formata da $\emptyset$ e dalle unioni qualunque di elementi di $\mathcal{B}$.

Esempio 4.4 La topologia euclidea di $\mathbf{R}$ è esattamente la topologia generata dalla famiglia $\mathcal{B}$ degli intervalli (a, b), al variare di $a \in \mathbf{R}$, $b \in \mathbf{R}$, tali che $a < b$.

Definizione 4.7 Sia X uno spazio topologico. Una famiglia S di sottoinsiemi di X è una sottobase per la topologia di X se la famiglia delle intersezioni finite di elementi di S è una base per la topologia di X.

Teorema 4.4 *Sia X un insieme. Qualunque famiglia S di sottoinsiemi di X è sottobase per un'opportuna topologia su X, detta topologia generata da S.*

Dimostrazione Ci limitiamo ad un cenno di dimostrazione. Inevitabilmente dobbiamo inserire l'insieme vuoto e X tra gli aperti della topologia. La famiglia $\mathcal{B}$ di tutte le intersezioni finite di insiemi contenuti in S soddisfa le proprietà del Teorema 4.3, e dunque $\mathcal{B}$ è base per una topologia su X. $\square$

Esempio 4.5 In $\mathbf{R}$, la famiglia S di tutti gli insiemi della forma $(-\infty, b)$ e $(a, +\infty)$ (al variare di a e b in $\mathbf{R}$) è sottobase per una topologia. Inoltre $(a, b) = (-\infty, b) \cap (a, +\infty)$ non appena $a < b$. Quindi la topologia generata da S coincide con la topologia generata dalla famiglia degli intervalli aperti (a, b), e dunque coincide con la topologia euclidea.

4.1.2 Topologia dei sottospazi

Immaginiamo che X sia una topologia: è possibile costruire una topologia che renda qualunque sottoinsieme M di X uno spazio topologico? La risposta è data dalla seguente definizione.

Definizione 4.8   Siano X un insieme, τ una topologia su X, e M un sottoinsieme di X. La topologia relativa di M è la collezione

$$\tau_{|M} = \{A \cap M \mid A \in \tau\}.$$

Per ogni aperto A di X, $A \cap M$ è la traccia di A su M.

Osservazione 4.5   La topologia relativa su un sottoinsieme è dunque la topologia i cui aperti sono le tracce degli aperti di X su M. Questa topologia si riduce a quella di X se $M = X$. Ovviamente $M = M \cap X$ e $\emptyset = M \cap \emptyset$ sono aperti per la topologia relativa.

Per semplificare il discorso, utilizzeremo frequentemente la seguente terminologia: *un insieme è aperto in (o di) X se e solo se esso è aperto per la topologia dello spazio X*. Quindi, per coerenza, scriveremo che un insieme è aperto per il sottoinsieme M di X se e solo se l'insieme è un aperto della topologia relativa di M.

Teorema 4.5   *Se M è aperto in X, allora ogni aperto di M è un aperto di X.*

Dimostrazione   Supponiamo che M sia aperto in X. Allora $A \cap M$ è aperto in X per ogni aperto A di X, e dunque ogni aperto del sottospazio M è aperto in X. $\square$

L'uso della topologia relativa richiede sempre una certa dose di attenzione, come mostra il seguente

Esempio 4.6   Sia $M = [0, 1]$ un sottoinsieme di $\mathbf{R}$ con la topologia euclidea. L'insieme $A = [0, \frac{1}{2}) = [0, 1] \cap (-\frac{1}{2}, \frac{1}{2})$ è aperto in M, ma non è aperto in $\mathbf{R}$.

4.2   Sistemi di intorni

Definizione 4.9   Sia X uno spazio topologico. Un insieme U è un intorno di un punto $p \in X$ se esiste un insieme aperto A tale che $x \in A \subset U$.

Osservazione 4.6   In questo libro ci atterremo sempre alla Definizione 4.9 di intorno. Segnaliamo tuttavia che in alcuni testi si chiamano intorni di un punto solo gli *aperti* contenenti il punto. Le due definizioni non sono equivalenti, come il prossimo (banale) esempio mostra.

Esempio 4.7   In $\mathbf{R}$ con la topologia euclidea, l'insieme $U = [0, 1]$ è un intorno di $p = 1/2$, ma U non è un insieme aperto.

Il seguente risultato è conseguenza diretta delle definizioni.

Teorema 4.6 *Sia $\mathcal{B}$ una base per la topologia dello spazio X. Un insieme U è un intorno di un punto p se e solo se esiste $B \in \mathcal{B}$ tale che $p \in B \subset U$.*

Per verificare che un insieme U sia intorno di un suo punto sarà sufficiente individuare un elemento della base $\mathcal{B}$ che contenga il punto e che sia sottoinsieme di U.

Teorema 4.7 *In uno spazio topologico, un insieme è aperto se e solo se esso è intorno di ogni suo punto.*

Dimostrazione Siano X uno spazio topologico e U un sottoinsieme di X. Se U è aperto, evidentemente U è intorno di ogni punto $p \in U$, per definizione. Se, viceversa, U è intorno di ogni suo punto, allora per ogni $p \in U$ esiste un aperto A_p tale che $p \in A_p \subset U$. Ne segue che U è l'unione degli aperti A_p, dunque U è un aperto. $\square$

Definizione 4.10 Siano X uno spazio topologico, e M un sottoinsieme di X. Un punto p è interno ad M se esiste un intorno U di p tale che $U \subset M$. L'insieme di tutti i punti interni di M si chiama interno di M e si denota con $M°$.[2]

Teorema 4.8 *L'interno di un insieme M è l'unione di tutti gli aperti contenuti in M.*

Dimostrazione Sia (temporaneamente) M' l'unione di tutti i sottoinsiemi aperti A tali che $A \subset M$. Se $p \in M'$, allora p è punto interno di M, sicché $M' \subset M°$. Viceversa, se $p \in M°$, allora esiste un aperto A tale che $p \in A \subset M$. Dunque $p \in M'$. $\square$

Osservazione 4.7 In particolare, l'interno di un qualunque sottoinsieme è un aperto dello spazio topologico, in quanto unione di sottoinsiemi aperti.

Teorema 4.9 *Un insieme A è aperto se e solo se $A = A°$.*

Dimostrazione Se A è aperto, evidentemente A è il più grande (nel senso dell'inclusione insiemistica) sottoinsieme aperto di A stesso, e dunque $A = A°$. Viceversa, osserviamo che per definizione $A° \subset A$. Quindi l'ipotesi diventa $A \subset A°$, cioè per ogni punto $p \in A$ esiste un aperto U tale che $p \in U \subset A$. Dunque A è un intorno di ogni suo punto, e A è un insieme aperto. $\square$

Definizione 4.11 Sia X uno spazio topologico. Per ogni punto $p \in X$ denotiamo con $\mathfrak{U}(p)$ la famiglia di tutti gli intorni di p, e la chiamiamo sistema degli intorni di p.

---

[2] Talvolta, soprattutto per comodità tipografica, si trova la notazione int M.

Teorema 4.10 *Sia* $\mathfrak{U}(p)$ *il sistema degli intorni di un punto* p *in uno spazio topologico* X. *Valgono le seguenti proprietà:*

1. $p \in U$ per ogni $U \in \mathfrak{U}(p)$;
2. se $U \in \mathfrak{U}(p)$ e $V \in \mathfrak{U}(p)$, allora $U \cap V \in \mathfrak{U}(p)$;
3. se $U \in \mathfrak{U}(p)$ e $U \subset V$, allora $V \in \mathfrak{U}(p)$;
4. se $U \in \mathfrak{U}(p)$, esiste $V \in \mathfrak{U}(p)$ tale che $V \in \mathfrak{U}(q)$ per ogni $q \in V$.

Dimostrazione Le prime tre proprietà derivano direttamente dalle definizioni, e le lasciamo per esercizio (piuttosto facile). Dimostriamo invece la validità della proprietà 4. Sia U un intorno di p: esiste un aperto V tale che $p \in V \subset U$. L'insieme V è in particolare un intorno di p, cioè $V \in \mathfrak{U}(p)$. Per ogni punto $q \in V$, evidentemente V è un insieme aperto contenente q, cioè V è un intorno di q. $\square$

Il viceversa del precedente teorema è, nel senso che vedremo ora, altrettanto vero.

Teorema 4.11 *Sia X un insieme. Supponiamo che per ogni $p \in X$ esista una famiglia non vuota $\mathfrak{U}(p)$ di sottoinsiemi di X tali che*

1. $p \in U$ per ogni $U \in \mathfrak{U}(p)$;
2. se $U \in \mathfrak{U}(p)$ e $V \in \mathfrak{U}(p)$, allora $U \cap V \in \mathfrak{U}(p)$;
3. se $U \in \mathfrak{U}(p)$ e $U \subset V$, allora $V \in \mathfrak{U}(p)$;
4. se $U \in \mathfrak{U}(p)$, esiste $V \in \mathfrak{U}(p)$ tale che $V \in \mathfrak{U}(q)$ per ogni $q \in V$.

Allora

$$\tau = \{U \mid U \in \mathfrak{U}(p) \text{ per ogni } p \in U\}$$

è l'unica topologia su X con la proprietà che $\mathfrak{U}(p)$ è il sistema di intorni di $p \in X$, per ogni p.

Dimostrazione Poiché un insieme è aperto se e solo se esso è intorno di ogni suo punto, l'unicità della topologia τ è chiara. Inoltre la famiglia τ definita nell'enunciato è una topologia. Infatti $\emptyset \in \tau$ per implicazione vuota, mentre $X \in \tau$ per la proprietà 1. Se A_i, $i \in I$, è un insieme aperto, e se p appartiene a qualche A_{i_0}, allora $A_{i_0} \in \mathfrak{U}(p)$; poiché A_{i_0} è un sottoinsieme dell'unione di tutti gli A_i, anche tale unione appartiene a $\mathfrak{U}(p)$. Quindi l'unione di tutti gli insiemi A_i, $i \in I$, appartiene a τ. Inoltre, se $A_1 \in \tau$ e $A_2 \in \tau$, e se $p \in A_1 \cap A_2$, allora $A_1 \in \mathfrak{U}(p)$ e $A_2 \in \mathfrak{U}(p)$. Quindi $A_1 \cap A_2 \in \mathfrak{U}(p)$, e $A_1 \cap A_2 \in \tau$. Tutto quanto visto finora dimostra che τ è una topologia su X. Dobbiamo ancora dimostrare che $\mathfrak{U}(p)$ è la famiglia degli intorni di p per la topologia τ. Prendiamo un qualunque intorno U di p per la topologia τ. Per definizione esiste un aperto A di τ tale che $x \in A \subset U$. Poiché A è aperto (per τ), A è intorno di ogni suo punto q, cioè $A \in \mathfrak{U}(q)$. Questo vale in particolare per $q = p$, e concludiamo che ogni τ-intorno di p appartiene a $\mathfrak{U}(p)$. Viceversa, scegliendo arbitrariamente $U \in \mathfrak{U}(p)$, vogliamo dimostrare che U è un intorno per la topologia τ del punto p. Definiamo un insieme V come segue: $q \in V$

se e solo se $U \in \mathcal{U}(q)$. Evidentemente $p \in V$, e se $q \in V$, allora $U \in \mathcal{U}(q)$, e quindi $q \in U$. Dunque $V \subset U$. Affermiamo che V è un insieme aperto nella topologia τ, cioè che V è un τ-intorno di ogni suo punto. Scelto ad arbitrio un punto $q \in V$, la proprietà 4 garantisce l'esistenza di $W \in \mathcal{U}(q)$ tale che $U \in \mathcal{U}(z)$ per ogni $z \in W$. Quindi $W \subset V$, e dunque $V \in \mathcal{U}(q)$. La dimostrazione è conclusa. $\square$

Osservazione 4.8 Grazie all'ultimo teorema, siamo autorizzati a definire le topologie assegnando, per ogni punto dell'insieme in oggetto, la collezione di intorni di quel punto. Ovviamente la definizione condurrà ad una topologia solo se sono soddisfatte le prime tre condizioni (la quarta serve unicamente ad identificare $\mathcal{U}(p)$ con il sistema degli intorni di p nella topologia appena definita). Questo approccio sarà particolarmente evidente nello studio degli spazi metrici.

Esempio 4.8 (La retta reale estesa) Scegliamo due oggetti che non appartengono al campo $\mathbf{R}$ dei numeri reali. Li chiameremo $-\infty$ e $+\infty$, sebbene questi simboli non abbiamo per ora alcun significato specifico. La retta reale estesa è l'insieme

$$\widetilde{\mathbf{R}} = \mathbf{R} \cup \{-\infty\} \cup \{+\infty\}$$

con l'unica topologia determinata dalla seguente famiglia di intorni:

- se $p \in \mathbf{R}$, gli intorni di p sono quelli della topologia euclidea;
- se $p = -\infty$, gli intorni di p sono gli insiemi che contengono un intervallo del tipo $(-\infty, b)$, con $b \in \mathbf{R}$;
- se $p = +\infty$, gli intorni di p sono gli insiemi che contengono un intervallo del tipo $(a, +\infty)$, con $a \in \mathbf{R}$.

Lasciamo al lettore l'onere di mostrare che questa collezione di intorni soddisfa le condizioni del Teorema 4.11. Lo spazio topologico $\widetilde{\mathbf{R}}$ sarà di grande utilità nella teoria dei limiti che esporremo più avanti.

Osservazione 4.9 Anche se (parzialmente) lecito, non sarà conveniente estendere le operazioni algebriche di $\mathbf{R}$ a $\widetilde{\mathbf{R}}$.

4.3 Chiusura

Definizione 4.12 Sia X uno spazio topologico. La chiusura di un sottoinsieme A di X è l'insieme $\overline{A}$ dei punti $p \in X$ tali che $A \cap U \neq \emptyset$ per ogni intorno U di p.

Teorema 4.12 *Per ogni sottoinsieme A di uno spazio topologico X, $\overline{A}$ coincide con l'intersezione di tutti gli insiemi chiusi C tali che $A \subset C$.*

Dimostrazione Sia p un punto che appartiene a tutti i chiusi C contenenti A, e supponiamo che esista un insieme aperto U tale che $p \in U$ ma $A \cap U = \emptyset$. Allora

$X \setminus U$ è chiuso e $A \subset X \setminus U$. Dunque p dovrebbe appartenere a $X \setminus U$, contro l'ipotesi che $p \in U$. Viceversa, supponiamo che p non appartenga all'intersezione di tutti i chiusi C tali che $A \subset C$. Il complementare di tale intersezione è un aperto U tale che $p \in U$ e $U \cap A = \emptyset$. La dimostrazione è conclusa. $\qquad\square$

Definizione 4.13 Un sottoinsieme A di uno spazio topologico X è (topologicamente) denso se $\overline{A} = X$.

Definizione 4.14 Sia X uno spazio topologico. Un punto $p \in X$ è un punto di accumulazione per un sottoinsieme A di X se

$$U \cap (A \setminus \{p\}) \neq \emptyset$$

per ogni intorno U di p. L'insieme di tutti i punti di accumulazione di A è l'insieme derivato di A, e si denota con A' o con $\mathcal{D}A$.

A parole: un punto p è di accumulazione per A se in ogni intorno di p cade almeno un punto di A, *diverso da p*. La definizione di punto di accumulazione ci permette di descrivere in modo più preciso la chiusura di un insieme.

Definizione 4.15 Un punto di uno spazio topologico che non sia di accumulazione è un punto isolato.

Le definizioni di punto di accumulazione e di punto appartenente alla chiusura si assomigliano in modo suggestivo. Il legame preciso è descritto nel prossimo enunciato.

Teorema 4.13 *Se A è un sottoinsieme di uno spazio topologico, allora*

$$\overline{A} = A \cup A'.$$

Dimostrazione I punti di $\overline{A}$ hanno la proprietà che ogni loro intorno interseca A. Tali punti possono appartenere ad A, oppure, in caso contrario, devono essere punti di accumulazione di A. $\qquad\square$

Esempio 4.9 Siano $a < b$ due numeri reali. L'intervallo chiuso $[a, b]$ è la chiusura di ciascuno dei seguenti insiemi: (a, b), $(a, b]$, $[a, b)$. Infatti $[a, b]$ è banalmente chiuso in $\mathbf{R}$ con la topologia euclidea. Inoltre è altrettanto banalmente il più piccolo insieme chiuso che contiene ciascuno dei suddetti insiemi, dal momento che i punti a e b sono di accumulazione per ciascuno di essi.

Esempio 4.10 Il sottoinsieme $\mathbf{N}$ euclideo non ha punti di accumulazione in $\mathbf{R}$: tutti i suoi punti sono isolati. Lo stesso vale — evidentemente — per il sottoinsieme $\mathbf{Z}$. Invece, ricordando il Teorema 3.26, ogni numero reale è punto di accumulazione per $\mathbf{Q}$. Infatti, preso un qualunque intervallo aperto (a, b), in esso cade almeno un numero razionale. Al contrario, il punto $+\infty$ è punto di accumulazione per $\mathbf{N}$ e per $\mathbf{Q}$ nella retta reale estesa. Il punto $-\infty$ è di accumulazione per $\mathbf{Z}$ e per $\mathbf{Q}$ nella retta reale estesa.

La seguente è un'utilissima caratterizzazione della chiusura nella topologia relativa. Se X è uno spazio topologico, indicheremo con $\mathrm{cl}(A, X)$ la chiusura di un insieme A in X.

Teorema 4.14 *Siano X uno spazio topologico e Y un sottoinsieme di X dotato della topologia relativa. Per ogni $A \subset Y$, risulta*

$$\mathrm{cl}(A, Y) = \mathrm{cl}(A, X) \cap Y.$$

Dimostrazione Segue dalla definizione di topologia relativa che un sottoinsieme C è chiuso in Y se e solo se esiste un chiuso D di X tale che $C = Y \cap D$. Pertanto l'intersezione di tutti i chiusi di Y che contengono A coincide con l'intersezione di tutti gli insiemi $Y \cap D$, al variare di D tra i chiusi di X che contengono A. Di qui la tesi.   □

Definizione 4.16 La frontiera di un sottoinsieme Y di uno spazio topologico X è l'insieme

$$\partial Y = \overline{Y} \setminus Y^{\circ}.$$

Esempio 4.11 La frontiera di $(0, 1)$ in $\mathbf{R}$ è $\{0, 1\}$. La frontiera di $\mathbf{Z}$ in $\mathbf{R}$ è $\mathbf{Z}$, essendo chiaro che $\mathbf{Z}$ è un chiuso di $\mathbf{R}$ con interno vuoto.

La seguente caratterizzazione della frontiera di un sottoinsieme discende direttamente dalle definizioni.

Teorema 4.15 *Siano X uno spazio topologico e Y un suo sottoinsieme. Un punto $x \in X$ appartiene a ∂Y se, e solo se, ogni intorno di X contiene almeno un punto di Y e almeno un punto di $X \setminus Y$.*

4.4 Funzioni continue

Nei manuali elementari, il concetto di continuità è sempre introdotto attraverso il linguaggio dei limiti. Vogliamo proporre invece un approccio diverso, nel quale la definizione di continuità è principale e la definizione di limite è espressa in termini di continuità.

Definizione 4.17 Siano X e Y due spazi topologici. Una funzione $f\colon X \to Y$ è continua in un punto $p \in X$ se, per ogni intorno V di $f(p)$, esiste un intorno U di p con la proprietà che $f(U) \subset V$. Una funzione è continua in X se essa è continua in ogni punto di X.

Teorema 4.16 *Una funzione* $f\colon X \to Y$ *fra spazi topologici è continua se e solo se per ogni aperto* A *di* Y, *l'insieme* $f^{-1}(A)$ *è aperto in* X.

Dimostrazione Supponiamo che f sia continua in ogni punto p di X. Preso un aperto A di Y, per ogni $p \in f^{-1}(A)$ esiste un intorno U di p tale che $f(U) \subset A$. Quindi $U \subset f^{-1}(A)$, e dunque $f^{-1}(A)$ è aperto. Viceversa, fissiamo arbitrariamente un punto $p \in X$ ed un intorno V di $f(p)$. Per ipotesi $f^{-1}(V)$ è un aperto di X di contiene p: esiste pertanto un aperto U di X tale che $p \in U \subset f^{-1}(V)$. Quindi f è continua nel punto p. $\qquad\square$

Osservazione 4.10 La condizione necessaria e sufficiente per la continuità che appare nel Teorema 4.16 è di norma proposta come *definition* di funzione continua. Abbiamo privilegiato la Definizione (equivalente!) 4.17 perché è di uso molto più frequente in Analisi Matematica. Sarà inoltre più naturale quando introdurremo il concetto di limite.

Teorema 4.17 *Per una funzione* $f\colon X \to Y$ *fra due spazi topologici, sono equivalenti:*

1. f *è continua,*
2. *per ogni insieme* C *chiuso in* Y, $f^{-1}(C)$ *è chiuso in* X.

Dimostrazione L'equivalenza segue immediatamente dal fatto che $f^{-1}(Y \setminus C) = X \setminus f^{-1}(C)$ e dalla definizione di insieme chiuso. $\qquad\square$

Per funzioni generiche tra spazi topologici non è evidentemente possibile mettere in relazione la continuità con le operazioni algebriche. Torneremo più avanti su questo discorso. L'unico risultato che possiamo presentare in questo momento è il seguente, che mostra la *trasparenza* della continuità rispetto alla composizione funzionale.

Teorema 4.18 (Continuità della funzione composta) *Siano* X, Y *e* Z *tre spazi topologici. Se* $f\colon X \to Y$ *è continua nel punto* x *e se* $g\colon Y \to Z$ *è continua nel punto* $f(x)$, *allora la funzione composta* $g \circ f\colon X \to Z$ *è una funzione continua nel punto* x.

Dimostrazione Sia V un qualunque intorno del punto $g(f(x))$ in Z. Per ipotesi esistono un intorno W del punto $f(x)$ ed un intorno U del punto x tali che

$$W \subset g^{-1}(V), \qquad U \subset f^{-1}(W).$$

Allora $U \subset f^{-1}(g^{-1}(V)) = (g \circ f)^{-1}(V)$, sicché $g \circ f$ è continua in x. $\qquad\square$

Si usa spesso dire che la Topologia è lo studio delle proprietà che risultano invarianti sotto l'azione delle funzioni continue. Ha pertanto senso introdurre una sorta di identificazione per gli spazi che *hanno la stessa forma*.

Definizione 4.18   Una funzione $f: X \to Y$ fra due spazi topologici è un omeomorfismo se essa è iniettiva, suriettiva, continua e la funzione inversa $f^{-1}: Y \to X$ è continua. Due spazi topologici X e Y sono omeomorfi se esiste un omeomorfismo $f: X \to Y$.

Osservazione 4.11   È bene osservare che due spazi topologici possono essere omeomorfi attraverso diversi omeomorfismi. Inoltre la relazione

$X \sim Y$ se e solo se X e Y sono spazi topologici omeomorfi

è una relazione di equivalenza. Chi legge potrà divertirsi a giustificare con esempi e semplici dimostrazioni queste ultime affermazioni.

4.5   Primi assiomi di separazione

In questo libro — che *non* è un manuale di topologia generale — l'unica proprietà di separazione che ci riguarderà da vicino è la cosiddetta proprietà T_2, o più comunemente proprietà di Hausdorff. Tuttavia, nella speranza di incuriosire il lettore, incominciamo il nostro discorso da una proprietà di separazione molto debole.

Definizione 4.19   Uno spazio topologico X soddisfa l'assioma T_0 se, presi comunque due punti distinti x e y, esiste un intorno dell'uno che non contiene l'altro.

Osservazione 4.12   Si presti attenzione al fatto che l'assioma T_0 *non* è simmetrico: un punto x potrebbe essere separato da un punto y mediante un intorno, mentre il viceversa potrebbe essere falso.

Definizione 4.20   Uno spazio topologico X soddisfa l'assioma T_1 se, presi comunque due punti distinti x e y, esistono un intorno di x che non contiene y, ed un intorno di y che non contiene x.

Teorema 4.19   *Uno spazio topologico è T_1 se e solo se l'insieme $\{x\}$ è chiuso per ogni x.*

Dimostrazione   Sia X uno spazio T_1. Presi un punto $x \in X$ e un punto $y \neq x$, esiste un intorno aperto U_y di y tale che $x \notin U_y$. Quindi

$$X \setminus \{x\} = \bigcup_{y \in X \setminus \{x\}} U_y.$$

Quindi $X \setminus \{x\}$ è unione di insiemi aperti, e dunque $\{x\}$ è chiuso. Viceversa, se $x \neq y$ e se $\{x\}$ e $\{y\}$ sono insiemi chiusi, allora $X \setminus \{x\}$ è un aperto che contiene x e non contiene y, mentre $X \setminus \{y\}$ è un aperto che contiene y e non contiene x. $\square$

La seguente proprietà ha qualche applicazione a diversi enunciati di Analisi.

Teorema 4.20 *Sia $f: X \to Y$ una funzione continua tra uno spazio topologico X e uno spazio topologico Y che soddisfa l'assioma T_1. Se f è costante su un sottoinsieme denso A di X, allora f è costante in X.*

Dimostrazione Supponiamo che $\overline{y}$ sia un elemento di Y tale che $f(x) = \overline{y}$ per ogni $x \in A$. Consideriamo l'insieme

$$C = \{x \in X \mid f(x) = \overline{y}\}.$$

Per ipotesi $A \subset C$. Poiché $C = f^{-1}(\{\overline{y}\})$ e l'insieme $\{\overline{y}\}$ è chiuso in Y per l'ipotesi T_1, l'insieme C è chiuso in X. Dunque $\overline{A} = X \subset C$, e $f \equiv \overline{y}$ in X.	□

Definizione 4.21 Uno spazio topologico X soddisfa l'assioma T_2, o che X è uno spazio di Hausdorff, se, presi comunque due punti distinti x e y, esistono due intorni U_x e U_y tali che $x \in U_x$, $y \in U_y$, e $U_x \cap U_y = \emptyset$.

Osservazione 4.13 È un semplice esercizio verificare che $T_2 \Rightarrow T_1 \Rightarrow T_0$.

Teorema 4.21 *Un sottoinsieme S di uno spazio di Hausdorff X è uno spazio di Hausdorff per la topologia relativa.*

Dimostrazione Siano x e y due punti distinti di S. Per ipotesi esistono un intorno U_x e un intorno U_y tali che $U_x \cap U_y = \emptyset$. In particolare, $U_y \cap S$ e $U_y \cap S$ sono due intorni di x ed y rispettivamente per la topologia relativa di S. Poiché è evidente che l'intersezione di $U_y \cap S$ e $U_y \cap S$ è vuota, la dimostrazione è conclusa.	□

4.6 Spazi quoziente

Definizione 4.22 Supponiamo che X sia uno spazio topologico, che Y sia un insieme non vuoto e che $f: X \to Y$ sia una funzione suriettiva di X su Y. La topologia quoziente di Y indotta da f è la famiglia di insiemi $U \subset Y$ tali che $f^{-1}(U)$ sia aperto in X.

La verifica che la precedente definizione costruisce una topologia per l'insieme Y è lasciata come semplice esercizio. La seguente affermazione è conseguenza diretta della definizione di topologia quoziente.

Teorema 4.22 *La topologia quoziente su Y rispetto ad una funzione suriettiva $f: X \to Y$ è la più piccola topologia su Y che renda f una funzione continua.*

Il seguente teorema è noto come *Proprietà universale degli spazi quoziente.*

Teorema 4.23 *Supponiamo che $f: X \to Y$ sia una funzione, e supponiamo che Y abbia la topologia quoziente indotta da f. Una funzione $g: Y \to Z$ da Y in uno spazio topologico Z è continua se e solo se $g \circ f$ è continua.*

Dimostrazione Per il Teorema 4.22, f è continua: se g è continua, allora $g \circ f$ è continua per il teorema di continuità delle funzioni composte. Viceversa, supponiamo che $g \circ f$ sia continua. Per ogni aperto V di Z, $f^{-1}(g^{-1}(V))$ è aperto in X. Questo significa che $g^{-1}(V)$ è aperto in Y per definizione della topologia quoziente, e in conclusione g è una funzione continua. $\square$

Uno dei modi più comunemente utilizzati per costruire spazi quozienti è attraverso un'opportuna relazione di equivalenza. Lo schema è il seguente: partiamo da un insieme (non vuoto) X e da una relazione di equivalenza $\sim$ su X. L'insieme $X/\sim$ è l'insieme di tutte e sole le classi di equivalenza relative a $\sim$. La funzione suriettiva $f: X \to X/\sim$ definita da

$$f: x \mapsto [x]_\sim$$

definisce allora una topologia quoziente su $X/\sim$.

4.7 Spazi prodotto

Definizione 4.23 Siano X e Y due spazi topologici. Un insieme A è aperto nel prodotto cartesiano $X \times Y$ se e solo se, per ogni $(x, y) \in A$ esistono un aperto U di X e un aperto V di Y tali che

$$(x, y) \in U \times V \subset A.$$

L'insieme $X \times Y$ dotato di questa topologia prende il nome di prodotto topologico di X e Y, e la topologia si dice topologia prodotto.

Osservazione 4.14 Va da sé che la topologia prodotto è la topologia generata dalla famiglia di tutti i prodotti $U \times V$, al variare di U tra gli aperti di X e di V tra gli aperti di Y. Tale famiglia è una base per la topologia prodotto, come il lettore verificherà senza pena.

Teorema 4.24 *Sia $X \times Y$ il prodotto topologico di due spazi X e Y. Le proiezioni $\pi_X: X \times Y \to X$ e $\pi_Y: X \times Y \to Y$, definite rispettivamente da*

$$\pi_X(x, y) = x$$
$$\pi_Y(x, y) = y$$

per ogni $(x, y) \in X \times Y$ sono funzioni continue.

Dimostrazione   L'affermazione segue banalmente dalla constatazione che

$$\pi_X^{-1}(U) = U \times Y, \qquad \pi_Y^{-1}(V) = X \times V$$

per ogni aperto U di X e ogni aperto V di Y. $\qquad\qquad\qquad\qquad\square$

Teorema 4.25   *Per ogni punto $y \in Y$, il sottoinsieme $X \times \{y\}$ è omeomorfo a X.*

Dimostrazione   La funzione $f \colon X \times \{y\} \to X$ definita da $f(x, y) = x$ è evidentemente biunivoca. Questa funzione è la composizione dell'inclusione

$$\iota \colon X \times \{y\} \to X \times Y$$

e della proiezione π_X. La funzione ι è continua: se $U \times V$ è il prodotto di due aperti di X e Y con $y \in V$, allora $\iota^{-1}(U \times V) = U \times \{y\}$, e quest'ultimo è un aperto di $X \times \{y\}$ nella topologia relativa indotta da quella di $X \times Y$. In conclusione, f è continua. Per dimostrare che l'inversa f^{-1} è continua, fissiamo un aperto

$$W = \left(\bigcup_{i \in I} U_i \times V_i \right) \cap (X \times \{y\})$$

di $X \times \{y\}$, dove U_i è aperto in X e V_i è aperto in Y. Possiamo scrivere

$$W = \bigcup_{i \in I'} U_i \times \{y\},$$

dove $I' = \{i \in I \mid y \in V_i\}$. Pertanto

$$f(W) = \bigcup_{i \in I'} U_i,$$

che è aperto in X. Quindi f^{-1} è continua, e la dimostrazione è completa. $\qquad\square$

Definizione 4.24   Il prodotto cartesiano di due funzioni $f \colon A \to X$ e $g \colon A \to Y$, dove A, X e Y sono insiemi non vuoti, è la funzione $f \times g \colon A \to X \times Y$ definita da

$$(f \times g)(a) = (f(a), g(a)) \quad \text{per ogni } a \in A.$$

Teorema 4.26   *Siano A, X e Y tre spazi topologici. Il prodotto cartesiano delle funzioni $f \colon A \to X$ e $g \colon A \to Y$ è continuo se e solo se f e g sono continue.*

Dimostrazione   Scriviamo per brevità $h = f \times g$. Se h è continua, allora $f = \pi_X \circ h$ e $g = \pi_Y \circ h$ sono continue. Viceversa, fissiamo un aperto U di X e un aperto V di Y. Osserviamo che

$$h^{-1}(U \times V) = \{a \in A \mid f(a) \in U,\ g(a) \in V\} = f^{-1}(U) \cap g^{-1}(V).$$

Per ipotesi f e g sono funzioni continue, dunque $h^{-1}(U \times V)$ è aperto. Se W è un qualunque aperto di $X \times Y$, per ogni $x \in W$ esistono un aperto U di X e un aperto V di Y tali che $x \in U \times V \subset W$. Quindi $f^{-1}(U) \cap g^{-1}(V) \subset h^{-1}(W)$, e $h^{-1}(W)$ è aperto. $\qquad\qquad\square$

Teorema 4.27 *Siano X uno spazio topologico, Y uno spazio di Hausdorff, f e g due funzioni continue da X in Y. L'insieme*

$$\{x \in X \mid f(x) = g(x)\}$$

è chiuso in X.

Dimostrazione   La diagonale

$$\Delta(X) = \{(x, x) \mid x \in X\}$$

è chiusa in X: infatti se $x \neq y$, per ipotesi esistono intorni U di x e V di y tali che $U \cap V = \emptyset$. Quindi $(x, y) \in U \times V$ e $(U \times V) \cap \Delta(X) = \emptyset$. A questo punto, definendo $h0f \times g$, risulta che

$$h^{-1}(\Delta) = \{x \in X \mid f(x) = g(x)\},$$

e quest'ultimo insieme è chiuso perché h è una funzione continua. $\qquad\qquad\square$

4.8   Spazi connessi

Definizione 4.25   Uno spazio topologico X è disconnesso se esistono aperti non vuoti U e V tali che $U \cap V = \emptyset$ e $X = U \cup V$. Uno spazio è connesso se non è disconnesso.[3]

Osservazione 4.15   In Topologia uno spazio disconnesso è sovente descritto come uno spazio fatto da più pezzi. Al contrario, uno spazio connesso è fatto di un solo pezzo. Vedremo in seguito che questa rappresentazione mentale non è priva di sensatezza.

Definizione 4.26   Un sottoinsieme A di uno spazio topologico X è un chiusaperto se A è sia aperto che chiuso in X.[4]

---

[3] Usiamo qui il neologismo `disconnesso`, perché l'aggettivo italiano `sconnesso` ha un significato alquanto diverso da quello che vorremmo rappresentare in questa definizione.
[4] `Chiusaperto` è un neologismo copiato dall'inglese `clopen`.

Teorema 4.28 *In uno spazio topologico X sono equivalenti:*

1. *X è connesso;*
2. *gli unici sottoinsiemi chiusaperti di X sono $\emptyset$ e X;*
3. *ogni funzione continua $f : X \to \{0, 1\}$ è costante, dove $\{0, 1\}$ ha la topologia discreta.*

Dimostrazione Se X è connesso e A è un chiusaperto di X, allora $X = A \cup (X \setminus A)$ è unione di due aperti. Quindi $A = \emptyset$ oppure $X \setminus A = \emptyset$, cioè $A = X$. Se, viceversa, X è disconnesso, allora $X = A \cup B$ per qualche aperto non vuoto A e B. Quindi $A = X \setminus B$ è chiusaperto non vuoto e diverso da X. Sia infine poi $f : X \to \{0, 1\}$ una qualunque funzione continua. Evidentemente

$$X = f^{-1}(\{0\}) \cup f^{-1}(\{1\}).$$

Quindi X è connesso se e solo se uno tra i due insiemi $f^{-1}(\{0\})$ e $f^{-1}(\{1\})$ è vuoto (e l'altro coincide allora con X). Ma questo accade se e solo se f è costante. $\square$

Osservazione 4.16 La proprietà 2 del Teorema 4.28 è molto spesso presa come *definition* di spazio topologico connesso. La proprietà equivalente 3 ha qualche utilità nelle dimostrazioni.

Definizione 4.27 Un sottoinsieme di uno spazio topologico è connesso se esso è uno spazio topologico connesso rispetto alla topologia relativa.

Teorema 4.29 *Se X è uno spazio connesso, Y è uno spazio topologico, e $f : X \to Y$ è una funzione continua suriettiva, allora Y è connesso.*

Dimostrazione Supponiamo che $g : Y \to \{0, 1\}$ sia una funzione continua. allora $g \circ f : X \to \{0, 1\}$ è una funzione continua, e pertanto deve essere costante. Supponiamo per assurdo che g non sia costante: allora i sottoinsiemi $A = g^{-1}(\{0\})$ e $B = g^{-1}(\{1\})$ sono non vuoti. Deduciamo che o $f(x) \in A$ o $f(x) \in B$ per ogni $x \in X$. Ma allora $f(X) = A$ oppure $f(X) = B$, contro l'ipotesi di suriettività sulla funzione f. $\square$

Osservazione 4.17 Una dimostrazione alternativa — e forse preferibile — del Teorema 4.29 segue lo schema che adesso tratteggiamo. Supponiamo che $Y = U \cup V$ per qualche coppia di aperti non vuoti U e V. Poiché f è continua, $f^{-1}(U)$ e $f^{-1}(V)$ sono entrambi aperti di X, e $X = f^{-1}(U) \cup f^{-1}(V)$. Poiché f è suriettiva, nessuno di questi sottoinsiemi di X può essere vuoto, contro l'ipotesi che X sia connesso.

Corollario 4.1 *Se $f : X \to Y$ è una funzione continua, e se X è connesso, allora $f(X)$ è connesso in Y.*

Dimostrazione È sufficiente applicare il Teorema 4.29, osservando che f può essere vista come una funzione continua e suriettiva da X su $f(X)$. $\square$

Corollario 4.2 *La connessione è una proprietà topologica: se due spazi topologici sono omeomorfi e se uno di essi è connesso, allora anche il secondo spazio è connesso.*

Teorema 4.30 *La chiusura di un insieme connesso è connessa.*

Dimostrazione Sia Y un sottoinsieme connesso di uno spazio topologico. Supponiamo che $\overline{Y} = A \cup B$, dove A e B sono chiusaperti di $\overline{Y}$. Allora $A \cap Y$ e $B \cap Y$ sono chiusaperti di Y, sicché uno di essei deve essere l'insieme vuoto. Per fissare le idee, sia $B \cap Y = \emptyset$. Ne consegue che $Y \subset A$, e a maggior ragione $\overline{Y} \subset A$ perché A è chiuso in $\overline{Y}$. Quindi $B = \emptyset$, e $\overline{Y}$ è connesso. $\qquad\qquad\square$

Osservazione 4.18 Una dimostrazione alternativa del precedente enunciato è la seguente: supponiamo che $f : \overline{Y} \to \{0,1\}$ sia una funzione continua nello spazio discreto $\{0,1\}$. La funzione f induce per restrizione una funzione continua $f_{|Y}$ da Y in $\{0,1\}$. Poiché Y è connesso, $f_{|Y}$ è costante: possiamo supporre senza perdita di generalità che $f_{|Y} \equiv 0$. Osservando che Y è denso in $\overline{Y}$ (per definizione!), il Teorema 4.20 garantisce che $f \equiv 0$ in $\overline{Y}$. Concludiamo che $\overline{Y}$ è connesso per il Teorema 4.28.

Teorema 4.31 *Supponiamo che $\{Y_j \mid j \in J\}$ sia una famiglia di sottoinsiemi connessi di uno spazio topologico X. Se $\bigcap_{j \in J} Y_j \neq \emptyset$, allora $\bigcup_{j \in J} Y_j$ è connesso.*

Dimostrazione Supponiamo che A sia un chiusaperto non vuoto di $Y = \bigcup_{j \in J} Y_j$. Fissiamo un indice $i \in J$ tale che $A \cap V_i \neq \emptyset$: ne consegue che $A \cap Y_i$ è chiusaperto di Y_i. Ricordando che Y_i è connesso, $Y_i = A \cap Y_i$. Questo significa che $Y_i \subset A$. Siccome Y_i interseca ogni altro Y_j, $j \neq i$, segue che anche A interseca ogni Y_j. L'argomento appena visto si applica a Y_j al posto di Y_i, e dunque $Y_j \subset A$ per ogni $j \in J$. Quindi $A = Y$. $\qquad\qquad\square$

Esempio 4.12 Ogni intervallo $[a,b]$ è connesso nella topologia euclidea di $\mathbf{R}$. Infatti, se si potesse scrivere $[a,b]$ come unione disgiunta di due aperti non vuoti U e V, potremmo supporre senz'altro che $a \in U$. Ovviamente U e V sono anche chiusi nella topologia relativa di $[a,b]$, e quindi chiusi in $\mathbf{R}$ perché $[a,b]$ è chiuso in $\mathbf{R}$. Poniamo

$$h = \sup\{x \in U \mid x < y \text{ per ogni } y \in V\}.$$

Ricordando che U è chiuso, $h \in U$. Per definizione di estremo superiore, per ogni $\varepsilon > 0$ deve essere

$$(h - \varepsilon, h + \varepsilon) \cap V \neq \emptyset.$$

Allora $h \in \overline{V} = V$, e dunque $h \in U \cap V$, contro l'ipotesi che U e V siano disgiunti.

Dal Teorema 4.31 segue che anche $[a,b)$, $(a,b]$ e (a,b) sono connessi. Ad esempio

$$(a,b) = \bigcup_{n\in\mathbf{N}}\left[a + \frac{b-a}{2^n}, b - \frac{b-a}{2^n}\right].$$

L'esempio precedente può in un certo senso essere invertito.

Teorema 4.32 *Ogni sottoinsieme connesso I di $\mathbf{R}$ soddisfa la seguente condizione: per ogni coppia di punti x e y di I, se $x < z < y$ allora $z \in I$.*

Dimostrazione Ragioniamo per contraddizione, supponendo che x, y e z siano tre numeri reali tali che $x \in I$, $y \in I$, $x < z < y$ ma $z \in \mathbf{R} \setminus I$. I due sottoinsiemi

$$A = \{u \in \mathbf{R} \mid u \in I,\ u < z\}$$
$$B = \{u \in \mathbf{R} \mid u \in I,\ u > z\}$$

sono aperti in I, disgiunti e non vuoti (perché $x \in A$ e $y \in B$). Quindi I non è connesso. □

Osservazione 4.19 La proprietà enunciata nel Teorema 4.32 è in effetti la *convessità*: se x e y appartengono ad I, allora i punti $\lambda x + (1 - \lambda)y$ appartengono ad I per ogni $\lambda \in [0, 1]$.

Teorema 4.33 *Due spazi X e Y sono connessi se e solo se $X \times Y$ è connesso per la topologia prodotto.*

Dimostrazione Se X e Y sono connessi, per ogni scelta di $x \in X$ e $y \in Y$ risulta che X è omeomorfo a $X \times \{y\}$ e Y è omeomorfo a $\{x\} \times Y$. Poiché

$$(X \times \{y\}) \cap (\{x\} \times Y) = \{(x, y)\}$$

il Teorema 4.31 implica che $(X \times \{y\}) \cup (\{x\} \times Y)$ è connesso. Fissando $y \in Y$ e scrivendo

$$X \times Y = \bigcup_{x\in X}(X \times \{y\}) \cap (\{x\} \times Y).$$

Poiché

$$\bigcap_{x\in X}(X \times \{y\}) \cap (\{x\} \times Y) \neq \emptyset,$$

il Teorema 4.31 afferma che $X \times Y$ è connesso. Il viceversa è più facile: le proiezioni π_X e π_Y sono funzioni continue e suriettive, quindi X e Y sono immagini continue di $X \times Y$. Se quest'ultimo spazio è connesso, anche X e Y lo sono per il Teorema 4.29. □

4.9 Spazi compatti

La proprietà della compattezza è una delle più importanti in vista delle sue ricadute nell'Analisi Matematica. In questa sezione presenteremo una discussione elementare della compattezza, sulla quale torneremo ancora quando avremo ulteriori strumenti a nostra disposizione.

Definizione 4.28 Sia X un insieme. Una famiglia $\mathcal{R} = \{U_i \mid i \in I\}$ è un ricoprimento di X se

$$X \subset \bigcup_{i \in I} U_i.$$

Se X è uno spazio topologico e se ogni U_i è un insieme aperto, allora il ricoprimento è un ricoprimento aperto.

Osservazione 4.20 Da un punto di vista concettuale, avremmo potuto riformulare la definizione di ricoprimento pretendendo che

$$X = \bigcup_{i \in I} U_i.$$

Per questo è sufficiente restringere il ricoprimento, considerando gli insiemi $U_i \cap X$.

Definizione 4.29 Sia $\mathcal{R}$ un ricoprimento di un insieme X. Una famiglia $\mathcal{R}'$ è un sottoricoprimento di $\mathcal{R}$ se $\mathcal{R}' \subset \mathcal{R}$. Questo significa che ogni membro di $\mathcal{R}'$ è anche membro del ricoprimento $\mathcal{R}$. Un sottoricoprimento è finito se esso contiene un numero finito di elementi.

Definizione 4.30 Uno spazio topologico X è compatto se ogni ricoprimento aperto di X possiede un sottoricoprimento finito. Un sottoinsieme S di X è compatto se è compatto rispetto alla topologia relativa.

Osservazione 4.21 In realtà la compattezza di un sottoinsieme per la topologia relativa è una restrizione solo apparente. Infatti un ricoprimento aperto di un sottoinsieme A nella topologia relativa è formato da insiemi della forma $U_i \cap A$, dove ogni U_i è aperto nello spazio ambiente X. Poiché $U_i \cap A \subset U_i$, anche la famiglia degli U_i è un ricoprimento di A formato da aperti di X. Nel seguito useremo tacitamente questa osservazione.

La definizione di spazio topologico compatto è tutt'altro che banale. Vediamo qualche esempio, ancora piuttosto acerbo.

Esempio 4.13 Nessuno spazio topologico discreto contenente un numero infinito di punti è compatto. Infatti, poiché ogni punto è un insieme aperto, lo spazio stesso è un ricoprimento aperto di se stesso. Nessun sottoricoprimento può essere finito. In particolare $\mathbf{N}$ e $\mathbf{Z}$ non sono compatti per la topologia (discreta) ereditata da quella euclidea di $\mathbf{R}$.

Esempio 4.14 Consideriamo un intervallo $I = (a, b)$ di $\mathbf{R}$ euclideo. Poiché I è aperto in $\mathbf{R}$, un ricoprimento aperto di I è un ricoprimento formato da aperti di $\mathbf{R}$. Per ogni $n \in \mathbf{N}$ definiamo l'intervallo

$$U_n = \left(a + \frac{1}{n}, b - \frac{1}{n} \right).$$

La proprietà archimedea di $\mathbf{R}$ garantisce che $\{U_n \mid n \in \mathbf{N}\}$ sia un ricoprimento (aperto) di (a, b). Ma evidentemente un numero finito di questi U_n non può ricoprire (a, b). Quindi (a, b) non è compatto. Ancora più facile concludere che un intervallo del tipo $(a, +\infty)$ non è compatto, utilizzando il ricoprimento degli aperti $U_n = (a, n)$, $n \in \mathbf{N}$.

Supponiamo che $\mathcal{R} = \{U_i \mid i \in I\}$ sia un ricoprimento aperto di X Posto

$$C_i = X \setminus U_i,$$

ogni C_i è chiuso in X. Per le leggi di De Morgan,

$$X = \bigcup_{i \in I} U_i \Leftrightarrow \bigcap_{i \in I} C_i = \emptyset.$$

Questa relazione suggerisce la seguente

Definizione 4.31 Una famiglia di sottoinsiemi ha la proprietà dell'intersezione finita se l'intersezione di qualunque sottofamiglia finita ha intersezione non vuota.

Riassumiamo la discussione precedente in un enunciato formale.

Teorema 4.34 *Uno spazio topologico è compatto se e solo se ogni famiglia di sottoinsiemi chiusi con la proprietà dell'intersezione finita ha intersezione non vuota.*

Concretamente, uno spazio è compatto se e solo se, presa una famiglia $\mathcal{C}$ di chiusi con la proprietà dell'intersezione finita, esiste un punto x che appartiene a *tutti* gli insiemi di $\mathcal{C}$.

Teorema 4.35 *Un sottoinsieme chiuso di uno spazio compatto è compatto.*

Dimostrazione Sia X uno spazio topologico compatto, e sia C un sottoinsieme chiuso di X. Sia $\mathcal{R} = \{U_i \mid i \in I\}$ un ricoprimento aperto di C. Se aggiungiamo a $\mathcal{R}$ l'insieme aperto $X \setminus C$, otteniamo un ricoprimento aperto di X. Per ipotesi esiste un sottoricoprimento finito $\mathcal{R}'$ di X, e a maggior ragione di C: se $X \setminus C \in \mathcal{R}'$, lo possiamo rimuovere da $\mathcal{R}'$ conservando la proprietà di essere un ricoprimento finito di C. □

Un bell'esercizio — abbastanza semplice — consiste nel dimostrare il Teorema 4.35 con il criterio del Teorema 4.34.

Teorema 4.36 *Un sottoinsieme compatto di uno spazio topologico di Hausdorff è chiuso.*

Dimostrazione Sia X uno spazio topologico di Hausdorff, e sia K un sottoinsieme compatto di X. Per ogni $x \in X \setminus K$ ed ogni $y \in K$, esistono un intorno aperto V_x di x ed un intorno aperto U_y di y tali che $U_y \cap V_x = \emptyset$. Poiché $\{U_y \mid y \in Y\}$ è un ricoprimento aperto di K, esiste un sottoricoprimento finito formato da $U_{y_1}, \ldots, U_{y_n}$. Se $V_1, \ldots, V_n$ sono intorni aperti di x tali che $V_1 \cap U_{y_1} = \ldots = V_n \cap U_{y_n} = \emptyset$, allora

$$V_1 \cap V_2 \cap \cdots \cap V_n$$

è un intorno aperto di x che non interseca K. Quindi $X \setminus K$ è aperto. □

In realtà abbiamo dimostrato qualcosa di più, che merita di essere registrato.

Teorema 4.37 *Siano X uno spazio di Hausdorff, K un sottoinsieme compatto di X, $x \in X \setminus K$. Allora esistono insiemi aperti disgiunti U e V tali che $K \subset U$ e $p \in V$.*

Questo risultato può essere migliorato come segue: negli spazi di Hausdorff, i compatti disgiunti si separano con aperti disgiunti.

Teorema 4.38 *Siano A e B due sottoinsiemi compatti disgiunti di uno spazio di Hausdorff X. Esistono allora due insiemi aperti disgiunti U e V tali che $A \subset U$ e $B \subset V$.*

Dimostrazione Per il Teorema 4.37, per ogni $x \in B$ esistono insiemi aperti disgiunti U_x e V_x tali che $A \subset U_x$ e $x \in V_x$. La collezione $\mathcal{R} = \{V_x \mid x \in B\}$ è un ricoprimento aperto del compatto B. Pertanto esistono aperti $V_{x_1}, \ldots, V_{x_n}$ di $\mathcal{R}$ tali che $B \subset \bigcup_{i=1}^n V_{x_i}$. Ora, $U_{x_i} \cap V_{x_i} = \emptyset$, pertanto $U = \bigcap_{i=1}^n U_{x_i}$ e $V = \bigcup_{i=1}^n V_{x_i}$ sono i due aperti cercati. □

Teorema 4.39 *Se X è uno spazio compatto e se $f : X \to Y$ è una funzione continua suriettiva su uno spazio topologico Y, allora Y è compatto.*

Dimostrazione Prendiamo una qualunque famiglia $\mathcal{C}$ di insiemi chiusi di Y con la proprietà dell'intersezione finita. Per ogni $C \in \mathcal{C}$, l'insieme $f^{-1}(C)$ è chiuso in X.

Inoltre $f^{-1}(C_1) \cap \cdots \cap f^{-1}(C_n) \neq \emptyset$ se $C_1 \cap \cdots \cap C_N \neq \emptyset$. Ne consegue che la famiglia

$$\{f^{-1}(C) \mid C \in \mathcal{C}\}$$

ha la proprietà dell'intersezione finita. Poiché X è compatto, esiste un punto x che appartiene ad ogni insieme $f^{-1}(C)$, con $C \in \mathcal{C}$. Dunque $f(x) \in C$ per ogni $C \in \mathcal{C}$, e dunque Y è compatto. $\qquad\square$

In un contesto astratto, nulla garantisce che la funzione inversa di una funzione continua sia — qualora esista – anch'essa continua. Il seguente è il miglior risultato in questa direzione senza bisogno di aggiungere condizioni alle topologie.

Teorema 4.40 *Sia $f : X \to Y$ una funzione continua dallo spazio compatto X nello spazi di Hausdorff Y. Se f è biunivoca, allora $f^{-1} : Y \to X$ è continua.*

Dimostrazione Fissiamo arbitrariamente un insieme chiuso C in X. Quindi C è compatto, e pertanto $f(C)$ è compatto in Y. Siccome Y è di Hausdorff, $f(C)$ è chiuso in Y. Quindi f trasforma insiemi chiusi in insiemi chiusi. Ne segue che la controimmagine tramite f^{-1} di ogni chiuso è un chiuso, e dunque f^{-1} è una funzione continua. $\qquad\square$

Chiudiamo la sezione con altri due assiomi di separazione. Non ne faremo uso nel resto del libro, ma vogliamo sottolinearne le connessioni con la proprietà di compattezza.

Definizione 4.32 Uno spazio topologico X soddisfa l'assioma T_3 se X soddisfa T_1 e se, per ogni chiuso C e per ogni punto $x \in X \setminus C$, esistono insiemi aperti U e V tali che $C \subset U$ e $p \in V$. Uno spazio topologico X soddisfa l'assioma T_4 se X soddisfa T_1 e se, per ogni coppia di chiusi C e D, esistono insiemi aperti U e V tali che $C \subset U$ e $D \subset V$.

Osservazione 4.22 In alcune fonti gli spazi T_3 sono detti spazi regolari, mentre gli spazi T_4 sono spazi normali. Non c'è però una vera uniformità di nomenclatura, e alcune fonti escludono la richiesta che sia verificata la proprietà di separazione T_1.

Il ruolo della compattezza nelle proprietà di separazione è descritto dalla seguente

Definizione 4.33 Uno spazio topologico X è localmente compatto se ogni punto x possiede un intorno U tale che $\overline{U}$ sia compatto.

Osservazione 4.23 Equivalentemente, X è localmente compatto se per ogni ogni punto x esistono un insieme aperto U ed un insieme compatto K tali che $x \in U \subset K$. La verifica che questa proprietà equivalga alla definizione è lasciata per esercizio.

Teorema 4.41   *Uno spazio di Hausdorff X è localmente compatto se e solo se per ogni $x \in X$ ed ogni intorno V di x esiste un intorno U di x tale che $\overline{U}$ è compatto e $\overline{U} \subset V$.*

Dimostrazione   Se vale la condizione del teorema, banalmente X è localmente compatto. Supponiamo invece che X sia localmente compatto, e fissiamo un punto $x \in X$. Esiste per ipotesi un intorno W di x tale che $\overline{W}$ sia compatto. Sia V un qualunque intorno di x, e definiamo $N = (\overline{W} \cap V)^\circ$. Allora N è un aperto contenente x, e inoltre $N \subset V$. Poiché $\overline{N} \subset \overline{W}$, anche $\overline{N}$ è compatto. Ma $\overline{N}$ è a sua volta uno spazio di Hausdorff (per la topologia relativa), è anche regolare per il Teorema 4.37.

Dal momento che N è un intorno del punto x nello spazio regolare $\overline{N}$, esiste un intorno U di x in $\overline{N}$ tale che la chiusura di U in $\overline{N}$ sia un sottoinsieme di N. Poiché U è aperto in N e N è aperto in X, U è aperto in X. Inoltre la chiusura di U in $\overline{N}$ è chiusa in $\overline{N}$, e dunque la chiusura di U in $\overline{N}$ è un compatto di $\overline{N}$. Ne segue che la chiusura di U in $\overline{N}$, che coincide con la chiusura di U in X per il Teorema 4.14, è un compatto di X. $\square$

Corollario 4.3   *Ogni spazio di Hausdorff localmente compatto è regolare.*

Ancora più facilmente, il Teorema 4.38 garantisce che

Corollario 4.4   *Ogni spazio di Hausdorff compatto è normale.*

La compattezza negli spazi prodotto è completamente caratterizzata dal seguente

Teorema 4.42 (Tychonoff)   *Un prodotto topologico $X \times Y$ è compatto se e solo se X ed Y sono compatti.*

Dimostrazione   Se $X \times Y$ è uno spazio compatto, allora $X = \pi_X(X \times Y)$ e $Y = \pi_Y(X \times Y)$ sono immagini di uno spazio compatto tramite funzioni continue, e dunque sono entrambi compatti. Viceversa, supponiamo che $\{U_j \mid j \in J\}$ sia un ricoprimento aperto di $X \times Y$. Per la definizione della topologia prodotto, per ogni $j \in J$ esiste una collezione di aperti V_h di X e W_h di Y, $h \in h(j)$, tali che

$$U_j = \bigcup_{h \in h(j)} V_h \times W_h.$$

Posto $H = \bigcup_{j \in J} h(j)$, la famiglia

$$\mathcal{F} = \{V_h \times W_h \mid h \in H\}$$

è un ricoprimento aperto di $X \times Y$. Fissiamo $x \in X$: $\{x\} \times Y$ è omeomorfo ad Y, dunque compatto. Esiste allora un sottoinsieme finito $h(x) \subset H$ tale che

$$\{x\} \times Y \subset \bigcup_{h \in h(x)} V_h \times W_h,$$

e tale che $x \in V_h$ per ogni $h \in h(x)$. La posizione $V(x) = \bigcap_{h \in h(x)} V_h$ definisce allora un intorno di x. La famiglia

$$\mathcal{V} = \{V(x) \mid x \in X\}$$

è un ricoprimento aperto di X, e quindi possiede un sottoricoprimento finito: $X = V(x_1) \cup \cdots \cup V(x_s)$. La famiglia di aperti

$$\{V(x_1) \times W_h \mid h \in h(1)\} \cup \cdots \cup \{V(x_s) \times W_h \mid h \in h(s)\}$$

è un ricoprimento di $X \times Y$. Per ogni $i = 1, \ldots, s$ ed ogni $h \in h(x_i)$, l'aperto $V(x_i) \times W_h$ è contenuto in $U_{j(i,h)}$ per qualche $j(h,i) \in J$. Quindi la famiglia finita

$$\{U_{j(h,i)} \mid i = 1, \ldots, s, \ h \in h(x_i)\}$$

è un sottoricoprimento di $\{U_j \mid j \in J\}$, sicché $X \times Y$ è compatto. $\qquad\square$

Corollario 4.5 *Il prodotto di un numero finito di spazi topologici compatti è uno spazio compatto.*

4.10 Successioni e successioni generalizzate

Definizione 4.34 Sia X un insieme non vuoto. Una successione in X è una funzione da $\mathbf{N}$ in X. Se $S\colon \mathbf{N} \to X$ è una successione, scriveremo indifferentemente $S(n)$ oppure S_n per indica il valore della funzione S in $n \in \mathbf{N}$.[5]

Osservazione 4.24 Abbiamo appena detto che le successioni sono semplicemente funzioni di dominio $\mathbf{N}$. Per ragioni storiche, una successione $S\colon \mathbf{N} \to X$ è comunemente denotata da uno dei simboli

$$\{S_n\}_{n \in \mathbf{N}}, \quad (S_n)_{n \in \mathbf{N}}, \qquad \langle S_n \mid n \in \mathbf{N}\rangle.$$

Ci riserviamo il diritto di usarli liberamente, anche se la notazione con le parentesi graffe resterà la nostra preferita.

Definizione 4.35 Una successione T è una sottosuccessione di una successione S se esiste una funzione strettamente crescente $k\colon \mathbf{N} \to \mathbf{N}$ tale che $T = S \circ k$.

Osservazione 4.25 La precedente definizione di sottosuccessione, apparentemente così astratta, si rilegge in modo abbastanza trasparente. Presa una successione $\{S_n\}_{n \in \mathbf{N}}$, se esiste una funzione $n \mapsto k_n$ tale che $k_n \in \mathbf{N}$ per ogni $n \in \mathbf{N}$ e

$$k_1 < k_2 < k_3 < \ldots,$$

---

[5] L'uso della notazione con pedice S_n è classica, e tendenzialmente potrebbe essere utilizzata per *qualunque* funzione.

allora $\{S_{k_n}\}_{n\in\mathbf{N}}$ è una sottosuccessione di $\{S_n\}_{n\in\mathbf{N}}$. Questa è la più comune definizione di sottosuccessione che si legge nei manuali di Analisi Matematica. Abbiamo dato risalto alla Definizione 4.35 perché ci permetterà di introdurre il concetto di sottosuccessione di Moore-Smith in modo assolutamente analogo.

Per le successioni in uno spazio topologico, è già possibile proporre la definizione di convergenza.

Definizione 4.36 Sia X uno spazio topologico. Una successione S in X converge ad un punto $x \in X$ se, per ogni intorno U di x, esiste $v \in \mathbf{N}$ tale che $S_n \in U$ per ogni $n \geq v$. Scriveremo in tal caso $S \to x$, o $x \in \lim S$.[6]

Esempio 4.15 Se X è uno spazio indiscreto (in cui solo $\emptyset$ e X sono aperti), allora ogni successione in X converge a qualunque punto di X. Se X è uno spazio discreto, una successione S in X può convergere ad x se e solo se esiste v tale che $S_n = x$ per ogni $n \geq v$.

L'esempio appena visto insegna che, senza particolari restrizioni, le successioni possono non avere limite, oppure averne infiniti. Per questo abbiamo scritto $x \in \lim S$ invece di $x = \lim S$. Se X soddisfa un assioma di separazione opportuno, allora vale il seguente

Teorema 4.43 (Unicità del limite) *Una successione in uno spazio T_2 converge al più ad un unico limite.*

Dimostrazione Sia X uno spazio di Hausdorff, e sia S una successione in X che converge a due limiti $x \neq y$. Fissiamo due intorni U_x e U_y di x e y rispettivamente, tali che $U_x \cap U_y = \emptyset$. Per ipotesi esistono due numeri naturali v_1 e v_2 tali che

$$n \geq v_1 \Rightarrow S_n \in U_x$$
$$n \geq v_2 \Rightarrow S_n \in U_y.$$

Quindi, per ogni $n \geq \max\{v_1, v_2\}$, $S_n \in U_x \cap U_y = \emptyset$. Ciò è ovviamente impossibile.
$\square$

Osservazione 4.26 Per le successioni in spazi di Hausdorff, scriveremo $x = \lim S$ invece di $x \in \lim S$, dal momento che al più un unico punto è limite di S.

Le successioni sono uno strumento formidabile per l'Analisi Matematica. Anzi, potremmo dire che quasi tutta l'Analisi Matematica può essere affrontata con il linguaggio delle successioni. Non è questa la sede per scendere nei dettagli di

---

[6] Queste notazioni, sicuramente essenziali, possono essere arricchite fino ad arrivare alle notazioni classiche $S_n \to x$ per $n \to +\infty$, o $x \in \lim_{n\to+\infty} S_n$. Nel seguito faremo uso di tutte queste scritture, a seconda dell'opportunità.

questa affermazione, e saremo contenti di verificarne la portata nel successivo capitolo sugli spazi metrici. Eppure anche l'Analisi Matematica, ed in particolare modo l'Analisi Funzionale, deve scontrarsi con l'*inadeguatezza* delle successioni per descrivere le cosiddette *topologie deboli*. Converrà allora familiarizzare con una generalizzazione del concetto di successione.

Definizione 4.37 Una direzione su un insieme D è una relazione[7] $\geq$ che soddisfa le proprietà

1. $n \geq n$ per ogni $n \in D$;
2. $n \geq m$ e $p \geq n$ implicano $p \geq m$;
3. per ogni $n \in D$ e ogni $m \in D$, esiste $p \in D$ tale che $p \geq n$ e $p \geq m$.

Se $\geq$ è una direzione su D, diremo che D è un insieme diretto.

Esempio 4.16 Vediamo alcuni esempi elementari di insiemi diretti.

1. L'esempio più scontato è quello di $\mathbf{N}$ con la solita relazione d'ordine $n \geq m$ se e solo se $n - m \in \mathbf{N}$. Ma ovviamente anche $\mathbf{Z}$, $\mathbf{Q}$ e $\mathbf{R}$ sono diretti dal loro ordinamento naturale.
2. Una direzione molto utile sull'insieme delle parti 2^X di un insieme non vuoto X è quella dell'ordinamento inverso: $U \geq V$ se e solo se $U \subset V$. Infatti l'intersezione di due sottoinsiemi è contenuto in ciascuno di essi.
3. Il prodotto cartesiano $D_1 \times D_2$ di due insiemi diretti $(D_1, \geq_1)$ e $(D_2, \geq_2)$ è diretto in modo canonico: $(n, m) \geq (n', m')$ se e solo se $n \geq n'$ e $m \geq m'$.
4. Più in generale possiamo dirigere il prodotto cartesiano $D \times X$ di un insieme diretto D e di un insieme qualsiasi X ignorando X: $(n, x) \geq (n', x')$ se e solo se $n \geq n'$.
5. Sia X uno spazio topologico. La famiglia $\mathcal{U}(x)$ degli intorni di un punto fissato $x \in X$ è diretto da: $U \geq V$ se e solo se $U \subset V$. Infatti l'intersezione di due intorni di x è un intorno di x. Intuitivamente, $U \geq V$ se U è più vicino a x di quanto lo sia V. Questa interpretazione diventerà più esplicita nel capitolo sugli spazi metrici.

Definizione 4.38 Una successione di Moore-Smith[8] (brevemente: una successione (MS)) in un insieme X è una funzione $S\colon D \to X$ da un insieme diretto D in X.

---

[7] Preferiamo scrivere $\geq$ invece di $\leq$ perché abbiamo in mente la definizione di limite all'infinito. Questa convenzione è in accordo con [13], ma altri testi preferiscono $\leq$.

[8] In inglese la terminologia più diffusa è quella di `net`, che a volte si traduce alla lettera nell'italiano `rete`. Qui preferiamo mettere l'accento sul fatto che le reti sono generalizzazioni delle successioni. J.L. Kelley propose il sostantivo `way` al posto di `net`. Ad un certo punto si accorse che le `subnets` sarebbero diventate `subways`, cioè metropolitane o sottopassaggi. Per questa ragione abbandonò l'uso di `way` e si adeguò a `net`. Nel suo manuale [18] G. Prodi parla di successioni generalizzate, pur senza fornirne una trattazione puntuale.

Osservazione 4.27   Per analogia, continueremo ad utilizzare la simbologia già introdotta per le successioni anche nel caso delle successioni di Moore-Smith. D'altronde ogni successione è una particolare successione (MS).

Definizione 4.39   Sia S una successione (MS) in un insieme X, e sia $A \subset X$. Diremo che S è definitivamente in A se esiste $\nu \in D$ tale che $S_n \in A$ per ogni $n \geq \nu$. Diremo che S è frequentemente in A se, per ogni $n \in D$, esiste $p \geq n$ tale che $S_p \in A$.

Definizione 4.40   Sia X uno spazio topologico. Una successione (MS) S in X converge al punto $x \in X$ se S è definitivamente in ogni intorno U di x: per ogni intorno U di x esiste $\nu \in D$ tale che $S_n \in U$ per ogni $n \geq \nu$.

Teorema 4.44   *Sia X uno spazio topologico.*

1. *Un punto x è di accumulazione per un sottoinsieme A se e solo se esiste una successione (MS) in $A \setminus \{x\}$ che converge a x.*
2. *Un punto x appartiene alla chiusura di un sottoinsieme A se e solo se esiste una successione (MS) in A che converge a x.*
3. *Un sottoinsieme A di X è chiuso se e solo se nessuna successione (MS) in A converge ad un punto di $X \setminus A$.*

Dimostrazione   Se x è un punto di accumulazione per A, ogni intorno U di x contiene un punto $S_U \in U \setminus \{x\}$. Ora, la famiglia $\mathcal{U}(x)$ di tutti gli intorni di x è diretto:

$$V \geq U \text{ se e solo se } V \subset U.$$

Se $V \subset U$, allora $S_V \in V \subset U$, dunque la successione (MS) $\{S_u \mid U \in \mathcal{U}(x)\}$ converge a x. Viceversa, se una successione (MS) converge ad un punto x, allora essa assume valori in qualunque intorno di x, e dunque $A \setminus \{x\}$ ha intersezione non vuota con ogni intorno di x. Questo dimostra l'affermazione 1. Per dimostrare l'affermazione 2, è sufficiente ricordare che la chiusura di A è l'unione di A e dell'insieme A' dei punti di accumulazione di A. Per ogni punto $x \in A'$, per 1 esiste una successione (MS) in A che converge a x. Invece, per ogni punto $x \in A$ la successione (MS) che assume costantemente il valore x è banalmente convergente ad x: in entrambi i casi esiste una successione (MS) in A che converge ad x. Viceversa, se una successione (MS) in A converge ad x, allora ogni intorno di x interseca A, e dunque $x \in \overline{A}$. Poiché A è chiuso se e solo se $A = \overline{A}$, anche l'affermazione 3 segue dalle precedenti. $\square$

Osservazione 4.28   La precedente dimostrazione contiene un passaggio che abbiamo volutamente banalizzato, ma che banale non è affatto. Quando abbiamo detto che ogni intorno U di x contiene un punto S_U di A, abbiamo preteso di associare ad ogni U il punto S_U. Questa associazione è esattamente l'Assioma della Scelta! In questo libro non abbiamo intenzione di mettere in discussione tale assioma della teoria degli insiemi, ma ci preme insistere su un punto: affermare che ogni intorno

U contiene un punto di A non coinvolge l'Assioma della Scelta. Al contrario, associare simultaneamente ad ogni U uno ed un solo punto S_U significa definire una funzione, che è semplicemente una funzione di scelta.

Le successioni (MS) caratterizzano completamente l'assioma di separazione di Hausdorff.

Teorema 4.45 *Uno spazio topologico X è di Hausdorff se e solo se ogni successione (MS) in X converge al più ad un limite.*

Dimostrazione Supponiamo inizialmente che X sia di Hausdorff, e supponiamo che S sia una successione (MS) convergente a due limiti x e y distinti. Fissiamo un intorno U_x ed un intorno U_y tali che $U_x \cap U_y = \emptyset$. Per ipotesi esistono v_x e v_y tali che $S_n \in U_x$ per $n \geq v_x$ e $S_n \in U_y$ per $n \geq v_y$. Quindi, per ogni $n \geq \max\{v_x, v_y\}$, $S_n \in U_x \cap U_y = \emptyset$. Contraddizione.

Viceversa, supponiamo che X non soddisfi la proprietà di Hausdorff. Siano x e y due punti distinti di X che non possono essere separati da due intorni disgiunti. Quindi, per ogni intorno U di x e per ogni intorno V di y, $U \cap V \neq \emptyset$. Ad ogni coppia (U, V) di intorni siffatti, associamo un punto $S_{(U,V)} \in U \cap V$. Per ogni intorno U di x, se $U' \subset U$ allora $S_{(U',V)} \in U' \subset U$. Quindi $S_{(U,V)} \to x$. Simmetricamente, $S_{(U,V)} \to y$. Quindi la successione (MS) $(U, V) \mapsto S_{(U,V)}$ converge a due limiti distinti, contro l'ipotesi. $\square$

Ma anche la continuità delle funzioni può essere espressa unicamente in termini di successioni (MS).

Teorema 4.46 *Siano X ed Y due spazi topologici. Per una funzione $f\colon X \to Y$ sono equivalenti:*

1. *f è continua;*
2. *per ogni successione (MS) S convergente in X, la successione (MS) definita da $f \circ S$ converge in Y, e risulta $\lim(f \circ S) = f(\lim S)$.*

Dimostrazione Supponiamo che f sia continua nel punto $x \in X$, e sia S una successione (MS) convergente a x. Sia V un intorno di $f(x)$ in Y: per continuità esiste un intorno U di x tale che $f(U) \subset V$. Sia v tale che $n \geq v$ implichi $S_n \in U$. Allora $f(S_n) \in V$ per ogni $n \geq v$.

Viceversa, supponiamo per assurdo che f non sia continua in qualche punto $x \in X$. Allora esiste un intorno V di $f(x)$ tale che $f^{-1}(V)$ non sia un intorno di x. Pertanto, ad ogni intorno U di x associamo un punto $S_U \in U$ tale che $f(S_U) \notin V$. Quindi la successione (MS) $S\colon U \mapsto S_U$ converge ad x ma $f \circ S$ non converge a $f(x)$: contraddizione. $\square$

Siamo arrivati così ad un punto di svolta in questa breve introduzione alla teoria delle successioni (MS): quella di sottosuccessione (MS). Torniamo per un momento alla Definizione 4.35: pensandoci bene, la richiesta della monotonia stretta

$$k_1 < k_2 < \cdots < k_n < k_{n+1} < \cdots$$

della funzione $k : \mathbf{N} \to \mathbf{N}$ è abbastanza arbitraria. Se è vero che essa garantisce che gli indici della sottosuccessione siano tutti distinti, dall'altra è un modo un po' eccessivo per richiedere che $k_n \to +\infty$ per $n \to +\infty$. Quando si discute della teoria della convergenza per le successioni, la proprietà cruciale è esattamente quella appena nominata.

Ora, parlando di successioni (MS) bisogna sempre ricordare che l'insieme diretto D sul quale una successione (MS) è definita non gode *a priori* di ulteriori proprietà. Seguendo [13], proponiamo la seguente definizione.

Definizione 4.41   Una successione (MS) definita su un insieme diretto E è una sottosuccessione (MS) della successione (MS) S definita sull'insieme diretto D se:

1. esiste una funzione $N : E \to D$ tale che, per ogni $n \in D$, esiste $m \in E$ con la proprietà che $p \geq m$ in E implichi $T(m) \geq n$ in D;
2. $T = S \circ N$, cioè $T_m = S_{N(m)}$ per ogni $m \in E$.

La proprietà 1 della Definizione sopra esprime l'intuizione che $N(m)$ diverge all'infinito quando m diverge all'infinito. Anzi, se $E = D = \mathbf{N}$ con la relazione d'ordine consueta, significa esattamente

$$\lim_{m \to +\infty} N(m) = +\infty.$$

Altre fonti — ad esempio [23] — propongono una definizione meno pretenziosa, che ha qualche ragion d'essere. Invece di richiedere che $N(m)$ diverga, possiamo insistere sulla monotonia e chiedere che $N(m)$ assuma valori arbitrariamente grandi. Per legittimare queste parole in un contesto astratto, proponiamo la seguente

Definizione 4.42   Sia D un insieme diretto. Un sottoinsieme E di D è cofinale in D se, per ogni $n \in D$, esiste $m \in E$ tale che $m \geq n$.

La definizione alternativa di sottosuccessione (MS) si formula allora in questo modo: una successione (MS) definita su un insieme diretto E è una sottosuccessione (MS) della successione (MS) S definita sull'insieme diretto D se:

1. esiste una funzione monotona[9] $N : E \to D$ tale che $N(E)$ sia cofinale in D;
2. $T = S \circ N$, cioè $T_m = S_{N(m)}$ per ogni $m \in E$.

Questa definizione alternativa è più liberale di quella che abbiamo dato noi, nel senso che ogni sottosuccessione (MS) in questo senso è anche una sottosuccessione

---

[9] Cioè tale che $n \geq m$ in E implichi $N(n) \geq N(m)$ in D. Avvisiamo che l'aggettivo `monotona` è sostituito talvolta da `isotona`.

(MS) nel senso della Definizione 4.41. Il viceversa non è vero, ma avremmo bisogno di strumenti più avanzati per mostrare un controesempio.

Premettiamo un'osservazione che discende direttamente dalle definizioni: se una successione (MS) è definitivamente in un insieme, anche ogni sua sottosuccessione (MS) è definitivamente in quell'insieme.

Teorema 4.47 *Sia X uno spazio topologico. Una successione (MS) S in X converge ad $x \in X$ se e solo se ogni sua sottosuccessione (MS) converge ad x.*

Dimostrazione Una direzione è ovvia, perché S è sottosuccessione (MS) di sé stessa (perché?). Viceversa, supponiamo che $S \to x$ e che $T = S \circ N$ sia una sottosuccessione (MS), con le notazioni della Definizione 4.41. Fissiamo un intorno U di x: per convergenza esiste $\nu \in D$ tale che $S_n \in U$ per ogni $n \geq \nu$. In corrispondenza di questo $\nu \in D$, fissiamo $m \in E$ tale che $p \geq m$ in E implichi $N(p) \geq \nu$. Allora $S_{N(p)} \in U$ per ogni $p \geq m$ in E. Quindi $T \to x$. $\qquad\square$

L'ultimo argomento che vogliamo proporre è la descrizione della compattezza topologica in termini di successioni (MS).

Definizione 4.43 Sia S una successione (MS) in uno spazio topologico X. Un punto $x \in X$ è un punto limite di S se S è frequentemente in ogni intorno di x.

Osservazione 4.29 La definizione di punto limite si applica evidentemente per una successione definita sull'insieme $\mathbf{N}$, cioè per una successione nel senso elementare del termine. Se x è un punto limite di $\{S_n\}_{n\in\mathbf{N}}$, e se U è un intorno fissato di x, allora esistono numeri naturali $k_1 < k_2 < k_3 < \ldots$ tali che $S_{k_n} \in U$ per $n = 1, 2, 3, \ldots$ Pertanto la sottosuccessione $\{S_{k_n}\}_{n\in\mathbf{N}}$ converge a x. Infatti esiste $k_1 > 1$ tale che $S_{k_1} \in U$; poi esiste $k_2 > k_1$ tale che $S_{k_2} \in U$; poi esiste $k_3 > k_2$ tale che $S_{k_3} \in U$. E così via.

La costruzione contenuta nella precedente Osservazione è fondata sulle proprietà dei numeri naturali, ed in particolare sul Principio di Induzione: la funzione $k\colon n \mapsto k_n$ è definita per ricorrenza. Non è così scontato che per ogni punto limite di una successione (MS) esista una sottosuccessione (MS) che converge a tale punto. Il seguente risultato si rivela essenziale.

Lemma 4.1 *Data una successione (MS) S, supponiamo che Q sia una famiglia di insiemi tali che:*

1. S è frequentemente in ogni elemento di Q;
2. l'intersezione di due elementi di Q contiene un elemento di Q.

Allora esiste una sottosuccessione (MS) di S che è definitivamente in ogni elemento di Q.

Dimostrazione   La famiglia Q è diretta dall'inclusione: $Q_1 \geq Q_2$ se e solo se $Q_1 \subset Q_2$. Supponiamo che D sia il dominio di S. Per ogni $(n, Q) \in D \times Q$, scegliamo $N(n, Q) \in D$ tale che $N(n, Q) \geq n$ e $S_{N(n,Q)} \in Q$. Questa scelta è possibile per l'ipotesi 1. Il prodotto cartesiano $N \times Q$ è diretto in modo canonico, si veda l'Esempio 4.16. Se $(n', Q') \geq (n, Q)$ in $D \times Q$, allora $N(n', Q') \geq N(n, Q)$, e dunque $S_{N(n',Q')} \in Q$. In conclusione, $N \colon D \to D \times Q$ è monotona e la sua immagine è cofinale. Quindi $S \circ N$ è una sottosuccessione (MS) con le proprietà desiderate. $\qquad\square$

Possiamo ormai caratterizzare i punti limite di una successione (MS) attraverso l'esistenza di sottosuccessioni (MS) convergenti.

Teorema 4.48   *Un punto x è un punto limite di una successione (MS) S se e solo se esiste una sottosuccessione (MS) di S che converge a x.*

Dimostrazione   Se una tale sottosuccessione (MS) esiste, banalmente x è punto limite di S. Per dimostrare l'implicazione opposta, applichiamo il Lemma 4.1 alla famiglia Q degli intorni di x. Lasciamo al lettore la verifica che le ipotesi del Lemma 4.1 sono effettivamente soddisfatte. $\qquad\square$

Uno degli usi più potenti della teoria della convergenza è legata alla compattezza. In questa sede non possiamo avventurarci in digressioni eccessivamente profonde di Topologia Generale, per le quali rimandiamo a [13, 22, 23]. Il seguente risultato è però alla nostra portata, e tornerà prepotentemente nelle questioni di compattezza per gli spazi metrici.

Teorema 4.49   *Uno spazio topologico X è compatto se e solo se ogni successione (MS) in X ha almeno un punto limite. Quindi X è compatto se e solo se ogni successione (MS) in X possiede una sottosuccessione (MS) convergente ad un punto di X.*

Dimostrazione   La seconda affermazione è conseguenza della prima e del Teorema 4.48. Occupiamoci pertanto della prima equivalenza logica.

Sia $S \colon D \to X$ una successione (MS). Per ogni $n \in D$ definiamo

$$A_n = \{S_m \mid m \geq n\}.$$

La famiglia di tutti gli insiemi A_n ha la proprietà dell'intersezione finita perché D è un insieme diretto. A maggior ragione la famiglia delle chiusure $\overline{A_n}$ ha la proprietà dell'intersezione finita. Per ipotesi X è uno spazio compatto, quindi esiste un punto x che appartiene ad ogni $\overline{A_n}$. Quindi, per ogni $n \in D$ e per ogni intorno U di x, $U \cap U_n \neq \emptyset$, cioè per ogni $n \in D$ esiste $m \geq n$ tale che $S_m \in U$. Dunque x è un punto limite di S.

Viceversa, fissiamo una famiglia C di insiemi chiusi con la proprietà dell'intersezione finita. Definiamo C' come la famiglia di tutte le intersezioni finite di elementi di C. Ovviamente anche C' ha la proprietà dell'intersezione finita, e $C \subset C'$.[10] Per dimostrare che l'intersezione di tutti gli elementi di C non è vuota, è allora sufficiente dimostrare che l'intersezione di tutti gli elementi di C' è non vuota. In C' mettiamo ancora la direzione insiemistica $\subset$, scelta legittima perché l'intersezione di due elementi di C' è un elemento di C'. Per ogni $C \in C'$ scegliamo[11] un punto $S_C \in C$, ottenendo così una successione (MS) da C' in X. Per ipotesi questa successione (MS) ha un punto limite x. Osserviamo ora che $C_1 \subset C$ implica $S_{C_1} \in C_1 \subset C$. Quindi S è definitivamente in ogni elemento di $C \in C'$, e x appartiene allora ad ogni elemento di $C \in C'$ perché C è chiuso. Abbiamo trovato un punto x appartenente all'intersezione di tutti gli elementi di C', e la dimostrazione è conclusa. $\square$

4.11   Filtri

Il concetto di filtro appartiene, a ben guardare, all'algebra degli insiemi. Le applicazioni della definizione di filtro alla Topologia Generale sono però di grande rilevanza, come vedremo.

Definizione 4.44   Sia X un insieme non vuoto. Si definisce filtro su X una famiglia $\mathcal{F}$ di sottoinsiemi non vuoti di X tali che:

1. se $A \in \mathcal{F}$ e $B \in \mathcal{F}$, allora $A \cap B \in \mathcal{F}$;
2. se $A \in \mathcal{A}$ e $B \supset A$, allora $B \in \mathcal{F}$.

A parole: la famiglia $\mathcal{F}$ è chiusa per intersezioni finite e per passaggio a soprainsiemi.

Esempio 4.17   Se X è dotato di una topologia e se $x_0 \in X$ è un punto fissato di X, la famiglia $\mathcal{U}(x_0)$ degli intorni di x_0 è un filtro su X.[12] Questo esempio sarà fondamentale per comprendere l'utilità dei filtri nella teoria dei limiti.

Definizione 4.45   Sia X un insieme non vuoto. Si definisce base di filtro su X una famiglia $\mathcal{B}$ di sottoinsiemi non vuoti di X tali che

1. se $A \in \mathcal{B}$ e se $B \in \mathcal{B}$, allora esiste $C \in \mathcal{B}$ tale che $C \subset A \cap B$.

Se $\mathcal{B}$ è una base di filtro su X, il filtro generato da $\mathcal{B}$ è la famiglia dei soprainsiemi degli elementi di $\mathcal{B}$, cioè[13]

$$\{F \subset X \mid \text{esiste } B \in \mathcal{B} \text{ tale che } B \subset F\}.$$

---

[10] Ogni insieme è intersezione di se stesso con se stesso.

[11] Ancora l'Assioma della Scelta!

[12] Apprezziamo qui l'importanza di aver definito un intorno di un punto come un qualunque insieme che contiene un aperto che contiene quel punto. Invece un generico soprainsieme di un aperto non è necessariamente un aperto.

[13] L'agevole dimostrazione del fatto che questa collezione sia effettivamente un filtro è lasciata come esercizio.

Esempio 4.18   Sia $x_0 \in \mathbf{R}$. Le seguenti famiglie di insiemi sono una base di filtro su $\mathbf{R}$, al variare di $\varepsilon > 0$:

1. $(x_0 - \varepsilon, x_0 + \varepsilon)$;
2. $[x_0, x_0 + \varepsilon)$;
3. $(x_0, x_0 + \varepsilon)$;
4. $(x_0 - \varepsilon, x_0]$;
5. $(x_0 - \varepsilon, x_0]$;
6. $(x_0 - \varepsilon, x_0) \cup (x_0, x_0 + \varepsilon)$.

Esempio 4.19   L'insieme di tutte le semirette $(a, +\infty)$, al variare comunque di $a \in \mathbf{R}$, è una base di filtro su $\mathbf{R}$. Ovviamente lo stesso vale per la famiglia di semirette $(-\infty, b)$, al variare comunque di $b \in \mathbf{R}$.

Esempio 4.20   Per ogni $n \in \mathbf{N}$, gli insiemi $\{n, n + 1, n + 2, \ldots\}$ formano una base di filtro su $\mathbf{N}$.

Esempio 4.21   Se X è uno spazio topologico, $Y \subset X$ e $x_0 \in \overline{Y}$, la famiglia delle intersezioni $Y \cap U$ dove U è un intorno di x_0 in X forma un filtro su Y. Evidentemente questo filtro si riduce al filtro degli intorni di x_0 quando $Y = X$.

Esempio 4.22   Sia $f \colon X \to Y$. Se $\mathcal{F}$ è un filtro su X, allora

$$f_* \mathcal{F} = \{ f(F) \mid F \in \mathcal{F} \}$$

è una base di filtro su Y. Occorre prestare attenzione, perché non è vero — in generale — che $f_* \mathcal{F}$ sia un filtro su Y.

Anche per i filtri su uno spazio topologico è possibile fornire un concetto di convergenza. Ecco una definizione precisa.

Definizione 4.46   Sia $\mathcal{F}$ un filtro su uno spazio topologico X. Si dice che $\mathcal{F}$ converge al punto $x \in X$ — in simboli $\mathcal{F} \to x$ — se ogni intorno U di x appartiene a $\mathcal{F}$, cioè se $\mathcal{F}$ contiene insiemisticamente il filtro degli intorni $\mathcal{U}(x)$.

Osservazione 4.30   Dalla definizione seguono due utili conseguenze.

1. Il filtro $\mathcal{U}(x)$ degli intorni di un punto x converge a x.
2. Se $\mathcal{F} \to x$ e se $\mathcal{F}' \supset \mathcal{F}$, allora $\mathcal{F}' \to x$.

In un qualunque spazio topologico abbiamo dunque due tipi di convergenza: la convergenza delle successioni (MS) e la convergenza dei filtri. È allora inevitabile porsi una domanda: sussiste forse un legame tra i due tipi di convergenza? La risposta è contenuta nei seguenti risultati.

Teorema 4.50 *Sia X un insieme.*

1. Se $\mathcal{F}$ è un filtro su X, l'insieme $I_{\mathcal{F}}$ delle coppie ordinate (F, x) tali che $F \in \mathcal{F}$ e $x \in F$ è diretto dalla relazione

$$(G, y) \geq (F, x) \text{ se e solo se } G \subset F;$$

la funzione

$$(F, x) \in I_{\mathcal{F}} \mapsto x \in X$$

è una successione (MS) in X.
2. Se $S \colon D \to X$ è una successione (MS) in X, allora

$$\mathcal{F} = \{F \subset X \mid (\exists m \in D)(\forall n \in D)(n \geq m \Rightarrow S_n \in F)\}$$

è un filtro su X, detto filtro associato alla successione (MS) S. I sottoinsiemi

$$B_m = \{S_n \mid n \geq m\}, \qquad m \in D$$

sono una base di questo filtro.

Dimostrazione Il fatto che la relazione $\geq$ sia una direzione su X deriva direttamente dalla proprietà 1 della definizione di filtro. Per dimostrare la seconda affermazione, gli elementi di $\mathcal{F}$ sono diversi dall'insieme vuoto. Se A e B appartengono ad $\mathcal{F}$ con m' ed m'' tali che $S_n \in A$ per $n \geq m'$ e $S_n \in B$ per $n \geq m''$, allora esiste $m''' \in D$ tale che $m''' \geq m', m''' \geq m''$. Segue che per ogni $n \geq m'''$ risulta $S_n \in A \cap B$, cioè $A \cap B \in \mathcal{F}$. La seconda proprietà che definisce un filtro è banale in questo caso. Infine, $F \in \mathcal{F}$ esattamente quando F contiene uno degli insiemi B_m, per qualche $m \in D$. $\qquad\qquad\square$

Enunciamo il seguente — fondamentale — teorema in maniera sintetica. Va da sé che filtri e successioni (MS) sono in un dato spazio topologico.

Teorema 4.51 *Un filtro converge a x se e solo se la successione (MS) ad esso associato converge a x. Viceversa, una successione (MS) converge a x se e solo se il filtro associato converge a x.*

Dimostrazione Supponiamo che $\mathcal{F}$ converga a x: ogni $U \in \mathcal{U}(x)$ appartiene a $\mathcal{F}$. Quindi per ogni $(F, y) \in I_{\mathcal{F}}$ tale che $(F, y) \geq (U, x)$ risulta $F \subset U$ e $y \in U$. Pertanto la successione (MS) associata a $\mathcal{F}$ converge a x. Se invece la successione (MS) $(F, y) \in I_{\mathcal{F}} \mapsto S(F, y)$ converge a x, per ogni intorno U di x esiste (F, y) tale che per ogni $(F', y') \geq (F, y)$ si abbia $S(F', y') = y' \in U$. In particolare $F' \subset U$ e anche $F \subset U$. Questo significa che $U \in \mathcal{F}$ e pertanto $\mathcal{F}$ contiene $\mathcal{U}(x)$.

Per dimostrare la seconda equivalenza, supponiamo che $S \colon D \to X$ sia una successione (MS) convergente a x: per ogni intorno U di x esiste $m \in D$ tale che $n \geq m$ implichi $S_n \in U$. Quindi B_m è contenuto in U. In particolare il filtro associato a S

contiene $\mathcal{U}(x)$. L'implicazione opposta segue dal Teorema 4.47. In effetti ogni successione (MS) è una sottosuccessione (MS) della successione (MS) associata ad un filtro.[14] In effetti, se S è una successione (MS) in X, la funzione

$$m \in D \mapsto (B_m, S_m) \in I_{\mathcal{F}}$$

è monotona, e la sua immagine è cofinale. Quindi S è una sottosuccessione (MS) della successione (MS) associata al filtro $\mathcal{F}$. $\square$

4.12 Problemi

4.1 Se $\{\tau_i \mid i \in I\}$ è una collezione di topologie su un insieme X, allora $\bigcap_{i \in I} \tau_i$ è una topologia su X.

4.2 Siano (X, τ_X) e (Y, τ_Y) due spazi topologici. Allora l'insieme

$$\{V \subset X \cup Y \mid V \cap X \in \tau_X, \ V \cap Y \in \tau_Y\}$$

è una topologia su $X \cup Y$.

4.3 Sia $X = \{a, b\}$ un insieme costituito da due punti. Le possibili topologie di X sono le seguenti:

$$\begin{aligned}
\tau_1 &= \{\emptyset, X\}, \\
\tau_2 &= \{\emptyset, X, \{a\}\}, \\
\tau_3 &= \{\emptyset, X, \{b\}\}, \\
\tau_4 &= \{\emptyset, X, \{a\}, \{b\}\}.
\end{aligned}$$

4.4 La seguente famiglia di sottoinsiemi di $\mathbf{R}$ non è una topologia:

$$\tau = \{\emptyset, \mathbf{R}\} \cup \{(a, b) \mid a < b\}.$$

4.5 In uno spazio topologico X valgono le seguenti affermazioni:

1. se Y e F sono sottoinsiemi di X tali che F sia chiuso e $Y \subset F \subset X$, allora $\overline{Y} \subset F$.
2. Y è chiuso se e solo se $\overline{Y} = Y$.
3. $\overline{\overline{Y}} = Y$.

---

[14] Questa affermazione assomiglia pericolosamente ad uno scioglilingua. Nei fatti mostra che il procedimento di associare una successione (MS) ad un filtro e viceversa non è perfettamente biunivoca: andando in una direzione e tornando indietro si trova in generale una sottosuccessione (MS) della successione (MS) utilizzata all'andata.

4. Un punto x appartiene a ∂Y se e solo se ogni intorno di x contiene almeno un punto di Y e almeno un punto di $X \setminus Y$.
5. $\partial Y = \overline{Y} \setminus \overline{X \setminus Y}$.
6. Y è chiuso in X se e solo se $\partial Y \subset Y$.
7. $\partial Y = \emptyset$ se e solo se Y è chiuso e aperto in X.

4.6 La topologia prodotto di $X \times Y$ è la più piccola topologia per la quale le proiezioni π_X e π_Y sono funzioni continue.

4.7 Sia $f\colon X \to Y$ una funzione continua da uno spazio topologico compatto X su (quindi f è suriettiva) uno spazio di Hausdorff Y. Un sottoinsieme V di Y è aperto se e solo se $f^{-1}(V)$ è aperto in X.

4.8 Siano X uno spazio topologico, Y uno spazio di Hausdorff, f e g due funzioni continue da X in Y. Se f e g coincidono su un sottoinsieme denso E di X,[15], allora $f = g$ ovunque in X.

4.9 Uno spazio topologico X è di Hausdorff se e solo se la diagonale

$$\Delta(X) = \{(x,x) \mid x \in X\}$$

è un sottoinsieme chiuso di $X \times X$.

4.10 Sia X lo spazio ottenuto dotando $\mathbf{R}$ della topologia i cui aperti sono $\emptyset$, $\mathbf{R}$ e tutte le semirette $(-\infty, x)$ al variare di $x \in \mathbf{R}$. Ogni sottoinsieme di X è connesso.

4.11 Sia X lo spazio ottenuto dotando $\mathbf{R}$ della topologia così definita: A è aperto se e solo se per ogni $s \in A$ esiste $t > s$ tale che $[s, t) \subset A$. Gli unici sottoinsiemi non vuoti e connessi di X sono i singoletti, cioè gli insiemi della forma $\{x\}$ per qualche $x \in X$.

4.12 Per una funzione continua $f\colon X \to \mathbb{R}$ definita su uno spazio topologico, l'insieme degli zeri

$$Z(f) = \{x \in X \mid f(x) = 0\}$$

è chiuso.

4.13 Siano f e $g\colon X \to Y$ continue e sia $E \subset X$ denso. Allora $f(E)$ è denso in $f(X)$. Inoltre, se f e g coincidono su E, coincidono su tutto X.

4.14 Uno spazio topologico X è localmente compatto se per ogni ogni punto x esistono un insieme aperto U ed un insieme compatto K tali che $x \in U \subset K$.

---

[15] Cioè $\overline{E} = X$.

Capitolo 5
Spazi metrici

Estratto Dedichiamo questo capitolo ad una categoria di spazi topologici di importanza vitale per tutta l'Analisi Matematica. Come vedremo, gli spazi metrici godono di proprietà specifiche, e permettono di sviluppare molte tecniche dell'Analisi in modo geometricamente intuitivo.

5.1 Metriche

Definizione 5.1 Una metrica (o distanza) sull'insieme non vuoto X è una funzione $d: X \times X \to [0, +\infty)$ che soddisfi che seguenti proprietà:

1. (annullamento) $d(x, y) = 0$ se e solo se $x = y$;
2. (simmetria) $d(x, y) = d(y, x)$ per ogni x e y;
3. (disuguaglianza triangolare) $d(x, y) \leq d(x, z) + d(z, y)$ per ogni x, y e z.

Se d è una distanza su X, diremo che (X, d) è uno spazio metrico.

Osservazione 5.1 Lasciando cadere la proprietà di annullamento, la funzione d è una pseudometrica. In questo libro non svilupperemo la teoria degli spazi con pseudometriche, e la proprietà di annullamento sarà sempre assunta come vera.

Esempio 5.1 In ogni insieme non vuoto X è possibile definire la metrica

$$d(x, y) = \begin{cases} 0 & \text{se } x = y \\ 1 & \text{se } x \neq y. \end{cases}$$

Questa è la metrica discreta su X, e vedremo tra poco la ragione di questo nome... famigliare.

Il prossimo esempio è di importanza fondamentale nel resto del libro. Invitiamo quindi il lettore a familiarizzare con la metrica euclidea.

© The Author(s), under exclusive license to Springer Nature Switzerland AG 2026

S. Secchi, *Analisi Matematica*, La Matematica per il 3+2,

https://doi.org/10.1007/978-3-032-20804-0_5

Esempio 5.2 Nell'insieme $\mathbf{R}$ la metrica euclidea o metrica standard è definita da

$$d(x, y) = |x - y|.$$

Il numero $d(x, y)$ è la lunghezza del segmento della retta reale che unisce x e y.

Esempio 5.3 Raccogliamo qualche altro esempio di spazio metrico particolarmente utile.

1. Lo spazio vettoriale $\mathbf{R}^n$, $n \geq 1$, è dotato della metrica euclidea (o metrica standard)

$$d(x, y) = \sqrt{\sum_{i=1}^{n} |x_i - y_i|^2},$$

   dove $x = (x_1, \ldots, x_n)$ e $y = (y_1, \ldots, y_n)$.
2. Lo spazio vettoriale $\mathbf{R}^n$, $n \geq 1$, è dotato della metrica

$$d_p(x, y) = \sqrt[p]{\sum_{i=1}^{n} |x_i - y_i|^p},$$

   dove $x = (x_1, \ldots, x_n)$ e $y = (y_1, \ldots, y_n)$ e $p \geq 1$ è un numero reale assegnato.
3. Lo spazio vettoriale $\mathbf{R}^n$, $n \geq 1$, è dotato della metrica

$$d_\infty(x, y) = \max_{1 \leq i \leq n} |x_i - y_i|,$$

   dove $x = (x_1, \ldots, x_n)$ e $y = (y_1, \ldots, y_n)$.
4. Se (X, d) è uno spazio metrico, ogni suo sottoinsieme S diventa uno spazio metrico *restringendo* ad S la funzione $d \colon X \times X \to [0, +\infty)$.
5. Se (X, d) è uno spazio metrico, anche

$$d'(x, y) = \frac{d(x, y)}{1 + d(x, y)}$$

definisce una metrica su X. Inoltre $d(x, y) < 1$ per ogni x e y in X, come si vede con qualche considerazione elementare sulla funzione $x \mapsto \frac{x}{1+x}$ definita per $x \geq 0$.

Teorema 5.1 *In ogni spazio metrico (X, d) vale la relazione*

$$|d(x, z) - d(x, y)| \leq d(y, z)$$

per ogni scelta di x, y e z.

Dimostrazione La disuguaglianza triangolare implica

$$d(x,z) - d(x,y) \le d(y,z).$$

Permutando l'ordine di x, y, z, e sfruttando la simmetria della distanza, si ottiene

$$d(x,y) - d(x,z) \le d(y,z).$$

Quindi

$$|d(x,z) - d(x,y)| = \max\{d(x,z) - d(x,y), d(x,y) - d(x,z)\} \le d(y,z). \qquad \square$$

Definizione 5.2 Sia (X,d) uno spazio metrico. La palla aperta di centro $x \in X$ e raggio $r > 0$ è l'insieme

$$B_r(x) = B(x,r) = \{y \in X \mid d(x,y) < r\}.$$

La palla chiusa di centro x e raggio r è l'insieme

$$B_r[x] = B[x,r] = \{y \in X \mid d(x,y) \le r\}.$$

Esempio 5.4 Nello spazio metrico euclideo $\mathbf{R}$,

$$B_r(x) = (x - r, x + r) = \{y \in \mathbf{R} \mid x - r < y < x + r\}.$$

Definizione 5.3 Sia (X,d) uno spazio metrico. Un sottoinsieme A di X è aperto (per la topologia della metrica d) se, per ogni $x \in A$ esiste $r > 0$ tale che $B_r(x) \subset A$.

Definizione 5.4 La topologia di uno spazio metrico (X,d) è la famiglia di insiemi aperti secondo la Definizione 5.3.

Per il momento la precedente definizione è una scatola vuota: occorre dimostrare che la famiglia degli aperti soddisfa le tre richieste delle topologie. Ovviamente X è aperto (esercizio banale!), mentre $\emptyset$ è aperto per il principio dell'implicazione vuota. Se A e B sono aperti, e se $x \in A \cap B$, esistono $r_1 > 0$ e $r_2 > 0$ tali che

$$B_{r_1}(x) \subset A, \qquad B_{r_2}(x) \subset B.$$

Scelto $0 < r < \min\{r_1, r_2\}$, risulta che $B_r(x) \subset A \cap B$, dal momento che $B_r(x) \subset B_{r_i}(x)$ per $i = 1, 2$. Quindi l'intersezione di due aperti è un aperto. Infine, sia $\{A_i \mid i \in I\}$ una famiglia qualunque di insiemi aperti. Fissiamo arbitrariamente un punto $x \in \bigcup_{i \in I} A_i$. Allora esiste $j \in I$ tale che $x \in A_j$, e A_j è aperto: possiamo scegliere $r > 0$ tale che $B_r(x) \subset A_j$. Quindi ogni punto di $B_r(x)$ appartiene ad A_j, e dunque appartiene a maggior ragione a $\bigcup_{i \in I} A_i$. Dunque questa unione è un insieme aperto.

La topologia di uno spazio metrico può essere generata da distanze diverse, Vediamo una discussione generale di questo fatto.

Definizione 5.5 Due distanze d' e d'' su un insieme X sono equivalenti se esiste una costante $C > 0$ tale che

$$\frac{1}{C} d'(x, y) \le d''(x, y) \le C d'(x, y)$$

per ogni $x \in X$ e ogni $y \in X$.

Teorema 5.2 *Due distanze equivalenti su un insieme X inducono la stessa topologia.*

Dimostrazione È sufficiente dimostrare che un insieme $A \subset X$ è aperto rispetto alla topologia τ' indotta da d' se e solo se è aperto rispetto alla topologia τ'' indotta da d''. In effetti, un punto $x \in X$ è interno ad A nella topologia τ'' se e solo se esiste $\delta > 0$ tale che $d''(x, y) < \delta$ implichi $y \in A$. Se ciò accade, allora $d'(x, y) < \delta/C$ implica $y \in A$. Quindi, e A è τ''-aperto, allora è anche τ'-aperto. Viceversa, supponiamo che esista $\delta > 0$ tale che $d'(x, y) < \delta$ implichi $y \in A$. Se $d''(x, y) < \delta/C$, allora $y \in A$, e la dimostrazione è conclusa. $\square$

A partire da questo momento, tutti gli spazi metrici saranno tacitamente dotati della topologia introdotta nella Definizione 5.4.

Se volessimo essere estremisti, potremmo ormai dire che la teoria degli spazi metrici ricade interamente nella teoria degli spazi topologici. Questo è (quasi totalmente) vero, ma ci sembra opportuno riformulare le principali definizioni nel nuovo contesto.

Teorema 5.3 *Sia (X, d) uno spazio metrico.*

1. *Un punto x è interno all'insieme A se e solo se esiste $r > 0$ tale che $B_r(x) \subset A$.*
2. *Un punto $x \in X$ appartiene alla chiusura di A se $B_r(x) \cap A \neq \emptyset$ per ogni $r > 0$.*
3. *Un punto $x \in X$ è di accumulazione per A se e solo se ogni palla $B_r(x)$ contiene un punto di A diverso da x.*

Dimostrazione Un punto x è interno ad A se e solo se esiste un intorno di x contenuto in A. Ora, U è un intorno di x se e solo se esiste una palla $B_r(y)$ tale che $x \in B_r(y) \subset U$. Ciò avviene se e solo se esiste una palla $B_r(x)$ tale che $B_r(x) \subset U$: un'implicazione è ovvia, mentre l'altra si verifica come segue. Se $x \in B_r(y) \subset U$ per qualche $y \in X$ e qualche $r > 0$, allora $B_\delta(x) \subset U$ non appena $0 < \delta < d(x, y)$. La proprietà 1 è ora evidente. Le restanti affermazioni si dimostrano in modo analogo. $\square$

Il Teorema 5.3 è anche una conseguenza immediata della seguente osservazione: la topologia di uno spazio metrico è — per definizione — l'unica topologia associata al sistema di intorni $\mathfrak{U}(x)$ di ciascun punto x che consiste precisamente nelle palle aperte $B_r(x)$, al variare di $r > 0$ (si ricordi il Teorema 4.11). Quindi tutte le proprietà che coinvolgono intorni di un punto x possono essere riformulate utilizzando le palle aperte $B_r(x)$ come intorni di x. Nel seguito faremo largo uso, spesso senza esplicita menzione, di questo fatto.

Corollario 5.1 *Ogni palla aperta è un insieme aperto. Ogni palla chiusa è un insieme chiuso. Inoltre,*

$$B_r[x] = \overline{B_r(x)}.$$

Dimostrazione Il fatto che ogni palla aperta sia un aperto segue banalmente dalla Definizione. La palla chiusa $B_r[x]$ è un insieme chiuso. Infatti

$$X \setminus B_r[x] = \{y \in X \mid d(x, y) > r\}.$$

Preso un punto $y \in X \setminus B_r[x]$, risulta $d(y, x) > r$. Ma allora $B_\varepsilon(y) \subset X \setminus B_r[x]$ non appena $0 < \varepsilon < d(y, x) - r$. Quindi y è un punto interno di $X \setminus B_r[x]$. Poiché banalmente $B_r(x) \subset B_r[x]$, risulta $\overline{B_r(x)} \subset B_r[x]$. Viceversa, se $d(y, x) > r$, abbiamo visto che l'intorno $B_\varepsilon(y) \cap B_r(x) = \emptyset$, dunque $y \notin \overline{B_r(x)}$. In conclusione $B_r[x] \subset \overline{B_r(x)}$. $\qquad\square$

La continuità di una funzione tra spazi metrici si riscrive come nel seguente

Teorema 5.4 *Una funzione $f \colon (X, d_X) \to (Y, d_Y)$ tra due spazi metrici è continua nel punto x se e solo se per ogni $\varepsilon > 0$ esiste $\delta > 0$ tale che*

$$d_Y(f(x), f(y)) < \varepsilon$$

per ogni $y \in X$ tale che $d_X(x, y) < \delta$.

Dimostrazione Basta osservare che la condizione espressa nell'enunciato significa che per ogni palla aperta $B_\varepsilon(f(x))$ esiste una palla aperta $B_\delta(x)$ tale che $f(B_\delta(x)) \subset B_\varepsilon(f(x))$. $\qquad\square$

Infine, osserviamo che la presenza di una distanza consente di misurare anche la *taglia* di un insieme.

Definizione 5.6 Il diametro di un sottoinsieme A di uno spazio metrico (X, d) è

$$\operatorname{diam} A = \sup\{d(x, y) \mid x \in A, \, y \in A\}.$$

Un sottoinsieme A è limitato se $\operatorname{diam} A < +\infty$.

5.2 Topologia e successioni

Una particolarità degli spazi metrici è la seguente: ogni punto possiede una base di intorni *numerabile*. Infatti, se x è un punto di uno spazio metrico X, allora la famiglia

$$\{B_{1/n}(x) \mid n = 1, 2, 3, \ldots\}$$

è una base di intorni del punto x: ogni intorno U di x contiene un elemento di questa famiglia. Gli spazi metrici sono dunque un esempio importante di quella categoria di spazi topologici astratti che soddisfano il primo assioma di numerabilità. Per comodità del lettore riportiamo una definizione formale.

Definizione 5.7 Uno spazio topologico X soddisfa il primo assioma di numerabilità (si dice anche: X è primo-numerabile) se il sistema degli intorni di ciascun punto di x ha una base numerabile. Invece X soddisfa il secondo assioma di numerabilità (oppure: X è secondo-numerabile) se la topologia di X ha una base numerabile.

In questo libro non tratteremo degli spazi topologici astratti con tali proprietà di numerabilità, rimandando ad esempio a [13] il lettore interessato. Tuttavia sarà molto importante avere familiarità con le seguenti caratterizzazioni *sequenziali* di alcune definizioni già note.

Teorema 5.5 *Ogni spazio metrico è uno spazio di Hausdorff.*

Dimostrazione Se x e y sono due punti distinti di uno spazio metrico (X, d), allora $r = d(x, y) > 0$. Quindi

$$B_{r/3}(x) \cap B_{r/3}(y) = \emptyset.$$

Abbiamo così costruito due intorni aperti di x ed y rispettivamente, che risultano disgiunti. $\qquad\qquad\Box$

Corollario 5.2 *Se una successione converge a due punti x ed y di uno spazio metrico, allora $x = y$.*

Dimostrazione Segue dal Teorema 4.43. $\qquad\qquad\Box$

Definizione 5.8 Una successione $\{S_n\}_n$ in uno spazio metrico (X, d) è limitata se la sua immagine $S(\mathbf{N})$ è un insieme limitato in X.

Teorema 5.6 *Sia $\{S_n\}_n$ una successione in uno spazio metrico (X, d).*

1. $S_n \to x$ se e solo se ogni intorno di x contiene tutti i termini della successione, eccetto al più un numero finito.
2. Se $\{S_n\}_n$ converge ad un punto di X, allora $\{S_n\}_n$ è una successione limitata.
3. Se $A \subset X$ e se x appartiene a $\overline{A}$, allora esiste una successione $\{S_n\}_n$ in A tale che $S_n \to x$.

Dimostrazione 1. Se $S_n \to x$, allora per ogni $\varepsilon > 0$ esiste $\nu \in \mathbf{N}$ tale che $S_n \in B_\varepsilon(x)$ per ogni $n \geq \nu$. Viceversa, sia $\varepsilon > 0$. Allora $S_n \in B_\varepsilon(x)$ per tutti i numeri naturali n, eccetto al più un numero finito di essi, diciamo $n_1 < n_2 < \ldots < n_k$. Quindi $S_n \in B_\varepsilon(x)$ per ogni $n > n_k$, cioè $S_n \to x$.

2. Scegliamo un numero naturale ν tale che $n > \nu$ implichi $S_n \in B_1(x)$. Posto

$$r = \max\{1, d(S_1, x), \ldots, d(S_\nu, x)\},$$

risulta $d(S_n, x) \leq r$ per ogni $n = 1, 2, \ldots$

3. Per ogni n naturale scegliamo un punto $S_n \in B_{1/n}(x)$, cioè tale che $d(S_n, x) < 1/n$. Fissato arbitrariamente $\varepsilon > 0$, troviamo ν naturale tale che $\nu\varepsilon > 1$. Se $n > \nu$, allora $d(S_n, x) < 1/\nu < \varepsilon$, sicché $S_n \to x$. $\qquad\qquad\square$

Osservazione 5.2 L'implicazione inversa del punto 3 è banale: se $S_n \in A$ per ogni n, e se $S_n \to x$, allora ogni intorno di x contiene un punto di A, quindi $x \in \overline{A}$. In effetti questa affermazione resta vera in qualunque spazio topologico.

A questo punto sappiamo che le successioni sono sufficienti a descrivere la topologia degli spazi metrici: poiché esse descrivono la chiusura, descrivono completamente gli insiemi chiusi e dunque gli insiemi aperti (passando ai complementari). Poiché la gran parte degli spazi topologici di uso più frequente in Analisi Matematica sono metrici, ecco spiegata la ragione per cui le successioni sono particolarmente studiate nei corsi di Analisi.

Passiamo ora a descrivere la compattezza nel contesto degli spazi metrici. Come vedremo, la presenza di una metrica che genera la topologia ci consentirà di caratterizzare gli spazi metrici compatti in termini di successioni convergenti.

Definizione 5.9 Uno spazio topologico X è sequenzialmente compatto (o compatto per successioni) se ogni successione in X possiede una sottosuccessione convergente ad un punto di X.

Per proseguire il nostro discorso dobbiamo introdurre una proprietà tipicamente metrica, che non può essere introdotta in un generico spazio topologico.[1]

Definizione 5.10 Una successione $\{S_n\}_n$ a valori in uno spazio metrico (X, d) è una successione di Cauchy se, per ogni $\varepsilon > 0$, esiste $\nu \in \mathbf{N}$ tale che

$$d(S_n, S_m) < \varepsilon \quad \text{per ogni } n > \nu \text{ e ogni } m > \nu.$$

Osservazione 5.3 Se $S_n \to x$, allora $\{S_n\}_n$ è una successione di Cauchy. Infatti

$$d(S_n, S_m) \leq d(S_n, x) + d(x, S_m).$$

---

[1] Ha però senso nel contesto degli spazi uniformi, si veda [13].

Lemma 5.1 *Se una successione di Cauchy possiede una sottosuccessione convergente, allora tutta la successione converge allo stesso limite.*

Dimostrazione Supponiamo che $\{S_n\}_n$ sia una successione di Cauchy in uno spazio metrico (X, d), e che $S_{k_n} \to x$. Fissato $\varepsilon > 0$, determiniamo $\nu \in \mathbf{N}$ tale che $d(S_m, S_n) < \varepsilon$ per ogni $n > \nu$ e $m > \nu$. Ora, scegliendo eventualmente ν ancora più grande, possiamo supporre che $d(S_{k_n}, x) < \varepsilon$ per ogni $n > \nu$. Quindi, se $n > \nu$ e dunque $k_n > n > \nu$,

$$d(S_n, x) \le d(S_n, S_{k_n}) + d(x, S_{k_n}) < 2\varepsilon. \qquad \square$$

Lemma 5.2 *Ogni successione di Cauchy in uno spazio metrico è limitata.*

Dimostrazione Sia $\{S_n\}_n$ una successione nello spazio metrico (X, d). Per qualche numero naturale ν,

$$d(S_n, S_m) < 1 \quad \text{per ogni } n > \nu \text{ e ogni } m > \nu.$$

Fissiamo $m = \nu + 1$, e definiamo

$$r = \max\{d(S_n, S_{\nu+1}) \mid n = 1, 2, \ldots, \nu\}.$$

Allora ogni S_n appartiene alla palla di centro $S_{\nu+1}$ e raggio uguale al massimo tra 1 e r. $\qquad \square$

Definizione 5.11 Uno spazio metrico X è completo se ogni successione di Cauchy in X è convergente.

Infine,

Definizione 5.12 Un sottoinsieme A di uno spazio metrico X è totalmente limitato se, per ogni $\varepsilon > 0$, esiste un numero finito di punti $x_1, \ldots, x_n$ in X tali che

$$A \subset \bigcup_{i=1}^{n} B_\varepsilon(x_i).$$

Il teorema di caratterizzazione della compattezza è il seguente.

Teorema 5.7 *Per uno spazio metrico (X, d) le seguenti proprietà sono equivalenti:*

1. X è compatto;
2. ogni sottoinsieme infinito di X possiede un punto di accumulazione;
3. X è completo e totalmente limitato.

Dimostrazione Se vale 1 e se E è un sottoinsieme infinito di X che non ha punti di accumulazione, esiste un ricoprimento aperto $\{U_i \mid i \in I\}$ di X tale che ogni

U_i contenga al più un solo punto di E. Poiché E è un insieme infinito, nessun sottoricoprimento aperto di $\{U_i \mid i \in I\}$ può ricoprire X, contraddizione.

Se vale 2, fissiamo arbitrariamente $\varepsilon > 0$ ed altrettanto arbitrariamente un punto $x_1 \in X$. Procedendo per induzione, dopo aver scelto $x_2, \ldots, x_n$ tali che $d(x_i, x_j) \geq \varepsilon$ per ogni $i \neq j$, scegliamo se possibile un punto $x_{n+1} \in X$ tale che $d(x_i, x_{n+1}) \geq \varepsilon$ per ogni $1 \leq i \leq n$. Questa costruzione deve arrestarsi dopo un numero finito di scelte, altrimenti otterremmo un sottoinsieme infinito di X fatto di punti isolati. Quindi $X \subset \bigcup_{i=1}^{n} B_\varepsilon(x_i)$. Dopo aver dimostrato che X è totalmente limitato, la completezza segue (abbastanza) facilmente. Sia $\{S_n\}_n$ una successione di Cauchy in X. Se esiste $x \in X$ tale che $S_n = x$ per infiniti valori di n, allora $\{S_n\}_n$ possiede una sottosuccessione $\{S_{k_n}\}_n$ convergente a x. Se invece l'immagine $S(\mathbf{N})$ della successione consta di infiniti punti punti diversi, per l'ipotesi 2 deve esistere un punto di accumulazione x per $S(\mathbf{N})$. In particolare, per ogni $k \in \mathbf{N}$ esiste un elemento S_{k_n} della successione tale che $S_{k_n} \in B_{1/n}(x)$, cioè $d(S_{k_n}, x) < 1/n$. La sottosuccessione $\{S_{k_n}\}_n$ converge a x. L'esistenza del limite per $\{S_n\}_n$ segue dal Lemma 5.1.

Infine, supponiamo che valga 3, e sia $\mathcal{U}$ un ricoprimento aperto di X. Per assurdo, supponiamo che nessuna sottofamiglia finita di $\mathcal{U}$ ricopra X. Poiché X è totalmente limitato, X è unione di un numero finito di insiemi di diametro minore o uguale a 1.[2] Tra queste deve essercene uno, diciamo K_1, che non possa essere ricoperto da una sottofamiglia finita di $\mathcal{U}$. Adesso ragioniamo su K, che è coperto da un numero finito di insiemi chiusi di diametro $\leq 1/2$. Otteniamo un chiuso $K_2 \subset K_1$ che non può essere ricoperto da un numero finito di elementi di $\mathcal{U}$. Induttivamente, costruiamo una successione di chiusi $K_n, n = 1, 2, \ldots$, tali che (i) $X \supset K_1 \supset K_2 \supset \cdots$, (ii) diam $K_n \leq 1/n$, (iii) nessun K_n è ricoperto da un numero finito di elementi di $\mathcal{U}$. Scegliamo $x_n \in K_n$. Per (i) e (ii) la successione $\{x_n\}_n$ è di Cauchy e converge per ipotesi ad un punto x. Poiché K_n è chiuso, $x \in K_n$ per ogni n: infatti, fissato n, per ogni $p \in \mathbf{N}$ risulta $x_{n+p} \in K_{n+p} \subset K_n$, e $x = \lim_{p \to +\infty} x_{n+p} \in K_n$.

Ricordando che $X \subset \mathcal{U}$, esiste $U \in \mathcal{U}$ tale che $x \in U$. Per (ii), $K_n \subset V$ se n è sufficientemente grande, e questo contraddice (iii). Segue che X è compatto. $\square$

Corollario 5.3 *Uno spazio metrico è compatto se e solo se è sequenzialmente compatto.*

Dimostrazione La compattezza implica la sequenziale compattezza. La dimostrazione ricalca argomenti già visti, ma la riproponiamo. Sia $\{S_n\}_n$ una successione in uno spazio compatto X. Se $S(\mathbf{N})$ è un insieme finito, esiste una sottosuccessione costante, e dunque convergente. Altrimenti l'insieme $S(\mathbf{N})$ deve avere un punto di accumulazione: se così non fosse, ogni punto dello spazio metrico avrebbe un intorno (aperto) che contiene al più un termine della successione. Poiché da questo ricoprimento aperto non può evidentemente essere estratto alcun sottoricoprimento finito, X non potrebbe essere compatto. Sia x un punto di accumulazione per $S(\mathbf{N})$: per ogni n esiste k_n tale che $S_{k_n} \in B_{1/n}(x)$. Quindi $S_{k_n} \to x$.

---

[2] In effetti, X è unione di un numero finito di palle chiuse di raggio ≤ 1.

Viceversa, supponiamo che X sia compatto per successioni. Se K è un qualunque sottoinsieme infinito di X, possiamo selezionare infiniti punti distinti $S_1, S_2, \ldots, S_n, \ldots$ di K. Questa successione di punti distinti deve avere una sottosuccessione $\{S_{k_n}\}_n$ convergente ad un punto x. Poiché ogni intorno di x contiene infiniti punti diversi di K, x è di accumulazione per K. La compattezza di X segue ormai dal Teorema 5.7. $\qquad\square$

Nel corso delle dimostrazione precedente abbiamo ottenuto un importante risultato, che isoliamo per riferimento futuro.

Teorema 5.8 (Bolzano-Weierstraß) *Un sottoinsieme infinito di uno spazio metrico compatto contiene almeno un punto di accumulazione.*

5.3 Successioni di Cauchy generalizzate

Supponiamo che (X, d) sia uno spazio metrico. È ragionevole domandarsi se il concetto di successione di Cauchy possa estendersi alle successioni (MS). La definizione appare immediata.

Definizione 5.13 Una successione (MS) S definita in D e a valori in uno spazio metrico (X, d) è di Cauchy se, per ogni $\varepsilon > 0$, esiste $n_0 \in D$ tale che

$$d(S_n, S_m) < \varepsilon$$

per ogni $n \geq n_0$ e ogni $m \geq n_0$.

Osservazione 5.4 È chiaro che la convergenza di S implica la proprietà di Cauchy, esattamente come nel caso delle successioni indicizzate sui naturali.

Teorema 5.9 *Uno spazio metrico (X, d) è completo se, e solo se, ogni successione (MS) di Cauchy a valori in X è convergente.*

Dimostrazione Ogni successione indicizzata su $\mathbf{N}$ è una successione (MS), dunque la convergenza di tutte le successioni (MS) di Cauchy implica la completezza. Viceversa, supponiamo che (X, d) sia completo, e sia $S \colon D \to X$ una successione (MS) di Cauchy. Con un argomento ricorsivo, costruiamo una successione $k \in \mathbf{N} \mapsto n_k \in D$ tale che $n_k < n_{k+1}$ per ogni k e

$$d(S_n, S_m) < \frac{1}{k}$$

per ogni $n \geq n_k$, $m \geq n_k$. Quindi $\{S_{n_k}\}_k$ è una successione (in senso classico) di Cauchy, a valori nello spazio metrico completo X. Sia x il limite di questa successione. Preso comunque un numero $\varepsilon > 0$, scegliamo un intero positivo $k > 2/\varepsilon$ tale che $d(S_{n_k}, x) < \varepsilon/2$. Per ogni $n \in D$, $n \geq n_k$, risulta

$$d(S_n, x) \leq d(S_n, S_{n_k}) + d(S_{n_k}, x) < \frac{1}{k} + \frac{\varepsilon}{2} < \varepsilon.$$

La dimostrazione è ormai conclusa. $\qquad\square$

Il Teorema 5.9 è ricco di conseguenze ben note. Ad esempio,

Corollario 5.4 *Sia* $f \colon X \to \mathbf{R}$ *una funzione definita su uno spazio metrico* (X, d), *e sia* $x_0 \in X$. *Il limite*

$$\lim_{x \to x_0} f(x)$$

esiste in $\mathbf{R}$ *se, e solo se, per ogni* $\varepsilon > 0$ *esiste* $\delta > 0$ *tale che*

$$|f(x') - f(x'')| < \varepsilon$$

per ogni x', x'' *in* X *tali che* $d(x', x_0) < \delta$ *e* $d(x'', x_0) < \delta$.

Dimostrazione Infatti X è un insieme diretto dalla relazione: $x \geq y$ se e solo se $d(x, x_0) \leq d(y, x_0)$. Quindi si applica direttamente il Teorema 5.9. $\qquad\square$

5.4 Compattezza negli spazi euclidei

Per il prosieguo di questo libro sarà essenziale avere a disposizione un criterio di compattezza per lo spazio metrico $\mathbf{R}$ (dotato al solito della distanza euclidea). In questa sezione dimostreremo il fondamentale Teorema di Heine-Borel, che riassume le proprietà minime dei sottoinsiemi compatti della retta reale. Poiché questa estensione non comportano sforzi particolari, lavoreremo nello spazio euclideo $\mathbf{R}^n$ a n dimensioni, per n naturale.

Teorema 5.10 *Se per ogni* n *naturale è assegnato un intervallo* $I_n \subset \mathbf{R}$ *tale che* $I_{n+1} \subset I_n$, *allora* $\bigcap_{n=1}^{\infty} I_n \neq \emptyset$.

Dimostrazione Supponiamo che $I_n = [a_n, b_n]$, e sia A l'insieme di tutti i numeri a_n. Evidentemente $A \neq \emptyset$, e b_1 è un maggiorante di A. Ha dunque senso porre $x = \sup A$. Per ogni coppia di numeri naturali m, n, risulta

$$a_n \leq a_{n+m} \leq b_{n+m} \leq b_m,$$

sicché $x \leq b_m$ per ogni m. Per definizione, $a_m \leq x$, e quindi $a_m \leq x \leq b_m$ per ogni m, cioè $x \in I_m$ per ogni m. $\qquad\square$

Seguendo [21], definiamo le n-celle.

Definizione 5.14   Una n-cella è un sottoinsieme di $\mathbf{R}^n$ della forma

$$[a_1, b_1] \times [a_2, b_2] \times \cdots \times [a_n, b_n],$$

cioè un prodotto cartesiano di n intervalli chiusi e limitati di $\mathbf{R}$.

Generalizziamo ora il Teorema 5.10.

Teorema 5.11   *Se $\{I_k\}_k$ è una successione di n-celle tali che $I_{k+1} \subset I_k$ per ogni k, allora $\bigcap_{k=1}^{\infty} I_k \neq \emptyset$.*

Dimostrazione   Vogliamo ricondurci al Teorema 5.10. Sia I_k l'insieme dei punti $x = (x_1, \ldots, x_n)$ tali che

$$a_{k,j} \leq x_j \leq b_{k,j} \qquad 1 \leq j \leq n, \ k = 1, 2, \ldots$$

Definiamo $I_{k,j} = [a_{k,j}, b_{k,j}]$. Per ogni j fissato, l'intervallo $I_{k,j}$ soddisfa le ipotesi del Teorema 5.10, e dunque esiste x_j^* tale che

$$a_{k,j} \leq x_j^* \leq b_{k,j} \qquad 1 \leq j \leq n, \ k = 1, 2, \ldots$$

Allora il punto $x^* = (x_1^*, \ldots, x_n^*)$ appartiene ad I_k per ogni k. $\square$

Teorema 5.12   *Ogni n-cella è un insieme compatto.*

Dimostrazione   Sia I una n-cella i cui punti $x = (x_1, \ldots, x_n)$ soddisfano le disuguaglianze $a_j \leq x_j \leq b_j$ per $j = 1, \ldots, n$. Denotiamo con δ la lunghezza della diagonale di I, cioè il numero

$$\delta = \sqrt{\sum_{j=1}^{n} |b_j - a_j|^2}.$$

In particolare $d(x, y) \leq \delta$ per ogni $x \in I$, $y \in I$. Supponiamo — per assurdo — che esista un ricoprimento aperto $\{U_\alpha \mid \alpha \in A\}$ di I che non contenga alcun sotto-ricoprimento finito. L'idea che perseguiamo è basata su uno schema di bisezione. Per ogni j, poniamo $c_j = \frac{a_j + b_j}{2}$. Allora gli intervalli $[a_j, c_j]$ e $[c_j, b_j]$ determinano 2^n n-celle Q_i la cui unione coincide con I. Necessariamente almeno uno di queste celle — chiamiamola I_1 — non può essere ricoperta da un numero finito di aperti di $\{U_\alpha \mid \alpha \in A\}$. Ripartiamo da I_1, e suddividiamolo come prima. Iterando l'algoritmo, otteniamo una successione $\{I_k\}_k$ di n-celle con le seguenti proprietà:

1. $I \supset I_1 \supset I_2 \supset \cdots$
2. I_k non è ricoperto da un numero finito di aperti di $\{U_\alpha \mid \alpha \in A\}$
3. se $x \in I_k$ e $y \in I_k$, allora $d(x, y) \leq 2^{-k}\delta$.

Per la proprietà 1, esiste un punto x^* che appartiene ad ogni I_k. Dunque esiste $\alpha \in A$ tale che $x^* \in U_\alpha$. L'insieme U_α è aperto: per qualche raggio $r > 0$ risulta che $B_r(x^*) \subset U_\alpha$.

Scegliamo k tale che $2^{-k}\delta \leq r$. La proprietà 3 implica che $I_k \subset B_r(x^*) \subset U_\alpha$, e quindi I_k è addirittura ricoperto da un solo aperto della famiglia $\{U_\alpha\}$. Questa contraddizione con la proprietà 2 conclude la dimostrazione. $\square$

A costo di ripetere alcuni argomenti già visti in generale, riassumiamo le proprietà di compattezza di $\mathbf{R}^n$ nel seguente

Teorema 5.13 (Heine-Borel) *Per ogni sottoinsieme K di $\mathbf{R}^n$ le seguenti proprietà sono equivalenti:*

1. *K è chiuso e limitato;*
2. *K è compatto;*

Dimostrazione Se vale la proprietà 1, allora K è contenuto in una n-cella I. Dunque K è un sottoinsieme chiuso di un insieme compatto, cioè K è compatto. Supponiamo inversamente che K sia compatto. Se K non fosse limitato, per ogni n naturale esisterebbe un punto $x_n \in K$ tale che $d(x_n, 0) > n$. Tutti questi punti formano un insieme infinito che non ha punti di accumulazione in $\mathbf{R}^n$, né dunque in K. Quindi K deve essere limitato in virtù del Teorema 5.8. Se K poi non fosse chiuso, dovrebbe esistere un punto $x_0 \in \mathbf{R}^n \setminus K$ che sia di accumulazione per K. Quindi, per $n = 1, 2, 3, \ldots$ esisterebbero punto $x_n \in K$ tali che $d(x_n, x_0) < 1/n$. L'insieme S di tali punti non ha altri punti di accumulazione in $\mathbf{R}^n$, perché da $y \neq x_0$ segue

$$d(x_n, y) \geq d(x_0, y) - d(x_0, x_n)$$
$$\geq d(x_0, y) - \frac{1}{n} \geq \frac{1}{2}d(x_0, y)$$

per tutti gli n eccetto al più un numero finito. Pertanto S non ha punti di accumulazione in K, e dunque K deve essere chiuso ancora in virtù del Teorema 5.8. $\square$

Teorema 5.14 *Lo spazio metrico $\mathbf{R}^n$ è completo rispetto alla distanza euclidea.*

Dimostrazione Sia $\{S_k\}_k$ una successione di Cauchy in $\mathbf{R}^n$. Per il Lemma 5.2, $\{S_k\}_k$ è limitata, quindi esiste una n-cella I tale che $\overline{I}$ contenga tutti i punti S_k. Poiché $\overline{I}$ è un compatto, esiste una sottosuccessione di $\{S_k\}_k$ convergente a qualche punto di $\overline{I}$. Per il Lemma 5.1, l'intera successione $\{S_k\}_k$ converge a tale punto. $\square$

5.5 Problemi

5.1 Per ogni coppia di interi $m \in \mathbf{Z}$ e $n \in \mathbf{Z}$, sia $d(m, n) = 2^{-d}$, dove d è il massimo numero naturale tale che 2^d divida $m - n$. Se $m = n$ definiamo $d(m, n) = 0$. La funzione d è una distanza su $\mathbf{Z}$, chiamata distanza diadica.

5.2 Due metriche d e d' su un insieme X sono equivalenti se esistono costanti positive C e C' tali che

$$Cd'(x, y) \le d(x, y) \le C'd'(x, y) \quad (x \in X, \ y \in X).$$

Le topologie definite da due metriche equivalenti su X sono la stessa topologia, nel senso che un insieme è aperto per la topologia di d se e solo se è aperto per la topologia di d'.

5.3 Lo spazio metrico $\mathbf{Q}$ non è completo per la distanza ereditata da quella euclidea di $\mathbf{R}$.

5.4 Supponiamo che X sia uno spazio metrico completo. Un sottospazio Y di X è completo nella metrica ereditata da quella di X se e solo se Y è chiuso.

5.5 Una funzione ϕ è una isometria tra due spazi metrici (X, d_X) e (Y, d_Y) se

$$d_Y(\phi(x), \phi(x')) = d_X(x, x') \qquad (x \in X, \ x' \in X).$$

Sia (X, d) uno spazio metrico assegnato.

1. Sia C l'insieme di tutte le successioni di Cauchy in X. Dimostrare che è possibile definire una funzione σ su $C \times C$ mediante la formula

$$\sigma(\{x_n\}_n, \{y_n\}_n) = \lim_{n \to +\infty} d(x_n, y_n).$$

2. Dimostrare che la relazione definita in $C \times C$ da $\{x_n\}_n \sim \{y_n\}_n$ se e solo se $\sigma(\{x_n\}_n, \{y_n\}_n) = 0$ è una relazione di equivalenza.
3. Posto $\hat{X} = X/\sim$, dimostrare che la funzione

$$\hat{d}([\{x_n\}_n], [\{y_n\}]) = \sigma(\{x_n\}_n, \{y_n\}_n)$$

è ben definita in $\hat{X} \times \hat{X}$.[3]
4. Dimostrare che $\hat{d}$ è una distanza su $\hat{X}$.
5. La funzione $\alpha\colon X \to \hat{X}$ definita da

$$\alpha(x) = [\{x, x, \ldots\}],$$

cioè la classe di equivalenza della successione costantemente uguale ad x, è un'isometria rispetto alle distanze d e $\hat{d}$.

---

[3] [$\ldots$] denota qui la classe di equivalenza rispetto a $\sim$.

6. Dimostrare che $\alpha(X)$ è denso in $\hat{X}$.
7. Dimostrare che $\hat{X}$ è uno spazio metrico completo.
8. Dedurre che qualunque spazio metrico può essere identificato ad un sottoinsieme denso di uno spazio metrico completo.

5.6   Siano X un insieme e $n \geq 1$ un intero. Scriviamo

$$X^n = X \times \cdots \times X \quad (n \text{ fattori}).$$

Consideriamo la funzione

$$d_X^n : X^n \times X^n \to \mathbf{R}$$

così definita: $d((x_1, \ldots, x_n), (y_1, \ldots, y_n))$ è il numero degli indici $1 \leq i \leq n$ tali che $x_i \neq y_i$. La funzione d_X^n è una distanza su X^n. Descrivere le palle aperte in (X^n, d_X^n). Caratterizzare d_X^1.

III
Limiti

Capitolo 6
Successioni di numeri

Estratto Ci occuperemo in questo capitolo delle successioni a valori nel campo **C** dei numeri complessi. Poiché **R** $\subset$ **C**, quello delle successioni a valori reale sarà un caso particolare. Eventuali peculiarità delle successioni in **R** saranno opportunamente segnalate.

6.1 Proprietà elementari delle successioni complesse

Teorema 6.1 (Algebra dei limiti) *Siano $\{s_n\}_n$ e $\{t_n\}_n$ due successioni complesse. Se $s_n \to s$ e $t_n \to t$, allora*

1. $s_n + t_n \to s + t$,
2. $s_n t_n \to st$,
3. $\frac{s_n}{t_n} \to \frac{s}{t}$ *se* $t \neq 0$.

Dimostrazione Fissiamo $\varepsilon > 0$. Per ipotesi esistono ν_1 e ν_2 naturali tali che $|s_n - s| < \varepsilon$ per $n > \nu_1$ e $|t_n - t| < \varepsilon$ per $n > \nu_2$. Posto $\nu = \max\{\nu_1, \nu_2\}$, per ogni $n > \nu$ abbiamo

$$|(s_n + t_n) - (s + t)| \le |s_n - s| + |t_n - t| < 2\varepsilon,$$

così che la prima affermazione è dimostrata. Per dimostrare la seconda, scriviamo

$$s_n t_n - st = s_n t_n - s t_n + s t_n - st = (s_n - s)t_n + s(t_n - t).$$

Esiste $M \in \mathbf{R}$ tale che $|t_n| \le M$ per ogni n, poiché le successioni convergenti sono limitate. Quindi, sempre per $n > \nu$,

$$|s_n t_n - st| \le |t_n||s_n - s| + |s||t_n - t| \le (M + |s|)\varepsilon.$$

La terza affermazione richiede un passaggio preliminare. Ricordando che

$$||t_n| - |t|| \le |t_n - t|,$$

S. Secchi, *Analisi Matematica*, La Matematica per il 3+2,
https://doi.org/10.1007/978-3-032-20804-0_6

deduciamo che $|t_n| \to |t|$. In particolare, esiste un numero naturale ν_3 tale che

$$|t_n| > \frac{|t|}{2} > 0 \quad \text{per ogni } n > \nu_3.$$

Definiamo $\nu = \max\{\nu_1, \nu_2, \nu_3\}$. Per ogni $n > \nu$ risulta

$$\left| \frac{s_n}{t_n} - \frac{s}{t} \right| = \left| \frac{s_n t - s t_n}{t_n t} \right| = \left| \frac{s_n t - s t + s t - s t_n}{t_n t} \right|$$

$$= \left| \frac{(s_n - s)t + s(t - t_n)}{t_n t} \right|$$

$$\leq \frac{|s_n - s|}{|t_n|} + \left| \frac{s}{t} \right| \frac{|t_n - t|}{|t_n|}$$

$$< \frac{2}{|t|} \varepsilon + \frac{2}{|t|} \left| \frac{s}{t} \right| \varepsilon.$$

La tesi segue infine dall'arbitrarietà di $\varepsilon > 0$.   □

Lemma 6.1 *Una successione $\{S_n\}_n$ in uno spazio metrico (X, d) converge ad x se e solo se la successione $\{d(S_n, x)\}_n$ converge a zero.*

Dimostrazione Per definizione $S_n \to x$ se e solo se, per qualunque $\varepsilon > 0$, esiste ν tale che $n > \nu$ implichi $d(S_n, x) < \varepsilon$, e questo accade se e solo se $d(S_n, x) \to 0$ in **R**.   □

Nella sua semplicità, questo Lemma ci introduce al principio del confronto.

Teorema 6.2 (del confronto per i limiti) *Sia $\{x_n\}_n$ una successione a valori complessi. Se esistono $x \in \mathbf{C}$ ed una successione $\{\varepsilon_n\}_n$ di numeri reali tali che $\varepsilon_n \to 0$ e*

$$|x_n - x| \leq \varepsilon_n \quad \text{per ogni } n,$$

allora $x_n \to x$.

Dimostrazione Fissiamo un numero qualunque $\eta > 0$. Per ipotesi, esiste $\nu \in \mathbf{N}$ tale che $n > \nu$ implichi $\varepsilon_n < \eta$. Allora $|x_n - x| < \eta$ per ogni $n > \nu$, e si conclude per il Lemma 6.1.   □

Corollario 6.1 *Supponiamo che $\{a_n\}_n$, $\{b_n\}_n$ e $\{c_n\}_n$ siano tre successioni a valori reali tali che $a_n \leq b_n \leq c_n$ per ogni n. Se $a_n \to x$ e $c_n \to x$, allora $c_n \to x$.*

Dimostrazione Risulta

$$a_n - x \leq b_n - x \leq c_n - x$$
$$x - c_n \leq x - b_n \leq x - a_n$$

per ogni n. Quindi

$$|b_n - x| = \max\{b_n - x, x - b_n\} \le \max\{|c_n - x|, |a_n - x|\}.$$

Il secondo membro di questa disuguaglianza tende a zero, e la tesi segue dal Teorema 6.2. $\qquad\square$

Osservazione 6.1   Il Corollario 6.1 è spesso chiamato Teorema dei Due Carabinieri nella manualistica italiana.

Teorema 6.3 (Permanenza del segno)   *Sia $\{s_n\}_n$ una successione a valori reali. Se $s_n \to x > 0$, allora esiste $\nu \in \mathbf{N}$ tale che $s_n > 0$ per ogni $n > \nu$. Viceversa, se $s_n \ge 0$ per ogni n e se $s_n \to x$, allora $x \ge 0$.*

Dimostrazione   Nella definizione di limite possiamo scegliere $\varepsilon = x/2 > 0$. Quindi esiste ν tale che per ogni $n > \nu$ risulti

$$s_n > x - \varepsilon = \frac{x}{2} > 0.$$

Viceversa, supponendo per assurdo che $x < 0$, dedurremmo dalla prima parte che $-s_n \to -x > 0$, e dunque $-s_n > 0$ per $n > \nu$. Quindi $s_n < 0$ per $n > \nu$, contro l'ipotesi. $\qquad\square$

6.2   Successioni nella retta reale estesa

Ricordiamo che l'insieme $\widetilde{\mathbf{R}}$ — che abbiamo chiamato retta reale estesa — possiede una topologia descritta dal sistema degli intorni di ciascun suo punto. Per questo siamo in grado di definire le successioni convergenti a valori in $\widetilde{\mathbf{R}}$.

Definizione 6.1   Una successione $\{s_n\}_n$ in $\widetilde{\mathbf{R}}$ converge ad un punto $x \in \widetilde{\mathbf{R}}$ se per ogni intorno U di x esiste $\nu \in \mathbf{N}$ tale che $s_n \in U$ per ogni $n > \nu$.

Poiché gli intorni di un punto $x \in \mathbf{R}$ coincidono con gli intorni euclidei, la Definizione 6.1 si riduce alla ben nota definizione di convergenza per successioni a valori reali. Al contrario, se $x = -\infty$ oppure $x = +\infty$, la convergenza si rilegge come segue:

- $s_n \to +\infty$ se e solo se per ogni $M \in \mathbf{R}$ esiste $\nu \in \mathbf{N}$ tale che $s_n > M$ per ogni $n > \nu$;
- $s_n \to -\infty$ se e solo se per ogni $M \in \mathbf{R}$ esiste $\nu \in \mathbf{N}$ tale che $s_n < M$ per ogni $n > \nu$;

Definizione 6.2 Una successione $\{s_n\}_n$ di numeri reali è

1. convergente, se $\lim_{n \to +\infty} s_n$ esiste finito;
2. divergente, se $\lim_{n \to +\infty} s_n \in \{-\infty, +\infty\}$;
3. irregolare (o indeterminata, o oscillante), se essa non ha limite.

Definizione 6.3 Per ogni sottoinsieme A di $\mathbf{R}$ scriveremo

$$\sup A = \begin{cases} \sup A & \text{se } A \text{ possiede un maggiorante in } \mathbf{R} \\ +\infty & \text{se nessun numero reale è un maggiorante di } A \end{cases}$$

e

$$\inf A = \begin{cases} \inf A & \text{se } A \text{ possiede un minorante in } \mathbf{R} \\ -\infty & \text{se nessun numero reale è un minorante di } A. \end{cases}$$

La definizione appena data richiede qualche chiarimento. Sebbene ci sia un abuso di notazione nell'aver continuato a scrivere sup e inf, il senso dovrebbe essere chiaro: se A possiede un maggiorante, allora sup A è il più piccolo maggiorante di A, che esiste in $\mathbf{R}$ per l'Assioma di Dedekind. Se invece A non è limitato dall'alto, cioè se non possiede maggioranti in $\mathbf{R}$, allora poniamo sup $A = +\infty$. Analoga spiegazione per l'estremo inferiore.

Teorema 6.4 *Ogni successione monotona a valori reali possiede limite in* $\widetilde{\mathbf{R}}$.

Dimostrazione Sia $s = \{s_n\}_n$ una successione crescente a valori reali, tale cioè che

$$s_1 \leq s_2 \leq s_3 \leq \dots$$

Sia $\sigma = \sup s(\mathbf{N})$. Distinguiamo due casi.

Se $\sigma \in \mathbf{R}$, per ogni $\varepsilon > 0$ esiste ν tale che $\sigma - \varepsilon < s_\nu \leq \sigma$. Per ogni $n > \nu$, $\sigma - \varepsilon < s_\nu \leq s_n \leq \sigma$, e dunque $s_n \to \sigma$.

Se $\sigma = +\infty$, allora per ogni $M \in \mathbf{R}$ esiste ν tale che $s_\nu > M$. A maggior ragione, $s_n \geq s_\nu > M$ per ogni $n > \nu$, e dunque $s_n \to +\infty$.

Infine, il caso di una successione decrescente si dimostra in modo analogo, con gli ovvi adattamenti delle disuguaglianze. $\square$

6.3 Universalità delle successioni monotone

Uno dei risultati più sottovalutati dell'Analisi elementare è il fatto che da *ogni* successione di numeri reali sia possibile estrarre una sottosuccessione *monotona*. In un manuale come il nostro, dichiaratamente improntato all'uso della topologia generale come base fondativa, preferiamo evitare di utilizzare questo tipo di risultato per dimostrare più facilmente i principali teoremi di compattezza per successioni. Ma ci sembra comunque il caso di proporne una dimostrazione completa.

Teorema 6.5 *Ogni successione a valori reali contiene una sottosuccessione monotona.*

Dimostrazione Consideriamo una qualunque successione $\{s_n\}_n$ di numeri reali. Se la successione non ammette massimo assoluto, si verifica agevolmente che deve esistere una sottosuccessione crescente. Infatti, preso un qualunque s_n, deve esistere un indice $m > n$ tale che $s_m > s_n$. Se $\{s_n\}_n$ non ammette minimo assoluto, un ragionamento analogo mostra che esiste una sottosuccessione decrescente.

Supponiamo che $\{s_n\}_n$ possieda elemento massimo, diciamo s_{n_1}. Consideriamo la "coda"

$$s_{n_1+1}, s_{n_1+2}, \cdots$$

Se questa successione non ammette massimo, abbiamo già visto che possiamo costruire una sottosuccessione crescente. Viceversa, se s_{n_2} è l'elemento massimo della "coda", dev'essere $s_{n_2} \leq s_{n_1}$ e possiamo considerare

$$s_{n_2+1}, s_{n_2+2}, \cdots$$

Questo algoritmo può continuare all'infinito, e abbiamo una sottosuccessione

$$s_{n_1} \geq s_{n_2} \geq s_{n_3} \geq \cdots$$

Se l'algoritmo si arresta dopo un numero finito di passi, ci ritroviamo con una coda che non ha elemento massimo, e concludiamo come visto all'inizio. Infine, il caso della successione che possieda elemento minimo si gestisce con le dovute modifiche rispetto a quanto appena fatto. $\square$

Come osservato, è facile utilizzare il Teorema 6.5 per dimostrare rapidamente alcuni risultati molto importanti. Ad esempio, ogni successione limitata ha una sottosuccessione convergente ad un limite finito. Basta infatti osservare che qualunque sottosuccessione monotona ha limite, e tale limite deve essere finito.

6.4 Il numero di Nepero

Consideriamo la successione di numeri reali

$$T_n = \left(1 + \frac{1}{n}\right)^n, \qquad n = 1, 2, \ldots.$$

Per la formula del binomio di Newton,

$$T_n = \sum_{k=0}^{n} \binom{n}{k} \frac{1}{n^k} = \sum_{k=0}^{n} \binom{n+1}{k} \left(1 - \frac{k}{n+1}\right) \frac{1}{n^k}.$$

Applichiamo ora la disuguaglianza di Bernoulli (3.1) con $h = -\frac{k}{n+1} > -1$, ottenendo

$$1 - \frac{k}{n+1} \leq \left(1 - \frac{1}{n+1}\right)^k = \left(\frac{n}{n+1}\right)^k.$$

Pertanto

$$T_n \leq \sum_{k=0}^{n} \binom{n+1}{k}\left(\frac{n}{n+1}\right)^k \frac{1}{n^k} = \sum_{k=0}^{n} \binom{n+1}{k} \frac{1}{(n+1)^k}$$

$$< \sum_{k=0}^{n+1} \binom{n+1}{k} \frac{1}{(n+1)^k} = T_{n+1}.$$

Inoltre, ricordando il Problema 3.11,

$$\left(1 + \frac{1}{n}\right)^n < \sum_{k=0}^{n} \frac{1}{k!} = 1 + 1 + \frac{1}{2} + \frac{1}{2\cdot 3} + \cdots + \frac{1}{2\cdot 3\cdot 4\cdots n}$$

$$< 1 + \left(1 + \frac{1}{2} + \frac{1}{2^2} + \frac{1}{2^3} + \cdots + \frac{1}{2^{n-1}}\right)$$

$$= 1 + \frac{1 - \frac{1}{2^n}}{1 - \frac{1}{2}} < 1 + \frac{1}{1 - \frac{1}{2}} = 3,$$

la successione $\{T_n\}_n$ è monotona crescente e limitata dall'alto. Essa possiede dunque limite finito. Questo numero è probabilmente una delle costanti più importanti di tutta la matematica. In un successivo capitolo impareremo a caratterizzare questa costante come somma di una opportuna serie numerica.

Definizione 6.4 Il numero di Nepero è

$$e = \lim_{n \to +\infty} \left(1 + \frac{1}{n}\right)^n.$$

6.5 Limite inferiore e limite superiore

In questa sezione vedremo come sia possibile *quantificare* la mancanza di limite per una successione di numeri reali. Avvisiamo che tutte le successioni di questa sezione saranno sempre a valori in **R**, poiché tutti gli argomenti necessari richiedono la struttura di campo ordinato.

Definizione 6.5 Un numero reale M è un *maggiorante definitivo* per una successione $\{s_n\}_n$ se esiste v tale che $s_n \leq M$ per ogni $n > v$. Un numero reale M è un *minorante definitivo* per una successione $\{s_n\}_n$ se esiste v tale che $s_n \geq M$ per ogni $n > v$.

Osservazione 6.2   Va da sé se ogni maggiorante è un maggiorante definitivo, e lo stesso per i minoranti. Il viceversa è falso, come si verifica facilmente: ad esempio tutti i numeri positivi sono maggioranti definitivi della successione $\left\{\frac{1}{n}\right\}_n$, mentre solo i numeri maggiori di 1 sono maggioranti della successione.

Definizione 6.6   Sia $s = \{s_n\}_n$ una successione, e siano $\mathcal{M}$ l'insieme di tutti e soli i maggioranti definitivi di $\{s_n\}_n$, $\mathcal{N}$ l'insieme di tutti e soli i minoranti definitivi di $\{s_n\}_n$. Il limite superiore della successione $\{s_n\}_n$ è definito come[1]

$$\limsup_{n \to +\infty} s_n = \begin{cases} +\infty & \text{se } \mathcal{M} = \emptyset, \\ \inf \mathcal{M} & \text{altrimenti.} \end{cases}$$

Analogamente, il limite inferiore di $\{s_n\}_n$ è definito come

$$\liminf_{n \to +\infty} s_n = \begin{cases} -\infty & \text{se } \mathcal{N} = \emptyset, \\ \sup \mathcal{N} & \text{altrimenti.} \end{cases}$$

Esempio 6.1   Posto $s_n = (-1)^n$, $n = 1, 2, \ldots$, si osserva che

$$\mathcal{M} = [1, +\infty)$$
$$\mathcal{N} = (-\infty, -1].$$

Quindi $\limsup_{n \to +\infty}(-1)^n = 1$, $\liminf_{n \to +\infty}(-1)^n = -1$. Più in generale, se $a_n = \frac{(-1)^n}{n}$ per $n = 1, 2, \ldots$,

$$\mathcal{M} = (0, +\infty)$$
$$\mathcal{N} = (-\infty, 0).$$

In questo caso, $\limsup_{n \to +\infty} \frac{(-1)^n}{n} = 0$ e $\liminf_{n \to +\infty} \frac{(-1)^n}{n} = 0$.

Osservazione 6.3   È un esercizio istruttivo dimostrare che, in ogni caso,

$$\liminf_{n \to +\infty} s_n \leq \limsup_{n \to +\infty} s_n.$$

Questa affermazione è evidente, dopo aver confrontato le definizioni di maggiorante definitivo e di minorante definitivo.

---

[1] I simboli usati sono sovrabbondanti, come quasi sempre accade nella notazione tradizionale che riguarda le successioni. I limiti superiore ed inferiore sono quantità associate unicamente alla successione, come d'altronde l'eventuale limite già introdotto in precedenza. Sarebbe sicuramente preferibile scrivere $\limsup s_n$ e $\liminf s_n$, se non addirittura $\limsup s$ e $\liminf s$. Ci atteniamo alla notazione tradizionale, di larghissima diffusione.

Teorema 6.6 *Sia $\{s_n\}_n$ una successione reale. Il numero reale L è il limite superiore di $\{s_n\}_n$ se e solo se*

1. per ogni $\varepsilon > 0$ esiste ν tale che $s_n < L + \varepsilon$ per ogni $n > \nu$;
2. per ogni $\varepsilon > 0$ risulta $s_n > L - \varepsilon$ per infiniti valori di n.

Analogamente, il numero reale L è il limite inferiore di $\{s_n\}_n$ se e solo se

1. per ogni $\varepsilon > 0$ esiste ν tale che $s_n > L + \varepsilon$ per ogni $n > \nu$;
2. per ogni $\varepsilon > 0$ risulta $s_n < L - \varepsilon$ per infiniti valori di n.

Dimostrazione Dimostriamo solo l'equivalenza per il limite superiore. L'affermazione 1 equivale ad affermare che ogni numero maggiore di L è un maggiorante definitivo, e dunque $L \geq \lim\sup_{n \to +\infty} s_n$. L'affermazione 2 equivale invece ad affermare che nessun numero minore di L è un maggiorante definitivo, e quindi $L \leq \lim\sup_{n \to +\infty} s_n$. $\qquad\square$

Il legame tra le due nuove quantità e il ben noto limite è espresso nel seguente

Teorema 6.7 *Una successione $\{s_n\}_n$ ha limite $L \in \widetilde{\mathbf{R}}$ se e solo se*

$$\liminf_{n \to +\infty} s_n = L = \limsup_{n \to +\infty} s_n.$$

Dimostrazione Supponiamo inizialmente che $L \in \mathbf{R}$. Se $s_n \to L$, per ogni $\varepsilon > 0$ esiste ν tale che $n > \nu$ implichi $L - \varepsilon < s_n < L + \varepsilon$. Dunque $L + \varepsilon$ è un maggiorante definitivo e $L - \varepsilon$ è un minorante definitivo della nostra successione. Ne consegue che

$$L - \varepsilon \leq \liminf_{n \to +\infty} s_n \leq \limsup_{n \to +\infty} s_n \leq L + \varepsilon.$$

Per l'arbitrarietà del numero $\varepsilon > 0$ possiamo concludere che

$$\liminf_{n \to +\infty} s_n = L = \limsup_{n \to +\infty} s_n.$$

Viceversa, se L è il comune valore del limite inferiore e del limite superiore di $\{s_n\}_n$, allora, preso $\varepsilon > 0$, $L + \varepsilon$ è un maggiorante definitivo, mentre $L - \varepsilon$ è un minorante definitivo. Esistono dunque ν_1 e ν_2 tali che

$$n > \nu_1 \Rightarrow s_n \leq L + \varepsilon$$
$$n > \nu_2 \Rightarrow s_n \geq L - \varepsilon.$$

Ma allora $L - \varepsilon \leq s_n \leq L + \varepsilon$ per ogni $n > \max\{\nu_1, \nu_2\}$, sicché $L = \lim_{n \to +\infty} s_n$.

Supponiamo che $L = +\infty$. Se $s_n \to +\infty$, allora la nostra successione non ha alcun maggiorante in $\mathbf{R}$, dunque $\lim\sup_{n \to +\infty} s_n = +\infty$ per definizione. D'altra parte, ogni numero reale è un minorante definitivo, e $\lim\inf_{n \to +\infty} s_n = +\infty$. Il viceversa è ancora più facile, ed anzi la sola condizione $\lim\inf_{n \to +\infty} s_n = +\infty$ implica $s_n \to +\infty$. Infine, il caso $L = -\infty$ si recupera considerando la successione $-s_n$ al posto di s_n. $\qquad\square$

Una definizione alternativa dei limiti inferiore e superiore di una successione reale è proposta nel prossimo

Teorema 6.8   *Sia $\{s_n\}_n$ una successione a valori reali. Allora*

$$\limsup_{n\to+\infty} s_n = \inf_{n\in\mathbf{N}}\sup_{k\geq n} s_k$$

$$\liminf_{n\to+\infty} s_n = \sup_{n\in\mathbf{N}}\inf_{k\geq n} s_k.$$

Dimostrazione   Osserviamo che

$$\inf_{n\in\mathbf{N}} s_n \leq \liminf_{n\to+\infty} s_n \leq \limsup_{n\to+\infty} s_n \leq \sup_{n\in\mathbf{N}} s_n.$$

La tesi segue allora banalmente se la successione $\{s_n\}_n$ non è limitata. Possiamo dunque supporre che $\{s_n\}_n$ sia limitata. Dimostriamo la seconda uguaglianza della tesi. Per ogni n, il numero $\lambda_n = \inf_{k\geq n} s_k$ è minore o uguale a s_k, per ogni $k \geq n$. Quindi λ_n è un minorante definitivo della nostra successione. Pertanto

$$\lambda_n \leq \liminf_{n\to+\infty} s_n \quad \text{per ogni } n.$$

Di conseguenza $\sup_{n\in\mathbf{N}} \lambda_n \leq \liminf_{n\to+\infty} s_n$. Dobbiamo dimostrare la disuguaglianza opposta. Fissiamo un minorante definitivo ℓ di $\{s_n\}_n$. Quindi esiste un naturale ν tale che $\ell \leq s_k$ per ogni $k \geq \nu$. Quindi

$$\ell \leq \inf_{k\geq \nu} s_k = \lambda_\nu \leq \sup_{n\in\mathbf{N}} \lambda_n.$$

Per l'arbitrarietà del minorante definitivo ℓ, avremo

$$\liminf_{n\to+\infty} s_n \leq \inf_{n\in\mathbf{N}} \lambda_n,$$

e la dimostrazione della seconda uguaglianza del teorema è completa. Con le dovute modifiche, la prima uguaglianza si dimostra seguendo lo stesso schema di ragionamento.   □

Osservazione 6.4   Il sistema esteso dei numeri naturali $\widetilde{\mathbf{N}} = \mathbf{N} \cup \{+\infty\}$ può essere topologizzato analogamente a quanto fatto per $\widetilde{\mathbf{R}}$: tutti i punti $n \in \mathbf{N}$ sono intorni di se stessi, mentre U è un intorno di $+\infty$ se e solo se esiste ν naturale tale che $[\nu, +\infty) \cap \mathbf{N} \subset U$. Se scriviamo $U \geq V$ per intendere che $U \subset V$, la famiglia degli intorni di $+\infty$ è un insieme diretto. La funzione che ad ogni intorno U di $+\infty$ associa

$$m_U'' = \sup_{k\in U} s_k$$

è una successione (MS) a valori reali (eventualmente reali estesi). Non è difficile convincersi che $\limsup_{n \to +\infty} s_n$ è il limite della successione (MS) m'' rispetto alla direzione introdotta qui sopra sul sistema degli intorni di $+\infty$. Analogo discorso, va da sé, si ripete alla successione (MS) m' definita da

$$U \mapsto m'_U = \inf_{k \in U} s_k.$$

Non insistiamo su questa osservazione, perché in un capitolo successivo esporremo una teoria generale per i limiti inferiore e superiore di una qualunque funzione a valori reali.

6.6　Medie di successioni

Definizione 6.7　Una successione a valori reali sarà detta regolare se essa possiede limite, finito oppure infinito.

Teorema 6.9　*Se $\{a_n\}_n$ è una successione regolare di numeri reali, vale l'uguaglianza*

$$\lim_{n \to +\infty} \frac{a_1 + a_2 + \cdots + a_n}{n} = \lim_{n \to +\infty} a_n.$$

Dimostrazione　Consideriamo il caso $a_n \to +\infty$. Fissato $K > 0$, esiste v tale che $a_n > K$ per ogni $n > v$. Quindi per $n > v$ risulta

$$\frac{a_1 + \cdots + a_n}{n} \geq \frac{a_n + a_{n-1} + \cdots + a_{v+1}}{n} - \frac{|a_1 + \cdots + a_v|}{n}$$
$$> \frac{n - v}{n} K - \frac{|a_1 + \cdots + a_v|}{n}.$$

Ne segue

$$\liminf_{n \to +\infty} \frac{a_1 + \cdots + a_n}{n} \geq K.$$

Il caso $a_n \to -\infty$ si riconduce al precedente passando alla successione di termini $-a_n$. Il caso in cui $\lim_{n \to +\infty} a_n = a \in \mathbf{R}$ si riduce sempre al caso $a = 0$, considerando la successione $\{a_n - a\}_n$. Supponiamo allora $a_n \to 0$. Fissato $\varepsilon > 0$, scegliamo v tale che $|a_n| < \varepsilon$ per ogni $n > v$. Per $n > v$ possiamo scrivere

$$\left| \frac{a_1 + \cdots + a_n}{n} \right| \leq \frac{|a_1 + \cdots + a_v|}{n} + \frac{|a_{v+1}| + \cdots + |a_n|}{n}$$
$$< \frac{|a_1 + \cdots + a_v|}{n} + \frac{n - v}{n} \varepsilon.$$

Pertanto

$$\limsup_{n\to+\infty}\left|\frac{a_1+\cdots+a_n}{n}\right|\le\varepsilon.\qquad\square$$

Teorema 6.10 *Se le successioni $\{a_n\}_n$ e $\{b_n\}_n$ sono convergenti, allora*

$$\lim_{n\to+\infty}\frac{a_1b_n+a_2b_{n-1}+\cdots+a_nb_1}{n}=\lim_{n\to+\infty}a_n\cdot\lim_{n\to+\infty}b_n.$$

Dimostrazione Indichiamo con a e b i limiti di $\{a_n\}_n$ e $\{b_n\}_n$, rispettivamente. Scegliamo un numero reale M che sia più grande di $|b|$ e di ogni $|a_n|$. Osservando che

$$\frac{a_1b_n+a_2b_{n-1}+\cdots+a_nb_1}{n}-ab$$
$$=\frac{(a_1-a)b+(a_2-a)b+\cdots+(a_n-a)b}{n}$$
$$+\frac{a_1(b_n-b)+a_2(b_{n-1}-b)+\cdots+a_n(b_n-b)}{n},$$

risulta

$$\left|\frac{a_1b_n+a_2b_{n-1}+\cdots+a_nb_1}{n}-ab\right|$$
$$\le M\frac{|a_1-a|+\cdots+|a_n-a|}{n}$$
$$+M\frac{|b_1-b|+\cdots+|b_n-b|}{n}$$

A secondo membro leggiamo le medie delle successioni $\{|a_n-a|\}_n$ e $\{|b_n-b|\}_n$, che tendono a zero per il Teorema 6.9. Quindi anche il primo membro tende a zero.
$$\square$$

Concludiamo con un risultato che può essere paragonato ad una regola di De l'Hôpital per successioni.

Teorema 6.11 *Siano $\{a_n\}_n$ e $\{b_n\}_n$ due successioni reali tali che $\{b_n\}_n$ sia crescente (o decrescente) e divergente. L'uguaglianza*

$$\lim_{n\to+\infty}\frac{a_n}{b_n}=\lim_{n\to+\infty}\frac{a_n-a_{n+1}}{b_n-b_{n+1}}$$

è verificata non appena il limite a secondo membro esista finito oppure infinito.

Dimostrazione Supponiamo che $\{b_n\}_n$ sia crescente. Consideriamo il caso in cui

$$\ell=\lim_{n\to+\infty}\frac{a_n-a_{n+1}}{b_n-b_{n+1}}$$

sia finito. Sia $\varepsilon > 0$. Esiste un indice ν tale che per ogni $n > \nu$ risulti

$$\ell - \varepsilon < \frac{a_n - a_{n+1}}{b_n - b_{n+1}} < \ell + \varepsilon.$$

Poiché $b_n \to +\infty$, possiamo supporre che $b_n > 0$. Da

$$(b_n - b_{n+1})(\ell - \varepsilon) < a_n - a_{n+1} < (b_n - b_{n+1})(\ell + \varepsilon)$$

segue che

$$(b_n - b_\nu)(\ell - \varepsilon) < a_n - a_\nu < (b_n - b_\nu)(\ell + \varepsilon),$$

e quindi

$$a_\nu + (b_n - b_\nu)(\ell - \varepsilon) < a_n < a_\nu + (b_n - b_\nu)(\ell + \varepsilon).$$

Dividendo per $b_n > 0$ troviamo infine

$$\frac{a_\nu}{b_n} + \left(1 - \frac{b_\nu}{b_n}\right)(\ell - \varepsilon) < \frac{a_n}{b_n} < \frac{a_\nu}{b_n} + \left(1 - \frac{b_\nu}{b_n}\right)(\ell + \varepsilon).$$

Passando al limite per $n \to +\infty$,

$$\ell - \varepsilon \leq \liminf_{n\to+\infty} \frac{a_n}{b_n} \leq \limsup_{n\to+\infty} \frac{a_n}{b_n} \leq \ell + \varepsilon.$$

Poiché $\varepsilon > 0$ è arbitrario, $a_n/b_n \to \ell$.

Consideriamo adesso il caso $\ell = +\infty$. Scelto arbitrariamente $K.0$, determiniamo un indice ν tale che per ogni $n > \nu$ si abbia $b_n > 0$ e

$$\frac{a_n - a_{n+1}}{b_n - b_{n+1}} > K.$$

Calcoli simili a quelli già fatti sopra conducono a

$$\frac{a_n}{b_n} > \left(1 - \frac{b_\nu}{b_n}\right)K + \frac{a_\nu}{b_n}.$$

Quindi

$$\liminf_{n\to+\infty} \frac{a_n}{b_n} \geq K.$$

Il caso $\ell = -\infty$ si riconduce a quest'ultimo cambiano segno ad ogni a_n. Il caso in cui $\{b_n\}_n$ sia decrescente e $b_n \to -\infty$ si riconduce al precedente cambiando segno sia ad a_n che a b_n. $\square$

Un risultato analogo sussiste sotto l'ipotesi che la successione a denominatore sia infinitesima.

Teorema 6.12 *Siano $\{a_n\}_n$ e $\{b_n\}_n$ due successioni tendenti a zero, e supponiamo che $\{b_n\}_n$ sia monotona. Se il limite*

$$\ell = \lim_{n \to +\infty} \frac{a_n - a_{n-1}}{b_n - b_{n-1}}$$

esiste finito oppure infinito, allora

$$\lim_{n \to +\infty} \frac{a_n}{b_n} = \ell.$$

Dimostrazione Supponiamo che $\{b_n\}_n$ sia decrescente e che $\ell \in \mathbf{R}$. Prendiamo $\varepsilon > 0$ e selezioniamo un indice ν tale che per ogni $n > \nu$ si abbia $b_n > 0$ e

$$(\ell - \varepsilon)(b_{n-1} - b_n) < a_{n-1} - a_n < (\ell + \varepsilon)(b_{n-1} - b_n).$$

Sommando le relazioni precedenti per $n = r + 1, r + 2, \ldots, s$ arriviamo a

$$(\ell - \varepsilon)(b_r - b_s) < a_r - a_s < (\ell + \varepsilon)(b_r - b_s).$$

Tenendo fisso r e mandando s all'infinito,

$$(\ell - \varepsilon)b_r \le a_r \le (\ell + \varepsilon)b_r.$$

In conclusione, per ogni $r > \nu$,

$$\ell - \varepsilon \le \frac{a_r}{b_r} \le \ell + \varepsilon.$$

Il caso $\ell = +\infty$ si tratta analogamente: fissiamo $K > 0$ e scegliamo ν tale che per ogni $n > \nu$ si abbia $b_n > 0$ e

$$a_{n+1} - a_n > K(b_{n+1} - b_n).$$

Se $s > r > \nu$, ragionando come sopra si perviene a

$$a_r - a_s > K(b_r - b_s).$$

Infine,

$$a_r \ge K b_r \quad \text{per ogni } r > \nu,$$

come volevasi dimostrare. I casi restanti si riconducono a quelli trattati con un cambiamento di segno. $\square$

I teoremi dimostrati sono dovuti al matematico italiano Ernesto Cesàro. Nei Problemi il lettore potrà estendere tali risultati alle cosiddette medie geometriche.

6.7 Problemi

6.1   Sia $p > 0$ un numero reale assegnato.

1. Supponiamo $p > 1$. Per ogni n naturale, definiamo $\sqrt[n]{p} = 1 + h_n$, dove $h_n > 0$. Dedurre dalla disuguaglianza di Bernoulli (3.1) che $p \geq 1 + n h_n$ e dunque $h_n \to 0$. Concludere che $\sqrt[n]{p} \to 1$.
2. Se $0 < p < 1$, poniamo $\sqrt[n]{p} = \frac{1}{1+k_n}$, dove $k_n > 0$. Dimostrare che $p \leq \frac{1}{1+nk_n}$. Dedurre che, anche in questo caso, $\sqrt[n]{p} \to 1$.

6.2   Sia $a_n = \sqrt[n]{n}$ per $n \in \mathbf{N}$. Definiamo $b_n = \sqrt{a_n}$.

1. Dimostrare che $b_n > 1$ per ogni $n > 1$, sicché possiamo porre $b_n = 1 + h_n$, per qualche $h_n > 0$.
2. Usare la disuguaglianza di Bernoulli (3.1) per dimostrare che

$$\sqrt{n} = b_n^n = (1 + h_n)^n \geq 1 + n h_n.$$

Concludere che $h_n \to 0$.
3. Verificare che

$$1 \leq a_n = b_n^2 = 1 + 2h_n + h_n^2 \leq 1 + \frac{2}{\sqrt{n}} + \frac{1}{n} < 1 + \frac{3}{\sqrt{n}},$$

e dedurre che $a_n \to 1$.

6.3   Vogliamo calcolare il limite della successione $\{\alpha^n\}_n$, con $\alpha \in \mathbf{R}$.

1. Per $0 < \alpha < 1$, poniamo $\alpha = \frac{1}{1+h}$, dove $h > 0$. Utilizzando la disuguaglianza di Bernoulli (3.1), dimostrare che

$$0 < \alpha^n = (1 + h)^{-n} \leq (1 + nh)^{-1} < \frac{1}{nh},$$

e concludere che $\alpha^n \to 0$ in questo caso.
2. Applicando quanto visto a $|\alpha|$, dedurre che $\alpha^n \to$ anche quando $-1 < \alpha < 0$.
3. Se $\alpha > 1$, poniamo $\alpha = 1 + h$ con $h > 0$. Dimostrare che $\alpha^n \geq 1 + nh$ e dunque $\alpha^n \to +\infty$.
4. Se $\alpha = -1$, la successione assume alternativamente i valori -1 e 1, dunque non ha limite.
5. Infine, se $\alpha < -1$, i termini α^n saranno alternativamente positivi e negativi, mentre $|\alpha|^n \to +\infty$. Anche in questo caso α^n non tende ad alcun limite.

6.4   Per ogni successione $\{s_n\}$ risulta

$$\limsup_{n \to +\infty}(-s_n) = -\liminf_{n \to +\infty} s_n.$$

6.5 Siano $\{s_n\}_n$ e $\{t_n\}_n$ due successioni. Dimostrare che

$$\liminf_{n\to+\infty} s_n + \liminf_{n\to+\infty} t_n \le \liminf_{n\to+\infty}(s_n + t_n)$$

$$\le \limsup_{n\to+\infty} s_n + \liminf_{n\to+\infty} t_n$$

$$\le \limsup_{n\to+\infty}(s_n + t_n)$$

$$\le \limsup_{n\to+\infty} s_n + \limsup_{n\to+\infty} t_n.$$

Se $\{s_n\}_n$ ha limite finito, allora

$$\liminf_{n\to+\infty}(s_n + t_n) = \lim_{n\to+\infty} s_n + \liminf_{n\to+\infty} t_n$$

$$\limsup_{n\to+\infty}(s_n + t_n) = \lim_{n\to+\infty} s_n + \limsup_{n\to+\infty} t_n$$

6.6 Se $s_n \le t_n$ per ogni n, allora

$$\liminf_{n\to+\infty} s_n \le \liminf_{n\to+\infty} t_n$$

e

$$\limsup_{n\to+\infty} s_n \le \limsup_{n\to+\infty} t_n$$

6.7 Se $\{a_n\}_n$ è regolare, allora

$$\lim_{n\to+\infty} \frac{a_n}{n} = \lim_{n\to+\infty} (a_n - a_{n+1}).$$

6.8 Se la successione $\{a_n\}_n$ è regolare, allora

$$\lim_{n\to+\infty} a_n = \lim_{n\to+\infty} \sqrt[n]{a_1 \cdot a_2 \cdots a_n}.$$

In particolare, per una successione $\{a_n\}_n$ di numeri positivi, l'uguaglianza

$$\lim_{n\to+\infty} \sqrt[n]{a_n} = \lim_{n\to+\infty} \frac{a_{n+1}}{a_n}$$

è vera non appena esista finito o infinito il limite a secondo membro.

Capitolo 7
Serie numeriche

Estratto La teoria delle serie numeriche costituisce uno dei capitoli più classici dell'Analisi Matematica. Dal punto di vista teorico, questo capitolo è un lungo esercizio di applicazione di alcuni criteri per la convergenza per particolari successioni di numeri reali (o complessi).

7.1 Dalle successioni alle serie ...

Supponiamo che $\{a_n\}_n$ sia una successione di numeri complessi. Definiamo

$$
\begin{aligned}
s_1 &= a_1, \\
s_2 &= a_1 + a_2, \\
s_3 &= a_1 + a_2 + a_3, \\
&\;\;\vdots \\
s_n &= a_1 + a_2 + \cdots + a_n, \\
&\;\;\vdots
\end{aligned}
$$

Più formalmente,

Definizione 7.1 Definiamo $s_1 = a_1$ e, per ogni $n \in \mathbf{N}$ maggiore di uno,

$$
s_n = s_{n-1} + a_n.
$$

La successione $\{s_n\}_n$ si chiama serie associata alla successione $\{a_n\}_n$. Il simbolo

$$
\sum_{n=1}^{\infty} a_n,
$$

a volte abbreviato in $\sum_n a_n$, indica la successione $\{s_n\}_n$ costruita in precedenza. La successione $\{s_n\}_n$ è la successione delle somme parziali di $\{a_n\}_n$.

S. Secchi, *Analisi Matematica*, La Matematica per il 3+2,
https://doi.org/10.1007/978-3-032-20804-0_7

Osservazione 7.1 Notiamo — con un po' di pedanteria — che la variabile n nel simbolo di serie è una variabile muta. Questo significa che l'oggetto definito, cioè la serie, non dipende da tale variabile, che può essere liberamente sostituita da qualunque altro simbolo. Ad esempio possiamo scrivere

$$\sum_{k=1}^{\infty} a_k, \quad \sum_{\ell=1}^{\infty} a_\ell, \quad \text{ecc.}$$

In generale, il simbolo $\sum$ può essere utilizzato anche per indicare una somma *finita* di numeri complessi:

$$\sum_{k=1}^{n} a_k = a_1 + a_2 + \cdots + a_n.$$

È importante osservare che, da un punto di vista logico, i simboli

$$\sum_{n=1}^{\infty} a_n$$

e

$$\sum_{k=1}^{n} a_k = a_1 + a_2 + \cdots + a_n.$$

denotano enti matematici completamente diversi. Il primo è il *nome* di una successione,[1] il secondo è un *numero*. Questa ambiguità ha radici cosi profonde nella nomenclatura matematica che ogni tentativo di rimuoverla è destinata a fallire. Per fortuna un minimo di pratica è sufficiente per evitare di cadere in errori grossolani.

Osservazione 7.2 Non è indispensabile partire da $n = 1$ per definire una serie. Ad esempio è perfettamente legittimo scrivere

$$\sum_{n=8}^{+\infty} a_n = a_8 + a_9 + a_{10} + \cdots$$

Osserviamo tuttavia che questa maggiore generalità è solo apparente, dal momento che in una sommatoria (finita o infinita) possiamo sempre aggiungere uno o più addendi uguali a zero, senza modificare il valore della somma.

---

[1] Più avanti lo stesso simbolo indicherà anche il valore della *somma* della serie.

7.2 ... e viceversa

Immaginiamo che sia assegnata una successione $\{s_n\}_n$ di numeri complessi. Sotto quali condizione essa è la successione delle somme parziali di qualche successione $\{a_n\}_n$?

La risposta è estremamente generosa: non servono condizioni. Infatti, è sufficiente definire

$$a_1 = s_1,$$
$$a_n = s_n - s_{n-1}.$$

Evidentemente

$$a_1 + a_2 + \ldots + a_n = s_1 + (s_2 - s_1) + \ldots (s_n - s_{n-1}) = s_n.$$

Quindi $\{s_n\}_n$ coincide con la successione delle somme parziali (cioè con la serie) di $\{a_n\}_n$.

> Esiste una corrispondenza biunivoca naturale fra successioni e serie.

Questa osservazione, ormai pienamente giustificata, non toglie valore allo studio delle serie numeriche. La motivazione è molto pratica: la determinazione di una *formula chiusa* per il calcolo dei termini s_n della successione delle somme parziali di una serie $\sum_n a_n$ è — in generale — impossibile. Solo in pochi casi tali termini sono funzioni elementari della variabile n, e dunque solo in pochi casi è possibile studiare l'esistenza del limite di $\{s_n\}_n$ con le tecniche più elementari.

7.3 Somma di una serie

Definizione 7.2 Una serie $\sum_n a_n$ di numeri complessi ha somma S se S è il limite della successione $\{s_n\}_n$ delle sue somme parziali. In tal caso scriveremo

$$S = \sum_{n=1}^{\infty} a_n,$$

o più esplicitamente

$$S = \lim_{N \to +\infty} \sum_{n=1}^{N} a_n,$$

La serie $\sum_{n=1}^{\infty} a_n$ è in tal caso convergente (alla somma S).

Per le sole serie di numeri reali, è consuetudine introdurre una terminologia un po' più analitica.

Definizione 7.3　Una serie $\sum_n a_n$ di numeri reali ha somma $S \in \widetilde{\mathbf{R}}$ se S è il limite della successione $\{s_n\}_n$ delle sue somme parziali. In tal caso scriveremo

$$S = \sum_{n=1}^{\infty} a_n.$$

La serie $\sum_{n=1}^{\infty} a_n$ è convergente se $S \in \mathbf{R}$, cioè se il limite S delle somme parziali è finito. Se $S \in \{-\infty, +\infty\}$ si dice che la serie è divergente. Se la successione delle somme parziali della serie non ha limite in $\widetilde{\mathbf{R}}$, si dice che la serie è irregolare (o indeterminata, o oscillante).

Osservazione 7.3　La definizione precedente è coerente con la Definizione 6.2.

Esempio 7.1 (Serie telescopiche)　Le serie del tipo

$$\sum_{n=1}^{\infty} (b_n - b_{n+1}),$$

dove $\{b_n\}_n$ è una successione di numeri complessi, sono chiamate serie telescopiche. Un calcolo diretto mostra che

$$\begin{aligned}
s_n &= \sum_{k=1}^{n} (b_k - b_{k+1}) \\
&= (b_1 - b_2) + (b_2 - b_3) + \cdots + (b_{n-1} - b_n) + (b_n - b_{n+1}) \\
&= b_1 - b_{n+1}.
\end{aligned}$$

Quindi una siffatta serie ha somma finita se e solo se $\lim_{n \to +\infty} b_n$ esiste in $\mathbf{C}$. Se ogni $b_n \in \mathbf{R}$, la serie telescopica è convergente se e solo se $\lim_{n \to +\infty} b_n$ esiste finito in $\mathbf{R}$. In tal caso,

$$\sum_{n=1}^{\infty} (b_n - b_{n+1}) = b_1 - \lim_{n \to +\infty} b_n.$$

Un classico esempio è la cosiddetta serie di Mengoli definita da

$$\sum_{n=1}^{\infty} \frac{1}{n(n+1)}.$$

Infatti

$$\frac{1}{n(n+1)} = \frac{1}{n} - \frac{1}{n+1},$$

e questa serie rientra nella categoria delle serie telescopiche con la scelta $b_n = 1/n$. Ne consegue che

$$\sum_{n=1}^{\infty} \frac{1}{n(n+1)} = 1.$$

Esempio 7.2 (Serie geometrica)   La serie geometrica di ragione $q \in \mathbf{R}$ è la serie definita da

$$\sum_{n=0}^{\infty} q^n.$$

Per ogni n naturale, la formula

$$(1-q)(1 + q + q^2 + \cdots + q^n) = 1 - q^{n+1}$$

può essere facilmente dimostrata mediante la proprietà distributiva, o per induzione su n. Ora, se $q = 1$ abbiamo evidentemente

$$s_n = \sum_{k=0}^{n} 1 = n + 1 \to +\infty.$$

Altrimenti,

$$s_n = \frac{1 - q^{n+1}}{1 - q}.$$

Poiché $\lim_{n \to +\infty} s_n$ esiste finito se e solo se $|q| < 1$,[2] possiamo concludere che la serie geometrica di ragione q ha somma finita se e solo se $-1 < q < 1$, e tale somma vale

$$\sum_{n=0}^{\infty} q^n = \frac{1}{1 - q}.$$

7.4   Criterio di Cauchy per le serie numeriche

Teorema 7.1   *Una serie $\sum_n a_n$ di numeri reali è convergente[3] se e solo se, per ogni $\varepsilon > 0$ esiste $v \in \mathbf{N}$ tale che*

$$\left| \sum_{k=n}^{m} a_k \right| < \varepsilon$$

per ogni $n > v$ e ogni $m \geq n$.

---

[2] Ricordiamo che il caso $q = 1$ è ora escluso.
[3] Ricordiamo che ciò significa che la serie ha somma finita.

Dimostrazione   Si tratta di un'applicazione immediata della completezza di $\mathbf{R}$. Infatti la successione $\{s_n\}_n$ delle somme parziali ha limite finito se e solo se soddisfa il criterio di Cauchy. Questo accade — per definizione — se e solo se per ogni $\varepsilon > 0$ esiste v tale che $n > v$ e $m > v$ implicano $|s_{n-1} - s_m| < \varepsilon$. Per ragioni di simmetria, possiamo sempre immaginare che $m \geq n$. In particolare, per ogni $\varepsilon > 0$ esiste v tale che $n > v$ e $m > v$ implichino $|s_{n-1} - s_m| < \varepsilon$. Basta allora osservare che

$$|s_{n-1} - s_m| = \sum_{k=n}^{m} a_k. \qquad \qquad \square$$

Osservazione 7.4   Anche lo spazio metrico $\mathbf{R}^2$ è completo rispetto alla metrica euclidea. Ne consegue che $\mathbf{C}$ è completo, e quindi il criterio di Cauchy si applica altrettanto bene alle (successioni e alle) serie di numeri complessi.

Dal Criterio di Cauchy possiamo derivare immediatamente una condizione necessaria affinché una serie di numeri complessi abbia somma finita.

Corollario 7.1   *Se la serie $\sum_n a_n$ di numeri complessi ha somma finita, allora* $\lim_{n \to +\infty} a_n = 0$.

Dimostrazione   Preso $\varepsilon > 0$ qualunque, dal criterio di Cauchy discende l'esistenza di v tale che, in particolare,

$$|a_n| = \left| \sum_{k=n}^{n} a_k \right| < \varepsilon \quad \text{per ogni } n > v. \qquad \square$$

Osservazione 7.5   Il Corollario 7.1 può essere dimostrato anche senza riferimento alla condizione di Cauchy. Infatti, detta

$$s_n = \sum_{k=1}^{n} a_k$$

la somma parziale n-esima della nostra serie, risulterà $s_n \to \sum_{n=1}^{\infty} a_n \in \mathbf{C}$, e dunque

$$\lim_{n \to +\infty} a_n = \lim_{n \to +\infty} (s_n - s_{n-1}) = \sum_{n=1}^{\infty} a_n - \sum_{n=1}^{\infty} a_n = 0.$$

7.5   Criterio del confronto

Come detto in precedenza, la disponibilità di una formula chiusa per la somma parziale n-esima s_n di una serie è un evento piuttosto raro. L'analisi della convergenza delle serie richiede pertanto lo sviluppo di metodi *indiretti*, cioè di *criteri* che garantiscano la convergenza (o la divergenza) di particolari classi di serie. Nei fatti, praticamente tutti i criteri di convergenza sono versioni particolari del seguente risultato. Osserviamo che esso resta valido per le serie numeriche *reali*, dal momento che le ipotesi richiedono una relazione d'ordine che nel campo complesso sappiamo essere incompatibile con la struttura di campo.

Teorema 7.2 (Criterio del confronto) *Siano $\sum_n a_n$ e $\sum_n b_n$ due serie di numeri reali.*

(a) Se $|a_n| \le b_n$ per ogni n e se $\sum_n b_n$ è convergente, anche $\sum_n a_n$ è convergente.
(b) Se $0 \le a_n \le b_n$ per ogni n e se $\sum_n a_n$ è divergente, anche $\sum_n b_n$ è divergente.

Dimostrazione   Dimostriamo (a). Sia $\varepsilon > 0$. Per ipotesi, esiste ν tale che per ogni $m \ge n > \nu$ si abbia

$$\left| \sum_{k=n}^{m} b_k \right| < \varepsilon.$$

Ma allora, per tali m ed n,

$$\left| \sum_{k=n}^{m} a_k \right| \le \sum_{k=n}^{m} |a_n| \le \sum_{k=n}^{m} b_k < \varepsilon,$$

e la tesi segue dal Teorema 7.1. Per dimostrare (b), che

$$\lim_{n \to +\infty} \sum_{k=1}^{n} a_k = +\infty,$$

perché la successione $n \mapsto \sum_{k=1}^{n} a_k$ è monotona crescente per l'ipotesi $a_n \ge 0$.[4] Ma allora anche

$$\lim_{n \to +\infty} \sum_{k=1}^{n} b_k = +\infty. \qquad \square$$

La dimostrazione del Teorema 7.2 contiene due ingredienti fondamentali per lo sviluppo della teoria delle serie numeriche.

Proposizione 7.1   *Sia $\sum_n a_n$ una serie di termini $a_n \ge 0$ per ogni n. Allora la successione $\{s_n\}_n$ delle somme parziali di $\sum_n a_n$ è monotona crescente. In particolare, una serie d termini positivi può solo essere convergente o divergente a $+\infty$.*

Dimostrazione   Per ogni n, $s_{n+1} = s_n + a_{n+1} \ge s_n$. La seconda affermazione è un caso particolare del teorema sull'esistenza del limite (finito o infinito) per le successioni monotone. $\qquad \square$

---

[4] Useremo ampiamente questa osservazione nel seguito.

Teorema 7.3 (Criterio della convergenza assoluta) *Se la serie $\sum_n |a_n|$ è convergente, allora anche $\sum_n a_n$ è convergente.*

Dimostrazione La tesi segue dal Teorema 7.1 e dalla relazione

$$\left| \sum_{k=n}^{m} a_k \right| \leq \sum_{k=n}^{m} |a_k|,$$

che a sua volta segue immediatamente dalla disuguaglianza triangolare.   □

Alla luce di questo risultato, proponiamo la seguente

Definizione 7.4 Una serie $\sum_n a_n$ è assolutamente convergente se la serie $\sum_n |a_n|$ è convergente.

Osservazione 7.6 Spesso si avverte la necessità di distinguere la convergenza (nel senso da noi introdotto sopra) di una serie numerica dalla convergenza assoluta. In questi casi è conveniente rafforzare la terminologia, parlando di *convergenza semplice.*[5]

7.6 Serie di termini positivi

Come visto alla fine della sezione precedente, le serie di termini positivi[6] possono soltanto convergere ad una somma finita, oppure divergere a $+\infty$. È evidente che questa semplificazione rende più agevole lo sviluppo di criteri di convergenza per questo tipo di serie numeriche.

Cominciamo con un corollario del Teorema 7.3.

Teorema 7.4 (Criterio del confronto asintotico) *Siano $\sum_n a_n$ e $\sum_n b_n$ sue serie di termini positivi. Se*

$$\lim_{n \to +\infty} \frac{a_n}{b_n} = 1,$$

allora le due serie hanno lo stesso carattere: entrambe convergenti, o entrambe divergenti.

---

[5] Esiste un'altra terminologia, che però eviteremo accuratamente in questo libro: una serie è `condizionatamente convergente` se converge ma non converge assolutamente.

[6] Oppure di termini negativi: si passa dal primo caso al secondo cambiando segno a tutti gli addendi.

Dimostrazione   Per ipotesi, esiste ν tale che

$$\frac{1}{2}b_n \leq a_n \leq \frac{3}{2}b_n \quad \text{per ogni } n > \nu.$$

La tesi segue immediatamente dal Teorema del Confronto. $\square$

Un altro potente criterio è il seguente, attribuito a Augustin-Louis Cauchy.

Teorema 7.5 (Criterio di condensazione)   *Sia $\sum_n a_n$ una serie di termini positivi decrescenti, cioè $a_1 \geq a_2 \geq a_3 \geq \ldots$ Allora le serie*

$$\sum_{n=1}^{+\infty} a_n, \qquad \sum_{n=0}^{+\infty} 2^n a_{2^n}$$

hanno lo stesso carattere.

Dimostrazione   Osserviamo che

$$a_1 \leq a_1$$
$$a_2 + a_3 \leq 2a_2$$
$$a_4 + a_5 + a_6 + a_7 \leq 4a_4$$
$$\vdots$$

e

$$a_1 \geq \frac{1}{2}a_1$$
$$a_2 \geq \frac{1}{2} \cdot 2a_2$$
$$a_3 + a_4 \geq \frac{1}{2} \cdot 4a_4$$
$$a_5 + a_6 + a_7 + a_8 \geq \frac{1}{2} \cdot 8a_8$$
$$\vdots$$

Siano s_n la somma parziale n-esima di $\sum_n a_n$ e σ_n la somma parziale n-esima di $\sum_n 2^n a_{2^n}$. Le disuguaglianze appena viste si riducono a

$$s_{2^{n+1}-1} \leq \sigma_n$$
$$s_{2^n} \geq \frac{1}{2}\sigma_n.$$

Quindi: la successione $\{s_n\}_n$ è limitata dall'alto se e solo se la successione $\{\sigma_n\}_n$ è limitata dall'alto. Trattandosi di due successioni crescenti, la prima ha limite finito se e solo se la seconda ha limite finito. $\square$

Esempio 7.3 (Serie armonica generalizzata) Per ogni numero reale $p > 0$,[7] consideriamo la serie

$$\sum_{n=1}^{\infty} \frac{1}{n^p}.$$

Abbreviando — per comodità — $a_n = n^{-p}$, la serie soddisfa le ipotesi del criterio di condensazione. Il suo carattere coincide con il carattere della serie di addendo generale

$$2^n a_{2^n} = \frac{2^n}{2^{np}} = 2^{(1-p)n}.$$

Siamo alla prese con una serie geometrica di ragione $q = 2^{1-p}$, che converge se e solo se $2^{1-p} < 1$. Poiché questo è vero se e solo se $p > 1$, possiamo concludere che la serie armonica generalizzata $\sum_n \frac{1}{n^p}$ è convergente se e solo se $p > 1$. Il caso $p = 1$ è quello della cosiddetta serie armonica.

Osservazione 7.7 Il carattere della serie armonica generalizzata $\sum_{n=1}^{\infty} \frac{1}{n^p}$ può essere studiato in modo elementare. Osserviamo che l'unica affermazione non immediata è la convergenza per $p > 1$, e di questo caso ci occupiamo.[8] Affermiamo che per ogni $p > 1$ e per ogni $n \geq 1$ vale la disuguaglianza[9]

$$\frac{1}{(n+1)^p} \leq \frac{1}{p-1}\left(\frac{1}{n^{p-1}} - \frac{1}{(n+1)^{p-1}}\right). \tag{7.1}$$

Dalla disuguaglianza di Bernoulli (3.1) vediamo infatti che

$$\frac{1}{n^{p-1}} - \frac{1}{(n+1)^{p-1}} = \frac{(n+1)^{p-1} - n^{p-1}}{n^{p-1}(n+1)^{p-1}}$$

$$= \frac{n^{p-1}\left(1 + \frac{1}{n}\right)^{p-1} - n^{p-1}}{n^{p-1}(n+1)^{p-1}}$$

$$= \frac{\left(1 + \frac{1}{n}\right)^{p-1} - 1}{(n+1)^{p-1}}$$

$$\geq \frac{1 + (p-1)\frac{1}{n} - 1}{(n+1)^{p-1}},$$

sicché

$$\frac{1}{p-1}\left(\frac{1}{n^{p-1}} - \frac{1}{(n+1)^{p-1}}\right) \geq \frac{1}{n(n+1)^{p-1}}.$$

---

[7] Il caso $p \leq 0$ è banale, in quanto è violato il Corollario 7.1.

[8] Se $0 < p \leq 1$ la serie diverge per confronto con la serie $\sum_n \frac{1}{n}$.

[9] Questa disuguaglianza è un'applicazione molto banale del Teorema del Valor Medio di Lagrange, che però sarà dimostrato solo in un successivo capitolo. La dimostrazione che proponiamo qui è invece elementare, e dipende dalla disuguaglianza di Bernoulli (3.1).

Ora,

$$\frac{1}{n(n+1)^{p-1}} \geq \frac{1}{(n+1)^p},$$

e (7.1) è dimostrata. Poiché il secondo membro di (7.1) ha forma telescopica, deduciamo facilmente che le somme parziali di $\sum_n \frac{1}{n^p}$ sono limitate superiormente, e dunque la serie armonica generalizzata converge per $p > 1$.

Pur trattandosi di due criteri piuttosto deboli, per ragioni soprattutto storiche proponiamo i seguenti teoremi.

Teorema 7.6 (Criterio della radice)   *Sia $\sum_n a_n$ una serie di termini positivi. Se esistono un numero reale $0 < k < 1$ ed un numero naturale v tali che $\sqrt[n]{a_n} \leq k$ per ogni $n > v$, allora la serie $\sum_n a_n$ è convergente.*

Dimostrazione   Per ogni $n > v$ risulta $a_n \leq k^n$, e la tesi segue dal confronto con la serie geometrica di ragione k. $\square$

Teorema 7.7 (Criterio del rapporto)   *Sia $\sum_n a_n$ una serie di termini positivi. Se esistono un numero reale $0 < k < 1$ ed un numero naturale v tali che*

$$\frac{a_{n+1}}{a_n} \leq k \quad \text{per ogni } n > v,$$

allora la serie $\sum_n a_n$ è convergente.

Dimostrazione   Per ogni $N > v$ scriviamo

$$a_n \leq k a_{n-1} \leq k^2 a_{n-2} \leq \cdots \leq k^{n-v} a_v.$$

Poiché la serie

$$\frac{a_v}{k^v} \sum_n k^n$$

è convergente, la dimostrazione è conclusa. $\square$

Nella sezione dei Problemi proporremo una piccola variazione su questi due criteri.

7.7 Il criterio di Raabe

Teorema 7.8 (Raabe) *Sia $\{a_n\}_n$ una successione di numeri reali diversi da zero.*
(a) Se esistono $N \in \mathbf{N}$ e $C > 1$ tali che

$$\left| \frac{a_{n+1}}{a_n} \right| \leq 1 - \frac{C}{n} \quad per\, n \geq N,$$

allora la serie $\sum_n a_n$ converge assolutamente.
(b) Se esiste $N \in \mathbf{N}$ tale che

$$\left| \frac{a_{n+1}}{a_n} \right| \geq 1 - \frac{1}{n} \quad per\, n \geq N,$$

allora la serie $\sum_n |a_n|$ è divergente.

Dimostrazione

(a) Per ogni $n \geq N$ possiamo scrivere

$$(C - 1)|a_n| \leq (n - 1)|a_n| - n|a_{n+1}|.$$

Ricordando che $C > 1$ deduciamo che

$$n|a_{n+1}| \leq (n - 1)|a_n|.$$

La successione delle somme parziali associate a

$$b_n = (n - 1)|a_n| - n|a_{n+1}|$$

è

$$s_n = \sum_{j=1}^{n} b_j = -n|a_{n+1}| < 0.$$

Inoltre $s_n \geq -(n - 1)|a_n|$ per $n \geq N$. Quindi $\{s_n\}_n$ è monotona crescente a partire dall'indice N, e limitata dall'alto da zero. Quindi $\{s_n\}_n$ converge, cioè la serie $\sum_n b_n$ è convergente. Ricordando che

$$(C - 1)|a_n| \leq b_n \quad per\, n \geq N,$$

il punto (a) segue per confronto.
(b) Riscriviamo l'ipotesi

$$\left| \frac{a_{n+1}}{a_n} \right| \geq 1 - \frac{1}{n} \quad per\, n \geq N$$

nella forma

$$n|a_{n+1}| \geq n|a_n| - |a_n| \quad \text{per } n \geq N.$$

Allora

$$(n+1)|a_{n+1}| = n|a_{n+1}| + |a_{n+1}| \geq (n-1)|a_n| \quad \text{per } n \geq N.$$

Questo dimostra che la successione $\{n|a_{n+1}|\}_{n=N}^{\infty}$ è monotona crescente, e pertanto esiste $M > 0$ tale che

$$|a_{n+1}| \geq \frac{M}{n} \quad \text{per } n \geq N.$$

Dalla divergenza della serie armonica segue l'affermazione (b). $\qquad\square$

Nelle applicazioni può essere preferibile il seguente corollario.

Corollario 7.2 *Sia $\sum_n a_n$ una serie di termini non nulli. Supponiamo che esista $L \in \mathbf{R}$ tale che*

$$L = \lim_{n \to +\infty} n\left(\left|\frac{a_n}{a_{n+1}}\right| - 1\right).$$

(a) Se $L > 1$ allora $\sum_n a_n$ converge assolutamente.
(b) Se $L < 1$ allora $\sum_n |a_n|$ diverge.

Dimostrazione   Supponiamo che $L > 1$. Scegliamo $N_1 \in \mathbf{N}$ tale che

$$\left|n\left(\left|\frac{a_n}{a_{n+1}}\right| - 1\right)\right| < \frac{L-1}{2}$$

per $n \geq N_1$. Con qualche semplificazione arriviamo a

$$\left|\frac{a_{n+1}}{a_n}\right| < 1 - \frac{L+1}{2n+L+1} \quad \text{per } n \geq N_1.$$

Sia N_2 la parte intera del numero

$$\frac{(L+3)(L+1)}{2(L-1)}.$$

Per ogni $n \geq N_2$ risulta $2n(L-1) \geq (L+3)(L+1)$, che equivale a

$$\frac{L+1}{2n+L+1} \geq \frac{L+3}{4n}.$$

In conclusione, per $n \geq \max\{N_1, N_2\}$, ricaviamo

$$\left| \frac{a_{n+1}}{a_n} \right| < 1 - \frac{L+3}{4n}.$$

Siccome $C = (L+3)/4 > 1$, la conclusione segue dal criterio di Raabe. Viceversa, ipotizzando che $L < 1$ e scegliendo $\varepsilon = 1 - L > 0$ nella definizione di limite, esiste $N \in \mathbf{N}$ tale che per ogni $n \geq N$ risulti

$$\left| n \left(\left| \frac{a_n}{a_{n+1}} \right| - 1 \right) \right| < 1 - L.$$

Da ciò segue facilmente che

$$\left| \frac{a_n}{a_{n+1}} \right| < \frac{1+n}{n}$$

per $n \geq N$. Pertanto

$$\left| \frac{a_{n+1}}{a_n} \right| > \frac{n}{n+1} = 1 - \frac{1}{n+1} > 1 - \frac{1}{n}.$$

La conclusione segue ora dal punto (b) del criterio di Raabe. $\qquad\qquad\square$

Esempio 7.4   Per $a_n = \frac{1}{n^2}$, Il Corollario 7.2 e il semplice calcolo

$$\lim_{n \to +\infty} n \left(\frac{a_n}{a_{n+1}} - 1 \right) = 2 > 1$$

mostrano ancora una volta che la serie $\sum_n \frac{1}{n^2}$ è (assolutamente) convergente.

Esempio 7.5   Il criterio di Raabe nella forma del Corollario 7.2 è meno potente del Teorema 7.8. Se $a_n = 1/n$, otteniamo

$$\lim_{n \to +\infty} n \left(\frac{a_n}{a_{n+1}} - 1 \right) = 1.$$

Per la serie armonica il criterio di Raabe nella forma del Corollario 7.2 è dunque inefficace. Tuttavia

$$\frac{a_{n+1}}{a_n} = \frac{\frac{1}{n+1}}{\frac{1}{n}} = \frac{n}{n+1} = 1 - \frac{1}{n}.$$

Quindi il Teorema 7.8 mostra che la serie armonica è divergente.

7.8 Serie di termini di segno alterno

Un caso molto particolare, nello studio delle serie numeriche, è quello delle serie di termini alternativamente negativi e positivi. Vediamo innanzitutto una definizione precisa.

Definizione 7.5 Sia $\{a_n\}_n$ una successione di numeri reali positivi. La serie

$$\sum_{n=1}^{\infty} (-1)^n a_n = -a_1 + a_2 - a_3 + a_4 - a_5 + \cdots$$

è detta serie di termini di segno alterno.

Non esistono criteri generali per la convergenza di serie di termini di segno qualunque. Ma l'alternanza dei segni può essere di grande aiuto, come vediamo nel prossimo risultato.

Teorema 7.9 (Criterio di Leibniz) *Sia $\sum_{n=1}^{\infty}(-1)^n a_n$ una serie di termini di segno alterno. Supponiamo che*

1. $a_1 \geq a_2 \geq a_3 \geq a_4 \geq \ldots$,
2. $\lim_n a_n = 0$.

Allora la serie $\sum_{n=1}^{\infty}(-1)^n a_n$ è convergente.

Dimostrazione Al solito, denotiamo con $\{s_n\}_n$ la successione delle somme parziali della nostra serie. Le seguenti disuguaglianze sono conseguenze della monotonia:

$$s_{2n+2} = s_{2n} - a_{2n+1} + a_{2n+2} \leq s_{2n}$$
$$s_{2n+1} = s_{2n-1} + a_{2n} - a_{2n+1} \geq s_{2n-1}$$
$$s_{sn+1} = s_{2n} - a_{2n+1} \leq s_{2n}.$$

La successione $n \mapsto s_{2n}$ è decrescente, mentre la successione $n \mapsto s_{2n+1}$ è crescente. Inoltre

$$s_{2n+1} \leq s_{2n} \leq \ldots \leq s_2 = -a_1 + a_2$$
$$s_{2n} \geq s_{2n+1} \geq \ldots \geq s_1 = -a_1.$$

Quindi la successione $n \mapsto s_{2n}$ è limitata dal basso, mentre la successione $n \mapsto s_{2n+1}$ è limitata dall'alto. Possiamo concludere che esistono finiti i limiti

$$S_p = \lim_{n \to +\infty} s_{2n}, \qquad S_d = \lim_{n \to +\infty} s_{2n+1}.$$

Poiché

$$s_{2n+1} = s_n - a_{2n+1},$$

passando al limite e ricordando l'ipotesi

$$S_d = S_p - 0 = S_p.$$

Ora, ogni numero naturale n è pari o dispari. Quindi l'intera successione $\{s_n\}_n$ converge al valore comune di S_p e S_d, e la dimostrazione è completa. $\qquad\square$

Osservazione 7.8 Nel Problema 7.7 vedremo una generalizzazione del criterio di Leibniz.

Esempio 7.6 La serie

$$\sum_{n=1}^{\infty} \frac{(-1)^n}{n}$$

è convergente per il Teorema 7.9. Però non è assolutamente convergente, ricordando che la serie armonica (con $p = 1$) diverge. Abbiamo trovato un esempio di serie (a termini non positivi, ovviamente) che converge ma che non converge assolutamente.

7.9 Riordinamento di una serie

Consideriamo la serie di termini di segno alterno

$$1 - \frac{1}{2} + \frac{1}{3} - \frac{1}{4} + \frac{1}{5} - \cdots$$

Il criterio di Leibniz è evidentemente applicabile, e permette di concludere che tale serie converge semplicemente (ma non assolutamente!) ad una somma che denotiamo s. Consideriamo ora il "riordinamento"

$$1 - \frac{1}{2} - \frac{1}{4} + \frac{1}{3} - \frac{1}{6} - \frac{1}{8} + \frac{1}{5} + \cdots$$

ottenuta alternando un addendo positivo con due negativi. Denotiamo con s_n e t_n le somme parziali delle due serie appena definite. Sappiamo che $s_n \to s$, ed è facile convincersi che $1 < s < 2$. Invece

$$
\begin{aligned}
t_{3n} &= \left(1 - \frac{1}{2}\right) - \frac{1}{4} + \left(\frac{1}{3} - \frac{1}{6}\right) - \frac{1}{8} + \cdots \\
&\quad + \left(\frac{1}{2n-1} - \frac{1}{4n-2}\right) - \frac{1}{4n} \\
&= \frac{1}{2} - \frac{1}{4} + \frac{1}{6} - \frac{1}{8} + \cdots + \frac{1}{4n-2} - \frac{1}{4n} \\
&= \frac{1}{2}\left(1 - \frac{1}{2} + \frac{1}{3} - \frac{1}{4} + \cdots + \frac{1}{2n-1} - \frac{1}{2n}\right) \\
&= \frac{1}{2} s_{2n}.
\end{aligned}
$$

Concludiamo che

$$\lim_{n \to +\infty} t_{3n} = \frac{1}{2} \lim_{n \to +\infty} s_{2n} = \frac{1}{2} s.$$

Inoltre si verifica che

$$\lim_{n\to+\infty} t_{3n-1} = \lim_{n\to+\infty} t_{3n-2} = \lim_{n\to+\infty} t_{3n} = \frac{1}{2}s.$$

Ma allora $t_n \to \frac{1}{2}s$, e dunque la serie "riordinata" converge alla somma $\frac{1}{2}s \neq s$. In parole imprecise ma suggestive: raggruppando gli addendi di una serie semplicemente convergente, abbiamo costruito una serie convergente ad un limite diverso. Vogliamo mostrare che questo esempio non è l'eccezione, ma in qualche modo la regola.

Definizione 7.6   Una serie numerica $\sum_{n=1}^{\infty} b_n$ è un riordinamento[10] della serie $\sum_{n=1}^{\infty} a_n$ se esiste una corrispondenza biunivoca $\psi \colon \mathbf{N} \to \mathbf{N}$ tale che $b_k = a_{\psi(k)}$ per ogni k.

Il prossimo teorema, dimostrato da Bernhard Riemann, è uno dei risultati più sorprendenti dell'analisi matematica classica.

Teorema 7.10   *Sia $\sum_{n=1}^{\infty} a_n$ una serie semplicemente convergente ma non assolutamente convergente, e siano $-\infty \leq \alpha \leq \beta \leq +\infty$. Esiste un riordinamento $\sum_{n=1}^{\infty} a_n'$ di $\sum_{n=1}^{\infty} a_n$ le cui somme parziali $\{s_n'\}_n$ soddisfano*

$$\liminf_{n\to+\infty} s_n' = \alpha, \quad \limsup_{n\to+\infty} s_n' = \beta.$$

In particolare, il riordinamento può essere scelto in modo da divergere (quando $\alpha \neq \beta$ o $|\alpha| = +\infty$), o in modo da convergere ad un qualsiasi numero reale α (quando $\alpha = \beta$).

Dimostrazione   Seguendo uno schema ormai familiare, scomponiamo $a_n = a_n^+ - a_n^-$ e $|a_n| = a_n^+ + a_n^-$.[11] Se $\sum_n a_n$ converge, allora

$$\sum_n |a_n| = 2 \sum_n a_n^+ - \sum_n a_n$$

converge, contro l'ipotesi. Quindi $\sum_n a_n^+ = +\infty$. In modo analogo, $\sum_n a_n^- = +\infty$. Siano $p_1, p_2, \ldots$ gli addendi non negativi di $\sum_n a_n$, scritti nell'ordine in cui essi appaiono, e siano $q_1, q_2, \ldots$ i valori assoluti degli addendi negativi di $\sum_n a_n$, scritti nell'ordine in cui essi appaiono. Allora $\sum_n p_n = \sum_n q_n = +\infty$, poiché queste serie differiscono da $\sum_n a_n^+$ e da $\sum_n a_n^-$ solo per l'assenza di alcuni addendi nulli. Inoltre $p_n \to 0$ e $q_n \to 0$ perché $a_n \to 0$. Costruiremo una serie della forma

$$p_1 + \cdots + p_{k_1} - q_1 - \cdots - q_{m_1} + p_{k_1+1} + \cdots + p_{k_2} - q_{m_1+1} - \cdots - q_{m_2} + \cdots,$$
$$(7.2)$$

dove $0 < k_1 < k_2 < \cdots$ e $0 < m_1 < m_2 < \cdots$.

---

[10] Riordinamento è la parola italiana più adatta a tradurre l'inglese `rearrangement`. Nel linguaggio colloquiale si usa spesso `riarrangiamento`, che però deve essere considerato un neologismo.

[11] Ricordiamo sempre che per noi $a_n^+ \geq 0$ e $a_n^- \geq 0$.

Ogni serie di questo tipo è chiaramente un riordinamento di $\sum_n a_n$. Siano u_j e v_j le somme parziali di (7.2) che terminano rispettivamente con p_{k_j} e con q_{m_j}. Sceglieremo le successioni $\{k_j\}_j$ e $\{m_j\}_j$ in modo che $v_j \to \alpha$ e $u_j \to \beta$.

Per prima cosa, scegliamo due successioni qualsiasi $\{\alpha_j\}_j$ e $\{\beta_j\}_j$ di numeri reali (diversi da $\pm\infty$) tali che $\alpha_j \to \alpha$, $\beta_j \to \beta$, $\beta_1 > 0$, $\alpha_j < \beta_j$ e $\alpha_j < \beta_{j+1}$ per ogni $j = 1, 2, \ldots$.

Sia k_1 il più piccolo intero tale che $u_1 > \beta_1 > 0$ (dato che $\sum_n p_n = +\infty$). Allora

$$0 < u_1 - \beta_1 \le p_{k_1}.$$

Successivamente, sia m_1 il più piccolo intero positivo tale che $v_1 < \alpha_1 < \beta_2$. Allora

$$0 < \alpha_1 - v_1 \le q_{m_1}.$$

Scegliamo quindi il più piccolo intero positivo k_2 tale che $u_2 > \beta_2 > \alpha_2$; ne segue che

$$|u_2 - \beta_2| \le p_{k_2}.$$

Poi scegliamo il più piccolo intero positivo m_2 tale che $v_2 < \alpha_2$, e così via. In questo modo otteniamo successioni strettamente crescenti $\{k_j\}_j$ e $\{m_j\}_j$ in $\mathbb{N}$ tali che

$$|u_j - \beta_j| \le p_{k_j}, \qquad |v_j - \alpha_j| \le q_{m_j}.$$

Pertanto $u_j \to \beta$ e $v_j \to \alpha$, e quindi α e β sono punti di accumulazione della successione $\{s'_n\}_n$ di tutte le somme parziali della serie (7.2). Infine, per ogni n esiste un indice $j = j(n)$ (con $j(n) \to \infty$ quando $n \to \infty$) tale che

$$v_j \le s'_n \le u_j \quad \text{oppure} \quad v_j \le s'_n \le u_{j+1}.$$

(è sufficiente osservare la posizione dell'n-esimo termine della serie (7.2).) Ne segue che tutti i punti di accumulazione di $\{s'_n\}_n$ appartengono all'intervallo $[\alpha, \beta]$. (In realtà, non esistono punti di accumulazione diversi da α e β.) Ricordando che il limite inferiore e il limite superiore di una successione sono punti di accumulazione per la successione stessa, la dimostrazione è completa. $\qquad\square$

7.10   Prodotti infiniti

Abbiamo visto che le serie numeriche nascono dalle successioni attraverso l'operazione ricorsiva di addizionare i termini. Sembra allora naturale chiedersi se abbia senso fare qualcosa di analogo con l'operazione di moltiplicazione. Seguendo da vicino la classica esposizione di [15], vediamo i risultati essenziali della teoria dei prodotti infiniti.

Definizione 7.7 Sia $\{a_k\}_k$ una successione di numeri reali.[12] La successione dei prodotti parziali di $\{a_k\}_k$ è definita ricorsivamente da

$$P_1 = a_1$$
$$P_n = a_n P_{n-1}.$$

La successione $\{P_n\}_n$ è la successione dei prodotti parziali di $\{a_k\}_k$. Il simbolo

$$\prod_{k=1}^{\infty} a_k$$

è utilizzato per indicare la successione $\{P_n\}_n$ precedentemente costruita, in analogia a quanto fatto per il simbolo di sommatoria infinita.

Definizione 7.8 Se $\lim_{n\to+\infty} P_n$ è infinito oppure è nullo, diremo che il prodotto $\prod_{k=1}^{\infty} a_k$ diverge. Altrimenti diremo che tale prodotto converge, e $\prod_{k=1}^{\infty} a_k$ denoterà anche il limite di $\{P_n\}_n$.

Osservazione 7.9 Ebbene sì: diremo che un prodotto infinito *diverge a zero*! In questo senso la Definizione 7.8 non è del tutto sovrapponibile alla definizione di serie convergente che abbiamo introdotto in precedenza. D'altronde la moltiplicazione per zero banalizza qualunque numero: è sufficiente che un solo fattore a_k sia nullo perché tutti i prodotti parziali siano nulli dall'indice k in avanti. Già questa banale osservazione mostra che la relazione $\lim_{n\to+\infty} P_n = 0$ risulta quasi del tutto insignificante rispetto al carattere del prodotto $\prod_k a_k$.

Per motivi che chiariremo tra poco, sarà conveniente cambiare leggermente le nostre notazioni. Da questo momento considereremo prodotti infiniti del tipo

$$\prod_{k=1}^{\infty} (1 + a_k).$$

Teorema 7.11 (Condizione necessaria per la convergenza) *Se il prodotto infinito* $\prod_{k=1}^{\infty} (1 + a_k)$ *converge, allora* $\lim_{k\to+\infty} a_k = 1$.

Dimostrazione Per definizione di convergenza (e usando le notazioni già introdotte), $P = \lim_{n\to+\infty} P_n \neq 0$ e

$$a_k = \frac{P_k}{P_{k-1}} \to \frac{P}{P} = 1. \qquad\qquad \square$$

---

[12] La teoria dei prodotti infiniti può essere sviluppata a partire da successioni di numeri complessi. Anzi, una delle applicazioni più interessanti di questa teoria è direttamente collegata proprio con l'Analisi Complessa.

Osservazione 7.10 Se il caso $P = 0$ fosse tollerato nella definizione di convergenza per i prodotti infiniti, il Teorema 7.11 sarebbe falso. Ad esempio, *qualunque* prodotto $\prod_{k=1}^{\infty}(1 + a_k)$ tale che $1 + a_1 = 0$ convergerebbe a zero. Ma è altrettanto chiaro che $1 + a_k$ può avere qualunque comportamento per $k \to +\infty$.

Teorema 7.12 *Supponiamo che*

$$1 + a_k > 0 \quad \text{per ogni } k.$$

Il prodotto $\prod_{k=1}^{\infty}(1 + a_k)$ converge se e solo se la serie $\sum_{k=1}^{\infty} \log(1 + a_k)$ converge.

Dimostrazione Basta osservare che

$$\log P_n = \sum_{k=1}^{n} \log(1 + a_k). \qquad \square$$

Esempio 7.7 Il prodotto

$$\prod_{k=1}^{\infty}\left(1 + \frac{1}{n}\right)$$

diverge. Infatti

$$(1 + 1)\left(1 + \frac{1}{2}\right)\cdots\left(1 + \frac{1}{n}\right) \geq 1 + \frac{1}{2} + \cdots + \frac{1}{n}$$

Esempio 7.8 Il prodotto

$$\prod_{k=2}^{\infty}\left(1 - \frac{1}{k^2}\right)$$

converge. Infatti

$$1 - \frac{1}{k^2} = \frac{(k-1)(k+1)}{k^2}.$$

Si verifica facilmente per induzione che

$$P_n = \prod_{k=2}^{n} \frac{(k-1)(k+1)}{k^2} = \frac{1}{2}\frac{n+1}{n}.$$

Quindi

$$\prod_{k=2}^{\infty}\left(1 - \frac{1}{k^2}\right) = \frac{1}{2}.$$

Lemma 7.1 *Sia $\{a_k\}_k$ una successione di numeri non negativi. Per ogni $n \in \mathbf{N}$ risulta*

$$\sum_{k=1}^{n} a_k \le \prod_{k=1}^{n} (1 + a_k).$$

Dimostrazione Ovviamente $1 + a_1 \ge a_1$. Supponiamo che la tesi sia vera per n, e dimostriamo che è vera per $n + 1$. Ora,

$$\prod_{k=1}^{n+1} (1 + a_k) = (1 + a_{n+1}) \prod_{k=1}^{n} (1 + a_k)$$

$$= \prod_{k=1}^{n} (1 + a_k) + a_{n+1} \prod_{k=1}^{n} (1 + a_k)$$

$$\ge \sum_{k=1}^{n} a_k + a_{n+1}$$

$$= \sum_{k=1}^{n+1} a_k. \qquad \square$$

Teorema 7.13 *Supponiamo che $a_k \ge 0$ per ogni k. Il prodotto $\prod_k (1 + a_k)$ converge se e solo se la serie $\sum_k a_k$ converge, e*

$$\sum_{k=1}^{\infty} a_k \le \prod_{k=1}^{\infty} (1 + a_k) \le e^{\sum_{k=1}^{\infty} a_k}.$$

Dimostrazione Per ogni n naturale risulta

$$\sum_{k=1}^{n} a_k \le \prod_{k=1}^{n} (1 + a_k) \le e^{\sum_{k=1}^{n} a_k}.$$

La prima disuguaglianza segue dal Lemma 7.1, la seconda dal fatto che $1 + a_k \le e^{a_k}$ per ogni k. Si conclude passando al limite per $n \to +\infty$. $\qquad \square$

Il Teorema 7.13 possiede un analogo per il caso $a_k \le 0$. Bisogna comunque prestare attenzione al fatto che il cambiamento di segno dei vari a_k non si riflette in un banale cambiamento di segno dei prodotti parziali.

Teorema 7.14 *Supponiamo che $a_k \in [0, 1)$ per ogni k. Il prodotto $\prod_k (1 - a_k)$ converge se e solo se la serie $\sum_k a_k$ converge.*

Dimostrazione Per ogni $x \in [0, 1)$ risulta

$$1 - x \le \frac{1}{1 + x}.$$

Quindi

$$\prod_{k=1}^{n}(1 - a_k) \leq \frac{1}{\prod_{k=1}^{n}(1 + a_k)}.$$

Se $\sum_k a_k$ diverge a $+\infty$, allora $\prod_{k=1}^{\infty}(1 - a_k)$ diverge a zero. Supponiamo al contrario che $\sum_k a_k$ sia convergente. Procedendo per induzione su n, si verifica che

$$\prod_{k=m}^{n}(1 - a_k) \geq 1 - \sum_{k=m}^{n} a_k \quad \text{per ogni } n \geq m \geq 1.$$

Fissiamo N tale che $\sum_{k=m}^{n} a_k \leq \frac{1}{2}$ per ogni $n \geq m \geq N$. Per tali n, m risulta allora

$$\prod_{k=m}^{n}(1 - a_k) \geq \frac{1}{2}.$$

Deduciamo che, per ogni n naturale,

$$P_n = \prod_{k=1}^{n}(1 - a_k) \geq \frac{1}{2}\prod_{k=1}^{N}(1 - a_k) = C > 0.$$

La successione $\{P_n\}_n$ è decrescente e limitata dal basso dalla costante positiva C. Quindi essa converge ad un limite non nullo, e la dimostrazione è completa. $\qquad \square$

Anche nella teoria dei prodotti infiniti è possibile formulare criteri di convergenza.

Definizione 7.9 Il prodotto $\prod_{k=1}^{\infty}(1 + a_k)$ è assolutamente convergente se $\prod_{k=1}^{\infty}(1 + |a_k|)$ converge.

Lemma 7.2 *Sia $\{a_k\}_k$ una successione di numeri reali. Risulta*

$$\left|\prod_{k=1}^{n}(1 + a_k)\right| \leq e^{\sum_{k=1}^{n}|a_k|}$$

$$\left|\prod_{k=1}^{n}(1 + a_k) - 1\right| \leq e^{\sum_{k=1}^{n}|a_k|} - 1.$$

Dimostrazione La prima disuguaglianza segue direttamente da

$$|1 + x| \leq 1 + |x| \leq e^{|x|} \quad \text{per ogni } x \in \mathbf{R}.$$

Per dimostrare la validità della seconda disuguaglianza ci basta osservare che

$$\left| \prod_{k=1}^{n} (1 + a_k) - 1 \right| \le \left| \prod_{k=1}^{n} (1 + |a_k|) - 1 \right|$$

e applicare la disuguaglianza precedente. $\square$

Teorema 7.15 *Sia $\{a_k\}_k$ una successione di numeri reali tali che $a_k + 1 \ne 0$ per ogni k.*

(a) Il prodotto $\prod_{k=1}^{\infty}(1 + a_k)$ converge se e solo se la serie $\sum_{k=1}^{\infty} a_k$ converge.
(b) Se il prodotto $\prod_{k=1}^{\infty}(1 + a_k)$ converge assolutamente, allora $\prod_{k=1}^{\infty}(1 + a_k)$ converge (semplicemente).

Dimostrazione   Per il Teorema 7.13, $\prod_{k=1}^{\infty}(1 + |a_k|)$ converge se e solo se $\sum_{k=1}^{\infty} |a_k|$ converge: il punto (a) segue immediatamente. Per dimostrare l'affermazione (b) poniamo al solito

$$P_n = \prod_{k=1}^{n} (1 + a_k).$$

Sia $n > m$ due indici naturali. Evidentemente

$$P_n - P_m = P_m \left(\prod_{k=m+1}^{n} (1 + a_k) - 1 \right).$$

Dalle disuguaglianze elementari

$$|1 + x| \le 1 + |x|$$
$$1 + x \le e^x,$$

la prima valida per ogni x reale e la seconda per ogni $x \ge 0$, e dal Lemma 7.2 segue

$$\begin{aligned}
|P_n - P_m| &= |P_m| \left| \prod_{k=1+m}^{n} (1 + a_k) - 1 \right| \\
&\le e^{\sum_{k=1}^{m} |a_k|} \left(e^{\sum_{k=1+m}^{n} |a_k|} - 1 \right) \\
&= e^{\sum_{k=1}^{n} |a_k|} - e^{\sum_{k=1}^{m} |a_k|}.
\end{aligned}$$

La continuità della funzione esponenziale e la convergenza della serie $\sum_k |a_k|$ garantiscono che, qualunque sia $\varepsilon > 0$, esiste N tale che

$$|P_n - P_m| < \varepsilon$$

se $n > m > N$. Quindi la successione $\{P_n\}_n$ possiede limite finito. Per concludere occorre ancora dimostrare che

$$L = \prod_{k=1}^{\infty} (1 + a_k) \neq 0.$$

Osserviamo che utilizziamo qui per la prima volta l'ipotesi $a_k \neq -1$ per ogni k. Ne segue che $p_m \neq 0$ per ogni $m \geq 1$. Supponiamo per assurdo che $L = 0$. Scegliamo un indice N tale che

$$e^{\sum_{k=m+1}^{n} |a_k|} - 1 \leq \frac{1}{2}$$

per ogni $n > m > N$. Dalla disuguaglianza

$$|P_n - P_m| \leq |P_m| \left(e^{\sum_{k=m+1}^{n} |a_k|} - 1 \right)$$

deduciamo che, per $n > m > N$,

$$|P_n - P_m| \leq \frac{1}{2} |P_m|$$

Passando al limite per $n \to +\infty$ otteniamo

$$|P_m| \leq \frac{1}{2} |P_m| \quad \text{per ogni } m > N,$$

impossibile perché $P_m \neq 0$ per ogni m. Quindi $L \neq 0$, e la dimostrazione è conclusa. $\qquad\square$

Gli argomenti sviluppati nella dimostrazione precedente possono essere recuperati per dimostrare la seguente versione del criterio di convergenza di Cauchy per i prodotti infiniti. Lasciamo la dimostrazione per esercizio, sottolineando l'importanza di escludere il limite nullo dalla definizione di convergenza per un prodotto infinito.

Teorema 7.16 (Criterio di Cauchy per i prodotti infiniti) *Sia $\{a_k\}_k$ una successione di numeri reali tali che $1 + a_k \neq 0$ per ogni k. Il prodotto infinito $\prod_k (1 + a_k)$ converge se e solo se, per ogni $\varepsilon > 0$, esiste $N \in \mathbf{N}$ tale che*

$$\left| \prod_{k=m}^{n} (1 + a_k) - 1 \right| < \varepsilon$$

per ogni $m \geq N$, $n \geq N$.

7.11 Problemi

7.1 Determinare il carattere (convergenza, divergenza o indeterminatezza) delle seguenti serie numeriche.

1.
$$\sum_{n=1}^{\infty} \frac{n^2 + \arctan(n)}{n^3 \log(n)}$$

2.
$$\sum_{n=1}^{\infty} \frac{3^n n!}{n^n}$$

3.
$$\sum_{n=1}^{\infty} \frac{1}{\sqrt{n^2 + 1}}$$

4.
$$\sum_{n=1}^{\infty} \frac{(-1)^{n+1}}{\log(7n + 2)}$$

5.
$$\sum_{n=1}^{\infty} \frac{n}{(n + 1)!}$$

(Suggerimento: la serie converge assolutamente, si può anche calcolarne la somma notando che il termine generale è telescopico).

6.
$$\sum_{n=1}^{\infty} \sin\left(\frac{1}{n^2}\right)$$

7.
$$\sum_{n=1}^{\infty} \left(\frac{2}{3}\right)^n$$

8.
$$\sum_{n=1}^{\infty} \frac{\log n}{n^3}$$

9.
$$\sum_{n=1}^{\infty} \frac{n!}{n^n}$$

10.
$$\sum_{n=1}^{\infty} \cos(\pi n) \frac{n}{n^2 + 1}$$

(Suggerimento: $\cos(\pi n) = (-1)^n$).

7.2 A volte una serie è telescopica in modo abbastanza implicito. Vediamo un esempio.

1. Si determinino tre costanti reali A, B e C tali che

$$\frac{1}{n(n+1)(n+2)} = \frac{A}{n} + \frac{B}{n+1} + \frac{C}{n+2}$$

per ogni $n \geq 1$ naturale.

2. Se ne deduca che

$$\sum_{n=1}^{\infty} \frac{1}{n(n+1)(n+2)} = \frac{1}{4}.$$

7.3 Sia $\sum_n a_n$ una serie di termini positivi. Se

$$L = \limsup_{n \to +\infty} \sqrt[n]{a_n} < 1,$$

allora la serie converge. Se $L > 1$ allora la serie diverge.

7.4 Sia $\sum_n a_n$ una serie di termini positivi. Se

$$L = \limsup_{n \to +\infty} \frac{a_{n+1}}{a_n} < 1,$$

allora la serie converge. Considerando l'esempio

$$a_n = \begin{cases} 2^{-n} & \text{se } n \text{ è pari} \\ 3^{-n} & \text{se } n \text{ è dispari} \end{cases}$$

si mostri che dall'ipotesi $L > 1$ non è possibile trarre alcuna conclusione sulla divergenza della serie. Se però

$$\liminf_{n \to +\infty} \frac{a_{n+1}}{a_n} \geq 1,$$

allora la serie diverge.

7.5 Per ogni successione $\{c_n\}_n$ di numeri reali positivi,

$$\liminf_{n \to +\infty} \frac{c_{n+1}}{c_n} \leq \liminf_{n \to +\infty} \sqrt[n]{c_n}$$

$$\limsup_{n \to +\infty} \sqrt[n]{c_n} \leq \limsup_{n \to +\infty} \frac{c_{n+1}}{c_n}.$$

Da queste disuguaglianze si deduce che ogni volta che il criterio della radice è efficace, lo è anche il criterio del rapporto. Se invece il criterio del rapporto non è conclusivo, nemmeno il criterio della radice lo è. In questo senso, il criterio della radice è più potente di quello del rapporto.

7.6 (Formula della sommatoria per parti) Date due successioni $\{a_n\}_n$ e $\{b_n\}_n$, sia $A_n = \sum_{k=0}^{n} a_k$ per ogni $n \geq 0$. Sia poi $A_{-1} = 0$. Se p e q sono numeri interi tali che $0 \leq p \leq q$, allora vale la formula di sommatoria per parti

$$\sum_{n=p}^{q} a_n b_n = \sum_{n=p}^{q-1} A_n (b_n - b_{n+1}) + A_q b_q - A_{p-1} b_p.$$

7.7 Utilizzando il problema 7.6 si ottenga il seguente criterio che generalizza quello di Leibniz: supponiamo che

1. le somme parziali $\{A_n\}_n$ di $\sum_n a_n$ formino una successione limitata;
2. $b_0 \geq b_1 \geq b_2 \geq \ldots$;
3. $\lim_{n \to +\infty} b_n = 0$.

Allora la serie $\sum_n a_n b_n$ è convergente.

7.8 Per ognuna delle seguenti affermazioni, fornire un esempio o dimostrare che si tratta di un'affermazione impossibile.

1. Esistono serie numeriche $\sum_n a_n$ e $\sum_n b_n$, entrambe divergenti, tali che $\sum_n a_n b_n$ sia convergente.
2. Esistono una serie numerica $\sum_n a_n$ ed una successione limitata $\{b_n\}_n$ tali che $\sum_n a_n b_n$ sia divergente.
3. Esistono due serie numeriche $\sum_n a_n$ e $\sum_n b_n$ tali che $\sum_n a_n$ e $\sum_n (a_n + b_n)$ convergano, ma $\sum_n b_n$ diverga.
4. Esiste una successione $\{a_n\}_n$ tale che $0 \leq a_n \leq \frac{1}{n}$ per ogni $n > 1$ e $\sum_n (-1)^n a_n$ sia divergente.

7.9 Se $a_n > 0$ per ogni n e se $\lim_{n \to +\infty} n a_n = L \neq 0$, allora $\sum_n a_n$ diverge. Se $a_n > 0$ per ogni n e se $\lim_{n \to +\infty} n^2 a_n$ esiste finito, allora $\sum_n a_n$ converge.

7.10 (Raabe generalizzato) Sia $\sum_n a_n$ una serie di termini non nulli. Sia

$$b_n = n \left(\left| \frac{a_n}{a_{n+1}} \right| - 1 \right), \quad n \in \mathbf{n}.$$

Se $\liminf_{n \to +\infty} b_n > 1$, allora la serie $\sum_n a_n$ converge assolutamente. Se $\limsup_{n \to +\infty} b_n < 1$, allora la serie $\sum_n |a_n|$ è divergente.

7.11 Sia $p \in \mathbf{R}$. L'analisi del carattere della serie armonica generalizzata $\sum_n \frac{1}{n^p}$ può essere facilmente ridotta al caso $1 < p < 2$. Infatti, per $p \leq 0$ la serie diverge perché il termine generale non è infinitesimo. Per $p = 1$ sappiamo che la serie armonica diverge, e nel caso $0 < p < 1$ la divergenza segue per confronto con il caso $p = 1$. La convergenza nel caso $p = 2$ segue dal confronto con la serie telescopica

$$\sum_n \frac{1}{n(n-1)}.$$

La convergenza per $p > 2$ segue da confronto con il caso $p = 2$. Per dimostrare che la serie armonica generalizzata converge anche quando $1 < p < 2$, possiamo procedere come segue.

1. Per ogni $n \in \mathbf{N}$ risulta $s_n < s_{2n} < 1 + \frac{2}{2^p} s_n$, dove $s_n = \sum_{k=1}^{n} \frac{1}{k^p}$.
2. In particolare, $0 < \left(1 - \frac{2}{2^p}\right) s_n < 1$.
3. La successione $\{s_n\}_n$ è monotona crescente.

7.12 (Il criterio di Kummer)   Sia $\{a_n\}_n$ una successione di numeri reali positivi.

1. Sia $\{B_n\}_n$ una successione di numeri positivi tali che

$$B_n \frac{a_n}{a_{n+1}} - B_{n+1} \geq 1 \quad \text{per ogni } n. \tag{7.3}$$

Dedurre che

$$B_{n+1} \leq B_n \frac{a_n}{a_{n+1}} - 1 \quad \text{per ogni } n. \tag{7.4}$$

Dimostrare che non è restrittivo supporre che

$$B_{n+1} = B_n \frac{a_n}{a_{n+1}} - 1 \quad \text{per ogni } n, \tag{7.5}$$

nel senso che se esiste una successione $\{B_n\}_n$ di numeri positivi che soddisfa una delle relazioni (7.3), (7.4) o (7.5), allora anche le altre due sono soddisfatte.
2. Se una successione $\{B_n\}_n$ di numeri positivi verifica (7.5), allora

$$a_{n+1} B_{n+1} = a_n B_n - a_{n+1} \quad \text{per ogni } n.$$

Sommando fra loro queste uguaglianze e semplificando i termini uguali si ottiene

$$B_{n+1} = \frac{a_1 B_1 - (a_2 + \cdots + a_{n+1})}{a_{n+1}} \quad \text{per } n \geq 1. \tag{7.6}$$

3. (**Criterio di convergenza di Kummer.**) La serie a termini positivi $\sum_n a_n$ è convergente se e solo se esiste una successione di numeri positivi B_n tali che

$$B_n \frac{a_n}{a_{n+1}} - B_{n+1} \geq 1 \quad \text{per ogni } n.$$

Infatti, se $\sum_{n=1}^{\infty} a_n = S$, allora fissiamo $B_1 > \frac{a_1}{S}$ e consideriamo la successione definita da (7.6). Essa soddisfa (7.5) e dunque (7.3). Viceversa, se i numeri $B_n > 0$ soddisfano (7.3), allora la successione costruita usando (7.5) e (7.6) è fatta di termini positivi e

$$a_1 + a_2 + \cdots + a_{n+1} \leq a_1 B_1 \quad \text{per ogni } n \geq 1.$$

La dimostrazione del criterio di Kummer è dovuta a Tord Sjödin.[13]

---

[13] https://arxiv.org/abs/1802.09858

7.13 Dimostrare il Teorema 7.16.

7.14 Sia $\{a_k\}_k$ una successione di numeri naturali diversi da -1, tale che la serie $\sum_k a_k^2$ sia convergente.

1. Valgono le disuguaglianze[14]

$$\frac{u^2}{4} \leq u - \log(1+u) \leq \begin{cases} u^2 & \text{se } 0 \leq u \leq 1 \\ \frac{u^2}{2(1+u)} & \text{se } -1 < u < 0. \end{cases}$$

2. Per qualche N, $|a_k| \leq 1/2$ per ogni $k \geq N$. Quindi $|1 + a_k| \geq 1/2$ per $k \geq N$.
3. Per ogni $n \geq N$ e $m \geq N$ tali che $n > m$, risulta

$$\frac{1}{4} \sum_{k=m+1}^{n} a_k^2 \leq \sum_{k=m+1}^{n} a_k - \log\left(\prod_{k=m+1}^{n} (1 + a_k) \right) \leq \sum_{k=m+1}^{n} a_k^2.$$

4. Se $\sum_k a_k$ converge, allora $\prod_k (1 + a_k)$ converge.
5. Se $\sum_k a_k = +\infty$, allora $\prod_k (1 + a_k) = +\infty$.
6. Se $\sum_k a_k = -\infty$, allora $\prod_k (1 + a_k)$ diverge a zero.

---

[14] Occorre utilizzare un po' di calcolo differenziale. Il lettore più inesperto può rimandare questo punto fino al momento in cui avrà studiato il capitolo sulle derivate, e in particolare gli sviluppi di Taylor.

Capitolo 8
Limiti di funzioni

Estratto Uno dei pilastri dell'Analisi Matematica è il concetto di limite. Lo abbiamo già definito per le successioni, eventualmente di Moore-Smith. In questo capitolo estenderemo la nozione di limite alle funzioni tra spazi topologici qualunque (o quasi), mettendo in particolare risalto il caso delle funzioni a valori reali. Prima di partire per questa tappa del nostro cammino, è meglio avvisare il lettore che i limiti per funzioni non sono ritenuti davvero importanti nella Topologia, ed infatti è raro trovare manuali di tale disciplina che ne trattino in modo esauriente. Una delle ragioni è che la Topologia sposta l'attenzione dal limite alla continuità, dal momento che sono le proprietà invarianti per l'azione di una funzione continua ciò che interessa al topologo. In omaggio al sottotitolo di questo libro, e seguendo l'esempio del classico testo [18], introdurremo il concetto di limite per una funzione proprio a partire da quello — già visto — di continuità. Faremo poi vedere che, quasi banalmente, la benemerita definizione $\varepsilon - \delta$ di limite coincide con quello da noi definito.

8.1 I limiti attraverso la continuità

Supponiamo che X ed Y siano due spazi topologici. Supporremo che Y sia di Hausdorff, al fine di garantire sempre l'unicità del limite. Immaginiamo che A sia un sottoinsieme non vuoto di X, che x_0 sia punto di accumulazione per A, e che $f: A \setminus \{x_0\} \to Y$ sia una funzione.

Definizione 8.1 Il punto $L \in Y$ è il limite di f in x_0 se la funzione $f_*: A \to Y$ definita da

$$f_*(x) = \begin{cases} f(x) & \text{se } x \neq x_0 \\ L & \text{se } x = x_0 \end{cases}$$

è continua nel punto x_0. In tal caso scriveremo

$$L = \lim_{x \to x_0} f(x)$$

o — più correttamente

$$L = \lim_{x_0} f.$$

Osservazione 8.1 La funzione f non deve essere necessariamente definita nel punto x_0; ma anche se lo fosse, non sussiste in generale alcun legame tra L e $f(x_0)$.

Teorema 8.1 *Supponiamo che X ed Y siano due spazi topologici e che Y sia di Hausdorff. Supponiamo che A sia un sottoinsieme non vuoto di X, che x_0 sia punto di accumulazione per A, e che $f: A \setminus \{x_0\} \to Y$ sia una funzione. Sono equivalenti:*

(a) esiste $L \in Y$ tale che $L = \lim_{x_0} f$;
(b) esiste $L \in Y$ tale che, per ogni intorno V di L in Y, esiste un intorno U di x_0 in X tale che

$$f(U \cap A \setminus \{x_0\}) \subset V.$$

Dimostrazione La continuità della funzione f_* è equivalente alla seguente proposizione: per ogni intorno V di $f_*(x_0)$ in Y esiste un intorno U di x_0 in X tale che

$$f_*(U \cap A) \subset V.$$

Ma $f_*(x_0) = L$ e $f_* = f$ in $A \setminus \{x_0\}$. Quindi questa proposizione è equivalente sia ad (a) che a (b). □

Corollario 8.1 *Se una funzione ammette limite, tale limite è unico.*

Dimostrazione Usiamo la caratterizzazione (b) del Teorema 8.1. Se L_1 ed L_2 fossero due limiti distinti di una funzione f per $x \to x_0$, allora esisterebbero — per la proprietà di Hausdorff dello spazio Y — due intorni disgiunti V_1 e V_2 di L_1 ed L_2, rispettivamente. Dovrebbero esistere intorni U_1 ed U_2 di x_0 tali che

$$f(U_1 \cap A \setminus \{x_0\}) \subset V_1, \qquad f(U_2 \cap A \setminus \{x_0\}) \subset V_2.$$

L'insieme $U = U_1 \cap U_2$ è un intorno di x_0, e dovrebbe valere

$$f(U \cap A \setminus \{x_0\}) \subset V_1 \cap V_2 = \emptyset,$$

ciò che è palesemente impossibile. Quindi $L_1 = L_2$. □

Esempio 8.1 Per una funzione $f: A \to Y$ definita su un sottoinsieme A di uno spazio metrico X e a valori in uno spazio metrico Y, la definizione di limite si traduce nella seguente affermazione: $\lim_{x \to x_0} f(x) = L$ se e solo se, per ogni $\varepsilon > 0$ esiste $\delta > 0$ tale che

$$d_Y(f(x), L) < \varepsilon$$

per ogni $x \in A$ tale che $0 < d_X(x, x_0) < \delta$. Osserviamo infatti che un insieme è un intorno di un suo punto se e solo se esso contiene una palla aperta centrata nel punto. Inoltre la condizione $0 < d_X(x, x_0)$ implica che $x \neq x_0$.

Osservazione 8.2 Qualunque definizione di limite nasconde qualche sottigliezza. Nel nostro caso la tipica obiezione di uno studente che incontri il concetto di limite per la prima volta è che *non si capisce* come applicarlo nel caso in cui il punto x_0 appartenga già al dominio di definizione A della funzione f. La Definizione 8.1, al contrario, si aspetta che f sia definita in $A \setminus \{x_0\}$. Dobbiamo dedurre che non sia possibile calcolare il limite nei punti del dominio di definizione?

La risposta è — ovviamente — negativa. Tutto quello che la Definizione 8.1 pretende è che la funzione della quale si voglia calcolare il limite sia definita in un insieme del tipo $A \setminus \{x_0\}$, dove A è un insieme per il quale x_0 sia di accumulazione. Se x_0 fosse un punto nel quale f sia già definita, tutto ciò che dovremmo fare è... dimenticarne il valore! Cerchiamo di spiegarci meglio con un esempio. Supponiamo di voler calcolare

$$\lim_{x \to x_0} h(x), \tag{8.1}$$

dove $h: B \to Y$, B è un sottoinsieme di uno spazio topologico X, e x_0 è un punto di accumulazione per B. Possiamo definire $A = B \setminus \{x_0\}$ e $f: A \to Y$ tale che $f(x) = h(x)$ per ogni $x \in A$. A questo punto siamo nelle ipotesi strutturali della Definizione 8.1: il limite $\lim_{x \to x_0} f(x)$ — se esiste — sarà il valore di (8.1). Solitamente si introduce tutto questo discorso con frasi del tipo

il valore del limite $\lim_{x \to x_0} f(x)$ non dipende dal valore $f(x_0)$,

oppure

nel calcolo del limite $\lim_{x \to x_0} f(x)$ ci disinteressiamo del comportamento di f nel punto x_0.

8.2 Limiti e convergenze

Uno dei grandi vantaggi della Definizione 8.1 è che i principali risultati per la teoria dei limiti è recuperabile dai corrispondenti risultati per le funzioni continue. Vediamone un esempio.

Teorema 8.2 *Sia* $f: A \setminus \{x_0\} \to Y$ *una funzione definito sul sottoinsieme* $A \setminus \{x_0\}$ *dello spazio topologico* X *nello spazio di Hausdorff* Y. *Sono equivalenti:*

(a) $L = \lim_{x \to x_0} f(x)$,
(b) *per ogni successione (MS) S in $A \setminus \{x_0\}$ convergente ad x_0, risulta che $f \circ S$ è convergente a L in Y.*

Dimostrazione L'equivalenza delle affermazioni (a) e (b) è un'applicazione diretta del Teorema 4.46 alla funzione f_*. $\qquad\qquad\qquad\qquad\qquad\qquad\qquad\qquad\qquad\qquad$ $\square$

Se la topologia dello spazio X è completamente caratterizzata dalle successioni convergenti, il Teorema 8.2 assume la tipica forma del seguente *Teorema Ponte*.

Corollario 8.2 *Sia* $f: A \setminus \{x_0\} \to Y$ *una funzione definito sul sottoinsieme* $A \setminus \{x_0\}$ *dello spazio metrico* X *nello spazio metrico* Y. *Sono equivalenti:*

(a) $L = \lim_{x \to x_0} f(x)$,
(b) *per ogni successione $\{x_n\}_n$ in $A \setminus \{x_0\}$ convergente ad x_0, risulta che $\{f(x_n)\}_n$ è convergente a L in Y.*

La possibilità di descrivere i limiti attraverso una convergenza di tipo Moore-Smith è un classico problema dell'Analisi. Sfortunatamente non è possibile esprimere il limite di una generica funzione definita nello spazio topologico X mediante una direzione $\geq$ su X, e il Teorema 8.2 ci obbliga a caratterizzare i limiti attraverso l'uso di arbitrarie successioni (MS) a valori in X. Esistono però casi concreti in cui il limite di una funzione definita in X può essere caratterizzato univocamente da una opportuna relazione d'ordine in X. I seguenti esempi sono sostanzialmente tratti da [19, Pag. 191].

Esempio 8.2 Sia $f: X \to \mathbf{R}$, dove X è un insieme non vuoto.

1. Se $X = \mathbf{N}$ con il suo ordine naturale. La convergenza della successione $f: \mathbf{N} \to \mathbf{R}$ equivale all'esistenza del limite della successione (MS) $\{f, \mathbf{N}, \geq\}$.
2. Se $X = \mathbf{R}$ con la relazione d'ordine usuale, l'esistenza del limite $\lim_{x \to +\infty} f(x)$ equivale all'esistenza del limite della successione (MS) $\{f, \mathbf{R}, \geq\}$.
3. Sia $x_0 \in \mathbf{R}$ fissato. Scriviamo $x_2 \geq x_1$ se e solo se $|x_2 - x_0| \leq |x_1 - x_0|$. L'esistenza del limite $\lim_{x \to x_0} f(x)$ equivale alla convergenza della successione (MS) $\{f, \mathbf{R}, \geq\}$.
4. Più in generale, se X è uno spazio metrico con la distanza d, possiamo definire $x_1 \geq x_1$ se e solo se $d(x_2, x_0) \leq d(x_1, x_0)$. Il punto 3. continua a valere.

Osservazione 8.3 I punti 3. e 4. dell'Esempio aiutano a comprendere perché non sia generalmente possibile interpretare qualunque limite di funzione $f: X \to Y$ attraverso una relazione d'ordine su X. Mentre in uno spazio metrico è facile attribuire un significato all'espressione "il punto x è più vicino ad x_0 di quanto lo sia y", semplicemente richiedendo che $d(x, x_0) < d(y, x_0)$. In uno spazio topologico qualunque non c'è maniera di definire una *grandezza* o *piccolezza* degli intorni.

8.3 Funzioni numeriche

Il titolo di questa sezione prende in prestito una terminologia comunemente utilizzata nella manualistica francese. Ci riferiamo a funzioni definite su uno spazio topologico e aventi valori in **R** o eventualmente **C**. Per queste funzioni, alle quali si applica la teoria dei limiti definita sopra, sussistono proprietà specifiche legate all'esistenza di una struttura di campo (eventualmente ordinato) nel codominio.

Teorema 8.3 (Algebra delle funzioni continue) *Siano A un sottoinsieme di uno spazio topologico X, x_0 un punto di A, f e g due funzioni da A in* **C**. *Se f e g sono continue in x_0, allora $f + g$ ed fg sono continue in x_0. Se $g(x_0) \neq 0$, allora anche f/g è continua in x_0.*

Dimostrazione Sia $\varepsilon > 0$. Per l'ipotesi di continuità, esistono intorni U e V di x_0 tali che

$$f(A \cap U) \subset (f(x_0) - \varepsilon, f(x_0) + \varepsilon), \quad g(A \cap V) \subset (g(x_0) - \varepsilon, g(x_0) + \varepsilon).$$

Per ogni $x \in A \cap U \cap V$ risulta

$$|f(x) + g(x) - (f(x_0) + g(x_0))| \leq |f(x) - f(x_0)| + |g(x) - g(x_0)|$$
$$\leq \varepsilon + \varepsilon = 2\varepsilon.$$

Quindi $(f + g)(A \cap U \cap V) \subset (f(x_0) + g(x_0) - 2\varepsilon, f(x_0) + g(x_0) + 2\varepsilon)$. Dall'arbitrarietà di $\varepsilon > 0$ deriva la continuità di $f + g$. Analoghe sono le dimostrazioni delle restanti affermazioni, quindi proponiamo solo i passaggi essenziali. Per il prodotto si osserva che per ogni $x \in A \cap U \cap V$ si ha

$$|f(x)g(x) - f(x_0)g(x_0)| \leq |f(x)g(x) - f(x)g(x_0) + f(x)g(x_0) - f(x_0)g(x_0)|$$
$$\leq |f(x)||g(x) - g(x_0)| + |g(x_0)||f(x) - f(x_0)|$$
$$\leq (|f(x_0)| + \varepsilon)\varepsilon + |g(x_0)|\varepsilon.$$

Nell'ultimo passaggio abbiamo sfruttato la relazione

$$|f(x)| \leq |f(x_0)| + \varepsilon,$$

diretta conseguenza di $|f(x) - f(x_0)| < \varepsilon$ e della disuguaglianza triangolare. Per il rapporto f/g osserviamo preliminarmente che è sufficiente considerare il caso della funzione $1/g$, perché $f/g = f \cdot (1/g)$. Inoltre, siccome $g(x_0) \neq 0$, possiamo supporre che $\varepsilon > 0$ sia così piccolo che

$$|g(x)| \geq |g(x_0)| - \varepsilon > \frac{|g(x_0)|}{2}$$

per ogni $x \in A \cap V$, eventualmente scegliendo un intorno di x_0 contenuto in V.[1]
Ora,

$$\left| \frac{1}{g(x)} - \frac{1}{g(x_0)} \right| = \left| \frac{g(x) - g(x_0)}{g(x_0)g(x)} \right|$$
$$\leq \frac{\varepsilon}{|g(x_0)|\frac{|g(x_0)|}{2}}$$
$$= \frac{2}{|g(x_0)|^2}\varepsilon$$

per ogni $x \in A \cap V$. In tutti i casi si conclude per l'arbitrarietà di ε. $\qquad\square$

L'algebra dei limiti *finiti* è ormai una conseguenza del Teorema precedente.

Corollario 8.3 *Siano A un sottoinsieme dello spazio topologico X, x_0 un punto di accumulazione di A, f e g due funzioni definite in $A \setminus \{x_0\}$ a valori in **C**. Supponiamo che*

$$L = \lim_{x \to x_0} f(x), \qquad M = \lim_{x \to x_0} g(x).$$

Allora

1. $\lim_{x \to x_0}(f(x) + g(x)) = L + M,$
2. $\lim_{x \to x_0} f(x)g(x) = LM,$
3. $\lim_{x \to x_0} \frac{f(x)}{g(x)} = \frac{L}{M},$ *purché* $M \neq 0.$

Dimostrazione Si definiscono le funzioni f_* e g_* come nella Definizione 8.1, e si applica il Teorema 8.3. $\qquad\square$

Definizione 8.2 Siano $A \subset \mathbf{R}$ ed $f : A \to \mathbf{R}$. Supponiamo che $+\infty$ sia un punto di accumulazione per A.[2] Sia $L \in \widetilde{\mathbf{R}}$. Diremo che

$$L = \lim_{x \to +\infty} f(x)$$

se, per ogni intorno V di L in $\widetilde{\mathbf{R}}$ esiste un intorno U di $+\infty$ tale che $f(U \cap A) \subset V$

Una definizione analoga può essere formulata — ed il lettore potrà scriverla senza difficoltà — per il limite a $-\infty$.

---

[1] Per la disuguaglianza triangolare,

$$\varepsilon > |g(x) - g(x_0)| \geq |g(x_0)| - |g(x)|,$$

che implica $|g(x)| \geq |g(x_0)| - \varepsilon$.

[2] Ricordiamo che ciò avviene — per definizione della topologia della retta reale estesa — se e solo se ogni semiretta $(a, +\infty)$ contiene un punto di A.

Esempio 8.3 Risparmiandoci le solite premesse di struttura, la relazione

$$\lim_{x \to +\infty} f(x) = L \in \mathbf{R}$$

si traduce in: per ogni $\varepsilon > 0$ esiste $a \in \mathbf{R}$ tale che $|f(x) - L| < \varepsilon$ per ogni $x \in A \cap (a + \infty)$. Invece la relazione $\lim_{x \to +\infty} f(x) = +\infty$ si traduce in: per ogni $M \in \mathbf{R}$ esiste $a \in \mathbf{R}$ tale che $f(x) > M$ per ogni $x \in A \cap (a, +\infty)$.

Per funzioni a valori reali, è possibile dimostrare la validità di un'algebra dei limiti estesa, nella quale cioè i limiti siano punti di $\widetilde{\mathbf{R}} = \mathbf{R} \cup \{\pm\infty\}$. Tuttavia i seguenti esempi dovrebbero convincere anche il lettore più scettico che non possiamo sperare in un analogo del Teorema 8.3 nel caso in cui L, M o entrambi siano elementi di $\widetilde{\mathbf{R}}$.

Esempio 8.4 Per le funzioni

$$f(x) = x^\alpha, \qquad g(x) = x^\beta$$

risulta

$$\lim_{x \to +\infty} \frac{f(x)}{g(x)} = \begin{cases} +\infty & \text{se } \alpha > \beta \\ 1 & \text{se } \alpha = \beta \\ 0 & \text{se } \alpha < \beta. \end{cases}$$

Per $\alpha > 0$ e $\beta > 0$, entrambe le funzioni hanno limite $+\infty$ per $x \to +\infty$.

Esempio 8.5 Per le funzioni

$$f(x) = x^\alpha, \qquad g(x) = x^\beta$$

risulta

$$\lim_{x \to +\infty} (f(x) - g(x)) = \begin{cases} +\infty & \text{se } \alpha > \beta \\ 0 & \text{se } \alpha = \beta \\ -\infty & \text{se } \alpha < \beta. \end{cases}$$

Per $\alpha > 0$ e $\beta > 0$, entrambe le funzioni hanno limite $+\infty$ per $x \to +\infty$.

In breve, quando i *valori* dei limiti sono infiniti (tutti o in parte), l'algebra dei limiti presenta casi *non determinati*, per i quali è sempre richiesta un'analisi puntuale della situazione. Si parla comunemente di forme indeterminate. Per la somma l'unica forma indeterminata è

$$[-\infty + \infty].$$

Per il prodotto le forme indeterminate sono

$$[+\infty \cdot 0], \qquad [-\infty \cdot 0].$$

Per il quoziente abbiamo le forme indeterminate

$$\left[\frac{\pm\infty}{\pm\infty}\right], \qquad \left[\frac{0}{0}\right].$$

La forma indeterminata

$$\left[1^{\pm\infty}\right]$$

è una forma *secondaria*, nel senso che è riconducibile ad un'altra. Per vederlo, supponiamo che $f(x) \to 1$ e $g(x) \to +\infty$. Scrivendo

$$f(x)^{g(x)} = e^{g(x)\log f(x)}$$

notiamo che $g(x)\log f(x)$ si presenta nella forma indeterminata $[+\infty \cdot 0]$. Analogo discorso se $g(x) \to -\infty$.

Osservazione 8.4 La forma indeterminata $[1^\infty]$ è sempre fonte di ampie discussioni sui fondamenti dell'analisi. Confrontiamo i due limiti

$$\lim_{x\to+\infty} 1^x = 1$$
$$\lim_{x\to+\infty}\left(1 + \frac{1}{x}\right)^x = e.$$

La tentazione di affermare che entrambi sono forme indeterminate è sicuramente forte, ma non è fondata. La scrittura — simbolica — $[1^{\pm\infty}]$ deve essere interpretata come:

calcoliamo un limite della forma $\lim f(x)^{g(x)}$, dove $f(x) \to 1$ e $g(x) \to +\infty$ (o $g(x) \to -\infty$).

Questo è certamente vero per entrambi i casi. Ma nel primo caso la funzione *costante* $f : x \mapsto 1$ assume sempre il valore 1, per ogni x. Quindi $1^x = x$ per ogni $x \in \mathbf{R}$, ed evidentemente $\lim_{x\to+\infty} 1^x = 1$ senza alcuna necessità di parlare di forme indeterminate.

Non è il caso di dilungarci in un lungo elenco formale di risultati sulla parziale algebra dei limiti infiniti. Ci accontentiamo di proporre tre casi significativi, che il lettore potrà integrare facilmente con un po' di esperienza ed esercizio.

Teorema 8.4 *Se* $\lim_{x\to x_0} f(x) = +\infty$ *e se g è una funzione limitata dal basso in un intorno di* x_0, *allora* $\lim_{x\to x_0}(f(x) + g(x)) = +\infty$.

Dimostrazione   Supponiamo che W sia un intorno di x_0 tale che $g(x) \geq K$ per ogni $x \in U \setminus \{x_0\}$. Preso un numero reale $M > -K$ qualunque, esiste un intorno W' di x_0 tale che $f(x) > 2M$ per ogni $x \in W' \setminus \{x_0\}$. Definito $U = W \cap W'$, risulta

$$f(x) + g(x) \geq 2M + K > M,$$

e la dimostrazione è conclusa. $\square$

Teorema 8.5   *Se* $\lim_{x \to x_0} f(x) = +\infty$ *e se esistono un intorno* U *di* x_0 *ed un numero* $h > 0$ *tali che* $g(x) > h$ *per ogni* $x \in U \setminus \{x_0\}$, *allora* $\lim_{x \to x_0} f(x)g(x) = +\infty$.

Dimostrazione   Ci accontentiamo di un cenno. Possiamo supporre che $f > 0$ vicino ad x_0. Usando simboli analoghi a quelli della dimostrazione del Teorema 8.4, e supponendo senza perdita di generalità che $M > 0$, vediamo che

$$f(x)g(x) > f(x) \cdot h > hM$$

in un intorno di x_0, fatto salvo al più il punto $x = x_0$. Poiché $M > 0$ è arbitrario, si conclude. $\square$

Teorema 8.6   *Se* $\lim_{x \to x_0} f(x) = +\infty$ *(o* $-\infty$*), allora* $\lim_{x \to x_0} \frac{1}{f(x)} = 0$.

Dimostrazione   Vediamo il caso del limite uguale a $+\infty$. Sia $\varepsilon > 0$ arbitrario. Posto $M = 1/\varepsilon$, esiste un intorno U di x_0 tale che $f(x) > M$ per ogni $x \in U \setminus \{x_0\}$. Quindi, per tali x,

$$\frac{1}{f(x)} < \frac{1}{M} = \varepsilon.$$ $\square$

Teorema 8.7 (della permanenza del segno)   *Se* $\lim_{x \to x_0} f(x) = L > 0$ *(rispettivamente* $L < 0$), *esiste un intorno* U *di* x_0 *tale che* $f(x) > 0$ *(rispettivamente* $f(x) < 0$) *per ogni* $x \in U \setminus \{x_0\}$.

Dimostrazione   Supponiamo che $L > 0$. Scelto $\varepsilon = L/2 > 0$, esiste un intorno U di x_0 tale che $|f(x) - L| < \varepsilon$ per ogni $x \in U \setminus \{x_0\}$. In particolare

$$f(x) > L - \frac{L}{2} = \frac{L}{2} > 0$$

per tali x. Il caso $L < 0$ si deduce da questo considerando $-f$ al posto di f. $\square$

Si osservi che il Teorema della permanenza del segno continua a valere se $L = +\infty$: lasciamo le banali modifiche della dimostrazione come esercizio.

Per quanto riguarda la monotonia, il seguente risultato estende quanto già visto per le successioni di numeri reali.

Teorema 8.8 *Sia D un insieme diretto, e sia $S: D \to \mathbf{R}$ una successione (MS) monotona crescente.*[3] *Allora*

$$\lim S = \sup\{S_n \mid n \in D\}.$$

Se S è monotona decrescente, allora

$$\lim S = \inf\{S_n \mid n \in D\}.$$

Dimostrazione La dimostrazione è formalmente identica a quella del Teorema 6.4, con l'ovvia accortezza di sostituire la relazione d'ordine di $\mathbf{N}$ con la direzione $\geq$ di D. $\square$

Corollario 8.4 *Sia $f: \mathbf{R} \to \mathbf{R}$ una funzione monotona crescente, e sia $x_0 \in \mathbf{R}$. Allora*

$$\lim_{x \to x_0-} f(x) = \sup_{x < x_0} f(x)$$

e

$$\lim_{x \to x_0+} f(x) = \inf_{x > x_0} f(x).$$

Se f è decrescente, la conclusioni valgono dopo aver scambiato sup e inf a secondo membro.

8.4 Limite superiore ed inferiore per funzioni numeriche

Il concetto di limite superiore o inferiore per una successione ci guida verso una generalizzazione, valida per qualunque funzione reale definita su uno spazio topologico. In particolare il Teorema 6.8 suggerisce la seguente

Definizione 8.3 Sia D un insieme diretto da $\geq$. Se $S: D \to \mathbf{R}$ è una successione (MS), definiamo il limite inferiore di S come

$$\liminf S = \sup_{n \in D} \inf_{k \geq n} S_k,$$

e il limite superiore di S come

$$\limsup S = \inf_{n \in D} \sup_{k \geq n} S_k.$$

Imitando la dimostrazione del Teorema 6.7, si perviene al seguente

---

[3] Cioè $n \geq m$ in D implica $S_n \geq S_m$ in $\mathbf{R}$.

Teorema 8.9 *Sia $S: D \to \mathbf{R}$ una successione (MS) a valori reali. Condizione necessaria e sufficiente affinché s converga ad un limite finito o infinito, è che $\liminf S = \limsup S$.*

Osservazione 8.5 Il lettore particolarmente appassionato alla ricerca della generalità potrebbe osservare a questo punto che $\mathbf{R}$ può essere sostituito da qualunque insieme ordinato con la proprietà dell'estremo superiore. Per gli scopi dell'Analisi è comunque più che sufficiente conoscere il caso delle successioni (MS) a valori reali.

A questo punto, osserviamo che il sistema $\mathcal{U}(x_0)$ degli intorni di un punto di accumulazione x_0 in uno spazio topologico X è diretto:

$$U \geq V \text{ se e solo se } U \subset V.$$

Quindi la Definizione 8.3 si applica a qualunque funzione a valori reali, definita su uno spazio topologico. In dettaglio,[4]

Definizione 8.4 Siano X uno spazio topologico, x_0 un punto di accumulazione di X, $f: X \setminus \{x_0\} \to \mathbf{R}$ una funzione. Definiamo

$$\liminf_{x \to x_0} f(x) = \sup_{U \in \mathcal{U}(x_0)} \inf_{x \in U \setminus \{x_0\}} f(x)$$

$$\limsup_{x \to x_0} f(x) = \inf_{U \in \mathcal{U}(x_0)} \sup_{x \in U \setminus \{x_0\}} f(x).$$

Osservazione 8.6 Le definizioni di limite inferiore e superiore devono essere opportunamente interpretate nel caso in cui la funzione f non sia limitata nell'intorno di x_0. Precisamente, se $\inf_{x \in U} f(x) = -\infty$ per ogni intorno U di x_0, si intenderà

$$\liminf_{x \to x_0} f(x) = -\infty.$$

Se $\sup_{x \in U} f(x) = +\infty$ per ogni intorno U di x_0, si intenderà

$$\limsup_{x \to x_0} f(x) = +\infty.$$

Teorema 8.10 *Siano X uno spazio topologico, x_0 un punto di accumulazione di X, $f: X \setminus \{x_0\} \to \mathbf{R}$ una funzione. Risulta*

$$\liminf_{x \to x_0} f(x) \leq \limsup_{x \to x_0} f(x). \tag{8.2}$$

Inoltre, condizione necessaria e sufficiente affinché esista in $\widetilde{\mathbf{R}}$ il $\lim_{x \to x_0} f(x)$ è che valga il segno di uguaglianza in (8.2).

---

[4] La scelta di rimuovere il punto x_0 da tutti i suoi intorni non è obbligata, ed anzi alcuni considerano intorni pieni di x_0 nella definizione di limite inferiore e superiore. Qui preferiamo mantenere una coerenza con il discorso fatto precedentemente, secondo il quale il valore di un limite in un punto deve essere indipendente dal valore attribuito alla funzione in tale punto.

Dimostrazione Per ogni $U \in \mathcal{U}(x_0)$ poniamo

$$m'(U) = \inf_{x \in U \setminus \{x_0\}} f(x), \quad m''(U) = \sup_{x \in U \setminus \{x_0\}} f(x).$$

È chiaro che $m'(U) \le m''(U)$ per ogni siffatto U. Si deduce facilmente che vale
(8.2). Supponiamo adesso che esista finito $L = \lim_{x \to x_0} f(x)$. Preso $\varepsilon > 0$ qualunque, esiste un intorno V di x_0 tale che $|f(x) - L| < \varepsilon$ per ogni $x \in V \setminus \{x_0\}$. Essendo
per tali valori di x

$$L - \varepsilon < f(x) < L + \varepsilon,$$

vediamo che

$$L - \varepsilon \le m'(V) \le m''(V) \le L + \varepsilon.$$

Ma allora

$$L - \varepsilon \le \liminf_{x \to x_0} f(x) \le \limsup_{x \to x_0} f(x) \le L + \varepsilon,$$

e per l'arbitrarietà di $\varepsilon > 0$ deve valere l'uguaglianza in (8.2).

Viceversa, se limite inferiore e limite superiore coincidono con un valore finito
L, allora per ogni $\varepsilon > 0$ esiste un intorno U' di x_0 tale che

$$L - m'(U') \le \varepsilon.$$

Analogamente esiste un intorno U'' di x_0 tale che

$$m''(U'') - L \le \varepsilon.$$

Posto $U = U' \cap U''$, per ogni $x \in U$ risulta $f(x) \ge L - \varepsilon$ e $f(x) \le L + \varepsilon$, cioè
$L = \lim_{x \to x_0} f(x)$.

Il caso del limite infinito è simile, vediamo qualche cenno. Supponiamo che
$\lim_{x \to x_0} f(x) = +\infty$. Per ogni $M \in \mathbf{R}$ esiste un intorno U di x_0 tale che $f(x) > M$
per ogni $x \in U \setminus \{x_0\}$. Quindi $m'(U) \ge M$. Deduciamo che $\liminf_{x \to x_0} f(x) \ge$
$m'(U) \ge M$, e per l'arbitrarietà di M risulta $\liminf_{x \to x_0} f(x) = +\infty$. Osserviamo
che non è necessario dimostrare che $\limsup_{x \to x_0} f(x) = +\infty$, perché deriva da
(8.2). Se, viceversa, $\liminf_{x \to x_0} f(x) = +\infty$, per ogni $M \in \mathbf{R}$ esiste un intorno U
di x_0 tale che $\inf_{x \in U \setminus \{x_0\}} f(x) > M$. Quindi $\lim_{x \to x_0} f(x) = +\infty$. Il caso del limite
uguale a $-\infty$ è lasciato per esercizio. $\square$

Il seguente teorema estende alle funzioni il criterio di convergenza di Cauchy già
dimostrato per le successioni.

Teorema 8.11 *Siano X uno spazio topologico, x_0 un punto di accumulazione di X, $f: X \setminus \{x_0\} \to \mathbf{R}$ una funzione. Condizione necessaria e sufficiente affinché esista finito $\lim_{x \to x_0} f(x)$ è che per ogni $\varepsilon > 0$ esista un intorno V di x_0 tale che*

$$|f(x_1) - f(x_2)| < \varepsilon$$

per ogni coppia di punti x_1, x_2 in $V \setminus \{x_0\}$.

Dimostrazione   Supponiamo che esista finito $L = \lim_{x \to x_0} f(x)$. Sia $\varepsilon > 0$. Esiste un intorno V di x_0 tale che

$$|f(x) - L| < \frac{\varepsilon}{2}$$

per ogni $x \in V$, $x \neq x_0$. Se x_1 e x_2 sono punti qualunque di V, diversi da x_0, risulta

$$|f(x_1) - f(x_2)| \leq |f(x_1) - L| + |f(x_2) - L| < \varepsilon.$$

Viceversa, se vale la condizione espressa nel teorema, e se $\varepsilon > 0$, scegliamo un intorno V di x_0 tale che

$$|f(x_1) - f(x_2)| < \varepsilon$$

per ogni coppia di punti x_1, x_2 in $V \setminus \{x_0\}$. In particolare,

$$f(x_1) - \varepsilon < f(x_2) < f(x_1) + \varepsilon.$$

Ne discende che la funzione f è limitata nell'intorno $V \setminus \{x_0\}$, ed inoltre

$$f(x_1) - \varepsilon \leq m'(V) \leq m''(V) \leq f(x_1) + \varepsilon.$$

Ma allora

$$0 \leq \limsup_{x \to x_0} f(x) - \liminf_{x \to x_0} f(x) \leq m''(V) - m'(V) \leq 2\varepsilon.$$

L'arbitrarietà di $\varepsilon > 0$ implica finalmente che

$$\limsup_{x \to x_0} f(x) = \liminf_{x \to x_0} f(x). \qquad \square$$

In conclusione, abbiamo diverse caratterizzazioni dell'esistenza del limite.

Teorema 8.12 *Siano X uno spazio topologico, x_0 un punto di accumulazione di X, $f: X \setminus \{x_0\} \to \mathbf{R}$ una funzione. Sono affermazioni equivalenti:*

(i)   esista finito $\lim_{x \to x_0} f(x)$;,

(ii)   per ogni $\varepsilon > 0$ esista un intorno V di x_0 tale che

$$|f(x_1) - f(x_2)| < \varepsilon$$

per ogni coppia di punti x_1, x_2 in $V \setminus \{x_0\}$,

(iii) $\liminf_{x \to x_0} f(x) = \limsup_{x \to x_0} f(x)$.

Dimostrazione   Abbiamo già dimostrato separatamente che (ii) e (iii) equivalgono a (i). $\qquad \square$

8.5   Limite delle restrizioni

Definizione 8.5   Sia $f: X \to Y$ una funzione definita tra due insiemi (non vuoti).
Se $A \subset X$, la restrizione di f all'insieme A è la funzione $f_{|A}: A \to Y$ tale che
$f_{|A}(x) = f(x)$ per ogni $x \in A$.

Definizione 8.6   Siano X, Y due spazi topologici, e supponiamo che Y sia di
Hausdorff. Siano A un sottoinsieme (non vuoto) di X, e sia $x_0 \in X$ un punto di
accumulazione per A. Sia $f: X \to Y$ una funzione. Il limite di f lungo l'insieme
A nel punto x_0 è il valore — se esiste — del limite

$$\lim_{x \to x_0} f_{|A}(x).$$

Scriveremo più semplicemente

$$\lim_{\substack{x \to x_0 \\ x \in A}} f(x).$$

Un caso particolare è quello dei cosiddetti limiti direzionali nel punto x_0. Sia
$f: \mathbf{R} \to \mathbf{R}$ una funzione, e sia $x_0 \in \mathbf{R}$. Possiamo allora definire i limiti — se esistono

$$\lim_{\substack{x \to x_0 \\ x < x_0}} f(x)$$

$$\lim_{\substack{x \to x_0 \\ x > x_0}} f(x),$$

che possiamo chiamare rispettivamente limite da sinistra e limite da destra di f nel
punto x_0. Più in generale,

Definizione 8.7   Sia A un sottoinsieme di $\mathbf{R}$, e sia x_0 un punto di accumulazione
per A. Supponiamo che $f: A \to \mathbf{R}$ sia una funzione. Chiameremo

$$\lim_{x \to x_0 +} f(x) = \lim_{x \to x_0} f_{|A \cap (x_0, +\infty)} f(x)$$

$$\lim_{x \to x_0 -} f(x) = \lim_{x \to x_0} f_{|A \cap (-\infty, x_0)} f(x)$$

limite da sinistra e limite da destra di f nel punto x_0.

Il legame tra il limite e i limiti delle restrizioni è discusso nel seguente

Teorema 8.13   *Sia X uno spazio topologico, e sia Y uno spazio di Hausdorff.
Supponiamo che $X \setminus \{x_0\} = A \cup B$, dove A e B sono sottoinsiemi non vuoti di
X. Supponiamo infine che x_0 sia punto di accumulazione sia di A che di B. Sono
equivalenti:*

(a) $\lim_{x \to x_0} f(x) = L$,
(b) $\displaystyle\lim_{\substack{x \to x_0 \\ x \in A}} f(x) = L = \lim_{\substack{x \to x_0 \\ x \in B}} f(x)$

Dimostrazione È molto facile vedere che (a) implica (b), e lasciamo i dettagli per esercizio. Al contrario, supponiamo che valga (b), e fissiamo un intorno V di L in Y. Per ipotesi, esistono due intorni U_A e U_B di x_0 tali che

$$f(A \cap U_A \setminus \{x_0\}) \subset V$$
$$f(B \cap U_B \setminus \{x_0\}) \subset V.$$

Poniamo $U = U_A \cap U_B$. Allora U è un intorno di x_0. Se $x \in U$, ricordando che $X = A \cup B$ sappiamo che $x \in A$ oppure $x \in B$. In entrambi i casi, $f(x) \in V$, e segue che deve valere (a). $\qquad\square$

Nel caso speciale $X = Y = \mathbf{R}$ e

$$A = (-\infty, x_0), \qquad B = (x_0, +\infty),$$

vediamo che $\lim_{x \to x_0} f(x)$ esiste se e solo se esistono e sono uguali i limiti da sinistra e da destra nel punto x_0.

Esempio 8.6 Il limite

$$\lim_{x \to 0} \frac{1}{x}$$

non esiste. Infatti

$$\lim_{x \to 0-} \frac{1}{x} = -\infty, \qquad \lim_{x \to 0+} \frac{1}{x} = +\infty.$$

8.6 Cambiamento di variabile nei limiti

Una delle tecniche più diffuse per il calcolo (o per la semplificazione) dei limiti è quello del cambiamento di variabile. Immaginiamo ad esempio di voler calcolare il valore di

$$\lim_{x \to 0+} \sin\left(\frac{1}{x}\right).$$

Ponendo $z = 1/x$, ed osservando che $z \to +\infty$ quando $x \to 0+$, siamo portati a concludere che il limite precedente abbia lo stesso valore di

$$\lim_{z \to +\infty} \sin z.$$

Ma questo procedimento è corretto? In che senso si può passare dal primo al secondo limite (e viceversa)?

Teorema 8.14 *Siano E ed F spazi topologici, e sia $\psi\colon E \to F$ un omeomorfismo. Sia poi x_0 un punto di accumulazione di E, e si definisca $y_0 = \psi(x_0)$. Sia infine $g\colon F \setminus \{y_0\} \to G$, essendo G uno spazio di Hausdorff. Sotto queste ipotesi, le relazioni di limite[5]*

$$\lim_{y \to y_0} g(y) = m$$

e

$$\lim_{x \to x_0} g(\psi(x)) = m$$

sono logicamente equivalenti.

Dimostrazione Sia V un intorno di m in G. Se $\lim_{y \to y_0} g(y) = m$, esiste un intorno W di y_0 in F tale che $g(W \setminus \{y_0\}) \subset V$. Poiché ψ è biunivoca e continua, esiste un intorno U di x_0 in E tale che $\psi(U \setminus \{x_0\}) \subset W \subset \{y_0\}$. Dunque $g(\psi(U \setminus \{x_0\})) \subset V$, e dunque $\lim_{x \to x_0} g(\psi(x)) = m$. Viceversa, se $\lim_{x \to x_0} g(\psi(x)) = m$ e se V è un intorno di m in G, esiste un intorno U di x_0 in E tale che $g(\psi(U \setminus \{x_0\})) \subset V$. Poiché ψ^{-1} è continua, l'insieme $\psi(U)$ è un intorno W di y_0. Ricordando che ψ è biunivoca, $\psi(U \setminus \{x_0\}) = W \setminus \{y_0\}$. Quindi $g(W \setminus \{y_0\}) \subset V$, e la dimostrazione è conclusa. $\square$

In maniera del tutto analoga si dimostra il seguente risultato, che completa la teoria relativa al cambiamento di variabile nei limiti. Lasciamo la dimostrazione come esercizio.

Teorema 8.15 *Siano E, F e G tre spazi topologici, e assumiamo che F e G siano di Hausdorff. Sia x_0 un punto di accumulazione di E. Siano infine $f\colon E \setminus \{x_0\} \to F$ una funzione e $\varphi\colon F \to G$ un omeomorfismo. Sotto queste ipotesi, le relazioni di limite*

$$\lim_{x \to x_0} \varphi(f(x)) = L$$

e

$$\lim_{x \to x_0} f(x) = L$$

sono logicamente equivalenti.

Osservazione 8.7 Qualche manuale propone una versione leggermente più generale dei precedenti teoremi. In particolare l'ipotesi che ψ e φ siano omeomorfismi può essere indebolita e ricondotta ad una relazione di limite. Nei fatti la generalità che si guadagna è solo apparente, dal momento che la continuità di ψ e φ può essere recuperata passando alle solite ψ_* e φ_*, come nella Definizione 8.1.

---

[5] Ricordiamo che la variabile che descrive i limiti è sempre muta. Usiamo y invece di x solo per maggiore chiarezza.

8.7 Limiti secondo una base di filtro

Definizione 8.8 Sia X un insieme non vuoto, e sia $\mathcal{B}$ una base di filtro su X. Sia $f \colon X \to Y$ una funzione a valori in uno spazio topologico di Hausdorff. Diremo che f converge a L secondo $\mathcal{B}$ se

$$f_* \mathcal{B} \to L.$$

Più esplicitamente, f converge a L secondo $\mathcal{B}$ se per ogni intorno U di L esiste $B \in \mathcal{B}$ tale che $f(B) \subset U$.

Osservazione 8.8 Se X è uno spazio topologico, x_0 è un punto di accumulazione di X, e se $\mathcal{B}$ è una base del filtro degli intorni di un punto x_0 indotto su $X \setminus \{x_0\}$, la Definizione si riduce alla consueta definizione di limite vista sopra.

Come il lettore può ormai intuire, questa definizione di limite è estremamente versatile, e comprende in sé tutte le definizioni di limite finora incontrate. Ad esempio, per il limite direzionale è sufficiente considerare la base di filtro definita da

$$U \cap (x_0, +\infty),$$

al variare di U fra gli intorni di x_0 (e analogamente per il limite da sinistra). Ma anche il limite lungo un sottoinsieme A per il quale x_0 sia di accumulazione può essere visto come il limite lungo la base di filtro su $A \cap X$ i cui elementi siano gli insiemi

$$A \cap U \setminus \{x_0\},$$

al variare di U tra gli intorni di x_0.

È proprio questa grande libertà nella scelta della base di filtro $\mathcal{B}$ che fa della teoria dei filtri lo strumento più potente per parlare di convergenza e di limiti. Naturalmente, come già discusso, la teoria della convergenza lungo i filtri non toglie né aggiunge alcunché alla teoria delle successioni (MS). Tuttavia si confrontino le seguenti affermazioni:

(a) $\lim_{x \to x_0} f(x) = L$ se e solo se $f_*(\mathcal{B} \setminus \{x_0\}) \to L$, dove $\mathcal{B}$ è una base del filtro degli intorni di x_0 e il simbolo $\mathcal{B} \setminus \{x_0\}$ denota la base di filtro i cui elementi sono $U \setminus \{x_0\}$, al variare di $U \in \mathcal{B}$;

(b) per ogni successione (MS) S che converge a x_0, la successione (MS) $f \circ S$ converge a L.

È evidente che, mentre l'affermazione (a) coinvolge solo enti intimamente legati alla funzione f, l'affermazione (b) introduce una arbitraria funzione $S \colon D \to X$, definita su un insieme diretto D *del tutto arbitrario*. Secondo alcuni, la presenza di questo elemento *spurio* D fa sì che la definizione di limite mediante la convergenza delle successioni (MS) sia artificiosa, e quindi meno elegante di quella descritta dai filtri.

Si tratta — ovviamente — di discorsi piuttosto vaghi, nei quali il gusto personale ha l'ultima parola. A sostegno della teoria di Moore-Smith resta il fatto che qualunque libro di Analisi Matematica spiega come la continuità e i limiti per funzioni tra spazi metrici siano perfettamente descritta dal trasporto di successioni convergenti in successioni convergenti. La successioni (MS) sono pure e semplici estensioni del concetto di successione (definita su $\mathbf{N}$).

8.8 Problemi

8.1 Siano X e Y spazi topologici, e sia $f\colon X \to Y$. Dimostrare che se f è costante in un intorno puntato di x_0, allora

$$\lim_{x \to x_0} f(x)$$

esiste e coincide con il valore costante.

8.2 Siano X uno spazio topologico e $x_0 \in X$. Costruire una funzione $f\colon X \setminus \{x_0\} \to \mathbb{R}$ che non ammetta limite in x_0, ma tale che per ogni successione (x_n) convergente a x_0 esista il limite di $f(x_n)$.

8.3 Sia $f\colon A \to \mathbf{R}$, e sia x_0 un punto di accumulazione per A. Sono equivalenti:

1. $\lim_{x \to x_0+} f(x) = L$,
2. per ogni successione $\{x_n\}_n$ in A tale che $x_n > x_0$ per ogni n e $x_n \to x_0$, risulta $f(x_n) \to L$.

8.4 Sia $\mathbf{R}^2$ dotato della distanza euclidea, e sia $f\colon \mathbf{R}^2 \setminus \{(0,0)\} \to \mathbf{R}$ la funzione definita da

$$f(x, y) = \frac{x^2 y}{x^4 + y^2} \quad \text{per ogni } (x, y) \neq (0, 0).$$

Considerando prima la restrizione di f al fascio di rette di equazione $y = kx$, con $k \in \mathbf{R}$, e successivamente la restrizione di f al fascio di parabole di equazione $y = kx^2$, dimostrare che $\lim_{(x,y) \to (0,0)} f(x, y)$ non esiste.

8.5 Per la stessa funzione del Problema 8.4, si studi la natura dell'insieme

$$\{(x, y) \mid f(x, y) \le \varepsilon\},$$

al variare di $\varepsilon > 0$. In particolare, si osservi che tale insieme non è un intorno di $(0, 0)$.

8.6 (Teorema dei due carabinieri) Siano f, g e h tre funzioni reali definite in un intorno U di x_0. Se

$$f(x) \leq g(x) \leq h(x) \quad \text{per ogni } x \in U \setminus \{x_0\}$$

e se $\lim_{x \to x_0} f(x) = L = \lim_{x \to x_0} h(x)$, allora $\lim_{x \to x_0} g(x) = L$.

8.7 Assumendo che la funzione coseno sia continua e che $\sin x < x < \tan x$ per ogni $0 < x < \frac{\pi}{2}$, dimostrare che

$$\lim_{x \to 0} \frac{\sin x}{x} = 1.$$

Dedurre che

1. $\lim_{x \to 0} \frac{1 - \cos x}{x^2} = \frac{1}{2}$,
2. $\lim_{x \to 0} \frac{1 - \cos x}{x^2} = 0$.
3. $\lim_{x \to 0} \frac{\tan x}{x} = 1$,
4. $\lim_{x \to 0} \frac{\arcsin x}{x} = 1$.

8.8 Dimostrare che $\widetilde{\mathbf{R}}$ è uno spazio omeomorfo a $\left[-\frac{\pi}{2}, \frac{\pi}{2}\right]$. Può essere utile osservare che la funzione $x \mapsto \arctan x$ è un omeomorfismo di $\mathbf{R}$ su $\left(-\frac{\pi}{2}, \frac{\pi}{2}\right)$.

8.9 Si calcoli — se esiste — il seguente limite:

$$\lim_{x \to 0} \frac{x^2 \sin \frac{1}{x} + 3x \sin \frac{1}{x}}{x \sin \frac{1}{x}}$$

Capitolo 9
Funzioni (semi)continue a valori reali

Estratto In questo capitolo ci concentreremo sullo studio delle proprietà delle funzioni continue a valori reali. Anche se abbiamo già imparato la definizione di continuità per funzioni tra spazi topologici qualunque, il caso delle funzioni a valori reali presenta alcune peculiarità degne di menzione esplicita.

9.1 La proprietà dei valori intermedi

Teorema 9.1 *Sia X uno spazio topologico connesso, e sia $f\colon X \to \mathbf{R}$ una funzione continua. Se a e b sono due punti distinti di X, allora f assume (almeno una volta) tutti i valori compresi tra $f(a)$ e $f(b)$.*

Dimostrazione L'unico caso interessante è quello in cui $f(a) \neq f(b)$. Per fissare le idee, supponiamo che $f(a) < f(b)$, e fissiamo un valore λ tale che $f(a) < \lambda < f(b)$. Cerchiamo $x \in X$ tale che $f(x) = \lambda$. Ora, poiché X è uno spazio connesso e f è una funzione continua, anche l'insieme $f(X)$ è un sottoinsieme connesso di $\mathbf{R}$. Poiché i sottoinsiemi connessi di $\mathbf{R}$ sono tutti e soli gli intervalli (Teorema 4.32) e poiché $f(a)$ ed $f(b)$ appartengono a $f(X)$, anche λ deve appartenere a $f(X)$. Per definizione, questo significa che esiste $x \in X$ tale che $f(x) = \lambda$, e si conclude. $\square$

Corollario 9.1 *Sia I un intervallo di $\mathbf{R}$, e sia $f\colon I \to \mathbf{R}$ una funzione continua. Allora la funzione f assume tutti i valori compresi tra $\inf_I f$ e $\sup_I f$.*

Dimostrazione Possiamo ovviamente supporre che $\inf_I f < \sup_I f$ (altrimenti f è costante e non c'è nulla da dimostrare). In generale i valori $\inf_I f$ e $\sup_I f$ non sono assunti da f in I, quindi il Teorema 9.1 non è immediatamente applicabile. Tuttavia possiamo ricondurci ad esso con un semplice espediente. Fissiamo un valore λ compreso tra $\inf_I f$ e $\sup_I f$. Per definizione di estremo inferiore ed estremo

© The Author(s), under exclusive license to Springer Nature Switzerland AG 2026
S. Secchi, *Analisi Matematica*, La Matematica per il 3+2,
https://doi.org/10.1007/978-3-032-20804-0_9

superiore, esistono due punti a e b di I tali che

$$\inf_I f \le f(a) \le \lambda \le f(b) \le \sup_I f.$$

Per il Teorema 9.1, esiste $x \in [a, b]$ tale che $f(x) = \lambda$, e la dimostrazione è conclusa.
$\square$

Corollario 9.2 (Teorema degli zeri) *Sia $f : [a, b] \to \mathbf{R}$ una funzione continua. Se $f(a)f(b) < 0$, esiste un punto z compreso tra a e b tale che $f(z) = 0$.*

Dimostrazione L'ipotesi $f(a)f(b) < 0$ significa semplicemente che i valori $f(a)$ e $f(b)$ hanno segni opposti. Quindi $\inf_{[a,b]} f < 0$ e $\sup_{[a,b]} f > 0$. La conclusione segue dal Corollario 9.1 con $\lambda = 0$.
$\square$

Osservazione 9.1 Per una dimostrazione alternativa del Teorema degli zeri, basata su un algoritmo di bisezione, rimandiamo a [2]. Si veda anche il Problema 9.1.

9.2   Funzioni continue invertibili

Il problema della continuità della funzione inversa non è topologicamente banale. In qualche senso, si tratta di una difficoltà intrinseca: nella categoria degli spazi topologici, le funzioni interessanti sono esattamente gli omeomorfismi, cioè le funzioni continue dotate di inversa continua. La continuità della funzione inversa, quindi, non appare gratuita nemmeno nei casi più elementari.

Esempio 9.1 Definiamo una funzione $f : [0, 1] \cup (2, 3] \to \mathbf{R}$ come segue:

$$f(x) = \begin{cases} x & \text{se } 0 \le x \le 1 \\ x - 1 & \text{se } 2 < x \le 3. \end{cases}$$

Questa funzione è evidentemente continua ed iniettiva, e la sua inversa è la funzione $f^{-1} : [0, 2] \to \mathbf{R}$ tale che

$$f^{-1}(y) = \begin{cases} y & \text{se } 0 \le y \le 1 \\ y + 1 & \text{se } 1 < y \le 2. \end{cases}$$

È immediato verificare che f^{-1} è discontinua in $y = 1$.

Il risultato astratto più elementare è il seguente, che riprende il Teorema 4.40.

Teorema 9.2 *Siano X uno spazio compatto e Y uno spazio di Hausdorff. Se $f : X \to Y$ è continua e biunivoca, allora $f^{-1} : Y \to X$ è continua.*

Dimostrazione   Sia V un aperto di X. Dobbiamo dimostrare che $f(V)$ è un aperto di Y. Il complementare $C = X \setminus V$ è un chiuso di X, dunque C è compatto. Pertanto $f(C)$ è compatto in Y, e poiché Y è uno spazio di Hausdorff, $f(C)$ è un chiuso di Y. Osservando che $f(C) = Y \setminus f(V)$, deduciamo che $f(V)$ è un aperto di V. $\square$

Va da sé che le ipotesi del Teorema 9.2 sono piuttosto onerose: nell'Esempio 9.1 cade l'ipotesi di compattezza del dominio. Per funzioni reali di una variabile reale, è possibile stabilire una relazione forte tra la monotonia e l'invertibilità, e questo ci permetterà di esprimere la continuità attraverso la proprietà dei valori intermedi.

Consideriamo un intervallo chiuso e limitato $I = [a, b]$, e sia $f : I \to \mathbf{R}$ una funzione continua e strettamente crescente. Risulta

$$f(a) = \inf_{x \in I} f(x), \quad f(b) = \sup_{x \in I} f(x),$$

e pertanto $f(I) = [f(a), f(b)]$ per il Teorema dei Valori Intermedi. La funzione f è iniettiva, quindi possiamo definire la funzione inversa

$$f^{-1} : [f(a), f(b)] \to I.$$

Premettiamo una caratterizzazione della continuità per le funzioni strettamente monotone.

Teorema 9.3   *Sia $I = [a, b]$ un intervallo chiuso e limitato, e sia $f : I \to \mathbf{R}$ una funzione strettamente crescente. La funzione f è continua se e solo se $f(I) = [f(a), f(b)]$.*

Dimostrazione   Una direzione segue dal Corollario 9.1. Viceversa, supponiamo che $f(I) = [f(a), f(b)]$, e fissiamo un punto $x_0 \in (f(a), f(b))$. Per ogni $\varepsilon > 0$ per il quale

$$[f(x_0) - \varepsilon, f(x_0) + \varepsilon] \subset [f(a), f(b)],$$

esistono punti $x_1 < x_0 < x_2$ in I tali che

$$f(x_1) = f(x_0) - \varepsilon, \quad f(x_2) = f(x_0) + \varepsilon.$$

Sia

$$\delta = \min\{|x_1 - x_0|, |x_2 - x_0|\}.$$

Se $|x - x_0| < \delta$, allora $x_1 < x < x_2$ e $f(x_1) < f(x) < f(x_2)$. Quindi $|f(x) - f(x_0)| < \varepsilon$. Abbiamo così mostrato che f è continua in x_0. Il caso in cui x_0 sia uno degli estremi $f(a)$ o $f(b)$ richiede solo ovvie modifiche all'argomento precedente. $\square$

Teorema 9.4   *Se $f : I \to \mathbf{R}$ è una funzione continua e strettamente crescente definita sull'intervallo $I = [a, b]$. Allora f è biunivoca, $f(I) = [f(a), f(b)]$, e la funzione inversa $f^{-1} : [f(a), f(b)] \to I$ è strettamente crescente e continua.*

Dimostrazione Se y_1 e y_2 sono punti di $[f(a), f(b)]$ con $y - 1 < y_2$, e detti x_1, x_2 due punti di I tali che $f(x_1) = y_1$, $f(x_2) = y_2$, allora $x_1 < x_2$, cioè $f^{-1}(y_1) < f^{-1}(y_2)$. Se poniamo $I' = f(I)$, allora $f^{-1}(I') = I$, e quindi f^{-1} è continua per il precedente Teorema 9.3. $\square$

L'ipotesi che l'intervallo $I = [a, b]$ fosse chiuso e limitato è motivata solo da ragioni di comodità. Il Teorema 9.3 può essere generalizzato come segue.

Teorema 9.5 *Sia I un intervallo di $\mathbf{R}$, e sia $f : I \to \mathbf{R}$ una funzione strettamente crescente. La funzione f è continua se e solo se $f(I)$ è un intervallo.*

La dimostrazione è del tutto analoga a quella del Teorema 9.3. In cascata, il Teorema 9.4 ammette la seguente estensione, la cui dimostrazione dettagliata è ormai un esercizio.

Teorema 9.6 *Se $f : I \to \mathbf{R}$ è una funzione continua e strettamente crescente definita sull'intervallo I. Allora f è biunivoca, e la funzione inversa $f^{-1} : f(I) \to I$ è strettamente crescente e continua.*

9.3   Il teorema di Weierstrass

Cominciamo da un utile risultato ausiliario. È interessante osservare che il dominio di definizione della funzione non deve essere necessariamente uno spazio topologico.

Lemma 9.1 *Siano X un insieme, e $f : X \to \mathbf{R}$ una funzione. Allora $y = \sup f(X)$ appartiene alla chiusura di $f(X)$.*

Dimostrazione Supponiamo che $y \in \mathbf{R}$. Per definizione di estremo superiore, per ogni $\varepsilon > 0$ esiste $x_\varepsilon \in X$ tale che

$$y - \varepsilon < f(x_\varepsilon) \le y < y + \varepsilon.$$

Ne segue che ogni intorno di y interseca $f(X)$. Se $y = +\infty$, allora esistono punti x_n, $n \in \mathbf{N}$, tali che $f(x_n) \to +\infty$. Quindi ogni intorno di $+\infty$ interseca $f(X)$. $\square$

Quello che segue è uno dei risultati più profondi ed importanti di tutta l'Analisi Matematica.

Teorema 9.7 (Weierstrass) *Sia X uno spazio compatto per successioni, e sia $f : X \to \mathbf{R}$ una funzione continua. Allora f possiede almeno un punto di minimo assoluto e almeno un punto di massimo assoluto.*

Dimostrazione Dimostriamo l'esistenza di un punto di massimo assoluto. Sia $y = \sup_X f$. Per il Lemma 9.1, esiste una successione $\{x_n\}_n$ di punti di X tale che $f(x_n) \to y$. Dal momento che X è uno spazio compatto per successioni, esiste una sottosuccessione $\{x_{k_n}\}_n$ di $\{x_n\}_n$ che converge a qualche elemento x^* di X. Ma f è continua, dunque

$$y = \lim_{n \to +\infty} f(x_{k_n}) = f(x^*),$$

cioè f raggiunge nel punto x^* il suo massimo assoluto. Il caso del minimo assoluto è analogo. $\qquad\square$

Corollario 9.3 *Siano K un sottoinsieme chiuso e limitato di $\mathbf{R}^n$, $n \geq 1$, e $f\colon K \to \mathbf{R}$ una funzione continua. Allora f possiede almeno un punto di minimo assoluto e almeno un punto di massimo assoluto.*

Dimostrazione Ovvio, perché i compatti (per successioni) di $\mathbf{R}^n$ sono esattamente i sottoinsiemi chiusi e limitati. $\qquad\square$

Il seguente risultato, nella sua semplicità, è talvolta utile nella risoluzione di problemi di massimo e minimo.

Lemma 9.2 *Siano X uno spazio topologico, e $f\colon X \to \mathbf{R}$ una funzione continua. Se $A \subset X$, allora*

$$\inf_A f = \inf_{\overline{A}} f, \qquad \sup_A f = \sup_{\overline{A}} f.$$

Dimostrazione Poiché $A \subset \overline{A}$, evidentemente $\inf_A f \geq \inf_{\overline{A}} f$ e $\sup_A f \leq \sup_{\overline{A}} f$. Per brevità dimostreremo che vale l'uguaglianza tra gli estremi inferiori, lasciando al lettore le semplici modifiche per dedurre l'uguaglianza tra gli estremi superiori. Sia $m = \inf_A f$. Se $m = -\infty$ non c'è nulla da dimostrare, quindi supponiamo che $m \in \mathbf{R}$. Sia, per assurdo, $x_0 \in \overline{A}$ tale che $f(x_0) < m$. Per continuità, l'insieme

$$U = f^{-1}((-\infty, m))$$

è aperto in X, e pertanto esiste $x \in U \cap A$. Per definizione, $m \leq f(x) < m$, e questa contraddizione mostra che $\inf_{\overline{A}} f \leq \inf_A f$. $\qquad\square$

9.4 Funzioni semicontinue

Il Teorema di Weierstrass 9.7 è uno strumento eccezionale, che però mostra un piccolo difetto: non è capace di distinguere tra massimi e minimi (assoluti). Questo non è un problema di piccolo conto: in molte applicazioni è evidente che il massimo assoluto, o il minimo assoluto, non esistano, e quello che interessa è solo uno dei due valori.

In questa sezione mostriamo come, indebolendo il concetto di continuità, sia possibile dimostrare un teorema di esistenza che assicuri l'esistenza dei soli minimi assoluti o dei soli massimi assoluti.

Definizione 9.1 Siano X uno spazio topologico, $f : X \to \widetilde{\mathbf{R}}$ una funzione a valori reali estesi. Diremo che f è semicontinua inferiormente se l'insieme

$$[f \leq t] = \{x \in X \mid f(x) \leq t\}$$

è chiuso in X per ogni scelta di $t \in \widetilde{\mathbf{R}}$. Analogamente, f è semicontinua superiormente se l'insieme

$$[f \geq t] = \{x \in X \mid f(x) \geq t\}$$

è chiuso in X per ogni scelta di $t \in \widetilde{\mathbf{R}}$.

Osservazione 9.2 Banalmente, f è semicontinua inferiormente se e solo se l'insieme

$$[f > t] = \{x \in X \mid f(x) > t\}$$

è aperto in X per ogni scelta di $t \in \widetilde{\mathbf{R}}$. Un risultato analogo sussiste per la semicontinuità superiore.

Nel seguito, per alleggerire la terminologia scriveremo s.c.i. al posto di semicontinua inferiormente. In maniera duale, s.c.s. significherà semicontinua superiormente. Ci concentreremo sulla semicontinuità inferiore, anche perché la semicontinuità superiore di f è equivalente alla semicontinuità inferiore di $-f$.

Teorema 9.8 *Siano X uno spazio topologico, $f : X \to \widetilde{\mathbf{R}}$ una funzione a valori reali estesi. Sono equivalenti:*

(a) f è s.c.i.
(b) per ogni $x \in X$, $f(x) \leq \liminf_{y \to x} f(y)$.

Dimostrazione Supponiamo che sussista la proprietà (b), e fissiamo $t \in \widetilde{\mathbf{R}}$. Sia x un punto tale che $f(x) > t$. Poiché $\liminf_{y \to x} f(y) \geq f(x) > t$, esiste un intorno U di x tale che $\inf_{y \in U \setminus \{x\}} f(y) > t$. Quindi $[f > t]$ è un insieme aperto in X.

Viceversa, supponiamo che $[f > t]$ sia aperto in X per ogni $t \in \widetilde{\mathbf{R}}$. Fissiamo un punto $x \in X$. Se $f(x) = -\infty$, $\liminf_{y \to x} f(y) \geq f(x)$. Altrimenti, sia t un qualunque numero minore di $f(x)$. Poiché $[f > t]$ è aperto in X, esiste un intorno U di x tale che $U \subset [f > t]$. Quindi $\inf_{y \in U \setminus \{x\}} \geq t$, il che implica che $\liminf_{y \to x} f(y) \geq t$. Passando al limite per $t \to f(x)-$, otteniamo che $f(x) \leq \liminf_{y \to x} f(y)$. $\square$

Definizione 9.2 Siano X uno spazio topologico, $f : X \to \widetilde{\mathbf{R}}$. Diremo che f è sequenzialmente s.c.i. se, per ogni $x \in X$ e per ogni successione di punti $x_n \in X \setminus \{x\}$ tale che $x_n \to x$, risulta

$$f(x) \le \liminf_{n \to +\infty} f(x_0).$$

Teorema 9.9 *Se una funzione è s.c.i., allora è anche sequenzialmente s.c.i.*

Dimostrazione Infatti, preso un qualunque intorno U di x, esiste $n \in \mathbf{N}$ tale che $x_k \in U \setminus \{x\}$ per $k \ge n$. Quindi

$$\inf_{y \in U \setminus \{x\}} f(y) \le \inf_{k \ge n} f(x_k).$$

Ma allora

$$f(x) \le \liminf_{y \to x} f(y) \le \liminf_{n \to +\infty} f(x_n). \qquad \square$$

Siamo pronti per dimostrare una versione più generale del Teorema di Weierstrass.

Teorema 9.10 *Siano X uno spazio topologico compatto, $f : X \to \mathbf{R}$ una funzione sequenzialmente s.c.i. Allora f raggiunge il suo minimo assoluto.*

Dimostrazione Sia $m = \inf_X f$. Esiste una successione $\{x_n\}_n$ di punti di X tale che

$$m \le f(x_n) \le m + \frac{1}{n}.$$

Per compattezza, una sottosuccessione $\{x_{k_n}\}_n$ converge a qualche $x \in X$. Poiché f è s.c.i.,

$$f(x) \le \liminf_{n \to +\infty} f(x_{k_n}) = m.$$

In particolare, $m > -\infty$, e $f(x) = m$. $\qquad \square$

Corollario 9.4 *Siano X uno spazio topologico compatto, $f : X \to \mathbf{R}$ una funzione sequenzialmente s.c.s. Allora f raggiunge il suo massimo assoluto.*

Dimostrazione È sufficiente osservare che la funzione $-f$ è sequenzialmente s.c.i.
$\qquad \square$

Resta ancora aperta una domanda: è possibile indebolire la richiesta che lo spazio topologico su cui la funzione è definita sia compatto? Come sappiamo bene, la compattezza è una richiesta forte. La funzione $f : \mathbf{R} \to \mathbf{R}$ definita da $f(x) = x^2$ è certamente continua, raggiunge il suo unico punto di minimo assoluto in $x_0 = 0$, ma evidentemente $\mathbf{R}$ non è uno spazio topologico compatto.

Definizione 9.3 Siano X uno spazio topologico, $f: X \to \widetilde{\mathbf{R}}$ una funzione. Diremo che f è coerciva se, per ogni $\lambda \in \mathbf{R}$, l'insieme

$$[f \leq \lambda] = \{x \in X \mid f(x) \leq \lambda\}$$

è relativamente compatto in X.[1]

Osservazione 9.3 Quando X sia $\mathbf{R}^n$ (o più generalmente uno spazio vettoriale normato), la seguente condizione garantisce la coercività di f:

$$\lim_{|x| \to +\infty} f(x) = +\infty.$$

Infatti da essa deriva immediatamente che ogni insieme $[f \leq \lambda]$ è limitato, e dunque relativamente compatto. In alcuni testi questa relazione di limite è addirittura presa come definizione della coercività.

Possiamo ormai riproporre il Teorema 9.10 in una veste più generale.

Teorema 9.11 *Siano X uno spazio topologico, $f: X \to \mathbf{R}$ una funzione sequenzialmente s.c.i. Se f è coerciva, allora f raggiunge il suo minimo assoluto.*

Dimostrazione Sia $m = \inf_X f$. Esiste una successione $\{x_n\}_n$ di punti di X tale che

$$m \leq f(x_n) \leq m + \frac{1}{n}.$$

Possiamo allora supporre che $x_n \in [f \leq m + 1]$ per ogni n. Per ipotesi, l'insieme $[f \leq m+1]$ è compatto, e dunque esiste una sottosuccessione $\{x_{k_n}\}_n$ tale che $x_{k_n} \to x \in X$. Come sopra, concludiamo che $m \leq f(x) \leq \liminf_{n \to +\infty} f(x_{k_n}) = m$. $\square$

Segnaliamo che un analogo del Lemma 9.2 sussiste per le funzioni semicontinue.

Teorema 9.12 *Siano X uno spazio topologico e $f: X \to \mathbf{R}$ una funzione a valori reali.*

(a) Se f è semicontinua inferiormente, allora per ogni $A \subset X$ risulta $\sup_A f = \sup_{\overline{A}} f$.

(b) Se f è semicontinua superiormente, allora per ogni $A \subset X$ risulta $\inf_A f = \inf_{\overline{A}} f$.

Dimostrazione La dimostrazione è sostanzialmente identica a quella del Lemma 9.2. Riportiamo i dettagli del punto (b), lasciando le ovvie modifiche necessarie per dimostrare il punto (a) al lettore. Poiché $A \subset \overline{A}$, evidentemente $\inf_A f \geq \inf_{\overline{A}} f$.

---

[1] Cioè la sua chiusura è un insieme compatto.

Viceversa, definiamo $m = \inf_A f$ e supponiamo che esista $x_0 \in \overline{A}$ tale che $f(x_0) < m$. Ora, l'insieme

$$U = \{x \in X \mid f(x) < m\}$$

è aperto in X, in quanto f è semicontinua superiormente. Essendo un intorno aperto di x_0, esiste un punto $x \in U \cap A$. Quindi $m \le f(x) < m$, e questa contraddizione mostra che $\inf_A f = \inf_{\overline{A}} f$. $\qquad\qquad\square$

9.5 Continuità uniforme

Come ampiamente visto, il concetto di continuità in Analisi è introdotto in modo *locale*, cioè punto per punto. In questa sezione presentiamo una proprietà simile per le funzioni, che ha tuttavia natura *globale*.

Definizione 9.4 Siano X e Y due spazi metrici, e sia $f\colon X \to Y$ una funzione. Diremo che f è uniformemente continua se, per ogni $\varepsilon > 0$, esiste $\delta > 0$ tale che

$$d(f(x), f(y)) < \varepsilon$$

per ogni $x \in X$, $y \in X$ tali che $d(x, y) < \delta$.

Osservazione 9.4 Ogni funzione uniformemente continua è continua (in ogni punto di X). Il viceversa non è — in generale — vero. In effetti, se definiamo $f(x) = 1/x$ per ogni $x \in (0, 1)$, comunque si prenda $\delta > 0$, basta definire

$$x = \min\left\{\delta, \frac{1}{2}\right\}, \quad y = \frac{1}{2}x$$

ed osservare che

$$|x - y| = \frac{1}{2}x < \delta$$
$$|f(x) - f(y)| = \left|\frac{2}{x} - \frac{1}{x}\right| \ge 2.$$

La differenza macroscopica fra la definizione di continuità e quella di continuità uniforme è nella dipendenza (implicita) di δ dal punto in cui si afferma la continuità. La continuità uniforme, *grosso modo*, è la richiesta che, in corrispondenza di $\varepsilon > 0$, esista un unico $\delta > 0$ che descrive la continuità in tutti i punti del dominio, simultaneamente. Come appena visto, la scelta uniforme di questo parametro δ non è sempre possibile. Il prossimo risultato, comunque, dimostra ancora una volta l'importanza della compattezza.

Teorema 9.13 (Heine-Cantor) *Siano X e Y due spazi metrici. Se X è compatto e $f: X \to Y$ è continua, allora f è uniformemente continua.*

Dimostrazione Ragioniamo per assurdo, negando la tesi. Esiste $\varepsilon_0 > 0$ tale che, comunque si scelga $\delta > 0$, sia possibile scegliere punti x ed y in X con le proprietà che $d(x, y) < \delta$ ma $d(f(x), f(y)) \geq \varepsilon_0$. Assegnando a δ i valori $\frac{1}{n}$, $n = 1, 2, \ldots$, otteniamo in questo modo due successioni $\{x_n\}_n$ e $\{y_n\}_n$ in X tali che

$$d(x_n, y_n) < \frac{1}{n}, \quad d(f(x_n), f(y_n)) \geq \varepsilon_0.$$

Poiché X è uno spazio metrico compatto, esistono sottosuccessioni $\{x_{k_n}\}_n$ e $\{y_{k_n}\}_n$ convergenti in X. Ora, se $x_{k_n} \to x$ e $y_{k_n} \to y$, risulta

$$0 \leq d(x, y) = \lim_{n \to +\infty} d(x_{k_n}, y_{k_n}) \leq \lim_{n \to +\infty} \frac{1}{k_n} = 0$$

e pertanto $x = y$. Questo però è impossibile, perché dalla continuità di f segue che

$$0 < \varepsilon_0 \leq \lim_{n \to +\infty} d(f(x_n), f(y_n)) = d(f(x), f(y)) = 0.$$

Questa contraddizione permette di concludere che f è uniformemente continua. $\square$

La continuità uniforme si rivela uno strumento molto efficace anche per affrontare un classico problema dell'analisi e della topologia: il prolungamento continuo di una funzione. I teoremi di estensione sono un argomento consolidato della Topologia Generale, e rimandiamo a [13] o a [5] per alcuni risultati generali. In questa sede ci accontentiamo di un teorema di prolungamento per passaggio al limite.

Teorema 9.14 *Siano X uno spazio metrico, T un sottoinsieme di X, Y uno spazio metrico completo. Per ogni funzione $f: T \to Y$ uniformemente continua, esiste una ed una sola estensione $\tilde{f}: \overline{T} \to Y$ tale che $\tilde{f}$ sia uniformemente continua e $\tilde{f} = f$ su T.*

Dimostrazione La funzione f trasforma successioni di Cauchy in successioni di Cauchy. Sia infatti $\{x_n\}_n$ una successione di Cauchy in T. Preso $\varepsilon > 0$, esiste $\delta > 0$ tale che $d(x, y) < \delta$ implichi $d(f(x), f(y)) < \varepsilon$. Sia ν un indice naturale tale che, per $n > \nu$ e $m > \nu$ si abbia $d(x_n, x_n) < \delta$. Allora $d(f(x_n), f(x_m)) < \varepsilon$. Quindi $\{f(x_n)\}_n$ è una successione di Cauchy.

Fissiamo arbitrariamente un punto $x \in \overline{T}$. Esiste allora una successione $\{x_n\}_n$ di punti di T tale che $x_n \to x$ in T. In particolare $\{x_n\}_n$ è una successione di Cauchy, e per quanto visto sopra anche $\{f(x_n)\}_n$ è una successione di Cauchy. La completezza di Y garantisce l'esistenza di un limite y per $\{f(x_n)\}_n$. Osserviamo che l'elemento y dipende solo dal punto x, ma non dalla particolare successione $\{x_n\}_n$ utilizzata nella costruzione. Infatti, se $\{z_n\}_n$ è una successione in T tale che $z_n \to x$, allora

$$d(x_n, z_n) \to 0,$$

e per la continuità uniforme di f,

$$d(f(x_n), f(z_n)) \to 0.$$

Segue che anche $f(z_n) \to y$. A questo punto, possiamo definire $\tilde{f}(x) = y$.

Osserviamo che questa è l'unica definizione possibile che renda $\tilde{f}$ continua. Infatti, se $\tilde{f}$ è continua nel punto x, allora $\lim_{n \to +\infty} \tilde{f}(x_n) = \tilde{f}(x)$ per ogni successione $\{x_n\}_n$ convergente a x. Siccome $\tilde{f} = f$ in T, deve risultare $f(x_n) = \tilde{f}(x_n)$ per ogni successione $\{x_n\}_n$ in T, e dunque $\tilde{f}(x) = \lim_{n \to +\infty} f(x_n)$.

Il fatto che $\tilde{f}$ coincida con f in T è chiaro: basta scegliere la successione costante $x_n = x \in T$ nella definizione. Mostriamo infine che $\tilde{f}$ è una funzione uniformemente continua. Preso arbitrariamente $\varepsilon > 0$, la continuità uniforme di f garantisce l'esistenza di $\delta > 0$ tale che $d(x, y) < \delta$ implichi $d(f(x), f(y)) < \varepsilon$.

Siano x ed y due elementi di $\overline{T}$ tali che $d(x, y) < \delta$. Scegliamo due successioni $\{x_n\}_n$ e $\{y_n\}_n$ in T che convergano rispettivamente ad x e y. Poiché $d(x, y) = \lim_{n \to +\infty} d(x_n, y_n) < \delta$, esiste ν tale che $d(x_n, y_n) < \delta$ per $n > \nu$. Ora, per $n > \nu$ si ha $d(f(x_n), f(y_n)) < \varepsilon$, ed in particolare

$$d(\tilde{f}(x), \tilde{f}(y)) = \lim_{n \to +\infty} d(f(x_n), f(y_n)) \leq \varepsilon.$$

L'arbitrarietà di $\varepsilon > 0$ garantisce che $\tilde{f}$ sia uniformemente continua. $\square$

Osservazione 9.5   È importante osservare che la continuità uniforme non è un concetto che appartenga alla categoria degli spazi topologici. Solo in alcuni spazi, ad esempio quelli metrici, è possibile esprimere un concetto di vicinanza simultanea a punti diversi. Gli spazi metrici sono l'esempio più elementare di spazio uniforme, una categoria topologica introdotta da A. Weyl.

Il caso delle funzioni reali presenta qualche ulteriore specificità.

Teorema 9.15   *Siano A un sottoinsieme limitato di uno spazio metrico, e $f : A \to \mathbf{R}$ una funzione uniformemente continua. Allora f è limitata.*

Dimostrazione   Scegliendo $\varepsilon = 1$ nella definizione di continuità uniforme, selezioniamo $\delta > 0$ tale che $|f(x) - f(y)| < 1$ per ogni $x \in A$, $y \in A$ tali che $d(x, y) < \delta$. Poiché A è un sottoinsieme limitato, è possibile ricoprire A con un numero finito di palle di raggio δ:

$$A \subset \bigcup_{i=1}^{n} B(x_i, \delta),$$

dove $x_i \in A$ per ogni i. Qualunque sia $x \in A$, esiste i tale che $x \in B(x_i, \delta)$, e pertanto

$$|f(x)| \leq |f(x) - f(x_i)| + |f(x_i)| < 1 + |f(x_i)|.$$

Se definiamo

$$M = |f(x_1)| + \cdots + |f(x_n)|,$$

vediamo che $\sup_{x \in A} |f(x)| \leq M$.   □

La limitatezza di A è stata essenziale per dimostrare il precedente risultato. Vediamo adesso che cosa può succedere rimuovendo questa condizione.

Teorema 9.16 *Se $f : \mathbf{R} \to \mathbf{R}$ è uniformemente continua, esistono costanti reali a e b tali che $|f(x)| \leq a|x| + b$ per ogni $x \in \mathbf{R}$.*

Dimostrazione Fissiamo $\delta > 0$ tale che $|f(x) - f(y)| < 1$ non appena $|x - y| < \delta$. Sia $x \in \mathbf{R}$ un punto qualsiasi, e scegliamo il più piccolo intero m tale che $|x| < m\delta$. Quindi $(m - 1)\delta \leq |x| < m\delta$, e di conseguenza $m \leq 1 + \frac{|x|}{\delta}$. Applicando la disuguaglianza triangolare,

$$|f(0) - f(x)| = \left| f(0) - \sum_{j=1}^{m-1} f\left(\frac{jx}{m}\right) + \sum_{j=1}^{m-1} f\left(\frac{jx}{m}\right) - f(x) \right|$$

$$\leq \sum_{j=1}^{m} \left| f\left(\frac{(j-1)x}{m}\right) - f\left(\frac{jx}{m}\right) \right| < m,$$

dal momento che per ogni $j = 1, 2, \ldots, m$ risulta

$$\left| \frac{(j-1)x}{m} - \frac{jx}{m} \right| = \frac{|x|}{m} < \delta.$$

In conclusione,

$$|f(x)| \leq |f(x) - f(0)| + |f(0)|$$

$$< m + f(0) \leq \frac{|x|}{m} + 1 + |f(0)|,$$

e la tesi segue ad esempio con $a = \frac{1}{\delta}$ e $b = 1 + |f(0)|$.   □

9.6 Problemi

9.1 Il seguente schema conduce ad una dimostrazione sequenziale del Teorema degli Zeri.

1. Sia $f : [a, b] \to \mathbf{R}$ una funzione continua tale che $f(a) < 0$ e $f(b) > 0$. Consideriamo il punto medio $c = \frac{a+b}{2}$ dell'intervallo $[a, b]$ Se $f(c) = 0$, abbiamo individuato uno zero di f.

2. Se $f(c) < 0$, definiamo $a_1 = c$ e $b_1 = b$. Se $f(c) > 0$ definiamo $a_1 = a$ e $b_1 = c$. Abbiamo così costruito un intervallo $I_1 = [a_1, b_1]$ tale che $I_1 \subset [a, b]$, la cui lunghezza è la metà della lunghezza di $[a, b]$.
3. Iteriamo questo algoritmo induttivamente: supponendo di aver costruito un intervallo $I_n = [a_n, b_n]$ lo dividiamo a metà con il punto medio $c_n = \frac{a_n + b_n}{2}$. Se $f(c_n) < 0$, definiamo $a_{n+1} = a_n$ e $b_{n+1} = b_n$. Se $f(c_n) > 0$, definiamo $a_{n+1} = c_n$ e $b_{n+1} = b_n$. Se infine $f(c_n) = 0$, l'algoritmo si arresta perché abbiamo trovato uno zero di f.
4. Gli intervalli così costruiti soddisfano $I_{n+1} \subset I_n$ per ogni n, e la lunghezza di I_{n+1} è la metà della lunghezza di I_n.
5. L'intersezione di tutti gli I_n contiene uno ed un solo punto $z \in [a, b]$, per il quale $f(z) = \lim_{n \to +\infty} f(a_n) = \lim_{n \to +\infty} f(b_n)$.
6. Per permanenza del segno, $f(z) \le 0$ e $f(z) \ge 0$, quindi $f(z) = 0$.

9.2   Siano I un intervallo di $\mathbf{R}$, e $f \colon I \to \mathbf{R}$ una funzione continua e biunivoca. Allora f è strettamente monotona.

9.3   La funzione $f(x) = \sin \frac{1}{x}$, definita per ogni $x \in (0, 1]$, non è uniformemente continua.

9.4   Siano X uno spazio metrico, $f \colon X \to \mathbf{R}$ una funzione limitata. Per ogni $\delta > 0$ definiamo il modulo di continuità

$$\omega(\delta) = \sup\{|f(x) - f(y)| \mid x \in X,\, y \in X,\, d(x, y) < \delta\}.$$

1. Se $0 < \delta_1 < \delta_2$, allora $\omega(\delta_1) \le \omega(\delta_2)$.
2. La funzione f è uniformemente continua se e solo se $\lim_{\delta \to 0+} \omega(\delta) = 0$.

9.5   Sia $f \colon \mathbf{R} \to \mathbf{R}$ una funzione continua tale che i limiti

$$\lim_{x \to -\infty} f(x), \qquad \lim_{x \to +\infty} f(x)$$

esistano finiti. Allora f è uniformemente continua.

9.6   È possibile estendere la validità del Teorema 9.16 a funzioni reali definite su $\mathbf{R}^n$, con $n \ge 2$?

9.7   Sia $f \colon \mathbf{R} \to \mathbf{R}$ una funzione. Se

$$\lim_{|x| \to +\infty} f(x) = +\infty,$$

allora f è coerciva.

9.8 Sia $f : \mathbb{R} \to \mathbb{R}$ continua e tale che

$$\lim_{x \to +\infty} f(x) = +\infty \quad \text{e} \quad \lim_{x \to -\infty} f(x) = -\infty.$$

Dimostrare che f è suriettiva.

9.9 Sia $f : \mathbb{R}^n \to \mathbb{R}$ continua e tale che

$$\lim_{\|x\| \to \infty} f(x) = 0.$$

Dimostrare che f è limitata e che ammette massimo e minimo assoluti.

9.10 Sia f una funzione monotona nell'intervallo (a, b).

(a) Supponiamo, per comodità, che f sia monotona crescente, e denotiamo con E l'insieme dei punti di (a, b) in cui f non è continua. Per ogni $x \in E$, risulta $\lim_{t \to x-} f(t) < \lim_{t \to x+} f(t)$.
(b) Posto $f(x-) = \lim_{t \to x-} f(t)$ e $f(x+) = \lim_{t \to x+} f(t)$, per ogni $x \in E$ esiste un numero razionale $r(x)$ tale che $f(x-) < r(x) < f(x+)$.
(c) Se $x_1 \in E$, $x_2 \in E$ e $x_1 \neq x_2$, allora $r(x_1) \neq r(x_2)$.
(d) Si deduca che l'insieme E è finito o numerabile.

Capitolo 10
Calcolo differenziale

Estratto Dedichiamo questo capitolo all'introduzione del concetto di derivata, e allo sviluppo del Calcolo Differenziale per funzioni reali di una variabile reale. La nostra definizione di derivata, tuttavia, resta valida con le necessarie modifiche in contesti molto più generali.

10.1 Confronto locale tra funzioni

In tutta questa sezione, fisseremo un punto $c \in \widetilde{\mathbf{R}}$. Le funzioni di nostro interesse saranno definite in un insieme del tipo $U \setminus \{c\}$, dove U è un intorno di c in uno spazio topologico X, che considereremo assegnato una volta per tutte. Le funzioni assumeranno valori nello spazio euclideo $\mathbf{R}$.

Definizione 10.1 Diremo che una funzione f è o-piccolo di una funzione g nel punto c se esiste una funzione ω tale che

$$f(x) = \omega(x)g(x) \quad \text{in } U \setminus \{c\}$$
$$\lim_{x \to c} \omega(x) = 0.$$

In simboli:

$$f \in o_c(g).$$

Osservazione 10.1 Se $c \in \mathbf{R}$, modificando il valore $\omega(c)$ non è restrittivo supporre che la funzione ω sia continua nel punto c e soddisfi $\omega(c) = 0$.

Osservazione 10.2 Per estensione, ha senso definire l'insieme $o_c(g)$ come la famiglia di tutte le funzioni f che sono o-piccolo di g nel senso della Definizione 10.1.

S. Secchi, *Analisi Matematica*, La Matematica per il 3+2,
https://doi.org/10.1007/978-3-032-20804-0_10

Un abuso di notazione molto comune — al quale noi per primi pagheremo dazio nel resto del capitolo — consiste nella scrittura

$$f = o_c(g)$$

invece della più corretta $f \in o_c(g)$. L'uso del simbolo di uguaglianza è stato introdotto nel senso di *essere la stessa cosa*, ciò che è ovviamente incoerente nella notazione $f = o_c(g)$. Impareremo presto, tuttavia, che l'algebra degli o-piccoli è sufficientemente ricca da permetterci questo uso improprio dell'uguaglianza.

Teorema 10.1 *Nel caso in cui $g \neq 0$ in ogni punto diverso da c, sono equivalenti:*

(a) $f \in o_c(g)$,
(b) $\lim_{x \to c} \frac{f(x)}{g(x)} = 0$.

Dimostrazione   Ovvio, osservando che

$$\frac{f(x)}{g(x)} = \omega(x) \quad \text{per ogni } x \neq c. \qquad \square$$

Riflettiamo un momento sulle proprietà relazionali della Definizione 10.1. Se $f \in o_c(g)$ e $g \in o_c(h)$, allora $f \in o_c(h)$. Infatti, con chiaro significato dei simboli,

$$f(x) = \omega_1(x)g(x)$$
$$g(x) = \omega_2(x)h(x)$$

implicano $f(x) = \omega_1(x)\omega_2(x)h(x)$, e $\omega_1(x)\omega_2(x) \to 0$ per $x \to c$. Se escludiamo la funzione identicamente nulla in un intorno bucato di c, le relazioni $f \in o_c(g)$ e $g \in o_c(f)$ sono incompatibili. Infatti, se $f(x) = \omega_1(x)g(x)$ e $g(x) = \omega_2(x)f(x)$ per $x \neq c$, allora

$$f(x) = \omega_1(x)\omega_2(x)f(x)$$

per $x \neq c$. Il fatto che $\omega_1(x)\omega_2(x) \to 0$ per $x \to c$ ci permette di supporre che $\omega_1(x)\omega_2(x) \neq 1$ per ogni $x \neq c$, e dunque $f(x) = 0$ per ogni $x \neq c$. Ne segue $g(x) = 0$ per ogni $x \neq c$, ma abbiamo deciso sopra di escludere la funzione costantemente nulla dal nostro discorso.

Ricapitolando, nell'insieme F_c delle funzioni non indenticamente nulle in un intorno bucato del punto c, la relazione o_c soddisfa la proprietà transitiva e quella antisimmetrica in senso insiemistico, cioè

$$o_c \cap o_c^{-1} = \emptyset.$$

Sappiamo che, a questo punto, sarebbe sufficiente aggiungere la diagonale per ottenere la proprietà antisimmetrica nel senso più comune per gli ordinamenti. Tuttavia, questo è un caso in cui non ci sembra opportuno farlo: affermare che una funzione è o-piccolo di se stessa suona come una forzatura, proprio in virtù dell'idea che la seguente definizione rafforza.

Definizione 10.2   Per due funzioni f e g di F_c, diremo che

$$f \ll_c g$$

se $f \in o_c(g)$. In tal caso diremo che f è trascurabile rispetto a g nel punto c.

Teorema 10.2   *La relazione $\ll_c$ nell'insieme F_c soddisfa le seguenti proprietà:*

1. $f \ll_c g$ e $g \ll_c h$ implicano $f \ll_c h$;
2. $f \ll_c g$ e $g \ll_c f$ sono incompatibili, cioè $\ll_c \cap (\ll_c)^{-1} = \emptyset$.

Dimostrazione   La dimostrazione è stata fatta sopra. $\square$

La possibilità di ordinare le funzioni reali in base al comportamento asintotico nell'intorno di un punto è affascinante, ma non dobbiamo nemmeno farci trascinare dall'entusiasmo. La più grande debolezza della relazione di trascurabilità è che non è un ordine totale. Con facili esempi ci si convince che, prese due funzioni definite nell'intorno del punto c, non abbiamo motivo di presumere che l'una sia trascurabile rispetto all'altra.

Per ovviare a questo inconveniente, può essere comodo *restringere* l'insieme F_c fino ad ottenere sottoinsiemi totalmente ordinati rispetto a $\ll_c$. I seguenti esempi mostrano alcune possibilità in tal senso.

Esempio 10.1   Per $c \in \mathbf{R}$, la famiglia

$$\{x \mapsto |x - c|^\alpha \mid \alpha > 0\}$$

è la scala degli infinitesimi standard nel punto c.

Esempio 10.2   Per $c \in \mathbf{R}$, la famiglia

$$\left\{x \mapsto \frac{1}{|x - c|^\alpha} \mid \alpha > 0\right\}$$

è la scala degli infiniti standard nel punto c.

Esempio 10.3   Per $c = \pm\infty$, la famiglia

$$\{x \mapsto |x|^\alpha \mid \alpha > 0\}$$

è la scala degli infiniti standard in $c = \pm\infty$.

Esempio 10.4   Per $c = \pm\infty$, la famiglia

$$\left\{x \mapsto \frac{1}{|x|^\alpha} \mid \alpha > 0\right\}$$

è la scala degli infinitesimi standard in $c = \pm\infty$.

Dopo aver visto come *ordinare* opportune classi di funzioni in relazione al comportamento asintotico nell'intorno del punto c, vediamo come descrivere rigorosamente l'idea che due funzioni siano *simili* per $x \to c$.

Definizione 10.3   Diremo che le due funzioni f e g sono asintoticamente equivalenti nel punto c se esiste una funzione ω tale che $f(x) = \omega(x)g(x)$ per $x \neq c$ e $\lim_{x \to c} \omega(x) = 1$. In tal caso scriveremo

$$f \sim_c g.$$

La relazione $\sim_c$ gode di proprietà più immediate rispetto alla relazione di confronto locale, come dimostra il seguente enunciato.

Teorema 10.3   *La relazione $\sim_c$ è una relazione di equivalenza nell'insieme di tutte le funzioni definite in un intorno bucato di c.*

Dimostrazione   Procediamo con ordine.

- **Proprietà riflessiva.** $f \sim_c f$, perché basta scegliere la funzione ω identicamente uguale a 1.
- **Proprietà simmetrica.** Supponiamo $f \sim_c g$. Con il solito significato dei simboli, $f = \omega g$ in un intorno bucato di c. La funzione $\tilde{\omega} = 1/\omega$ è ben definita in un intorno bucato di c, dal momento che $\omega \neq 0$ vicino a c. Siccome $g = \tilde{\omega} f$, deduciamo che $g \sim_c f$.
- **Proprietà transitiva.** Se $f \sim_c g$ e $g \sim_c h$, allora $f = \omega_1 g$ e $g = \omega_2 h$. Quindi $f = \omega_1 \omega_2 h$, e si conclude grazie al fatto che $\omega_1(x)\omega_2(x) \to 1$ per $x \to c$. $\square$

Un ultimo criterio per confrontare il comportamento di due funzioni nell'intorno di un punto $c \in \widetilde{\mathbf{R}}$ è descritto nella seguente definizione. Per questo genere di confronto, il valore (eventualmente) assunto dalle funzioni nel punto c è irrilevante, e può essere modificato ad arbitrio senza alterare la definizione.

Definizione 10.4   Date due funzioni f e g, definite in un intorno di c, diremo che f è O-grande di g nel punto c se esistono una costante K ed un intorno U di c tali che $|f(x)| \leq K|g(x)|$ per ogni $x \in U$. Scriveremo in tal caso

$$f \in O_c(g),$$

o, con il solito abuso di notazione, $f = O_c(g)$.

Osservazione 10.3   È facile convincersi che la relazione $f = O_c(g)$ è equivalente a

$$\limsup_{x \to c} \left| \frac{f(x)}{g(x)} \right| < +\infty.$$

Teorema 10.4   *La relazione O_c gode delle proprietà riflessiva e transitiva.*

Dimostrazione   Lasciata come semplice esercizio. $\square$

Per il confronto O-grande, la proprietà antisimmetrica è meno gestibile. Ad esempio, per $c = +\infty$, le funzioni

$$f(x) = x$$
$$g(x) = x + 1$$

soddisfano $f = O_{+\infty}(g)$ e $g = O_{+\infty}(f)$, ma evidentemente $f \neq g$. In particolare, O_c non gode nemmeno della proprietà antisimmetrica in senso insiemistico, come lo stesso esempio mostra. In effetti sussiste una caratterizzazione molto suggestiva di questa situazione. La dimostrazione, che segue immediatamente scrivendo le ipotesi per esteso, è lasciata al lettore.

Proposizione 10.1 *Le relazioni $f = O_c(g)$ e $g = O_c(f)$ valgono simultaneamente se e solo se esistono costanti positive K' e K'' tali che*

$$K' \leq \left| \frac{f(x)}{g(x)} \right| \leq K''$$

in un intorno di c.

La Proposizione 10.1 è il punto di partenza per introdurre una classificazione delle funzioni che tendono a zero o che divergono ad infinito nell'intorno di c.

Definizione 10.5 Due funzioni f e g, entrambe definite in un intorno bucato di c, hanno lo stesso ordine di grandezza nel punto c se $f = O_c(g)$ e $g = O_c(f)$. Scriveremo in questo caso $f \asymp_c g$.

Teorema 10.5 *Se $f \sim_c g$, allora $f \asymp_c g$.*

Dimostrazione Sia ω una funzione tale che $\omega(x) \to 0$ per $x \to c$ e $f(x) = (1 + \omega(x))g(x)$ in un intorno bucato di c. allora esiste un intorno U di c tale che

$$\frac{1}{2} \leq |1 + \omega(x)| \leq 2 \quad \text{per ogni } x \in U \setminus \{c\}.$$

Segue immediatamente che $|f(x)| \leq 2|g(x)|$ e $|f(x)| \geq \frac{1}{2}|g(x)|$ per ogni $x \in U \setminus \{c\}$. $\qquad\square$

Definizione 10.6 La funzione f è un infinitesimo nel punto c se $\lim_{x \to c} f(x) = 0$. La funzione f è un infinito nel punto c se $\lim_{x \to c} f(x) = \pm\infty$.

Definizione 10.7 Sia $u > 0$ un infinito nel punto c. Se esiste $\alpha > 0$ tale che $f(x) \asymp u(x)^\alpha$ per $x \to c$, diremo che f ha ordine di infinito rispetto ad u uguale ad α nel punto c.

Ovviamente una definizione del tutto analoga è data nel caso in cui $u > 0$ sia un infinitesimo nel punto c.

Esempio 10.5   Fissata $u > 0$, esistono funzioni prive di ordine di infinito/infinitesimo rispetto ad u. Ad esempio, considerando $c = 0$, la funzione $f: x \mapsto \log \frac{1}{u(x)}$ non ha ordine di infinito rispetto all'infinito campione u. Infatti

$$\lim_{x \to 0} \frac{|f(x)|}{u(x)} = \lim_{x \to 0} \left| \frac{\log u(x)}{u(x)^\alpha} \right| = 0 \quad \text{per ogni } \alpha > 0.$$

10.2   Approssimazioni lineari in un punto e derivata come operatore lineare

Vediamo in questa sezione come sia possibile introdurre il concetto di derivata attraverso quello — più generale e flessibile — di differenziazione, o anche di *linearizzazione*.

Osservazione 10.4   Per adeguarci ad una notazione particolarmente diffusa, scriveremo

$$f(x) = o(g(x)) \text{ per } x \to c$$

invece di

$$f(x) = o_c(g(x)).$$

Definizione 10.8   Siano V e W due spazi vettoriali su $\mathbf{R}$. Una funzione $L: V \to W$ è lineare se

$$L(ax + by) = aL(x) + bL(y)$$

per ogni x e y in V e per ogni a, b in $\mathbf{R}$. Indicheremo con $L(V, W)$ l'insieme di tutte le funzioni lineari da V in W.

Osservazione 10.5   Il caso $V = W = \mathbf{R}$ — per quanto banale — ci interesserà da vicino. Poiché $x = x \cdot 1$ per ogni $x \in \mathbf{R}$, una funzione $L: \mathbf{R} \to \mathbf{R}$ è lineare se e solo se esiste $a \in \mathbf{R}$

$$L(x) = ax \qquad \text{per ogni } x \in \mathbf{R}.$$

Definizione 10.9   Siano A un insieme aperto di $\mathbf{R}$, $x_0 \in A$ e $f: A \to \mathbf{R}$. Diremo che f è differenziabile nel punto x_0 se esiste una funzione lineare $L \in L(\mathbf{R}, \mathbf{R})$ tale che

$$f(x) = f(x_0) + L(x - x_0) + o(|x - x_0|) \quad \text{per } x \to x_0.$$

In tal caso, la funzione L è indicata con uno dei simboli

$$Df(x_0), \quad df(x_0),$$

e talvolta con

$$Df_{x_0}, \quad df_{x_0}.$$

La funzione (lineare)

$$h \in \mathbf{R} \mapsto L(h)$$

è il differenziale di f nel punto x_0, mentre la funzione (affine)

$$h \in \mathbf{R} \mapsto f(x_0) + L(h)$$

è la linearizzazione di f nel punto x_0.

Per funzioni reali di una variabile reale, sussiste comunque la seguente caratterizzazione.

Teorema 10.6 *Siano A un insieme aperto di $\mathbf{R}$, $x_0 \in A$ e $f : A \to \mathbf{R}$. Sono equivalenti:*

(a) f è differenziabile in x_0,
(b) il limite

$$\lim_{x \to x_0} \frac{f(x) - f(x_0)}{x - x_0} \tag{10.1}$$

esiste finito.

In tal caso, il valore a del limite (10.1) è l'unico numero reale tale che $L(x) = ax$ per ogni x, essendo L la funzione lineare che appare nella definizione di differenziabilità di f.

Dimostrazione   Se vale (a), esiste $L \in L(\mathbf{R}, \mathbf{R})$ tale che

$$f(x) = f(x_0) + L(x - x_0) + o(|x - x_0|) \quad \text{per } x \to x_0.$$

Pertanto

$$\begin{aligned}
\lim_{x \to x_0} \frac{f(x) - f(x_0)}{x - x_0} &= \lim_{x \to x_0} \frac{L(x - x_0) + o(|x - x_0|)}{x - x_0} \\
&= \lim_{x \to x_0} \frac{a(x - x_0) + o(|x - x_0|)}{x - x_0} \\
&= a.
\end{aligned}$$

Viceversa, detto a il valore del limite in (10.1), dalla definizione di limite segue che

$$\frac{f(x) - f(x_0)}{x - x_0} = a + o(1) \quad \text{per } x \to x_0,$$

e dunque

$$
\begin{aligned}
f(x) &= f(x_0) + a(x - x_0) + o(1)(x - x_0) \\
&= f(x_0) + a(x - x_0) + o(x - x_0) \\
&= f(x_0) + a(x - x_0) + o(|x - x_0|).
\end{aligned}
$$

Quindi f è differenziabile in x_0. $\square$

Osservazione 10.6 Nel corso della dimostrazione abbiamo tacitamente fatto uso della relazione

$$
o(x - x_0) = o(|x - x_0|) \quad \text{per } x \to x_0.
$$

Questa scrittura, invero poco ortodossa ma nel complesso autoesplicativa, è conseguenza del fatto che $z \to 0$ se e solo se $|z| \to 0$.

Corollario 10.1 *Se f è differenziabile nel punto x_0, la funzione L è univocamente determinata.*

Dimostrazione Infatti L è descritta dalla formula $L(x) = ax$, dove $a = \lim_{x \to x_0} \frac{f(x) - f(x_0)}{x - x_0}$. Per l'unicità del limite, a è unico, così come L. $\square$

Ricapitolando, per funzioni reali di una variabile reale, il Teorema 10.6 permette di affermare che la differenziabilità in un punto x_0 equivale sempre all'esistenza del limite *finito* del rapporto incrementale centrato in x_0. Tutti sappiamo, fin dalle scuole superiori, che è proprio il limite (10.1) ad essere preso come definizione della derivata di una funzione f nel punto x_0. Dunque a che pro abbiamo anticipato la Definizione 10.9, come se fosse più importante?

La risposta è che, già per funzioni reali di due o più variabili reali, il Teorema 10.6 cessa di essere valido. Qualche lettore finirà per apprendere che esiste un calcolo differenziale per funzioni definite tra spazi vettoriali normati (si veda [22], ad esempio). Orbene, in tale contesto il rapporto incrementale perde completamente significato, ed è solo grazie al concetto di linearizzazione che si riesce a ricostruire un buon surrogato della derivata.

Definizione 10.10 Siano A un aperto di $\mathbf{R}$, $x_0 \in A$, $f: A \to \mathbf{R}$. La derivata di f nel punto x_0 è il valore del

$$
\lim_{x \to x_0} \frac{f(x) - f(x_0)}{x - x_0},
$$

purché questo limite esista finito. Per compatibilità con il Teorema 10.6, useremo uno dei simboli

$$
f'(x_0), \quad Df(x_0), \quad df(x_0).
$$

Osservazione 10.7   Confondere il valore numerico della derivata con la funzione lineare L che appare nella Definizione 10.9 è un evidente abuso logico. Tuttavia, abbiamo già osservato che esiste una corrispondenza biunivoca tra i numeri reali e le funzioni lineari di $L(\mathbf{R}, \mathbf{R})$. Proprio per questo tale abuso di notazione non ci preoccupa troppo.

> Da questo momento, ci riteniamo autorizzati ad utilizzare il concetto di derivata in termini di limite del rapporto incrementale, oppure in termini di linearizzazione. Inoltre, utilizzeremo i termini `differenziabile` e `derivabile` come sinonimi.

10.3   Derivabilità e continuità

Teorema 10.7   *Siano A un aperto di $\mathbf{R}$, $x_0 \in A$, $f\colon A \to \mathbf{R}$. Se f è derivabile in x_0, allora f è continua in x_0.*

Dimostrazione   Per ipotesi esiste una funzione lineare L tale che

$$f(x) = f(x_0) + L(x - x_0) + o(|x - x_0|) \quad \text{per } x \to x_0.$$

In quanto lineare, la funzione L è continua (in tutti i punti). Pertanto

$$\lim_{x \to x_0} f(x) = \lim_{x \to x_0} (f(x_0) + L(x - x_0) + o(|x - x_0|)) = f(x_0). \qquad \square$$

Esempio 10.6   Il viceversa del Teorema 10.7 è banalmente falso. La funzione $x \mapsto |x|$ è continua in $\mathbf{R}$, ma nel punto $x_0 = 0$ non è derivabile. Supponiamo infatti che esista un numero a tale che

$$|x| = ax + o(|x|) \quad \text{per } x \to 0.$$

In particolare,

$$\lim_{x \to 0+} \frac{x - ax}{x} = 0,$$

e deve essere $a = 1$. Ma

$$\lim_{x \to 0-} \frac{-x - ax}{-x} = 0,$$

e deve essere $a = -1$. Quindi f non è derivabile in $x_0 = 0$.

10.4 Il calcolo differenziale

Teorema 10.8 *Siano f e g due funzioni reali definite in un aperto A di $\mathbf{R}$, e sia x_0 un punto di A.*

(a) La funzione $f + g$ è derivabile in x_0, e risulta

$$(f + g)'(x_0) = f'(x_0) + g'(x_0).$$

(b) La funzione fg è derivabile in x_0, e sussiste la formula di Leibniz

$$(fg)'(x_0) = f'(x_0)g(x_0) + f(x_0)g'(x_0).$$

(c) Se $g(x_0) \neq 0$, la funzione f/g è derivabile in x_0, e risulta

$$\left(\frac{f}{g}\right)'(x_0) = \frac{f'(x_0)g(x_0) - f(x_0)g'(x_0)}{g(x_0)^2}.$$

Dimostrazione   (a) Partendo dalle ipotesi

$$f(x) = f(x_0) + L_1(x - x_0) + o(|x - x_0|)$$
$$g(x) = g(x_0) + L_2(x - x_0) + o(|x - x_0|),$$

troviamo

$$f(x) + g(x) = L_1(x - x_0) + L_2(x - x_0) + o(|x - x_0|).$$

Quindi $f + g$ è derivabile, e il suo differenziale è $L_1 + L_2$. Per la nota corrispondenza fra differenziale e derivata, abbiamo verificato che la derivata della somma è la somma delle derivate.

(b) Muovendo dalle stesse ipotesi di (a),

$$
\begin{aligned}
f(x)g(x) &= (f(x_0) + L_1(x - x_0) + o(|x - x_0|)) \times \\
&\quad \times (g(x_0) + L_2(x - x_0) + o(|x - x_0|)) \\
&= f(x_0)g(x_0) + f(x_0)L_2(x - x_0) + f(x_0)o(|x - x_0|) + \\
&\quad + L_1(x - x_0)g(x_0) + L_1(x - x_0)L_2(x - x_0) + \\
&\quad + L_1(x - x_0)o(|x - x_0|) + \\
&\quad + g(x_0)o(|x - x_0|) + L_2(x - x_0)o(|x - x_0|) + \\
&\quad + o(|x - x_0|)o(|x - x_0|) \\
&= f(x_0)g(x_0) + (L_1(x - x_0)g(x_0) + f(x_0)L_2(x - x_0)) + o(|x - x_0|).
\end{aligned}
$$

Vediamo dunque che

$$h \mapsto L_1(h)g(x_0) + f(x_0)L_2(h)$$

è il differenziale del prodotto fg nel punto x_0, cioè

$$(fg)'(x_0) = f'(x_0)g(x_0) + f(x_0)g'(x_0).$$

Il punto (c) diventa più semplice se consideriamo preliminarmente il caso della funzione $1/g$. Procediamo con il rapporto incrementale. Poiché stiamo supponendo che $g(x_0) \neq 0$, per il teorema della permanenza del segno deve esistere un intorno U di x_0 tale che $g(x) \neq 0$ per ogni $x \in U$. Da questo punto, supporremo sempre che $x \in U$. Quindi

$$\frac{1}{g(x)} - \frac{1}{g(x_0)} = -\frac{g(x) - g(x_0)}{g(x)g(x_0)},$$

e dividendo per $x - x_0$,

$$\frac{\frac{1}{g(x)} - \frac{1}{g(x_0)}}{x - x_0} = -\frac{g(x) - g(x_0)}{x - x_0} \frac{1}{g(x)g(x_0)}.$$

Concludiamo che

$$\lim_{x \to x_0} \frac{\frac{1}{g(x)} - \frac{1}{g(x_0)}}{x - x_0} = -\frac{g'(x_0)}{g(x_0)^2}.$$

Nel caso generale,

$$\frac{f}{g} = f \cdot \frac{1}{g},$$

e si conclude utilizzando la parte (b). $\square$

10.5 La regola della catena

Supponiamo che f e g siano due funzioni reali di una variabile reale, e definiamo la composizione $h = g \circ f$. Preso un punto x_0, possiamo scrivere

$$\frac{h(x) - h(x_0)}{x - x_0} = \frac{g(f(x)) - g(f(x_0))}{x - x_0} = \frac{g(f(x)) - g(f(x_0))}{f(x) - f(x_0)} \frac{f(x) - f(x_0)}{x - x_0}$$

non appena $f(x) - f(x_0) \neq 0$. Supponendo allora che $f(x) - f(x_0) \neq 0$ in un intorno (bucato) di x_0, otteniamo

$$h'(x_0) = g'(f(x_0))f'(x_0).$$

Questa formula si chiama *regola della catena*, o formula di derivazione della funzione composta. È ovviamente lecito — se non doveroso — domandarsi se sia possibile rimuovere la restrizione sull'annullamento di $f(x) - f(x_0)$ in un intorno di x_0. La risposta è, fortunatamente, affermativa. Rimandiamo alla sezione dei Problemi per una dimostrazione alternativa, sebbene del tutto equivalente nella sostanza.

Teorema 10.9 (Regola della catena) *Siano A un aperto di $\mathbf{R}$, $x_0 \in A$, $f \colon A \to \mathbf{R}$ una funzione derivabile in x_0, e $g \colon \mathbf{R} \to \mathbf{R}$ una funzione derivabile nel punto $f(x_0)$. Allora $h = g \circ f$ è derivabile in x_0, e vale la formula*

$$Dh(x_0) = Dg(f(x_0))Df(x_0).$$

Dimostrazione Come sappiamo, possiamo scrivere

$$f(x) = f(x_0) + f'(x_0)(x - x_0) + o(|x - x_0|) \quad \text{per } x \to x_0$$

e

$$g(y) = g(f(x_0)) + g'(f(x_0))(y - f(x_0)) + o(|y - f(x_0)|) \quad \text{per } y \to f(x_0).$$

Per $y = f(x)$ otteniamo

$$\begin{aligned}
h(x) &= g(f(x_0)) + g'(f(x_0))(f'(x_0)(x - x_0) + o(|x - x_0|)+ \\
&\quad + o(|f'(x_0)(x - x_0) + o(|x - x_0|)) \\
&= g(f(x_0)) + g'(f(x_0))f'(x_0)(x - x_0) + o(|x - x_0|)
\end{aligned}$$

per $x \to x_0$. $\qquad\qquad\qquad\qquad\qquad\qquad\qquad\qquad\qquad\qquad\qquad\qquad\quad\square$

Osservazione 10.8 L'ipotesi che la funzione g sia definita in tutto $\mathbf{R}$ è una richiesta di mera opportunità. Sarebbe sufficiente richiedere che il dominio di g sia un intorno del punto $f(x_0)$. Invitiamo il lettore a ripetere la dimostrazione in questo caso, prestando attenzione ai (minimi) dettagli tecnici necessari.

10.6   I teoremi classici del calcolo differenziale

Dedichiamo questa sezione alla presentazione di alcuni teoremi classici che riguardano la classe delle funzioni derivabili in un intervallo della retta reale.

Teorema 10.10 (Rolle) *Sia f una funzione continua nell'intervallo $[a, b]$ e derivabile nell'intervallo (a, b). Se $f(a) = f(b)$, allora esiste un punto $\xi \in (a, b)$ tale che $f'(\xi) = 0$.*

Dimostrazione La funzione f è continua nell'insieme compatto $[a, b]$. Per il teorema di Weierstrass, f raggiunge in $[a, b]$ il suo minimo assoluto e il suo massimo assoluto. Se il minimo assoluto m e il massimo assoluto M sono raggiunti entrambi nei punti estremi a o b, allora f risulta essere costante (perché $f(a) = f(b)$), ed evidentemente $f'(\xi) = 0$ per *ogni* $\xi \in (a, b)$. Se invece almeno uno dei due valori m e M è assunto in un punto $\xi \in (a, b)$, possiamo scegliere h così piccolo che

$\xi + h \in (a, b)$. Supponiamo per fissare le idee che $f(\xi) = M$. Per $h > 0$ risulterà

$$\frac{f(\xi + h) - f(\xi)}{h} \leq 0,$$

mentre per $h < 0$ risulterà

$$\frac{f(\xi + h) - f(\xi)}{h} \geq 0.$$

Facendo tendere $h \to 0$, l'esistenza della derivata implica che

$$f'(\xi) = \lim_{h \to 0} \frac{f(\xi + h) - f(\xi)}{h} = 0. \qquad \square$$

Teorema 10.11 (Cauchy)   *Siano f e g due funzioni continue nell'intervallo $[a, b]$ e derivabili nell'intervallo (a, b). Esiste allora un punto $\xi \in (a, b)$ tale che*

$$(f(b) - f(a))g'(\xi) = (g(b) - g(a))f'(\xi).$$

Dimostrazione   La funzione φ definita da

$$\varphi(x) = (f(b) - f(a))g(x) - (g(b) - g(a))f(x)$$

è continua in $[a, b]$ e derivabile in (a, b). Poiché si verifica immediatamente che $\varphi(a) = \varphi(b)$, il Teorema 10.10 garantisce l'esistenza di $\xi \in (a, b)$ tale che $\varphi'(\xi) = 0$. Pertanto

$$(f(b) - f(a))g'(\xi) = (g(b) - g(a))f'(\xi). \qquad \square$$

Osservazione 10.9   La formula del teorema di Cauchy può essere scritta in forma matriciale:

$$\det\begin{bmatrix} f(b) - f(a) & f'(\xi) \\ g(b) - g(a) & g'(\xi) \end{bmatrix} = 0.$$

Ricordiamo infatti la formula generale per il determinante di una matrice 2×2:

$$\det\begin{bmatrix} a_{11} & a_{12} \\ a_{21} & a_{22} \end{bmatrix} = a_{11}a_{22} - a_{21}a_{12}.$$

Il Teorema 10.11 sarà particolarmente utile nella dimostrazione del celebre Teorema di De l'Hôpital. Un caso di grande interesse è il seguente

Corollario 10.2 (Lagrange)   *Se f è una funzione continua nell'intervallo $[a, b]$ e derivabile nell'intervallo (a, b), allora esiste un punto $\xi \in (a, b)$ tale che*

$$f(b) - f(a) = (b - a)f'(\xi).$$

Dimostrazione   È sufficiente applicare il Teorema 10.11 con la funzione $g(x) = x$.
$$\qquad \square$$

Vediamo subito qualche conseguenza diretta del Corollario 10.2.

Teorema 10.12 *Se f è continua in $[a,b]$ e $f'(x) = 0$ per ogni $x \in (a,b)$, allora f è costante in $[a,b]$.*

Dimostrazione Scegliamo un punto qualunque $x \in (a,b)$. Per il Corollario 10.2 applicato nell'intervallo $[a,x]$, risulta

$$f(x) - f(a) = (x - a)f'(\xi)$$

per qualche punto $\xi \in (a,x)$. Per ipotesi $f'(\xi) = 0$, sicché $f(x) = f(a)$. Dunque f è costante in $[a,b]$. □

Osservazione 10.10 Si osservi che se f è costante in un intervallo (a,b), allora $f'(x) = 0$ per ogni $x \in (a,b)$. Questo discende direttamente dalla definizione di derivata giacché

$$f'(x) = \lim_{h \to 0} \frac{f(x+h) - f(x)}{h} = \lim_{h \to 0} \frac{f(x) - f(x)}{h} = 0$$

per ogni $x \in (a,b)$.

Applicando il Teorema 10.12 alla differenza $\varphi(x) = f(x) - g(x)$ di due funzioni continue in $[a,b]$ e derivabili in (a,b), otteniamo il seguente

Teorema 10.13 *Siano f e g due funzioni continue in $[a,b]$ e tali che $f'(x) = g'(x)$ per ogni $x \in (a,b)$. Allora esiste una costante $k \in \mathbf{R}$ tale che*

$$f(x) = g(x) + k \quad \text{per ogni } x \in [a,b].$$

Dimostrazione Infatti la funzione $\varphi = f - g$ soddisfa $\varphi'(x) = 0$ per ogni $x \in (a,b)$. Quindi φ è costante in $[a,b]$. □

Teorema 10.14 *Sia $f : [a,b] \to \mathbf{R}$ una funzione continua, derivabile in (a,b). Se $f'(x) \geq 0$ per ogni $x \in (a,b)$, allora*

$$(\forall x_1 \in [a,b])(\forall x_2 \in [a,b])(x_1 < x_2) \Rightarrow f(x_1) \leq f(x_2),$$

cioè f è monotona crescente.

Dimostrazione Scelti comunque due punti $x_1 < x_2$ in (a,b), la funzione f soddisfa le ipotesi del Corollario 10.2 nell'intervallo $[x_1, x_2]$. Quindi esiste un punto ξ, compreso tra x_1 e x_2, tale che

$$f(x_2) - f(x_1) = (x_2 - x_1)f'(\xi).$$

Essendo $f'(\xi) \geq 0$ e $x_2 - x_1 > 0$, deduciamo che $f(x_1) \leq f(x_2)$. □

Osservazione 10.11   Il passaggio da f a $-f$ trasforma una funzione crescente in una funzione decrescente, e ovviamente cambia segno alla derivata prima. Deduciamo immediatamente che $f' \leq 0$ in (a,b) implica la monotonia decrescente di f in $[a,b]$.

Teorema 10.15 (De l'Hôpital)   *Supponiamo che f e g siano funzioni reali, derivabili in (a,b) e tali che $g'(x) \neq 0$ per ogni $x \in (a,b)$, dove $-\infty \leq a < b \leq +\infty$. Supponiamo che*

$$\lim_{x \to a+} \frac{f'(x)}{g'(x)} = A, \quad -\infty \leq A \leq +\infty. \tag{10.2}$$

Se

$$f(x) \to 0, \quad g(x) \to 0 \quad per\ x \to a+, \tag{10.3}$$

oppure se

$$g(x) \to +\infty \quad per\ x \to a+, \tag{10.4}$$

allora

$$\lim_{x \to a+} \frac{f(x)}{g(x)} = A. \tag{10.5}$$

Dimostrazione   Proponiamo l'elegante dimostrazione di [21]. Iniziamo dal caso $-\infty \leq A < +\infty$. Siano q ed r numeri reali tali che $A < r < q$. L'ipotesi (10.2) garantisce l'esistenza di $c \in \mathbf{R}$ tale che $a < x < c$ implichi

$$\frac{f'(x)}{g'(x)} < r. \tag{10.6}$$

Se $a < x < y < c$, il Teorema 10.11 fornisce un punto $t \in (x, y)$ tale che

$$\frac{f(x) - f(y)}{g(x) - g(y)} = \frac{f'(t)}{g'(t)} < r. \tag{10.7}$$

Supponiamo che valga (10.3). Passando al limite in (10.7) per $x \to a+$ otteniamo

$$\frac{f(y)}{g(y)} \leq r < q \quad \text{per } a < y < c. \tag{10.8}$$

Supponiamo invece che valga (10.4). Fissato y in (10.7), scegliamo un punto $c_1 \in (a, y)$ tale che $g(x) > g(y)$ e $g(x) > 0$ se $x \in (a, c_1)$. Otteniamo allora da (10.7)

$$\frac{f(x)}{g(x)} < r - r\frac{g(y)}{g(x)} + \frac{f(y)}{g(x)} \quad \text{per } a < x < c_1. \tag{10.9}$$

Poiché il secondo membro di (10.9) tende a r per $x \to a+$, deduciamo[1] che esiste un punto $c_2 \in (a, c_1)$ tale che

$$\frac{f(x)}{g(x)} < q \quad \text{per } a < x < c_2. \tag{10.10}$$

In sintesi: la equazioni (10.8) e (10.10) mostrano che per ogni $q > A$ esiste c_2 tale che se $a < x < c_2$ allora $f(x)/g(x) < q$. Un argomento del tutto analogo mostra che, se $-\infty < A \le +\infty$ e se $p < A$, è possibile determinare un numero c_3 tale che $a < x < c_3$ implichi $p < f(x)/g(x)$. La tesi (10.5) segue infine da queste due affermazioni. $\qquad\square$

Osservazione 10.12 Il Teorema di De l'Hôpital continua a valere se $x \to b-$ e se $g(x) \to -\infty$ nell'ipotesi (10.4). È interessante osservare che nessuna condizione su f è posta quando vale (10.4). Nella maggior parte dei manuali l'ipotesi (10.4) richiede che *anche* $f(x) \to +\infty$ per $x \to a+$. Si tratta di un rafforzamento che semplifica leggermente la dimostrazione, ma soprattutto che è largamente soddisfatta nelle applicazioni di questo teorema.

10.7 La costante di Eulero-Mascheroni

Definizione 10.11 Per ogni $n \in \mathbf{N}$, $n > 1$, definiamo

$$\gamma_n = 1 + \frac{1}{2} + \frac{1}{3} + \cdots + \frac{1}{n} - \log n.$$

Un'applicazione del Teorema di Lagrange mostra che, se $x > -1$ e $x \ne 0$, allora

$$\frac{x}{x+1} < \log(x+1) < x.$$

In particolare, per ogni intero positivo k,

$$\frac{1}{k+1} = \frac{1/k}{1+1/k} < \log\left(1 + \frac{1}{k}\right) < \frac{1}{k}.$$

Ne consegue che

$$\sum_{k=1}^{n} \frac{1}{k+1} < \sum_{k=1}^{n} \log\left(1 + \frac{1}{k}\right) < \sum_{k=1}^{n} \frac{1}{k}.$$

---

[1] Si osservi che qui stiamo dicendo che

$$\limsup_{x \to a+} \frac{f(x)}{g(x)} \le r < q.$$

In effetti non sappiamo (ancora) se $\lim_{x \to a+} f(x)/g(x)$ esiste.

Ora,

$$\log\left(1 + \frac{1}{k}\right) = \log(k + 1) - \log k,$$

sicché

$$\sum_{k=1}^{n} \log\left(1 + \frac{1}{k}\right) = \sum_{k=1}^{n} \log(k + 1) - \log k$$

$$= \log(n + 1) - \log 1 = \log(n + 1).$$

Pertanto

$$\sum_{k=1}^{n} \frac{1}{k + 1} < \log(n + 1) < \sum_{k=1}^{n} \frac{1}{k}. \tag{10.11}$$

Sommando il termine $-\log n$ all'ultima relazione otteniamo

$$0 < \log\left(1 + \frac{1}{n}\right) = \log(n + 1) - \log n < \gamma_n.$$

Da (10.11) segue in particolare che

$$1 + \frac{1}{2} + \cdots + \frac{1}{n + 1} < 1 + \log(n + 1),$$

e dunque

$$\gamma_{n+1} = 1 + \frac{1}{2} + \cdots + \frac{1}{n + 1} - \log(n + 1) < 1.$$

Abbiamo così ottenuto che

$$0 < \gamma_n < 1 \quad \text{per ogni } n > 1.$$

Sempre per ogni numero naturale n positivo,

$$\gamma_{n+1} - \gamma_n = \frac{1}{n + 1} - \log(n + 1) + \log n = \frac{1}{n + 1} - \log\left(1 + \frac{1}{n}\right) < 0.$$

Ma allora la successione $\{\gamma_n\}_n$ è strettamente decrescente. Abbiamo cosi dimostrato il seguente

Teorema 10.16 *La successione $\{\gamma_n\}_n$ soddisfa le seguenti proprietà:*

(a) $0 < \gamma_n < 1$ per ogni n,
(b) è strettamente decrescente e limitata dal basso da 0.

Definizione 10.12   La costante di Eulero-Mascheroni è

$$\gamma = \lim_{n \to +\infty} \gamma_n = \lim_{n \to +\infty} \left(\sum_{k=1}^{n} \frac{1}{k} - \log n \right).$$

Osservazione 10.13   La nostra analisi non riesce ad escludere che $\gamma = 0$, perché il limite di una successione monotona decrescente a termini positivi può essere nullo. Dopo aver introdotto gli integrali, potremo dimostrare facilmente che $\gamma > 0$. Un'approssimazione numerica con dieci cifre significative è

$$\gamma = 0.57722156649$$

10.8   Diffeomorfismi

Definizione 10.13   Siano U e V due aperti (non vuoti) di $\mathbf{R}$. Una funzione $f: U \to V$ è un diffeomorfismo se f è derivabile in U, biunivoca, e la funzione inversa $f^{-1}: V \to U$ è derivabile in V. Due aperti U e V sono diffeomorfi se esiste un diffeomorfismo $f: U \to V$.

Osservazione 10.14   Sia $f: U \to V$ un diffeomorfismo. Poiché $f^{-1}(f(x)) = x$ per ogni $x \in U$, dalla regola della catena segue che

$$Df^{-1}(f(x)) \cdot f'(x) = 1 \quad \text{per ogni } x \in U.$$

In particolare, $f'(x) \neq 0$ per ogni $x \in U$, e

$$Df^{-1}(f(x)) = \frac{1}{f'(x)}.$$

Il seguente risultato di inversione differenziabile precisa l'Osservazione precedente.

Teorema 10.17   *Siano (a,b) e (A,B) due intervalli aperti, e sia $f:(a,b) \to (A,B)$ una funzione tale che*

(a) f è derivabile in (a,b) e $f'(x) > 0$ per ogni $x \in (a,b)$;
(b) $\lim_{x \to a+} f(x) = A$, $\lim_{x \to b-} f(x) = B$.

Allora f è biunivoca, la funzione inversa $f^{-1}:(A,B) \to (a,b)$ è derivabile in ogni $y \in (A,B)$ e vale l'identità

$$(f^{-1})'(y) = \frac{1}{f'(f^{-1}(y))} \quad \text{per ogni } y \in (A,B).$$

Dimostrazione La funzione f è strettamente crescente, e la sua immagine è l'intervallo (A, B). Quindi la funzione inversa f^{-1} è definita in (A, B), ed è continua. Fissiamo un qualunque punto $y_0 \in (A, B)$. Se $f^{-1}(y) = x$ e $f^{-1}(y_0) = x_0$, allora

$$\frac{f^{-1}(y) - f^{-1}(y_0)}{y - y_0} = \frac{x - x_0}{f(x) - f(x_0)}$$

$$= \frac{1}{\frac{f(x) - f(x_0)}{x - x_0}}.$$

Quando $y \to y_0$, la continuità di f^{-1} implica che $x \to x_0$, e dunque

$$\lim_{y \to y_0} \frac{f^{-1}(y) - f^{-1}(y_0)}{y - y_0} = \lim_{x \to x_0} \frac{1}{\frac{f(x) - f(x_0)}{x - x_0}} = \frac{1}{f'(f^{-1}(y))}. \qquad \square$$

10.9 Derivate di ordine superiore al primo e classi di regolarità

Definizione 10.14 Sia f una funzione reale, derivabile in tutti i punti di un intervallo aperto I. Se la funzione derivata di f, definita da

$$f' : I \to \mathbf{R}$$
$$x \mapsto f'(x),$$

è derivabile in un punto $x \in I$, diremo che f è due volte derivabile in x. In tal caso la derivata seconda di f in x è la derivata prima di f' nel punto x. Utilizzeremo uno dei simboli

$$f''(x), \quad D^2 f(x)$$

per indicare la derivata seconda di f in x.

Seguendo la traccia della Definizione 10.14 si possono definire — se esistono — le derivate terza, quarta, $\ldots$, n-esima di f. I simboli più comunemente utilizzati per denotare la derivata n-esima di f in un punto x sono

$$f^{(n)}(x), \quad D^n f(x).$$

Affinché f sia derivabile n volte in un punto x, occorre che la derivata $n-1$-esima di f esista in un intorno aperto di x.

Definizione 10.15 Sia f una funzione reale, e sia A un sottoinsieme aperto del dominio di definizione di f. Per ogni $k \in \mathbf{N}$, diremo che f è di classe C^k in A se f è di classe C^{k-1} in A, e se la derivata k-esima di f è una funzione continua in A. Conveniamo qui che una funzione sia di classe C^0 se essa è continua. In simboli,

$$f \in C^k(A).$$

Osservazione 10.15   Concretamente, $f \in C^1(A)$ se f è continua, e se la funzione f' è (definita e) continua in A. Invece $f \in C^2(A)$ se $f \in C^1(A)$ e se f'' è (definita e) continua in A.

Esempio 10.7   Sia $k \in \mathbf{N}$ assegnato. La funzione $f : \mathbf{R} \to \mathbf{R}$ definita da

$$f(x) = \begin{cases} x^{k+1} \sin\left(\dfrac{1}{x}\right), & x \neq 0, \\ 0, & x = 0. \end{cases}$$

è di classe $C^k(\mathbf{R})$ ma non è di classe $C^{k+1}(\mathbf{R})$. In generale, pertanto,

$$C^{k+1}(A) \subset C^k(A)$$

con inclusione propria.

Le classi di regolarità possono essere muniti di opportune distanze, trasformandole così in veri e propri *spazi funzionali*. La derivata diventa allora un'applicazione lineare che opera nel modo seguente: se A è un insieme aperto di $\mathbf{R}$ e se $k \in \mathbf{N}$, allora

$$D^k : C^\infty(A) \to C^\infty(A),$$

nel senso che la derivata di ordine k prende una qualunque funzione di classe $C^\infty(A)$ e la trasforma in una funzione di classe $C^\infty(A)$. Se invece $n \in \mathbf{N}$ e $k \leq n$, allora

$$D^k : C^n(A) \to C^{n-k}(A),$$

poiché ogni derivata sottrae una classe di regolarità. Il discorso così avviato potrebbe condurci molto lontano, e probabilmente chi legge avrà l'occasione di approfondire l'argomento nei successivi corsi di Analisi Matematica.

10.10   Funzioni convesse

Assumiamo per un momento che i nostri lettori abbiano una conoscenza degli spazi vettoriali.

Definizione 10.16   Un sottoinsieme C di uno spazio vettoriale V è convesso se, per ogni coppia di punti x_1 e x_2 di C, e per ogni coppia di numeri reali non negativi λ, μ tali che $\lambda + \mu = 1$, risulta

$$\lambda x_1 + \mu x_2 \in C.$$

In termini geometrici, l'insieme di tutti i punti della forma $\lambda x_1 + \mu x_2$ ottenuti al variare di λ, μ nell'intervallo $[0, 1]$ tali che $\lambda + \mu = 1$, è precisamente il segmento di estremi x_1 e x_2 nello spazio V. Quindi un insieme è convesso esattamente quando soddisfa la seguente proprietà: se C contiene due punti, allora contiene l'intero segmento che li congiunge.

Esempio 10.8   Nello spazio vettoriale $V = \mathbf{R}$, un sottoinsieme C è convesso se e solo se è un intervallo (aperto, chiuso, semiaperto, limitato o illimitato). A ben guardare, è più semplice *definire* gli intervalli di $\mathbf{R}$ proprio come i sottoinsiemi convessi di $\mathbf{R}$.

L'Analisi Convessa è quella disciplina matematica che si occupa di studiare le proprietà degli insiemi convessi e — soprattutto – delle funzioni convesse. Nel resto di questa sezione esporremo i risultati più importanti della teoria delle funzioni convesse di una[2] variabile reale.

Definizione 10.17   Siano V uno spazio vettoriale, $C \subset V$ un sottoinsieme convesso, $f : C \to \mathbf{R}$ una funzione. Diremo che f è convessa se, per ogni coppia di punti x_1 e x_2 di C, e per ogni coppia di numeri reali λ, μ appartenenti a $[0, +\infty)$ e tali che $\lambda + \mu = 1$, risulta

$$f(\lambda x_1 + \mu x_2) \leq \lambda f(x_1) + \mu f(x_2). \qquad (10.12)$$

La funzione f è detta concava se $-f$ è convessa.

Osservazione 10.16   C'è qualche sovrabbondanza nelle definizioni date sopra. In particolare, possiamo ridurre il numero dei parametri da due ad uno: poiché $\lambda + \mu = 1$, risulta $\mu = 1 - \lambda$, e dunque le definizioni di convessità possono essere formulate interamente in termini dell'unico parametro $\lambda \in [0, 1]$. Ad esempio, la proprietà di convessità per una funzione f si esprime nel modo seguente: per ogni coppia di punti x_1 e x_2 di C, e per ogni coppia di numeri reali λ, μ appartenenti all'intervallo $[0, 1]$ e tali che $\lambda + \mu = 1$, risulta

$$f(\lambda x_1 + (1 - \lambda)x_2) \leq \lambda f(x_1) + (1 - \lambda)f(x_2). \qquad (10.13)$$

Osservazione 10.17   Non è difficile dimostrare che una funzione f è convessa se, e solo se, essa soddisfa la seguente condizione: per ogni $n \geq 2$, per ogni $x_1, x_2, \ldots,$ x_n in C e per ogni $\lambda_1, \lambda_2, \ldots, \lambda_n$ tali che $\lambda_i \geq 0$ per ogni i e $\sum_{i=1}^{n} \lambda_i$, risulta

$$f\left(\sum_{i=1}^{n} \lambda_i x_i\right) \leq \sum_{i=1}^{n} \lambda_i f(x_i).$$

---

[2] A ben guardare, la definizione di funzione convessa è squisitamente unidimensionale, nel senso che una funzione è convessa se e solo se la sua restrizione ad ogni retta è una funzione convessa di una variabile.

Ovviamente questa condizione implica — ma anzi contiene — la definizione di funzione convessa. Viceversa, mostriamo che ogni funzione convessa soddisfa questa condizione. Per semplicità consideriamo il caso $n = 3$. Siano dunque x_1, x_2 e x_3 punti di C, $\lambda_1 \geq 0$, $\lambda_2 \geq 0$, $\lambda_3 \geq 0$ tali che $\lambda_1 + \lambda_2 + \lambda_3 = 1$. Ora,

$$\lambda_1 x_1 + \lambda_2 x_2 + \lambda_3 x_3 = \lambda_1 x_1 + (\lambda_2 + \lambda_3)\left(\frac{\lambda_2}{\lambda_2 + \lambda_3} x_2 + \frac{\lambda_3}{\lambda_2 + \lambda_3} x_3 \right).$$

Poiché f è convessa,

$$\begin{aligned}
f(\lambda_1 x_1 + \lambda_2 x_2 + \lambda_3 x_3) &\leq \lambda_1 f(x_1) + (\lambda_2 + \lambda_3) f\left(\frac{\lambda_2}{\lambda_2 + \lambda_3} x_2 + \frac{\lambda_3}{\lambda_2 + \lambda_3} x_3 \right) \\
&\leq \lambda_1 f(x_1) + (\lambda_2 + \lambda_3)\left(\frac{\lambda_2}{\lambda_2 + \lambda_3} f(x_2) + \frac{\lambda_3}{\lambda_2 + \lambda_3} f(x_3) \right) \\
&= \lambda_1 f(x_1) + \lambda_2 f(x_2) + \lambda_3 f(x_3).
\end{aligned}$$

Il caso $n > 3$ può essere ottenuto facilmente per induzione, a partire dal precedente caso.

Sia quindi I un intervallo reale, cioè un qualunque sottoinsieme convesso di $\mathbf{R}$. Se pensiamo di visualizzare la funzione $f : I \to \mathbf{R}$ attraverso il suo grafico in un piano cartesiano, possiamo affermare che f è convessa se (e solo se), presi comunque due punti x_1 e x_2 di I, la porzione del grafico di f tra x_1 e x_2 giace interamente al di sotto del segmento di retta che unisce (nel piano) i punti $(x_1, f(x_1))$ e $(x_2, f(x_2))$.

Vediamo ora come esprimere la definizione di convessità in termini più quantitativi. Siano x_1, x e x_2 tre punti distinti dell'intervallo I. Da questo momento, supporremo senza perdita di generalità che $x_1 < x < x_2$. Sono univocamente determinati due numeri reali non negativi λ μ tali che $\lambda + \mu = 1$ e

$$\lambda x_1 + \mu x_2 = x.$$

Questi due valori sono espressi dalle uguaglianze

$$\lambda = \frac{x_2 - x}{x_2 - x_1}, \quad \mu = \frac{x - x_1}{x_2 - x_1}.$$

La relazione (10.12) si riscrive come

$$f(x) \leq \frac{x_2 - x}{x_2 - x_1} f(x_1) + \frac{x - x_1}{x_2 - x_1} f(x_2).$$

Ricordando che $x_1 < x_2$, possiamo moltiplicare per $x_2 - x_1 > 0$ e scrivere

$$(x_2 - x_1) f(x) \leq (x_2 - x) f(x_1) + (x - x_1) f(x_2). \tag{10.14}$$

Grazie a semplici manipolazioni algebriche, deduciamo da (10.14) altre due disuguaglianze. Infatti, scrivendo

$$x_2 - x = (x_2 - x_1) - (x - x_1),$$

otteniamo immediatamente

$$\frac{f(x) - f(x_1)}{x - x_1} \leq \frac{f(x_2) - f(x_1)}{x_2 - x_1}. \tag{10.15}$$

D'altra parte, scrivendo

$$x_2 - x_1 = (x_2 - x) + (x - x_1),$$

otteniamo

$$\frac{f(x_1) - f(x)}{x_1 - x} \leq \frac{f(x_2) - f(x)}{x_2 - x}. \tag{10.16}$$

Tanto la disuguaglianza (10.15) quanto la disuguaglianza (10.16) sono *equivalenti* alla (10.12), ovviamente sotto la condizione $x_1 < x < x_2$. Queste proprietà di *monotonia* dei rapporti incrementali sarà il collegamento verso la riformulazione differenziale della proprietà di convessità. Riassumiamo quanto appena dimostrato in un enunciato preciso (si veda [18]).

Teorema 10.18 *Condizione necessaria e sufficiente affinché una funzione f sia convessa nell'intervallo I è che, per ogni $x_0 \in I$, la funzione*

$$x \mapsto \frac{f(x) - f(x_0)}{x - x_0} \qquad (x \neq x_0)$$

sia monotona crescente.

Siamo finalmente pronti a descrivere le proprietà di convessità attraverso il linguaggio del calcolo differenziale.

Teorema 10.19 *Una funzione convessa f definita in un intervallo I possiede derivata destra $f'_+(x_0)$ e derivata sinistra $f'_-(x_0)$ finite in ogni punto x_0 interno ad I. Inoltre vale la relazione $f'_-(x_0) \leq f'_+(x_0)$.*

Dimostrazione Il rapporto incrementale di f centrato in un punto x_0 interno all'intervallo I è una funzione monotona crescente in virtù del Teorema 10.18. Quindi il suo limite sinistro e il suo limite destro esistono finiti. La disuguaglianza $f'_-(x_0) \leq f'_+(x_0)$ segue allora per permanenza del segno. $\qquad\square$

Corollario 10.3 *Una funzione convessa f definita in un intervallo I è continua in tutti i punti interni ad I.*

Osservazione 10.18 Se $I = [a, b]$, è facile costruire una funzione convessa in I ma discontinua nei punti a o b. Possiamo definire $f(x) = 0$ per $a < x < b$, $f(a) = 1$ e $f(b) = 1$.

Torniamo alla relazione (10.16). Prendendo prima il limite per $x \to x_1$ e poi il limite per $x \to x_2$, otteniamo

$$f'_+(x_1) \le \frac{f(x_2) - f(x_1)}{x_2 - x_1} \le f'_-(x_2). \tag{10.17}$$

Teorema 10.20 *Sia f una funzione derivabile nell'intervallo I. Condizione necessaria e sufficiente affinché f sia convessa in I è che la funzione f' sia monotona crescente in I.*

Dimostrazione Se f è convessa, da (10.17) segue che $f'(x_1) \le f'(x_2)$ per ogni $x_1 < x_2$. Viceversa, sappiamo già che la convessità di f equivale alla validità di (10.16) per ogni terna di punti $x_1 < x < x_2$. Se f è monotona crescente, per il Teorema di Lagrange esistono punti ξ_1 e ξ_2, compresi rispettivamente tra x_1 e x e tra x e x_2, tali che

$$\frac{f(x_1) - f(x)}{x_1 - x} = f'(\xi_1), \qquad \frac{f(x_2) - f(x)}{x_2 - x} = f'(\xi_2).$$

Dal fatto che $x_1 < \xi_1 < x < \xi_2 < x_2$ segue $f'(\xi_1) \le f'(\xi_2)$, e dunque (10.16). $\quad\square$

Il seguente enunciato caratterizza le funzioni convesse due volte derivabili.

Teorema 10.21 *Condizione necessaria e sufficiente affinché una funzione f, due volte derivabile in un intervallo I, sia convessa è che $f''(x) \ge 0$ per ogni $x \in I$.*

Dimostrazione La funzione f' è monotona crescente se e solo se la sua derivata f'' è non negativa in ogni punto. La tesi segue quindi dal Teorema 10.20. $\quad\square$

Definizione 10.18 Sia f una funzione definita in un intervallo I e derivabile. Un punto x_0 interno ad I è punto di flesso per f se esso è estremo comune di due intervalli in uno dei quali f è concava e nell'altro è convessa.

Teorema 10.22 *Sia f una funzione definita in un intervallo I e derivabile due volte. Se x_0 è un punto di flesso per f, allora $f''(x_0) = 0$.*

Dimostrazione Per ipotesi, il punto x_0 è interno all'intervallo I, e la funzione f' è crescente a sinistra di x_0 e decrescente a destra di x_0 (o viceversa). Quindi il punto x_0 è un massimo o un minimo locale di f'. Sappiamo dunque che $f''(x_0) = 0$. $\quad\square$

Osservazione 10.19 È importante sottolineare che un punto x_0 nel quale $f''(x_0) = 0$ non è necessariamente un punto di flesso. La funzione $x \mapsto x^4$ è un controesempio.

Vediamo un'applicazione molto utile ed elegante della convessità della funzione esponenziale.

Teorema 10.23 (Young)   *Siano p e q due numeri reali tali che $p \geq 1$, $q \geq 1$, e*

$$\frac{1}{p} + \frac{1}{q} = 1.$$

Per ogni coppia di numeri reali non negativi x ed y, vale la disuguaglianza

$$xy \leq \frac{x^p}{p} + \frac{y^q}{q}.$$

Dimostrazione   La funzione esponenziale $x \mapsto e^x$ è convessa in $\mathbf{R}$, dal momento che la sua derivata seconda è ovunque positiva. È lecito supporre che $x > 0$ e $y > 0$, altrimenti la tesi è banale. Esistono due numeri reali s e t tali che

$$x = e^{\frac{s}{p}}, \qquad y = e^{\frac{t}{q}}.$$

Pertanto $xy = e^{\frac{s}{p} + \frac{t}{q}}$. Per convessità,

$$e^{\frac{s}{p} + \frac{t}{q}} \leq \frac{e^s}{p} + \frac{e^t}{q} = \frac{x^p}{p} + \frac{y^q}{q},$$

e si conclude.   □

La seguente è una variazione sulla definizione di convessità.

Definizione 10.19   Una funzione reale f, definita su un intervallo I, è $\frac{1}{2}$-convessa[3] se

$$f\left(\frac{x + y}{2}\right) \leq \frac{f(x) + f(y)}{2}$$

per ogni scelta di x, y in I.

Teorema 10.24   *Se una funzione f è continua e $\frac{1}{2}$-convessa su un intervallo I, allora f è convessa su I.*

Dimostrazione   Procedendo per induzione su n, la definizione 10.19 implica che

$$f\left(\frac{x_1 + x_2 + \cdots + x_{2^n}}{2^n}\right) \leq \frac{f(x_1) + f(x_2) + \cdots + f(x_{2^n})}{2^n}$$

---

[3] Ho scelto questa terminologia, che non corrisponde alla traduzione letterale del termine inglese `midpoint-convex`.

per ogni scelta dei punti $x_1, \dots, x_{2^n}$ in I. Fissiamo ora un qualunque intero m compreso tra 1 e 2^n, e applichiamo la disuguaglianza precedente con $x_i = x$ per $1 \le i \le m$ e $x_i = y$ per $m + 1 \le i \le 2^n$. Otteniamo

$$f\left(\frac{m}{2^n}x + \left(1 - \frac{m}{2^n}\right)y\right) \le \frac{m}{2^n}f(x) + \left(1 - \frac{m}{2^n}\right)f(y).$$

In altre parole, la disuguaglianza di convessità (10.13) è soddisfatta per $\lambda = m/2^n$, cioè per ogni numero razionale diadico $\lambda \in [0, 1]$. Per il Teorema 3.27, il sottoinsieme dei numeri razionali diadici è denso in $\mathbf{R}$, e l'ipotesi di continuità di f garantisce ormai che la disuguaglianza (10.13) resta valida per ogni $\lambda \in [0, 1]$. $\square$

10.11   La disuguaglianza di Jensen discreta

Proposizione 10.2 (Diseguaglianza di Jensen discreta)   *Sia $f : [a, b] \to \mathbf{R}$ una funzione convessa. Siano $n \ge 2$, $x_1, x_2, \dots, x_n \in [a, b]$ e $\alpha_1, \alpha_2, \dots, \alpha_n \ge 0$ tali che*

$$\sum_{i=1}^{n} \alpha_i = 1.$$

Allora

$$\sum_{i=1}^{n} \alpha_i x_i \in [a, b]$$

e vale la disuguaglianza

$$f\left(\sum_{i=1}^{n} \alpha_i x_i\right) \le \sum_{i=1}^{n} \alpha_i f(x_i).$$

Se inoltre f è strettamente convessa e

$$f\left(\sum_{i=1}^{n} \alpha_i x_i\right) = \sum_{i=1}^{n} \alpha_i f(x_i),$$

per una scelta dei coefficienti α_i tutti non nulli, allora

$$x_1 = x_2 = \cdots = x_n.$$

Dimostrazione   Procediamo per induzione su n.

   Caso $n = 2$. La tesi coincide con la definizione di funzione convessa.

Passo induttivo. Supponiamo vera la proprietà per $n-1$ punti e dimostriamola per n punti. Poniamo

$$\alpha := \alpha_1 + \cdots + \alpha_{n-1}, \qquad \alpha_n = 1 - \alpha.$$

Se $\alpha = 0$ oppure $\alpha = 1$, la tesi segue immediatamente dall'ipotesi induttiva.

Supponiamo ora $0 < \alpha < 1$ e definiamo

$$\beta_i := \frac{\alpha_i}{\alpha}, \quad i = 1, \ldots, n-1, \qquad x := \sum_{i=1}^{n-1} \beta_i x_i.$$

Allora

$$0 \le \beta_i \le 1, \qquad \sum_{i=1}^{n-1} \beta_i = 1, \qquad \sum_{i=1}^{n} \alpha_i x_i = \alpha x + (1-\alpha) x_n.$$

Poiché $x \in [a, b]$, dall'ipotesi induttiva segue

$$f(x) \le \sum_{i=1}^{n-1} \beta_i f(x_i).$$

Usando ora la convessità di f otteniamo

$$f\left(\sum_{i=1}^{n} \alpha_i x_i \right) = f(\alpha x + (1-\alpha) x_n)$$
$$\le \alpha f(x) + (1-\alpha) f(x_n)$$
$$\le \sum_{i=1}^{n} \alpha_i f(x_i),$$

che conclude la prima parte.

Caso di stretta convessità. Procediamo ancora per induzione. Per $n = 2$ la tesi segue immediatamente dalla definizione di stretta convessità.

Supponiamo ora la tesi vera per $n-1$ punti e consideriamo il caso n. Con le notazioni precedenti, dall'ipotesi di uguaglianza segue

$$f(\alpha x + (1-\alpha) x_n) = \alpha f(x) + (1-\alpha) f(x_n).$$

Per la stretta convessità di f ciò è possibile solo se $x = x_n$. D'altra parte, poiché

$$f(x) = \sum_{i=1}^{n-1} \beta_i f(x_i),$$

dall'ipotesi induttiva segue

$$x_1 = x_2 = \cdots = x_{n-1} = x.$$

Quindi

$$x_1 = x_2 = \cdots = x_n,$$

come volevamo dimostrare. $\square$

Un caso particolarmente importante è la scelta

$$\alpha_1 = \alpha_2 = \cdots = \alpha_n = \frac{1}{n},$$

per cui la disuguaglianza di Jensen assume la forma

$$f\left(\frac{1}{n}\sum_{k=1}^{n} x_k\right) \leq \frac{1}{n}\sum_{k=1}^{n} f(x_k).$$

10.12 Problemi

10.1 La scrittura $f \sim_c g$ è equivalente a $f - g = o_c(g)$.

10.2 Rendere rigorosa la seguente discussione.

1. La relazione $f \asymp_c g$ è una relazione di equivalenza. Passando al quoziente rispetto a tale equivalenza, la relazione O_c diventa una relazione d'ordine.
2. L'ordine di grandezza di una funzione f nel punto c è ord $f = [f]_{\asymp_c}$, cioè la classe di equivalenza di f rispetto alla relazione $\asymp_c$.
3. Definiamo $f = O_c^*(g)$ se $\lim_{x \to c} \frac{f(x)}{g(x)}$ esiste finito. Questa relazione è riflessiva e transitiva.
4. Dicendo che $f \asymp_c^* g$ se e solo se $f = O_c^*(g)$ e $g = O_c^*(f)$, si ottiene una relazione di equivalenza. Passando al quoziente rispetto a tale equivalenza, la relazione O_c^* diventa una relazione d'ordine.
5. Analogamente a quanto fatto nel punto 2, poniamo ord* $f = [f]_{\asymp_c^*}$. La scrittura ord* $f <$ ord* g è equivalente a $\lim_{x \to c} \frac{f(x)}{g(x)} = 0$.

10.3 Valgono le seguenti proprietà, che si devono leggere da sinistra a destra (non il viceversa).

1. $o(g(x)) + o(g(x)) = o(g(x))$ per $x \to x_0$.
2. $O(g(x)) + O(g(x)) = O(g(x))$ per $x \to x_0$.
3. Se $c \in \mathbf{R} \setminus \{0\}$, allora $c o(g(x)) = o(g(x))$ per $x \to x_0$.

4.   Se $c \in \mathbf{R} \setminus \{0\}$, allora $c\,O(g(x)) = O(g(x))$ per $x \to x_0$.
5. $g_1(x)\,o(g_2(x)) = o(g_1(x)g_2(x))$ per $x \to x_0$.
6. $g_1(x)\,O(g_2(x)) = O(g_1(x)g_2(x))$ per $x \to x_0$.
7. $o(g_1(x)g_2(x)) = g_1(x)\,o(g_2(x)) = $ per $x \to x_0$.
8. $O(g_1(x)g_2(x)) = g_1(x)\,O(g_2(x)) = $ per $x \to x_0$.
9. $o(g_1(x))o(g_2(x)) = o(g_1(x)g_2(x)) = $ per $x \to x_0$.
10. $O(g_1(x))O(g_2(x)) = O(g_1(x)g_2(x)) = $ per $x \to x_0$.
11. Se $\alpha > 0$, allora $|o(g(x))|^\alpha = o(|g(x)|^\alpha)$ per $x \to x_0$.
12. Se $\alpha > 0$, allora $|O(g(x))|^\alpha = O(|g(x)|^\alpha)$ per $x \to x_0$.
13. $o(g(x)) = O(g(x))$ per $x \to x_0$.
14. $o(g_1(x))O(g_2(x)) = o(g_1(x)g_2(x))$ per $x \to x_0$.

10.4   Seguendo Jean Dieudonné [7], diciamo che due funzioni continue f e g sono tangenti nel punto x_0 se

$$\lim_{x \to x_0} \frac{f(x) - g(x)}{|x - x_0|} = 0.$$

Data una funzione f, continua in un insieme A, la differenziabilità di f nel punto x_0 equivale all'esistenza di una funzione lineare L tale che f e $x \mapsto f(x_0) + L(x - x_0)$ siano tangenti nel punto x_0.

10.5   Per una funzione $f\colon \mathbf{R} \to \mathbf{R}$, Constantin Carathéodory (1873–1950) ha proposto la seguente definizione alternativa di derivata per una funzione : f è derivabile nel punto x_0 se e solo se esiste una funzione $w\colon \mathbf{R} \to \mathbf{R}$, continua nel punto x_0, tale che

$$f(x) = f(x_0) + w(x)(x - x_0) \quad \text{per ogni } x \in \mathbf{R}.$$

Si dimostri che la derivabilità secondo Carathéodory è equivalente alla derivabilità introdotta nel testo. Si estenda la definizione al caso di una funzione definita su un aperto A di $\mathbf{R}$. È possibile utilizzare la derivata secondo Carathéodory per dimostrare l'algebra delle derivate? E per dimostrare la regola della catena?

10.6   Siano f, g e h tre funzioni reali tali che

(a) $f(x) \le h(x) \le g(x)$ per ogni x;
(b) f e g sono derivabili nel punto x_0;
(c) $f(x_0) = g(x_0)$;
(d) $f'(x_0) = g'(x_0)$.

Allora h è derivabile nel punto x_0, e $h'(x_0) = f'(x_0) = g'(x_0)$. È possibile ottenere la stessa tesi rimuovendo l'ipotesi (c)?

10.7   Sia f una funzione reale, differenziabile in x tale che $f' \ne 0$ in ogni punto. Sia $g = 1/f$. Ci proponiamo di ottenere una dimostrazione leggermente diversa per la formula di derivazione dei quozienti.

1. Per ogni $h \in \mathbf{R}$ risulta $f(x+h)g(x+h) = 1$, sicché

$$\big(f(x) + f'(x)h + o(h)\big)g(x+h) = 1.$$

Osservando che $f(x)g(x) = 1$, otteniamo

$$f(x)g(x+h) - f(x)g(x) + f(x)g(x) = f'(x)g(x+h)h + o(h) = 1,$$

cioè

$$(g(x+h) - g(x))f(x) = -f'(x)g(x+h)h + o(h).$$

2. La continuità di g garantisce che $g(x+h) = g(x) + o(1)$, e dunque

$$(g(x+h) - g(x))f(x) = -f'(x)g(x)h - f'(x)ho(1) + o(h).$$

3. Deduciamo che

$$g(x+h) = g(x) = -\frac{f'(x)}{(f(x))^2} + o(h),$$

e dunque la derivata di $g = 1/f$ nel punto x vale

$$-\frac{f'(x)}{(f(x))^2}.$$

10.8 Riprendiamo le ipotesi del Teorema 10.9. Definiamo

$$v(y) = \begin{cases} \frac{g(y) - g(f(x_0))}{y - f(x_0)} & \text{se } y \neq f(x_0) \\ g'(f(x_0)) & \text{se } y = -f(x_0). \end{cases}$$

La funzione v è continua nel punto $f(x_0)$, e

$$\frac{g(f(x)) - g(f(x_0))}{x - x_0)} = v(f(x))\frac{f(x) - f(x_0)}{x - x_0}$$

per ogni $x \in (a,b)$. Se ne deduca la dimostrazione del Teorema 10.9.[4]

10.9 Una funzione $f \colon (a,b) \to \mathbf{R}$ soddisfa la condizione di Hölder con esponente α se $\alpha > 0$, ed esiste una costante H tale che

$$|f(x) - f(y)| \le H|x - y|$$

per ogni x, y in (a,b).

---

[4] Si osservi comunque che questa dimostrazione non differisce sostanzialmente da quella proposta sopra, poiché la funzione ausiliaria v nasconde al suo interno la linearizzazione di g nel punto $y_0 = f(x_0)$. Molti studenti sembrano tuttavia preferire questo approccio diretto.

(i)   Una funzione che soddisfi la condizione di Hölder con esponente $\alpha > 0$ in (a,b) è uniformemente continua, e può essere prolungata in modo unico ad una funzione continua definita in $[a,b]$.

(ii) Esplicitamente, se f soddisfa la condizione di Hölder, definiamo

$$h(x) = \inf\{f(y) + H|x - y|^\alpha \mid y \in (a,b)\}, \quad x \in \mathbf{R}.$$

La funzione $h\colon \mathbf{R} \to \mathbf{R}$ è un prolungamento di f, e soddisfa la condizione di Hölder con esponente α.

(iii) Se f soddisfa la condizione di Hölder con esponente $\alpha > 1$, allora f è costante.

10.10   Sia f una funzione definita e derivabile in $(0, +\infty)$, e definiamo $g(x) = f(x+1) - f(x)$ per ogni $x > 0$. Se $f'(x) \to 0$ per $x \to +\infty$, allora $g(x) \to 0$ per $x \to +\infty$.

10.11   Siano $a \in \mathbf{R}$, $f\colon (a, +\infty) \to \mathbf{R}$ una funzione due volte derivabile, e

$$M_0 = \sup\{|f(x)| \mid x > a\}$$
$$M_1 = \sup\{|f'(x)| \mid x > a\}$$
$$M_2 = \sup\{|f''(x)| \mid x > a\}.$$

1. Per ogni $h > 0$ e per ogni $x > a$ esiste $\xi \in (x, x + 2h)$ tale che

$$f'(x) = \frac{f(x + 2h) - f(x)}{2h} - hf''(\xi).$$

2. Dedurre che per ogni $x > a$ e per ogni $h > 0$,

$$|f'(x)| \leq hM_2 + \frac{M_0}{h}, \tag{10.18}$$

3. Minimizzando il secondo membro di (10.18) rispetto a $h > 0$ dedurre che

$$M_1{}^2 \leq 4M_0M_2.$$

4. La funzione

$$f(x) = \begin{cases} 2x^2 - 1 & \text{se } -1 < x < 0, \\ \frac{x^2-1}{x^2+1} & \text{se } 0 \leq x < +\infty \end{cases}$$

mostra che $M_1^2 = 4M_0M_2$.

10.12 Sia f una funzione definita in (a,b) e derivabile nel punto $x_0 \in (a,b)$. Supponiamo che per ogni $n \in \mathbf{N}$ esistano punti $\alpha_n \in (a,b)$, $\beta_n \in (a,b)$ tali che $\alpha_n \neq \beta_n, \alpha_n \neq x_0, \beta_n \neq x_0$. Se $\alpha_n \to x_0$, $\beta_n \to x_0$ e se la successione

$$\left\{ \frac{\beta_n - x_0}{\beta_n - \alpha_n} \right\}_n$$

è limitata, allora

$$\lim_{n \to +\infty} \frac{f(\beta_n) - f(\alpha_n)}{\beta_n - \alpha_n} = f'(x_0).$$

10.13 Siano φ e ψ due funzioni di classe $C^2(\mathbf{R})$. Supponiamo che

$$\varphi'(x) = \psi(x)$$
$$\psi'(x) = -\varphi(x)$$
$$\varphi(0) = 0$$
$$\psi(0) = 1$$

per ogni $x \in \mathbf{R}$. Allora

$$\varphi(x)^2 + \psi(x)^2 = 1 \quad \text{per ogni } x \in \mathbf{R}.$$

Se esiste $\alpha > 0$ tale che $\psi(x) > 0$ per ogni $x \in [0, \alpha)$, allora

$$\varphi(x) \leq x \leq \frac{\varphi(x)}{\psi(x)} \quad \text{per ogni } x \in [0, \alpha).$$

10.14 Sia f una funzione derivabile in (a,b), con derivata limitata. Esiste una costante $c \neq 0$ tale che la funzione

$$x \mapsto x + c f(x)$$

sia iniettiva in (a,b).

10.15 Sia f una funzione definita su un intervallo I, a valori strettamente positivi. Se la funzione g definita da $g(x) = \log f(x)$ per ogni $x \in I$ è convessa, diremo che f è log-convessa in I.

1. La funzione $f(x) = \frac{1}{x}$ è log-convessa in $(0, +\infty)$.
2. Se f_1 ed f_2 sono log-convesse in I, allora il prodotto $f_1 f_2$ è log-convesso in I.
3. Supponiamo che f sia due volte derivabile in I. In tal caso f è log-convessa in I se e solo se

$$f(x) f''(x) \geq (f'(x))^2 \quad \text{per ogni } x \in I.$$

4. Se $f(x) > 0$ per ogni $x \in I$ e se f è log-convessa in I, allora f è convessa in I.

5. Per ogni $n \in \mathbf{N}$ e ogni $x > 0$, definiamo

$$g_n(x) = \frac{n^x \, n!}{x(x+1)\cdots(x+n)}.$$

La funzione g_n è log-convessa in $(0, +\infty)$.

10.16 Sia

$$f_\alpha(x) = e^{\alpha x} - \alpha x - 1.$$

Determinare per quali valori del parametro $\alpha \in \mathbf{R}$ la funzione è convessa su $\mathbf{R}$.

10.17 Studiare la convessità della funzione

$$f(x) = \begin{cases} x^2, & x \le 0, \\ ax + b, & x > 0, \end{cases}$$

e determinare i valori di a, b tali che f risulti convessa su tutto $\mathbf{R}$.

10.18 Sia

$$f(x) = \sup\{tx + t^2 \mid t \in [0, 1]\}.$$

Mostrare che f è convessa e trovarne un'espressione chiusa.

10.19 Sia

$$f(x) = \inf\left\{t + \frac{x^2}{t} \mid t > 0\right\}.$$

1. Determinare esplicitamente $f(x)$.
2. Verificare la derivabilità in 0.
3. Studiare la convessità di f.

10.20 Sia

$$f(x) = \sqrt{x}\sin\left(\frac{1}{x}\right), \qquad x > 0.$$

1. Mostrare che f è derivabile su $(0, 1]$, ma f' non è limitata.
2. Studiare la monotonia della funzione.
3. Definendo $f(0) = 0$, studiare la derivabilità in 0.

10.21 Sia $f : [a, b] \to \mathbf{R}$. Sono equivalenti:

(i) f è convessa in $[a, b]$;
(ii) per ogni $x_1, x_2 \in [a, b]$ con $x_1 < x_2$ il grafico di f in $[a, b] \setminus [x_1, x_2]$ è sopra la corda per $(x_1, f(x_1))$ e $(x_2, f(x_2))$, cioè

$$f(x) \geq f(x_1) + \frac{f(x_2) - f(x_1)}{x_2 - x_1}(x - x_1), \quad \forall x \notin [x_1, x_2];$$

(iii) l'epigrafico di f

$$E_f := \{(x, y) \in [a, b] \times \mathbf{R} \mid y \geq f(x)\}$$

è un insieme convesso;
(iv) per ogni $x < y < z$ in $[a, b]$ si ha

$$\frac{f(y) - f(x)}{y - x} \leq \frac{f(z) - f(x)}{z - x} \leq \frac{f(z) - f(y)}{z - y}. \tag{1.2}$$

(v)   per ogni $x_0 \in [a, b]$ la funzione

$$x \mapsto \frac{f(x) - f(x_0)}{x - x_0}$$

è crescente in $[a, b] \setminus \{x_0\}$.

10.22 Mostrare che f è convessa se e solo se per ogni $x_0 \in (a, b)$ esiste $\lambda(x_0)$ tale che

$$f(x) \geq f(x_0) + \lambda(x_0)(x - x_0).$$

La retta di equazione cartesiana

$$y = f(x_0) + \lambda(x_0)(x - x_0)$$

si chiama *retta di appoggio* a f in $(x_0, f(x_0))$. Osservare che una funzione convessa può avere in un punto più rette di appoggio.

10.23 Sia I un intervallo qualunque. Supponiamo che $f : I \to \mathbf{R}$ sia una funzione continua, tale che

$$f\left(\frac{x_1 + x_2}{2}\right) \leq \frac{f(x_1) + f(x_2)}{2}$$

per ogni $x_1 \in I$ e ogni $x_2 \in I$. Ci proponiamo di dimostrare che questa condizione implica la convessità di f in I, senza fare ricorso ai numeri diadici.

(i)   Supponiamo che esistano tre punti $x_1 < c < x_2$ in I tali che $f(c) > s(c)$, dove

$$s : x \in I \mapsto f(x_1) + \frac{f(x_2) - f(x_1)}{x_2 - x_1}(x - x_1).$$

La funzione

$$\varphi : x \in I \mapsto f(x) - s(x)$$

soddisfa $\varphi(x_1) = \varphi(x_2) = 0$ e $\varphi(x) > 0$.

(ii) Posto

$$x' = \max\{x \in [x_1, c] \mid \varphi(x) = 0\}$$
$$x'' = \min\{x \in [c, x_2] \mid \varphi(x) = 0\},$$

risulta $x' < c < x''$.

(iii) Per permanenza del segno della funzione continua φ, risulta $\varphi(x) > 0$ per ogni
$x \in (x_1, x_2)$, cioè $f(x) > s(x)$ per ogni $x \in (x_1, x_2)$.

(iv) Tuttavia, per ipotesi,

$$f\left(\frac{x' + x''}{2}\right) \leq \frac{f(x') + f(x'')}{2} = \frac{s(x') + s(x'')}{2} = s\left(\frac{x_1 + x_2}{2}\right),$$

dove l'ultima uguaglianza deriva dalla linearità di s. Questa disuguaglianza è
in contraddizione con il punto (iii).

10.24 Ogni funzione convessa su $\mathbf{R}$ e limitata è una funzione costante.

10.25 Sia f una funzione due volte derivabile in $(0, +\infty)$. La funzione

$$x \mapsto x f(x)$$

è convessa se e solo se la funzione

$$x \mapsto f\left(\frac{1}{x}\right)$$

è convessa.

10.26 Sia f una funzione convessa e strettamente monotona sull'intervallo I.

1. Se f è strettamente crescente, allora f^{-1} è concava.
2. Se f è strettamente decrescente, allora f^{-1} è convessa.

10.27 Si dimostri che

$$\lim_{n\to+\infty} \frac{1 + \frac{1}{2} + \frac{1}{3} + \cdots + \frac{1}{n}}{\log n} = 1,$$

e si deduca in particolare che

$$\lim_{n\to+\infty}\left(1 + \frac{1}{2} + \frac{1}{3} + \cdots + \frac{1}{n}\right) = +\infty.$$

Ovviamente questa dimostrazione della divergenza della serie armonica $\sum_{n=1}^{+\infty} \frac{1}{n}$ è quasi un virtuosismo. (*Suggerimento:* ricordare la definizione della costante di Eulero-Mascheroni.)

10.28 Siano $n \in \mathbf{N}$, $n \geq 1$, e $x_1, \ldots, x_n$ numeri reali positivi. Applicando la disuguaglianza di Jensen alla funzione $x \mapsto \log x$, si deduca che

$$(x_1 \cdots x_n)^{1/n} \leq \frac{x_1 + \cdots + x_n}{n}.$$

Questa dimostrazione della disuguaglianza (AM-GM) è probabilmente la più sintetica, sebbene coinvolga la teoria delle funzioni convesse.

Capitolo 11
Funzioni circolari e funzioni esponenziali

Estratto Questo capitolo si propone di definire rigorosamente le più importanti funzioni elementari, attraverso il concetto di convergenza sequenziale. A differenza delle trattazioni scolastiche, le funzioni goniometriche non sono definite attraverso la geometria euclidea.

11.1 Lunghezza d'arco

Esistono molti modi per definire *rigorosamente* le funzioni elementari, ma nessuno di questi modi è sufficientemente elementare da essere proposto interamente in un primo corso di matematica. Tra le funzioni elementari[1] hanno un ruolo rilevante le funzioni della goniometria e le funzioni esponenziali. Le prime consentono di sviluppare la trigonometria e — molto più avanti — la teoria delle serie di Fourier. Le seconde hanno grande importanza nella teoria delle equazioni differenziali e nei modelli economici, epidemiologici, ecc.

Qualunque studente liceale sa che la definizione elementare delle funzioni goniometriche (seno e coseno) passa attraverso la costruzione di un triangolo rettangolo la cui ipotenusa abbia lunghezza unitaria. Questa costruzione, sicuramente facile da visualizzare e ben spendibile a livello scolastico, lascia qualche perplessità per quanto riguarda il rigore logico. Come lo studio della geometria euclidea insegna, le dimostrazioni basate su disegni sono quasi sempre problematiche: un disegno può occultare difficoltà logiche dietro la presunta *evidenza* grafica. Ovviamente una dimostrazione rigorosa del fatto che la definizione di seno e coseno non dipenda dal disegno fatto è solitamente omessa nei libri di testo. Insomma, si imparano le proprietà analitiche di queste funzioni, senza essere sicuri di averle correttamente definite.

Come detto, definizioni analitiche rigorose delle funzioni circolari possono essere proposte a partire dalla teoria delle equazioni differenziali ordinarie, oppure a

---

[1] È chiaro che stiamo cercando in ogni modo di dare una definizione rigorosa del concetto stesso di funzione elementare. Qualcuno ha detto che *ogni* funzione è elementare, dopo essere stata definita.

S. Secchi, *Analisi Matematica*, La Matematica per il 3+2,
https://doi.org/10.1007/978-3-032-20804-0_11

partire dalla teoria delle serie di funzioni. Quest'ultimo approccio può essere letto in [22], ad esempio. Qui preferiamo una costruzione apparentemente complicata, che però nasconde un solo concetto: quello di lunghezza di un arco di circonferenza. Poiché non abbiamo ancora introdotto il calcolo integrale, saremo obbligati ad utilizzare gli strumenti che abbiamo a disposizione a questo punto del nostro percorso.

Definizione 11.1 L'insieme

$$\mathbf{U} = \{z \in \mathbf{C} \mid |z| = 1\}$$

è la circonferenza unitaria nel piano complesso.

Osservazione 11.1 Non è difficile dimostrare che $\mathbf{U}$ è un gruppo rispetto al prodotto di numeri complessi.

Definizione 11.2

$$\mathbf{U}^+ = \{z \in \mathbf{U} \mid \Im z \geq 0,\ z \neq -1\}$$
$$\mathbf{U}^* = \mathbf{U}^+ \cup \{-1\}.$$

Definizione 11.3 L'arco (di circonferenza) di estremi 1 e $z \in \mathbf{U}$ è l'insieme

$$a(1,z) = \begin{cases} \{w \in \mathbf{U}^+ \mid \Re w \geq \Re z\} & \text{se } z \in \mathbf{U}^+ \\ \mathbf{U}^+ \cup \{w \in \mathbf{U} \setminus \mathbf{U}^+ \mid \Re w \leq \Re z\} & \text{se } z \in \mathbf{U} \setminus \mathbf{U}^+ \end{cases}$$

Teorema 11.1 *Per ogni $z \in \mathbf{U}$ esiste uno ed un solo $w \in \mathbf{U}^+$ tale che $w^2 = z$.*

Dimostrazione Per dimostrare l'esistenza, poniamo

$$w = \begin{cases} \frac{1+z}{|1+z|} & \text{se } z \in \mathbf{U}^+ \\ i & z = -1 \\ -\frac{1+z}{|1+z|} & \text{se } z \in \mathbf{U} \setminus \mathbf{U}^+ \end{cases}$$

e osserviamo con semplici calcoli algebrici che $w \in \mathbf{U}^+$ e $w^2 = z$. Supponendo poi che w_1 e w_2 siano punti di $\mathbf{U}^+$ tali che $w_1^2 = w_2^2$, otteniamo $(w_1 - w_2)(w_1 + w_2) = 0$. Quindi $w_1 = w_2$, oppure $w_1 = -w_2$. La seconda alternativa è esclusa, perché in tal caso w_1 e $-w_1$ apparterrebbero entrambi a $\mathbf{U}^+$, ciò che è assurdo. Quindi $w_1 = w_2$ e la tesi è dimostrata. $\square$

Definizione 11.4 Ad ogni $z \in \mathbf{U}$ associamo l'elemento $\alpha(z)$, definito come l'unico punto di $\mathbf{U}^+$ tale che $\alpha(z)^2 = z$.

Assegnato $z \in \mathbf{U}$, definiamo per ricorrenza una successione $\{\alpha_n(z)\}_n$ come segue:

$$\alpha_0(z) = z,$$
$$\alpha_{n+1}(z) = \alpha(\alpha_n(z)).$$

Per ogni $n = 0, 1, 2, \ldots$, definiamo

$$L_n(z) = 2^n |\alpha_n(z) - 1|.$$

Teorema 11.2 *La successione $\{L_n(z)\}_n$ è convergente.*

Dimostrazione Dimostriamo che la successione $\{L_n(z)\}_n$ è crescente e limitata dall'alto. Il caso $z = 1$ è banale, quindi supponiamo $z \neq 1$. Poiché $\alpha_n(z) = (\alpha_{n+1}(z))^2$, risulta

$$\begin{aligned}
\frac{L_{n+1}(z)}{L_n(z)} &= 2\frac{|\alpha_{n+1}(z) - 1|}{|\alpha_n(z) - 1|} = 2\frac{|\alpha_{n+1}(z) - 1|}{|(\alpha_{n+1}(z))^2 - 1|} \\
&= \frac{2}{|\alpha_{n+1}(z) + 1|} \geq \frac{2}{|\alpha_{n+1}(z)| + 1} = 1.
\end{aligned}$$

Dimostrata la monotonia della successione, facciamo vedere che essa è limitata dall'alto. Introduciamo la successione ausiliaria

$$M_n(z) = \frac{2L_n(z)}{|\alpha_n(z) + 1|},$$

e mostriamo che $\{M_n(z)\}_n$ è decrescente. Questo concluderà la dimostrazione, dal momento che $L_n(z) \leq M_n(z)$ per ogni n, e pertanto $L_n(z) \leq M_n(z) \leq M_1(z)$ per ogni n. Ora,

$$\begin{aligned}
\frac{M_{n+1}(z)}{M_n(z)} &= 2\frac{|\alpha_{n+1}(z) - 1|}{|\alpha_{n+1}(z) + 1|}\frac{|\alpha_n(z) + 1|}{|\alpha_n(z) - 1|} \\
&= 2\frac{|\alpha_{n+1}(z)^2 + 1|}{|\alpha_{n+1}(z) + 1|^2} \\
&= \frac{2|\alpha_{n+1}(z)^2 + \alpha_{n+1}(z)\overline{\alpha_{n+1}(z)}|}{|\alpha_{n+1}(z) + 1|^2} \\
&= \frac{2|\alpha_{n+1}(z) + \overline{\alpha_{n+1}(z)}|}{|\alpha_{n+1}(z) + 1|^2} \\
&= \frac{4|\Re\alpha_{n+1}(z)|}{|\alpha_{n+1}(z) + 1|^2} \\
&= \frac{4\Re\alpha_{n+1}(z)}{(\Re\alpha_{n+1}(z) + 1)^2 + (\Im\alpha_{n+1}(z))^2} \\
&\leq \frac{4\Re\alpha_{n+1}(z)}{(\Re\alpha_{n+1}(z) + 1)^2} \leq 1.
\end{aligned}$$
$\square$

Definizione 11.5 Per ogni $z \in \mathbf{U}$, definiamo

$$L(z) = \lim_{n \to +\infty} L_n(z).$$

Definizione 11.6 $\pi = L(-1)$.

Osservazione 11.2 In termini geometrici, $L(z)$ è la lunghezza dell'arco di circonferenza che parte dal punto 1 e arriva al punto z. Quindi π è coerentemente definito come la lunghezza di mezza circonferenza di raggio unitario. Inoltre $L(z) > 0$ per ogni $z \neq 1$, dal momento che $L(z) \geq L_0(z) = |z - 1| > 0$.

Teorema 11.3 *Per ogni $z \in \mathbf{U}$, valgono le relazioni*

$$\lim_{n \to +\infty} \alpha_n(z) = 1 \tag{11.1}$$

$$\lim_{n \to +\infty} 2^n(\alpha_n(z) - 1) = i\,L(z). \tag{11.2}$$

Dimostrazione L'uguaglianza (11.1) segue dall'identità

$$|\alpha_n(z) - 1| = \frac{L_n(z)}{2^n}$$

e dalla convergenza $L_n(z) \to L(z)$. L'uguaglianza (11.2) si ottiene con il seguente ragionamento. Innanzitutto, il caso $z = 1$ è ovvio. Per $z \neq 1$ si osserva che

$$\begin{aligned}
2^n(\alpha_n(z) - 1) &= \frac{\alpha_n(z) - 1}{|\alpha_n(z) - 1|} L_n(z) = \frac{\alpha_{n+1}(z)^2 - 1}{|\alpha_{n+1}(z)^2 - 1|} L_n(z) \\
&= \frac{\alpha_{n+1}(z)(\alpha_{n+1}(z) - \overline{\alpha_{n+1}(z)})}{|\alpha_{n+1}(z) - \overline{\alpha_{m+1}(z)}|} L_n(z) \\
&= \alpha_{n+1}(z) L_n(z) \frac{i\,\Im\alpha_{n+1}(z)}{|\Im\alpha_{n+1}(z)|} \\
&= i\,\alpha_{n+1}(z) L_n(z) \to i\,L(z). \qquad\qquad \square
\end{aligned}$$

Ci occupiamo adesso delle proprietà algebriche della funzione $z \mapsto \alpha(z)$.

Teorema 11.4 *Se z e w appartengono a $\mathbf{U}^+$, allora*

$$\alpha(zw) = \alpha(z)\alpha(w).$$

Dimostrazione Infatti

$$(\alpha(z)\alpha(w))^2 = \alpha(z)^2\alpha(w)^2 = zw,$$

e si conclude ricordando che $\alpha(z)\alpha(w) \in \mathbf{U}^+$. $\qquad\qquad\square$

Osservazione 11.3 Se $z = w = -1$, la tesi è falsa. Infatti $\alpha(zw) = \alpha(1) = 1$, mentre $\alpha(z)\alpha(w) = i \cdot i = -1$.

Applicando iterativamente il Teorema 11.4 si perviene a

Corollario 11.1 *Se $z \in \mathbf{U}^+$ e $w \in \mathbf{U}^+$, per ogni n naturale risulta*

$$\alpha_n(zw) = \alpha_n(z)\alpha_n(w).$$

Teorema 11.5 *Se $z \in \mathbf{U}^+$ e $w \in \mathbf{U}^+$, allora*

$$L(zw) = L(z) + L(w).$$

Dimostrazione Applicando il Corollario 11.1 e (11.2),

$$
\begin{aligned}
iL(zw) &= \lim_{n \to +\infty} 2^n(\alpha_n(zw) - 1) \\
&= \lim_{n \to +\infty} 2^n(\alpha_n(z)\alpha_n(w) - 1) \\
&= \lim_{n \to +\infty} (2^n(\alpha_n(z) - \overline{\alpha_n(w)})\alpha_n(w)) \\
&= \lim_{n \to +\infty} (2^n((\alpha_n(z) - 1) - \overline{\alpha_n(w) - 1})\alpha_n(w)) \\
&= iL(z) - \overline{iL(w)} = i(L(z) + L(w)).
\end{aligned}
$$
$\square$

Corollario 11.2 *Per ogni $z \in \mathbf{U} \setminus \mathbf{U}^+$, risulta*

$$L(z) = \pi + L(-z).$$

In particolare, $L(z) < \pi$ per ogni $z \in \mathbf{U}^+$.

Dimostrazione Per $z = -1$ è sufficiente osservare che $L(-1) = \pi$ e $L(1) = 0$. Se $z \neq -1$, $-z \in \mathbf{U}^+$ e dunque

$$L(z) = L(-1 \cdot (-z)) = L(-1) + L(-z) = \pi + L(-z).$$

Infine, $L(1) = 0 < \pi$. Se $z \neq 1$, allora $-z \in \mathbf{U}^+$ e pertanto

$$\pi = L(-1) = L(z(-\overline{z})) = L(z) + L(-\overline{z}) > L(z)$$

in quanto $L(-\overline{z}) > 0$ essendo $-\overline{z} \neq 1$. $\square$

Consideriamo la funzione $L \colon \mathbf{U} \to \mathbf{R}$ definita da $z \mapsto L(z)$.

Teorema 11.6 *La funzione L induce una corrispondenza biunivoca tra $\mathbf{U}^*$ e $[0, \pi]$.*

Dimostrazione La restrizione $L_{|\mathbf{U}^*}$ è una funzione iniettiva. Se z e w appartengono a $\mathbf{U}^*$ e $L(z) = L(w)$, necessariamente $z\overline{w} \in \mathbf{U}^+$ oppure $\overline{z}w \in \mathbf{U}^+$. Supponiamo che valga la prima alternativa. Risulta

$$L(z) = L(w(z\overline{w})) = L(z) + L(z\overline{w}),$$

quindi $L(z\overline{w}) = 0$. Questo implica $z\overline{w} = 1$, cioè $z = \frac{1}{\overline{w}} = w$. Sappiamo già che $L(\mathbf{U}^*) \subset [0, \pi]$. Inoltre $L(1) = 0$ e $L(-1) = \pi$. Poiché $\mathbf{U}^*$ è un insieme connesso, per dimostrare che l'immagine di $L_{|\mathbf{U}^*}$ è $[0, \pi]$ ci basta dimostrare che tale funzione è continua. A questo scopo, fissiamo due punti z, w di $\overline{\mathbf{U}^*}$, con $w \neq \pm 1$. Allora $z\overline{w} \in \mathbf{U}^+$ o $\overline{z}w \in \mathbf{U}^+$. Ne segue

$$L(z) = L(w) + L(z\overline{w}) \quad \text{se } z\overline{w} \in \mathbf{U}^+,$$

oppure

$$L(w) = L(z) + L(w\overline{z}) \quad \text{se } \overline{z}w \in \mathbf{U}^+,$$

Osserviamo che

$$\lim_{w \to z} z\overline{w} = \lim_{w \to z} \overline{z}w = |z|^2 = 1.$$

Ci basta dunque far vedere che

$$\lim_{\substack{w \to 1 \\ w \in \mathbf{U}^+}} L(w) = 0. \tag{11.3}$$

Ma la relazione di limite (11.3) deriva a sua volta dalla disuguaglianza

$$\begin{aligned}
L(w) &\leq M_1(w) + \frac{2L_1(w)}{|\alpha_1(w) + 1|} \\
&= 4\frac{|\alpha_1(w) - 1|}{|\alpha_1(w) + 1|} \\
&= 4\frac{|1 + w - |1 + w||}{|1 + w + |1 + w||}.
\end{aligned}$$
$\square$

Corollario 11.3 *La funzione* $L : \mathbf{U} \to [0, 2\pi)$ *è biunivoca.*

Dimostrazione Basta ricordare il Corollario 11.2. $\square$

11.2   Proprietà delle funzioni circolari

Definizione 11.7 Per ogni $t \in [0, 2\pi)$, poniamo

$$e^{it} = L^{-1}(t).$$

Questa funzione può essere prolungata per periodicità di periodo 2π ad una funzione definita su tutto $\mathbf{R}$. Le funzioni circolari sono definite dalle equazioni

$$\cos t = \Re e^{it}$$
$$\sin t = \Im e^{it}$$

per ogni $t \in \mathbf{R}$.

Le precedenti definizioni giustificano immediatamente il seguente

Teorema 11.7 *Vale l'identità di Eulero*

$$e^{it} = \cos t + i \sin t, \quad t \in \mathbf{R}.$$

Più delicata è la dimostrazione della seguente identità algebrica.

Teorema 11.8 *Per ogni scelta dei numeri reali t ed s, risulta*

$$e^{i(t+s)} = e^{it}e^{is}.$$

Dimostrazione Per ovvie ragioni di periodicità, sarà sufficiente dimostrare la tesi nel caso $0 \leq t < 2\pi$ e $0 \leq s < 2\pi$. Distinguiamo tre casi.

(a) $0 \leq t < \pi, 0 \leq s < \pi$. Esistono u e v in $\mathbf{U}^+$ tali che $L(u) = t$ e $L(v) = s$. Risulta $L(uv) = L(u) + L(v) = t + s$ e dunque $uv = L^{-1}(t+s)$ perché $t + s \in [0, 2\pi)$. Questo significa che

$$e^{i(t+s)} = uv = e^{it}e^{is}.$$

(b) $0 \leq t < \pi, \pi \leq s < 2\pi$. Analogamente al caso precedente, esistono $u \in \mathbf{U}^+$ e $v \in \mathbf{U} \setminus \mathbf{U}^+$ tali che $L(u) = t$ e $L(v) = s$. Quindi

$$t + s = L(u) + L(v) = L(u) + L(-v) + \pi = L(-uv) + \pi.$$

Se $uv \in \mathbf{U}^+$, avremo $L(-uv) = \pi + L(uv)$, che implica $t + s = 2\pi + L(uv)$. Ancora una volta,

$$e^{i(t+s)} = e^{iL(uv)} = uv = e^{it}e^{is}.$$

Se invece $uv \in \mathbf{U} \setminus \mathbf{U}^+$, avremo $L(-uv) = L(uv) - \pi$, quindi $L(uv) = t + s$, e si ottiene ancora l'uguaglianza desiderata.

(c) $\pi \leq t < 2\pi, \pi \leq s < 2\pi$. In questo caso esistono u e v in $\mathbf{U} \setminus \mathbf{U}^+$ tali che $L(u) = t, L(v) = s$. Risulta

$$\begin{aligned}
t + s &= L(u) + L(v) = 2\pi + L(-u) + L(-v) \\
&= 2\pi + L((-u)(-v)) = 2\pi + L(uv),
\end{aligned}$$

e ne consegue

$$e^{i(t+s)} = uv = e^{it}e^{is}. \qquad \square$$

Corollario 11.4 *Per ogni scelta di t ed s, valgono le formule di addizione*

$$\cos(t + s) = \cos t \cos s - \sin t \sin s$$
$$\sin(t + s) = \sin t \cos s + \cos t \sin s.$$

Dimostrazione Infatti

$$\begin{aligned}
\cos(t + s) + i \sin(t + s) = e^{i(t+s)} &= e^{it}e^{is} \\
&= (\cos t + i \sin t)(\cos s + i \sin s) \\
&= (\cos t \cos s - \sin t \sin s) + i(\cos t \sin s + \sin t \cos s).
\end{aligned}$$

$$\qquad \square$$

Teorema 11.9 *Per ogni $t \in \mathbf{R}$ valgono le identità*

$$\cos(-t) = \cos t, \qquad \sin(-t) = -\sin t.$$

Dimostrazione Seguono immediatamente dall'uguaglianza $e^{it}e^{-it} = e^{i \cdot 0} = 1$. $\square$

Meno immediate sono le dimostrazioni di due limiti per le funzioni seno e coseno, che gli studenti sono soliti chiamare *notevoli*. Premettiamo due disuguaglianze particolarmente utili.

Lemma 11.1 *Per ogni $t \in \left(0, \frac{\pi}{2}\right)$ risulta*

$$0 \leq \frac{1 - \cos t}{t} \leq \frac{t}{2}$$

e

$$\cos t \leq \frac{\sin t}{t} \leq 1.$$

Dimostrazione Sia $t \in \left(0, \frac{\pi}{2}\right)$. Dalle relazioni

$$t = L\left(e^{it}\right) \geq 2\left|e^{it} - 1\right|$$

deriviamo

$$t^2 \geq \left|e^{it} - 1\right|^2 = (1 - \cos t)^2 + \sin^2 t = 2(1 - \cos t).$$

Ricordando che $1 - \cos t \geq 0$ per ogni $t \in \mathbf{R}$ otteniamo immediatamente

$$0 \leq \frac{1 - \cos t}{t} \leq \frac{1}{2}.$$

Invece, $\sin^2 t \leq t^2$ per ogni $t \in (0, \pi)$, e quindi $\sin t \leq t$. Sempre per ogni $t \in (0, \pi)$,

$$2t = L\left(e^{2it}\right) \leq 4\frac{\left|e^{it} - 1\right|}{\left|e^{it} + 1\right|}$$

$$= 4\frac{\sqrt{2(1 - \cos t)}}{\sqrt{2(1 + \cos t)}}.$$

Per la formula di addizione,

$$1 - \cos t = 1 - \cos^2 \frac{t}{2} + \sin^2 \frac{t}{2} = 2\sin^2 \frac{t}{2}.$$

Ora, se $s \in (0, \pi)$, allora $\sin s = \Im e^{is}$ e $e^{is} \in \mathbf{U}^+ \setminus \{1\}$. Quindi $\sin s > 0$ per $s \in (0, \pi)$. Ne consegue che

$$\frac{t}{2}\sqrt{1 + \cos t} \leq \sqrt{2}\sin\frac{t}{2},$$

e quindi, ponendo $t/2 = s$,

$$\sqrt{\frac{1 + \cos s}{2}} \leq \frac{\sin s}{s}.$$

Sempre per le formule di addizione,

$$\frac{1 + \cos(2s)}{2} = \frac{1 + \cos^2 s - \sin^2 s}{2} = \cos^2 s.$$

Come sopra, $\cos s \geq 0$ per ogni $s \in \left(0, \frac{\pi}{2}\right)$. Quindi

$$\cos s \leq \frac{\sin s}{s} \leq 1$$

per ogni $s \in \left(0, \frac{\pi}{2}\right)$. $\square$

Teorema 11.10 *Valgono le seguenti relazioni di limite:*

$$\lim_{t \to 0} \frac{1 - \cos t}{t} = 0 \tag{11.4}$$

$$\lim_{t \to 0} \frac{\sin t}{t} = 1. \tag{11.5}$$

Dimostrazione Dalla prima disuguaglianza del Lemma 11.1 segue immediatamenten che

$$\lim_{t \to 0+} \frac{1 - \cos t}{t} = 0.$$

Poiché il coseno è una funzione pari,

$$\lim_{t \to 0-} \frac{1 - \cos t}{t} = 0,$$

e questo dimostra la validità di (11.4). In particolare $\lim_{t \to 0} \cos t = 1$, e dalla seconda disuguaglianza del Lemma 11.1 segue per confronto la relazione

$$\lim_{t \to 0+} \frac{\sin t}{t} = 1.$$

La disparità della funzione seno implica

$$\lim_{t \to 0-} \frac{\sin t}{t} = \lim_{t \to 0+} \frac{\sin t}{-t} = 1. \qquad \square$$

11.3 La funzione esponenziale

Molto più agevole, ma comunque meritevole di una spiegazione, è la costruzione della funzione esponenziale, che riveste un ruolo particolare in tutta l'Analisi Matematica. A differenza del caso delle funzioni circolari, la completezza del sistema **R** dei numeri reali è lo strumento essenziale. Un minimo di teoria della convergenza completerà la nostra presentazione.

L'idea è semplice: fissata una base reale a, si definiscono prima le potenze ad esponente intero positivo di a, poi quelle ad esponente intero negativo, poi quelle ad esponente razionale, ed infine le potenze di a ad esponente reale qualunque.

Definizione 11.8 Siano $a \in \mathbf{R}$, $m \in \mathbf{N}$. Definiamo ricorsivamente

$$a^0 = 1$$
$$a^n = a^{n-1} \cdot a.$$

Osservazione 11.4 Si osservi che la definizione $a^0 = 1$ resta per noi valida anche quando $a = 0$. Su questa relazione di uguaglianza si potrebbe discutere all'infinito, e molti studiosi sostengono che 0^0 dovrebbe restare *indefinito*. Da un punto di vista meramente algebrico la posizione $0^0 = 1$ è comoda, priva di contraddizioni, e rende alcune identità molto eleganti e simmetriche. L'argomento principe di chi contesta questa definizione è che crea confusione nel calcolo dei limiti: se $a_n \to 0$ e $b_n \to 0$, l'algebra dei limiti non permette di determinare *a priori* il valore di

$$\lim_{n \to +\infty} a_n^{b_n}.$$

Definendo $0^0 = 1$ — dicono alcuni — indurrebbe a credere che il limite precedente debba valere sempre 1. A rigor di logica una siffatta deduzione sarebbe quantomeno azzardata, poiché nasconderebbe una presunzione di continuità che risulterebbe comunque ingiustificata. Per tutti questi motivi accetteremo nella nostra trattazione la definizione $a^0 = 1$ per qualunque valore reale di a.

Definizione 11.9 Siano $a \in \mathbf{R} \setminus \{0\}$, $m \in \mathbf{Z}$, $m < 0$. Definiamo

$$a^m = \left(\frac{1}{a}\right)^{-m}.$$

Teorema 11.11 *Per ogni a e b in $\mathbf{R} \setminus \{0\}$ e per ogni m, n in $\mathbf{Z}$, valgono le uguaglianze*

$$a^{m+n} = a^m a^n$$
$$(ab)^m = a^m b^m$$
$$(a^m)^n = a^{mn}.$$

Dimostrazione Segue immediatamente dalle Definizioni 11.8 e 11.9.   □

Il passaggio alle potenze con esponente razionale richiede la costruzione delle radici di un numero reale positivo.

Definizione 11.10   Siano $n \in \mathbf{N}$ e $x \geq 0$ un numero reale. Un numero reale y è una radice n-esima di x se $y \geq 0$ e

$$y^n = x.$$

Lemma 11.2   *Siano x e y due numeri reali, $x \geq 0$ e $y \geq 0$. Allora*

(i) $x^n \leq y^n$ se e solo se $x \leq y$.
(ii) $x^n = y^n$ se e solo se $x = y$.
(iii)   Se $x^n < y$ allora esiste $\varepsilon > 0$ tale che $(x + \varepsilon)^n < y$.
(iv)   Se $x^n > y$ allora esiste $\varepsilon > 0$ tale che $x - \varepsilon > 0$ e $(x - \varepsilon)^n > y$.

Dimostrazione   (i) La conclusione è banale se $n = 1$ o se $x = 0$. Supponiamo dunque $x > 0$ e $n \geq 2$. Da

$$y^n - x^n = (y - x)(y^{n-1} + y^{n-2}x + \cdots + yx^{n-2} + x^{n-1})$$

segue che $y^n - x^n \geq 0$ se e solo se $y - x \geq 0$. L'affermazione (ii) segue da (i). Infatti $x^n = y^n$ se e solo se $x^n \leq y^n$ e simultaneamente $x^n \geq y^n$. Per dimostrare l'affermazione (iii), supponiamo $x^n < y$. Per ogni $\varepsilon \in (0, 1)$ risulta

$$(x + \varepsilon)^n = ((x + \varepsilon)^n - x^n) + x^n = \varepsilon^n\big((x + \varepsilon)^{n-1} + \cdots + x^{n-1}\big)$$
$$\leq \varepsilon(x + 1)^{n-1} + x^n.$$

Quindi $(x + \varepsilon)^n < y$ se

$$\varepsilon(x + 1)^{n-1} + x^n < y.$$

Questa disuguaglianza è vera se e solo se

$$\varepsilon < \frac{y - x^n}{n(x + 1)^{n-1}} = \varepsilon_0.$$

Abbiamo così dimostrato che è sufficiente scegliere $0 < \varepsilon < \min\{1, \varepsilon_0\}$ affinché $(x + \varepsilon)^n < y$. Infine, l'affermazione (iv) è chiara quando $y = 0$. Supponiamo pertanto che $y > 0$. Dall'ipotesi $x^n > y$ segue che

$$\left(\frac{1}{x}\right)^n < \frac{1}{y}.$$

Per il punto (iii) esiste $\delta > 0$ tale che

$$\left(\frac{1}{x} + \delta\right) < \frac{1}{y}.$$

Ma questa relazione equivale a

$$y < \left(\frac{x}{1 + \delta x}\right)^n.$$

Osserviamo che

$$\frac{x}{1 + \delta x} = x - \frac{\delta x^2}{1 + \delta x} = x - \varepsilon,$$

dove abbiamo posto

$$\varepsilon = \frac{\delta x^2}{1 + \delta x}.$$

Evidentemente $\varepsilon > 0$, $x - \varepsilon > 0$ e $y < (x - \varepsilon)^n$. $\square$

Teorema 11.12 *Ogni numero reale $x \geq 0$ possiede una ed una sola radice n-esima.*

Dimostrazione Cominciamo dall'unicità. Siano y e z due numeri reali tali che $y \geq 0$, $z \geq 0$, $y^n = x = z^n$. Il Lemma 11.2 implica immediatamente $y = z$. La dimostrazione dell'esistenza di una radice n-esima di x richiede un po' più di attenzione. Innanzitutto, il caso $x = 0$ è banale, perché $y = 0$ è una radice n-esima di zero. Supponiamo che $x > 0$ e definiamo l'insieme

$$A = \{a \in \mathbf{R} \mid a \geq 0,\ a^n \leq x\}.$$

Poiché $0 \in A$, l'insieme A non è vuoto. Inoltre A è limitato dall'alto. Infatti, per ogni $a \in A$ risulta

$$a^n \leq x < 1 + x < (1 + x)^n,$$

e dunque $a^n < (1 + x)^n$. Per il Lemma 11.2, $a < 1 + x$. Sappiamo allora che esiste $y = \sup A$. Vogliamo mostrare che y è una radice n-esima di x. Ricordando che $0 \in A$, vediamo che $y \geq 0$. Supponiamo per assurdo che $y^n \neq x$. Per l'ordinamento totale di $\mathbf{R}$, $y^n < x$ oppure $y^n > x$. Nel primo caso, il Lemma 11.2 garantisce l'esistenza di $\varepsilon > 0$ tale che $(y + \varepsilon)^n < x$. Allora $y + \varepsilon \in A$, contro la definizione di estremo superiore. Se invece fosse $y^n > x$, sempre per il Lemma 11.2 esisterebbe $\varepsilon > 0$ tale che $y - \varepsilon > 0$ e $(y - \varepsilon)^n > x$. Poiché $x \geq a^n$ per ogni $a \in A$, ne seguirebbe che

$$(y - \varepsilon)^n > a^n \quad \text{per ogni } a \in A.$$

Quindi $y - \varepsilon > a$ per ogni $a \in A$. Questo significherebbe che $y - \varepsilon$ sarebbe un maggiorante di A, il che è assurdo. Abbiamo così dimostrato che $y^n = x$. $\square$

Definizione 11.11 Siano $n \in \mathbf{N}$ e $x \geq 0$. L'unica radice n-esima di x è denotata con il simbolo

$$\sqrt[n]{x}.$$

Una notazione alternativa è $x^{1/n}$.

Dalla definizione di radice n-esima si ottengono facilmente le seguenti proprietà.

Teorema 11.13 *Siano x e y due numeri reali non negativi, e sia $n \in \mathbf{N}$. Valgono le relazioni*

(i) $\sqrt[n]{xy} = \sqrt[n]{x}\,\sqrt[n]{y}$.
(ii) $\sqrt[n]{x^p} = (\sqrt[n]{x})^p$, $\sqrt[np]{x^p} = \sqrt[n]{x}$ *per ogni $p \in \mathbf{N}$.*
(iii) $x < y$ *se e solo se* $\sqrt[n]{x} < \sqrt[n]{y}$.

Definizione 11.12 Sia $a > 0$ un numero reale. Per ogni $x \in \mathbf{Q}$ definiamo

$$a^x = \sqrt[q]{a^p}$$

se $x = p/q$ per qualche $p \in \mathbf{Z}$ e qualche $q \in \mathbf{N}$, $q \neq 0$.

La definizione precedente è indipendente dalla particolare scrittura di x nella forma p/q. Infatti, se $p/q = m/n$, allora $np = mq$ e quindi

$$\sqrt[n]{a^m} = \sqrt[q]{a^p}$$

per il Teorema 11.13.

Teorema 11.14 *Sia $a > 0$ un numero reale.*

(i) $a^{x+y} = a^x a^y$ *per ogni x e y razionali.*
(ii) $a^x > 0$ *per ogni $x \in \mathbf{Q}$.*
(iii) $(a^x)^y = a^{xy}$ *per ogni x e y razionali.*
(iv) *Se x e y sono numeri razionali tali che $x < y$, allora $a^x < a^y$ quando $a > 1$, mentre $a^x > a^y$ quando $0 < a < 1$.*

Dimostrazione Le proprietà (i), (ii) e (iii) seguono dalle corrispondenti proprietà per gli esponenti interi; vediamo quindi la dimostrazione di (iv). Supponiamo inizialmente che $a > 1$: affermiamo che $a^h > 1$ per ogni $h \in \mathbf{Q}$, $h > 0$. Infatti, scrivendo $h = p/q$ per opportuni numeri naturali p e q, risulta

$$a^h = \sqrt[q]{a^p} > \sqrt[q]{a} > \sqrt[q]{1} = 1.$$

Pertanto, se $y - x > 0$,

$$a^y - a^x = a^x(a^{y-x} - 1) > 0.$$

Resta da considerare il caso $0 < a < 1$. Se $y - x > 0$, allora $\frac{1}{a} > 1$ e $-x > -y$. Per il caso precedente,

$$a^x = \left(a^{-1}\right)^x = \left(\frac{1}{a}\right)^{-x} > \left(\frac{1}{a}\right)^{-y} = \left(a^{-1}\right)^y = a^y. \qquad \square$$

A questo punto, abbiamo costruito la funzione esponenziale

$$x \in \mathbf{Q} \mapsto a^x \in \mathbf{R}, \tag{11.6}$$

per ogni $a > 0$ fissato in $\mathbf{R}$. Vogliamo *estendere* questa definizione ad una funzione definita su $\mathbf{R}$. Il caso $a = 1$ è banale: poiché $1^x = 1$ per ogni $x \in \mathbf{Q}$, basterà definire $1^x = 1$ per ogni $x \in \mathbf{R}$. Da questo momento, supporremo che $a \neq 1$.

L'idea per definire una funzione

$$\exp_a \colon \mathbf{R} \to \mathbf{R}$$

che coincida con (11.6) sull'insieme $\mathbf{Q}$, sfrutteremo la *densità* di $\mathbf{Q}$ in $\mathbf{R}$. Come visto sopra, la funzione (11.6) è monotona crescente quando $a > 1$, e monotona decrescente quando $0 < a < 1$. Pertanto, fissato arbitrariamente un punto $x_0 \in \mathbf{R}$, esistono finiti i limiti

$$\lim_{\substack{r \to x_0- \\ r \in \mathbf{Q}}} a^r = \ell_1, \qquad \lim_{\substack{r \to x_0+ \\ r \in \mathbf{Q}}} a^r = \ell_2.$$

Evidentemente $\ell_1 \leq \ell_2$. Vogliamo dimostrare che, in realtà, $\ell_1 = \ell_2$.

Lemma 11.3   *Se $a > 0$, risulta*

$$\lim_{n \to +\infty} \sqrt[n]{a} = 1.$$

Dimostrazione   La tesi è ovvia per $a = 1$. Supponiamo che $a > 1$. L'identità

$$t^n - 1 = (t - 1)(t^{n-1} + t^{n-2} + \cdots + t + 1)$$

applicata con $t = \sqrt[n]{a}$ mostra che

$$\sqrt[n]{a} - 1 = \frac{a - 1}{\left(\sqrt[n]{a}\right)^{n-1} + \left(\sqrt[n]{a}\right)^{n-2} + \cdots + \sqrt[n]{a} + 1}$$
$$\leq \frac{a - 1}{n}.$$

La tesi segue facilmente. Il caso $0 < a < 1$ si riconduce al precedente, poiché

$$\lim_{n \to +\infty} \sqrt[n]{a} = \lim_{n \to +\infty} \frac{1}{\sqrt[n]{1/a}} = 1. \qquad \square$$

Teorema 11.15 *Se $a > 0$ e $x_0 \in \mathbf{R}$, allora*

$$\lim_{\substack{r \to x_0 - \\ r \in \mathbf{Q}}} a^r = \lim_{\substack{r \to x_0 + \\ r \in \mathbf{Q}}} a^r.$$

Dimostrazione Ci limitiamo al caso $a > 1$, poiché il caso $0 < a < 1$ si riporta a questo con le solite considerazioni. Definiamo gli insiemi

$$A = \{a^r \mid r < x_0, \ r \in \mathbf{Q}\}$$
$$B = \{a^r \mid r > x_0, \ r \in \mathbf{Q}\}$$

È evidente che $A \cap B = \emptyset$. Affermiamo che $a < b$ per ogni $a \in A$ e ogni $b \in B$. Per ogni intero $n > 0$, chiamiamo m il massimo intero tale che $m/n < x_0$. Sicuramente $\frac{m+2}{n} > x_0$. Quindi $a^{m/n} \in A$ e $a^{\frac{m+2}{n}} > x_0$. Inoltre

$$a^{\frac{m+2}{n}} - a^{\frac{m}{n}} = a^{\frac{m}{n}} \left(a^{\frac{2}{n}} - 1 \right)$$
$$= a^{\frac{m}{n}} \left(\sqrt[n]{a^2} - 1 \right)$$
$$\leq a^{[x_0]+1} \left(\sqrt[n]{a^2} - 1 \right),$$

poiché $m/n < x_0 < [x_0] + 1$.[2]

Fissato arbitrariamente $\varepsilon > 0$, per la monotonia della funzione (11.6) esiste un intero n_0 tale che

$$\sqrt[n]{a^2} - 1 < \frac{\varepsilon}{a^{[x_0]+1}}$$

per ogni $n \geq n_0$. Per ogni n siffatto,

$$a^{\frac{m+2}{n}} - a^{\frac{m}{n}} < \varepsilon,$$

e questo completa la dimostrazione. $\square$

Definizione 11.13 Per ogni $x \in \mathbf{R}$ e ogni $a > 0$ reale, definiamo

$$a^x = \lim_{\substack{r \to x_0 \\ r \in \mathbf{Q}}} a^r.$$

La funzione esponenziale di base a è la funzione $\exp_a \colon \mathbf{R} \to \mathbf{R}$ definita da

$$\exp_a(x) = a^x$$

per ogni $x \in \mathbf{R}$.

Le proprietà di monotonia della funzione esponenziale su $\mathbf{Q}$ si estende alla funzione esponenziale su $\mathbf{R}$.

---

[2] Ricordiamo che $[x_0]$ è la parte intera di x_0, cioè il massimo numero intero minore o uguale a x_0.

Teorema 11.16 *Se $a > 0$, la funzione $\exp_a$ è continua in $\mathbf{R}$. Se $a > 0$, tale funzione è strettamente crescente, mentre è strettamente crescente se $0 < a < 1$.*

Dimostrazione Partiamo dalla monotonia. Il caso $0 < a < 1$ si riconduce al caso $a > 1$ passando a $1/a$. Supponiamo dunque che $a > 1$. Fissiamo due numeri reali $x_1 < x_2$, e scegliamo due numeri razionali r_1 ed r_2 tali che

$$x_1 < r_1 < r_2 < x_2.$$

Essendo per definizione

$$a^{x_1} = \inf\{a^t \mid t > x_1,\, t \in \mathbf{Q}\}$$

e

$$a^{x_2} = \sup\{a^t \mid t < x_2,\, t \in \mathbf{Q}\},$$

risulta

$$a^{x_1} \le a^{r_1} < a^{r_2} \le a^{x_2}.$$

Quindi la funzione esponenziale di base $a > 1$ è una funzione strettamente crescente. In particolare, se $x_0 \in \mathbf{R}$, sappiamo che

$$\lim_{x \to x_0-} a^x = \sup\{a^x \mid x < x_0\}$$
$$= \sup\{a^r \mid r < x_0,\, r \in \mathbf{Q}\}$$
$$= a^{x_0}.$$

In modo speculare, $\lim_{x \to x_0+} a^x = a^{x_0}$, e dunque la funzione esponenziale è una funzione continua in ogni punto $x_0 \in \mathbf{R}$. La dimostrazione è conclusa. $\square$

Raccogliamo nel prossimo teorema le identità fondamentali per la funzione esponenziale. Omettiamo la dimostrazione, che discende dalle analoghe proprietà dell'esponenziale ad esponenti razionali e dalle proprietà dei limiti.

Teorema 11.17 *Siano $a > 0$ e $b > 0$.*

(i) $a^{-x} = \frac{1}{a^x} = \left(\frac{1}{a}\right)^x$ per ogni $x \in \mathbf{R}$.
(ii) $a^{x+y} = a^x a^y$ per ogni x e y reali.
(iii) $(ab)^x = a^x b^x$ per ogni $x \in \mathbf{R}$.

11.4   Comportamento asintotico della funzione esponenziale

Teorema 11.18 *Se $a > 1$, risulta*

$$\lim_{x \to +\infty} \frac{a^x}{x^k} = +\infty$$

per ogni $k \ge 0$ reale. Invece

$$\lim_{x \to -\infty} x^k a^x = 0$$

per ogni $k \ge 0$ reale.

Dimostrazione   Osserviamo che è sufficiente dimostrare la prima relazione di limite nel solo caso $k = 1$. Infatti,

$$\lim_{x \to +\infty} \frac{a^x}{x^k} = \lim_{y \to +\infty} \frac{a^{ky}}{(ky)^k}$$

$$= \frac{1}{k^k} \lim_{y \to +\infty} \left(\frac{a^y}{y} \right)^k.$$

Poniamo pertanto $k = 1$. Per definizione di parte intera di un numero $x > 0$,

$$\frac{a^x}{x} \geq \frac{a^{[x]}}{[x] + 1},$$

e vediamo che ci basta dimostrare la validità del limite sequenziale

$$\lim_{n \to +\infty} \frac{a^n}{n + 1} = +\infty.$$

Posto $a = 1 + b$ per qualche $b > 0$, la formula del binomio di Newton porge

$$a^n = (1 + b)^n$$

$$+ 1 + nb + \frac{n(n - 1)}{2} b^2 + \cdots + b^n$$

$$> \frac{n(n - 1)}{2} b^2.$$

Quindi

$$\frac{a^n}{n + 1} > \frac{n(n - 1)b^2}{2(n + 1)},$$

e la tesi segue per confronto. La seconda relazione di limite si ricava con semplici passaggi algebrici:

$$\lim_{x \to -\infty} x^k a^x = (-1)^k \lim_{t \to +\infty} t^k a^{-t}$$

$$= (-1)^k \lim_{t \to +\infty} \frac{t^k}{a^t} = 0. \qquad \square$$

Corollario 11.5   *Se $0 < a < 1$, la funzione $x \mapsto a^x$ è un infinitesimo di ordine superiore a qualunque potenza di $1/x$ per $x \to +\infty$, e un infinito di ordine superiore a qualunque potenza di x per $x \to -\infty$.*

Dimostrazione   Basta passare da a a $1/a > 1$ e applicare i risultati del Teorema 11.18. $\qquad \square$

Avendo dimostrato che, per $a > 1$, la funzione $x \mapsto a^x$ è strettamente crescente, tale funzione risulta iniettiva, ed è pertanto possibile definire la sua funzione inversa

$$\log_a \colon (0, +\infty) \to \mathbf{R}.$$

Questa funzione si chiama logaritmo in base a, ed è ovviamente una funzione strettamente crescente. Risulta anche continua, poiché il suo dominio è un intervallo. Lasciamo al lettore il piacere di riscoprire sotto questa luce le proprietà algebriche della funzione logaritmica, ad esempio

$$\log_a(xy) = \log_a x + \log_a y.$$

Se $0 < a < 1$, la funzione $x \mapsto a^x$ è strettamente decrescente, ma questo permette comunque di definire il logaritmo in base a. L'unica differenza è che tale logaritmo sarà una funzione strettamente decrescente su $(0, +\infty)$. Resta invece escluso il caso $a = 1$: la funzione $x \mapsto 1^x$ è costante, quindi non può esistere inversa.

Osservazione 11.5   Quando $a = e$, il numero di Nepero, è consuetudine scrivere log al posto di $\log_e$. Nella matematica scolastica, in cui il numero di Nepero non può essere agevolmente introdotto, si usa spesso il logaritmo decimale, cioè in base $a = 10$. In tal caso è frequente la notazione Log per indicare $\log_{10}$.

Infine, partendo dalla funzione esponenziale è semplice definire le potenze a base e ad esponente reale. Per ogni $x > 0$ reale, e ogni $a \in \mathbf{R}$, poniamo

$$x^a = 2^{a \log_2 x}.$$

Osservazione 11.6   La scelta di utilizzare il numero 2 per definire le potenze è completamente arbitraria. Molto spesso si preferisce

$$x^a = e^{a \log x},$$

dove e è il numero di Nepero e log indica il logaritmo in base e.

Il prossimo risultato estende la definizione del numero di Nepero e come limite di una funzione (e non solo di una successione).

Teorema 11.19

$$\lim_{x \to +\infty} \left(1 + \frac{1}{x} \right)^x = e.$$

Dimostrazione   Ricordiamo innanzitutto che

$$\lim_{n \to +\infty} \left(1 + \frac{1}{n} \right)^n = e,$$

dove ovviamente n è una variabile naturale. Se $n \leq x < n + 1$ e $n > 0$, risulta

$$1 + \frac{1}{n+1} < 1 + \frac{1}{x} \leq 1 + \frac{1}{n}.$$

Se ne deduce che

$$\left(1 + \frac{1}{n+1}\right)^{n+1} < \left(1 + \frac{1}{x}\right)^{n} \leq \left(1 + \frac{1}{x}\right)^{x} \leq \left(1 + \frac{1}{n}\right)^{x} \leq \left(1 + \frac{1}{n}\right)^{x} < \left(1 + \frac{1}{x}\right)^{n+1}.$$

Siccome

$$\lim_{n \to +\infty} \left(1 + \frac{1}{n+1}\right)^{n} = \lim_{k \to +\infty} \left(1 + \frac{1}{k}\right)^{k-1} = \lim_{k \to +\infty} \frac{\left(1 + \frac{1}{k}\right)^{k}}{1 + \frac{1}{k}} = e$$

e

$$\lim_{n \to +\infty} \left(1 + \frac{1}{n}\right)^{n+1} = \lim_{n \to +\infty} \left(1 + \frac{1}{n}\right)^{n}\left(1 + \frac{1}{n}\right) = e,$$

la tesi segue per confronto. $\square$

Possiamo finalmente dedurre alcuni limiti fondamentali dalla nostra costruzione delle funzioni elementari.

Teorema 11.20   *Per $a > 0$, $a \neq 1$ e $\alpha \in \mathbf{R}$ valgono le uguaglianze*

$$\lim_{x \to 0} \frac{\log_a(1 + x)}{x} = \log_a e \tag{11.7}$$

$$\lim_{x \to 0} \frac{a^x - 1}{x} = \log a \tag{11.8}$$

$$\lim_{x \to 0} \frac{(1 + x)^\alpha - 1}{x} = \alpha. \tag{11.9}$$

Dimostrazione   Il limite (11.7) segue da

$$\lim_{x \to 0} \frac{\log_a(1 + x)}{x} = \lim_{x \to 0} \log_a\left((1 + x)^{1/x}\right)$$
$$= \log_a e$$

per la definizione di e. In (11.8) poniamo $a^x - 1 = t$, sicché $x = \log_a(1 + t)$. Dunque

$$\lim_{x \to 0} \frac{a^x - 1}{x} = \lim_{t \to 0} \frac{t}{\log_a(t + 1)}$$
$$= \frac{1}{\log_a e} = \log a.$$

Infine, osserviamo che

$$(1 + x)^\alpha = e^{\alpha \log(1+x)}.$$

Il cambiamento di variabile $\alpha \log(1 + x) = t$ ci permette di scrivere

$$
\begin{aligned}
\lim_{x \to 0} \frac{(1 + x)^\alpha - 1}{x} &= \lim_{x \to 0} \frac{e^{\alpha \log(x+1)} - 1}{\log(x + 1)} \lim_{x \to 0} \frac{\log(1 + x)}{x} \\
&= \lim_{t \to 0} \alpha \frac{e^t - 1}{t} \lim_{x \to 0} \frac{\log(1 + x)}{x} \\
&= \alpha.
\end{aligned}
$$

Abbiamo così stabilito la validità di (11.9), e la dimostrazione è conclusa. $\square$

11.5   Problemi

11.1   Dimostrare le identità

$$\sin^2\left(\frac{t}{2}\right) = \frac{1 - \cos t}{2}, \qquad \cos^2\left(\frac{t}{2}\right) = \frac{1 + \cos t}{2}.$$

(Suggerimento: posto $c := \cos t$, $s := \sin t$, $c' := \cos(t/2)$, $s' := \sin(t/2)$, si parta dalla formula

$$(c' + i s')^2 = c + i s,$$

eguagliando le parti reali e le parti immaginarie dei due membri, tenendo conto che $c'^2 + s'^2 = 1$.)

11.2   Per ogni $n \in \mathbb{N}^*$ dimostrare le identità[3]

$$
1 + \cos t + \cos 2t + \cdots + \cos nt = \begin{cases} n + 1, & \text{se } t \equiv 0 \ (\mathrm{mod}\ 2\pi), \\ \cos\left(\dfrac{n}{2}t\right) \dfrac{\sin\left(\frac{n+1}{2}t\right)}{\sin(t/2)}, & \text{altrimenti,} \end{cases}
$$

$$
\sin t + \sin 2t + \cdots + \sin nt = \begin{cases} 0, & \text{se } t \equiv 0 \ (\mathrm{mod}\ 2\pi), \\ \sin\left(\dfrac{n}{2}t\right) \dfrac{\sin\left(\frac{n+1}{2}t\right)}{\sin(t/2)}, & \text{altrimenti.} \end{cases}
$$

---

[3] La scrittura $n \equiv 0 \bmod 2\pi$ significa che $n = 2k\pi$ per qualche $k \in \mathbf{Z}$.

11.3 In base alle formule di addizione di seno e coseno, si dimostri la seguente formula di addizione per la tangente:

$$\tan(t_1 + t_2) = \frac{\tan t_1 + \tan t_2}{1 - \tan t_1 \tan t_2},$$

dove t_1 e t_2, così come la loro somma, appartengono al dominio della funzione tangente.

11.4 Dimostrare le seguenti identità:

$$\cos x = \frac{1 - t^2}{1 + t^2}, \qquad \sin x = \frac{2t}{1 + t^2},$$

dove

$$t := \tan\left(\frac{x}{2}\right), \qquad -\pi < x < \pi.$$

IV
Convergenza e teoria dell'integrazione secondo Riemann

Capitolo 12
Successioni generalizzate monotone e somme non ordinate

Estratto Raccogliamo in questo capitolo alcuni aspetti più avanzati della teoria delle successioni (MS) a valori reali. Questi risultati sono particolarmente utili per comprendere il concetto di integrale definito in quanto limite di opportune somme finite.

12.1 Monotonia delle successioni generalizzate

Il Teorema 6.4 sull'esistenza del limite per le successioni monotone di numeri reali si estende alle successioni (MS), come accennato con il Teorema 8.8. Inquadriamo la questione in un contesto un po' più astratto.

Definizione 12.1 Supponiamo che X sia un insieme totalmente ordinato dalla relazione $\leq$. La topologia dell'ordine su X è la topologia generata dalla sottobase S i cui elementi sono gli insiemi

$$\{x \in X \mid x < a\} = \{x \in X \mid x \leq a, \ x \neq a\}$$

e

$$\{x \in X \mid a < x\} = \{x \in X \mid a \leq x, \ x \neq a\}$$

per qualche $a \in X$.

Definizione 12.2 Sia X uno spazio topologico dotato della topologia dell'ordine rispetto alla relazione $\leq$. Una successione (MS) $S: D \to X$ in X è monotona crescente se per ogni $n \in D$, $m \in D$ tali che $m \geq n$,[1] risulta $S_n \leq S_m$. Simmetricamente, diremo che S è monotona decrescente se per ogni $n \in D$, $m \in D$ tali che $m \geq n$, risulta $S_m \leq S_n$.

---

[1] Utilizziamo qui lo stesso simbolo per indicare sia la relazione d'ordine in D, sia quella in X. Il contesto chiarisce, di volta in volta, a quale relazione d'ordine ci riferiamo.

© The Author(s), under exclusive license to Springer Nature Switzerland AG 2026

S. Secchi, *Analisi Matematica*, La Matematica per il 3+2,
https://doi.org/10.1007/978-3-032-20804-0_12

Teorema 12.1 *Sia X uno spazio topologico dotato della topologia dell'ordine. Supponiamo che ogni sottoinsieme non vuoto di X possieda estremo superiore ed inferiore.[2] Ogni successione (MS) monotona in X è convergente.*

Dimostrazione Sia $S: D \to X$ una successione, che supporremo crescente. Il caso decrescente di dimostra con evidenti modifiche. Definiamo

$$z = \sup\{S_n \mid n \in D\}.$$

L'esistenza di z deriva chiaramente dalle ipotesi del teorema. Analogamente a quanto visto nel Teorema 6.4, mostriamo che $S \to x$. Per definizione della topologia dell'ordine, ogni intorno U di x contiene un insieme della forma

$$(a, b) = \{x \in X \mid a < x < b\}$$

tale che $a < z < b$. Sarà dunque sufficiente dimostrare che, preso un qualunque insieme (a, b) contenente z, la successione (MS) S cade definitivamente in (a, b).

Per definizione di estremo superiore, il fatto che $a < z$ implica l'esistenza di un elemento S_p tale che $a < S_p \leq z < b$. Ora, se $n \in D$ e $n > p$, allora

$$a < S_p \leq S_n \leq z < b.$$

Questo dimostra che $S_n \to z$, come volevasi dimostrare. $\qquad\square$

Osservazione 12.1 La topologia euclidea di $\mathbf{R}$ è esattamente la topologia dell'ordine rispetto alla consueta relazione di disuguaglianza che definisce $\mathbf{R}$ come campo ordinato: infatti un punto x è interno all'insieme A se e solo se esiste $\delta > 0$ tale che ogni y che soddisfi $x - \delta < y < x + \delta$ appartiene ad A. A questo punto è ovvio che il Teorema 6.4 sia un caso speciale del Teorema 12.1.

Per le successioni (MS) a valori reali sussiste il seguente Criterio di Cauchy per l'esistenza del limite.

Teorema 12.2 *Sia S una successione (MS) a valori reali, definita su un insieme diretto $(D, \geq)$. Sono affermazioni equivalenti:*

(i) S è convergente in $\mathbf{R}$;
(ii) per ogni $\varepsilon > 0$ esiste $n_0 \in D$ tale che

$$|S_n - S_m| < \varepsilon$$

per ogni $n \geq n_0$ e ogni $m \geq n_0$.

---

[2] In realtà si dimostra che l'esistenza dell'estremo superiore per ogni sottoinsieme non vuoto implica l'esistenza dell'estremo inferiore per ogni sottoinsieme non vuoto.

Dimostrazione Supponiamo che $S \to \alpha$. Qualunque sia $\varepsilon > 0$, esiste $n_0 \in D$ tale che $|S_n - \alpha| < \varepsilon/2$ per ogni $n \geq n_0$. Per la disuguaglianza triangolare,

$$|S_n - S_m| \leq |S_n - \alpha| + |S_n - \alpha| < \varepsilon$$

per ogni $n \geq n_0$ e ogni $m \geq n_0$. Viceversa, supponiamo che valga (ii). Per $\varepsilon = 1$, esiste $n_1 \in D$ tale che $|S_n - S_m| \leq 1$ ogni volta che $n \geq n_1$ e $m \geq n_1$. Selezioniamo $m \geq n_1$ e poniamo

$$a_1 = S_m - 1, \quad b_1 = S_m + 1.$$

Se $n \geq n_1$, allora $S_n \in [a_1, b_1]$. Poniamo $\ell = b_1 - a_1$. Applicando ancora (ii), esiste $n_2 \in D$ tale che $|S_n - S_m| < \ell/3$ ogni volta che $n \geq n_2$ e $m \geq n_2$. Ovviamente possiamo supporre che $n_2 \geq n_1$. Dividiamo l'intervallo $[a_1, b_1]$ in tre parti $[a_1, c]$, $[c, d]$ e $[d, b_1]$ di uguale lunghezza. Per $n \geq n_2$ e $m \geq n_2$, non può essere $S_n \in [a_1, c]$ e $S_m \in [d, b_1]$, perché altrimenti $|S_n - S_m| \geq \ell/3$. In conclusione, esiste un sottointervallo $[a_2, b_2]$ di $[a_1, b_1]$ tale che $n \geq n_2$ implichi $S_n \in [a_2, b_2]$.

Iterando questa costruzione, otteniamo una successione $\{n_j\}_j$ di punti di D ed una successione $\{[a_j, b_j]\}_j$ di intervalli tali che

$$a_1 \leq a_2 \leq \cdots a_j \leq \cdots \leq b_j \leq \cdots \leq b_2 \leq b_1,$$

e $\lim_{j \to +\infty} a_j = \alpha = \lim_{j \to +\infty} b_j$. Ora, per ogni $\varepsilon > 0$ esiste j tale che

$$\alpha - \varepsilon < a_j \leq b_j < \alpha + \varepsilon.$$

Ne consegue che per $n \geq n_j$ risulta $|S_n - \alpha| < \varepsilon$. Questo dimostra la validità di (i) e conclude la dimostrazione. $\square$

12.2 Somme non ordinate

In questa sezione vogliamo mostrare come la teoria della convergenza si riveli particolarmente flessibile per lo studio delle somme non ordinate. Per introdurre l'argomento e giustificarne le principali definizioni, torniamo sul concetto di serie numerica.

Ricordiamo che, data una successione $\{a_n\}_n$ di numeri reali, abbiamo definito le somme parziali $\{s_n\}_n$ attraverso la relazione

$$s_n = \sum_{k=1}^{n} a_k, \quad n = 1, 2, 3, \ldots$$

Inoltre, la serie infinita

$$\sum_{k=1}^{\infty} a_k$$

è il limite di s_n quando $n \to +\infty$, quando esso esista. Cerchiamo di guardare a questa definizione da un punto di vista leggermente diverso. Supponiamo che F sia un qualunque sottoinsieme *finito* di $\mathbf{N}$. Possiamo scrivere

$$F = \{n_1, n_2, \ldots, n_p\}$$

per opportune scelte dei numeri naturali $n_1, \ldots, n_p$. La sommatoria su F può allora essere definita come

$$S_F = a_{n_1} + a_{n_2} + \cdots + a_{n_p}.$$

A meno di cambiare nome agli elementi, possiamo sempre supporre[3] che

$$n_1 \leq n_2 \leq \cdots \leq n_p.$$

Se ogni $a_k \geq 0$, allora evidentemente $S_F \leq S_{\{1,\ldots,n_p\}}$. In questo senso la successione generalizzata $F \mapsto S_F$ è monotona crescente sulla famiglia dei sottoinsiemi finiti F di $\mathbf{N}$. Per quanto appena osservato, appare naturale congetturare che

$$\sum_{k=1}^{\infty} a_k = \sup\{S_F \mid F \text{ sottoinsieme finito di } \mathbf{N}\}.$$

Invitiamo il lettore a dimostrare rigorosamente la validità della precedente affermazione, anche nel caso in cui entrambi i lati dell'uguaglianza siano infiniti.

Per riassumere: almeno nel caso di serie numeriche a termini positivi, è possibile definire la convergenza mediante lo studio della funzione

$$F \mapsto S_F.$$

Il caso di una serie a termini di segno variabile può essere recuperato scomponendo

$$a_k = \max\{a_k, 0\} - \max\{-a_k, 0\} = a_k^+ - a_k^-.$$

Ci proponiamo ora di estendere queste idee alle cosiddette *somme non ordinate*. Seguiremo l'esposizione di [18], con l'avvertenza che in quel manuale si utilizza la terminologia `somme infinite`, evidentemente ambigua.

Definizione 12.3 Sia Ω un un insieme non vuoto qualunque. Indichiamo con $\mathsf{F}^*(\Omega)$ l'insieme costituito da tutti e soli i sottoinsiemi finiti di Ω. L'insieme $\mathsf{F}^*(\Omega)$ è ordinato mediante la relazione di inclusione: $\Gamma_1 \leq \Gamma_2$ se e solo se $\Gamma_1 \subset \Gamma_2$.

Osservazione 12.2 L'insieme $\mathsf{F}^*(\Omega)$ è chiaramente un insieme diretto: se Γ_1 e Γ_2 appartengono a $\mathsf{F}^*(\Omega)$, allora $\Gamma_1 \leq \Gamma_1 \cup \Gamma_2$ e $\Gamma_2 \leq \Gamma_1 \cup \Gamma_2$.

---

[3] Per la proprietà commutativa delle somme finite.

Definizione 12.4 Sia $a: j \in \Omega \mapsto a_j \in \mathbf{R}$ una funzione. Per ogni $\Gamma \in \mathsf{F}^*(\Omega)$ definiamo

$$s_\Gamma = \sum_{j \in \Gamma} a_j.$$

Osservazione 12.3 Il valore s_Γ è univocamente definito per le proprietà commutativa e associativa della somma in $\mathbf{N}$. Possiamo pertanto affermare che

$$s: \mathsf{F}^*(\Omega) \to \mathbf{R}$$

è una successione (MS).

Definizione 12.5 Chiamiamo somma dei valori della funzione a il limite

$$\lim s_\Gamma$$

della successione (MS) definita poc'anzi, a patto che tale limite esista finito o infinito. Tale limite si indica con il simbolo[4]

$$\sum_{j \in \Omega} a_j.$$

La funzione a è detta sommabile se tale limite è un numero reale.

Osservazione 12.4 Esplicitamente, $S = \lim_\Gamma s_\Gamma$ se e solo se, per ogni $\varepsilon > 0$ esiste un sottoinsieme finito $\overline{\Gamma}$ di Ω tale che, se $\Gamma \in \mathsf{F}^*(\Omega)$ soddisfa $\Gamma \geq \overline{\Gamma}$, allora

$$\left| \sum_{j \in \Gamma} a_j - S \right| < \varepsilon.$$

Ripercorrendo riga per riga — con le dovute modifiche — la dimostrazione dell'algebra dei limiti per successioni reali, si arriva al seguente

Teorema 12.3 *Se a e b sono funzioni reali definite su Ω, entrambe sommabili, allora anche $a + b$ è sommabile e vale l'uguaglianza*

$$\sum_{j \in \Omega} (a_j + b_j) = \sum_{j \in \Omega} a_J + \sum_{j \in \Omega} b_j.$$

Se $\lambda \in \mathbf{R}$, allora

$$\sum_{j \in \Omega} \lambda a_j = \lambda \sum_{j \in \Omega} a_j.$$

Il seguente risultato deriva ormai da quanto esposto nella sezione precedente.

---

[4] Evitiamo di scrivere $\sum_\Omega a$, per quanto questa sia probabilmente la notazione minimale per indicare la somma della funzione a estesa all'insieme Ω.

Teorema 12.4 *Una funzione a valori non negativi $a\colon \Omega \to \mathbf{R}$ è sommabile, oppure ha somma uguale a $+\infty$. La somma coincide con*

$$\sup\{s_\Gamma \mid \Gamma \in \mathsf{F}^*(\Omega)\}.$$

Teorema 12.5 (Teorema di confronto per somme non ordinate) *Siano a e b due funzioni non negative definite su Ω. Supponiamo che $b_j \le a_j$ per ogni $j \in \Omega$. Se a è sommabile, anche b è sommabile. Se b ha somma infinita, allora a ha somma infinita.*

Dimostrazione Qualunque sia $\Gamma \in \mathsf{F}^*(\Omega)$, risulta per ipotesi

$$\sum_{j \in \Gamma} b_j \le \sum_{j \in \Gamma} a_j.$$

Se, al variare di Γ, il secondo membro resta limitato, anche il primo resta limitato. Se il primo membro non è limitato dall'alto, nemmeno il secondo membro lo è. La tesi segue immediatamente da queste affermazioni, esattamente come nel caso delle serie a termini positivi. $\qquad\square$

La sommabilità di una funzione vincola fortemente la cardinalità del suo dominio.

Teorema 12.6 *Se una funzione non negativa a è sommabile in Ω, allora l'insieme*

$$\Omega^* = \{j \in \Omega \mid a_j > 0\}$$

è finito o numerabile.

Dimostrazione Sia $S = \sum_{j \in \Omega} a_j$. Per ogni $n \in \mathbf{N}$, la cardinalità dell'insieme

$$\left\{ j \in \Omega \mid \frac{1}{n} \le a_j < \frac{1}{n-1} \right\}$$

non supera $[ns]$, la parte intera del numero ns. È altresì chiaro che

$$\Omega^* = \bigcup_{n=1}^{\infty} \left\{ j \in \Omega \mid \frac{1}{n} \le a_j < \frac{1}{n-1} \right\},$$

con la convenzione che $\frac{1}{n-1} = +\infty$ per $n = 1$. Quindi Ω^* è unione numerabile di insiemi finiti, ed esso stesso è al più numerabile. $\qquad\square$

Osservazione 12.5 Il senso del Teorema 12.6 è che le somme convergenti ad addendi non negativi sono essenzialmente le somme finite e le serie numeriche.

Corollario 12.1 *Sia $f\colon [a,b] \to \mathbf{R}$ una funzione monotona crescente. Per ogni $x \in (a,b)$ definiamo il salto di f come*

$$h(x) = \lim_{t \to x+} f(x) - \lim_{x \to t-} f(x).$$

Inoltre definiamo $h(a) = \lim_{x \to a+} f(x) - f(a)$ e $h(b) = f(b) - \lim_{x \to b-}$. Sotto queste ipotesi, esiste al più un'infinità numerabile di punti $x \in [a,b]$ tali che $h(x) \neq 0$. In particolare, l'insieme dei punti di discontinuità di f è al più numerabile.

Dimostrazione Per ogni insieme finito di punti $x_i \in [a,b]$, risulta (perché?)

$$\sum_i h(x_i) \le f(b) - f(a).$$

Ne deriva che h è sommabile in $[a,b]$, e pertanto $h(x) = 0$ eccetto che per x appartenente ad un sottoinsieme al più numerabile di $[a,b]$. Per concludere la dimostrazione, è sufficiente ricordare che f è continua in un punto x se e solo se $h(x) = 0$. $\qquad\square$

Teorema 12.7 *Supponiamo che $a_n \ge 0$ per ogni $n \in \mathbf{N}$. La somma della funzione $n \mapsto a_n$ coincide con la somma della serie numerica*

$$\sum_{n=1}^{\infty} a_n.$$

Dimostrazione È sufficiente verificare che $S' = S''$, dove abbiamo definito

$$S' = \sup_{\Gamma \in \mathsf{F}^*(\mathbf{N})} s_\Gamma$$

$$S'' = \sup_{n \in \mathbf{N}} \sum_{k=1}^{n} a_k.$$

Per costruzione, $S' \ge S''$. Viceversa, per qualunque somma finita s_Γ esiste un numero naturale $\bar{n}$ tale che $\sum_{k=1}^{\bar{n}} a_k \ge s_\Gamma$. Infatti Γ possiede un elemento massimo $\bar{n}$, ed è chiaro che $\Gamma \subset \{1, 2, \ldots, \bar{n}\}$. Quindi $S_\Gamma \le \sum_{k=1}^{\bar{n}} a_k$. Per l'arbitrarietà di $\Gamma \in \mathsf{F}^*(\mathbf{N})$ deduciamo che $S' \le S''$, e la dimostrazione è completa. $\qquad\square$

Introduciamo una condizione alla Cauchy per la sommabilità.

Teorema 12.8 *Una funzione $j \mapsto a_j$ è sommabile se, e solo se, per ogni $\varepsilon > 0$ esiste un insieme $\Gamma_0 \in \mathsf{F}^*(\Omega)$ tale che*

$$\left| \sum_{j \in \Gamma} a_j \right| < \varepsilon$$

per ogni $\Gamma \in \mathsf{F}^*(\Omega)$ tale che $\Gamma \cap \Gamma_0 = \emptyset$.

Dimostrazione　Questo enunciato dovrebbe essere confrontato con il Teorema 5.9. Proponiamo tuttavia una dimostrazione indipendente, seguendo [11]. Se S è la somma di a_j, allora per ogni $\varepsilon > 0$ esiste un insieme finito Γ_0 tale che

$$\left| S - \sum_{j \in \Gamma} a_j \right| < \frac{\varepsilon}{2}$$

per ogni insieme finito Γ tale che $\Gamma \supset \Gamma_0$. Se $\Gamma \cap \Gamma_0 = \emptyset$, allora

$$\left| \sum_{j \in \Gamma} a_j \right| = \left| \sum_{j \in \Gamma \cup \Gamma_0} a_j - \sum_{j \in \Gamma_0} a_j \right|$$

$$\leq \left| S - \sum_{j \in \Gamma \cup \Gamma_0} a_j \right| + \left| S - \sum_{j \in \Gamma_0} a_j \right|$$

$$< \varepsilon.$$

Supponiamo, viceversa, che sia soddisfatta la condizione enunciata nel teorema. L'idea è quella di costruire una successione che soddisfi la condizione di Cauchy in $\mathbf{R}$. Scegliendo $\varepsilon = 1/n$, $n = 1, 2, \ldots$, costruiamo insiemi finiti Γ_n tali che

$$\left| \sum_{j \in \Gamma} a_j \right| < \frac{1}{n}$$

non appena $\Gamma \cap \Gamma_n = \emptyset$. Se all'insieme Γ_n sostituiamo $\Gamma_1 \cup \cdots \cup \Gamma_n$, possiamo supporre che $\Gamma_1 \subset \cdots \subset \Gamma_n \subset \cdots$ Ora, per ogni coppia di indici naturali $n < m$, risulta

$$\left| \sum_{j \in \Gamma_m} a_j - \sum_{j \in \Gamma_n} a_j \right| = \left| \sum_{j \in \Gamma_m \setminus \Gamma_n} a_j \right| < \frac{1}{n},$$

dal momento che $\Gamma_m \setminus \Gamma_n$ è disgiunto da Γ_n. Poiché $\mathbf{R}$ è uno spazio metrico completo, esiste $S \in \mathbf{R}$ tale che

$$\lim_{n \to +\infty} \left| \sum_{j \in \Gamma_n} a_j - S \right| = 0.$$

Infine, qualunque sia l'insieme finito Γ contenente Γ_n, risulta

$$\left| \sum_{j \in \Gamma} a_j \right| \leq \left| S - \sum_{j \in \Gamma_n} a_j \right| + \left| \sum_{j \in \Gamma \setminus \Gamma_n} a_j - S \right|,$$

e concludiamo che $j \mapsto a_j$ è sommabile.　$\square$

Teorema 12.9 *Sia $a\colon \Omega \to \mathbf{R}$ una funzione.*

(i) Se a^+ e a^- sono sommabili, allora a è sommabile.

(ii) Se a^+ ha somma infinita e a^- è sommabile, allora a ha somma $+\infty$.

(iii) Se a^+ è sommabile e a^- ha somma infinita, allora a ha somma $-\infty$.

(iv) Se a^+ e a^- hanno somma infinita, allora a non è sommabile e non ha somma infinita.

Dimostrazione Ricordiamo che, per ogni $j \in \Omega$, $a_j = a_j^+ - a_j^-$. Per ogni $\Gamma \in \mathsf{F}^*(\Omega)$ risulta pertanto

$$\sum_{j \in \Gamma} a_j = \sum_{j \in \Gamma} a_j^+ - \sum_{j \in \Gamma} a_j^-.$$

Le implicazioni (i)–(iii) seguono ormai dalle proprietà dei limiti di successioni (MS). L'affermazione (iv) può essere tradotta nella seguente: la successione (MS)

$$\Gamma \mapsto \sum_{j \in \Gamma} a_j$$

non ha limite. Infatti, siano $H > 0$ e $\bar{\Gamma} \in \mathsf{F}^*(\Omega)$ qualunque. Poniamo

$$K = \sum_{j \in \bar{\Gamma}} |a_j|.$$

Per ipotesi esiste $\Omega_1 \in \mathsf{F}^*(\Omega)$ tale che

$$\sum_{j \in \Omega_1} a_j^+ \geq H + K.$$

Scartando da Ω_1 quegli indici j tali che $a_j^+ = 0$, possiamo sempre supporre che $a_j^+ > 0$ per ogni $j \in \Omega_1$, e dunque $a_j = a_j^+$. Definiamo

$$\Gamma_1 = \bar{\Gamma} \cup \Omega_1.$$

Possiamo scrivere

$$\sum_{j \in \Gamma_1} a_j = \sum_{j \in \Omega_1} a_j + \sum_{j \in \bar{\Gamma} \setminus \Omega_1} a_j$$

$$\geq \sum_{j \in \Omega_1} a_j^+ - \sum_{j \in \bar{\Gamma}} |a_j|$$

$$\geq H + K - K = H.$$

Con un ragionamento analogo si determina $\Gamma_2 \in \mathsf{F}^*(\Omega)$ tale che

$$\sum_{j \in \Gamma_2} a_j \leq -H.$$

Concludiamo che $\lim_{\Gamma} \sum_{j \in \Gamma} a_j$ non esiste, né finito né infinito. $\square$

Teorema 12.10 *Condizione necessaria e sufficiente affinché una funzione $j \mapsto a_j$ sia sommabile in Ω è che lo sia la funzione $j \mapsto |a_j|$.*

Dimostrazione Ricordiamo che $|a_j| = a_j^+ + a_j^-$. Se $j \mapsto |a_j|$ è sommabile, il Teorema 12.5 garantisce la sommabilità di $j \mapsto a_j^+$ e di $j \mapsto a_j^-$. Quindi $j \mapsto a_j$ è sommabile per il Teorema 12.9. Viceversa, supponiamo che $j \mapsto a_j$ sia sommabile. Per ogni $\varepsilon > 0$, esiste un insieme finito Γ_0 tale che

$$\left| \sum_{j \in \Gamma} a_j \right| < \varepsilon$$

per ogni insieme finito Γ disgiunto da Γ_0. Consideriamo i sottoinsiemi

$$\Gamma^+ = \{ j \in \Gamma \mid a_j > 0 \}$$
$$\Gamma^- = \{ j \in \Gamma \mid a_j < 0 \}.$$

Ora,

$$\sum_{j \in \Gamma^+} a_j = \sum_{j \in \Gamma^+} |a_j|,$$

e

$$\sum_{j \in \Gamma^-} a_j = - \sum_{j \in \Gamma^-} |a_j|.$$

Poiché Γ^+ e Γ^- sono disgiunti da Γ_0, risulta

$$\sum_{j \in \Gamma^+} |a_j| < \varepsilon, \quad \sum_{j \in \Gamma^-} |a_j| < \varepsilon.$$

Concludiamo che

$$\sum_{j \in \Gamma} |a_j| \le \left| \sum_{j \in \Gamma^+} a_j \right| + \left| \sum_{j \in \Gamma^-} a_j \right| < 2\varepsilon,$$

e la sommabilità di $j \mapsto |a_j|$ segue dal Teorema 12.8. $\qquad\square$

La teoria della sommabilità svolta in questa sezione condivide molte analogie con la teoria dell'integrazione secondo Lebesgue.[5] In particolare, il fatto che una funzione sia sommabile se e solo se lo è il suo valore assoluto sarà una caratteristica dell'integrale di Lebesgue che lo rende molto diverso dall'integrale di Riemann, descritto nel resto del capitolo.

---

[5] In realtà, la definizione di sommabilità che abbiamo introdotto coincide con l'integrabilità rispetto alla cosiddetta *misura del conteggio* su **N**.

Capitolo 13
L'integrale definito

Estratto Introduciamo la teoria dell'integrazione secondo Riemann e Riemann-Stieltjes, appoggiandoci prevalentemente alla costruzione di Darboux.

Citiamo da [7, pag. 148]:

> Finally, the reader will probably observe the conspicuous absence of a time-honored topic
> in calculus courses, the "Riemann integral." It may well be suspected that, had it not been
> for its prestigious name, this would have been dropped long ago, for (with due reverence to
> Riemann's genius) it is certainly quite clear to any working mathematician that nowadays
> such a "theory" has at best the importance of a mildly interesting exercise in the general
> theory of measure and integration (see Section 13.9, Problem 7). Only the stubborn conser-
> vatism of academic tradition could freeze it into a regular part of the curriculum, long after it
> had outlived its historical importance. Of course, it is perfectly feasible to limit the integra-
> tion process to a category of functions which is large enough for all purposes of elementary
> analysis (at the level of this first volume), but close enough to the continuous functions to
> dispense with any consideration drawn from measure theory; this is what we have done by
> defining only the integral of regulated functions (sometimes called the "Cauchy integral").
> When one needs a more powerful tool, there is no point in stopping halfway, and the general
> theory of ("Lebesgue") integration (Chapter XIII) is the only sensible answer.

A quasi settant'anni di distanza, abbiamo l'umiltà di osservare che la teoria del-
l'integrazione *à la* Riemann resta uno dei capitoli più importanti di ogni corso di
Analisi Matematica. A dispetto di alcuni coraggiosi tentativi, l'introduzione della
Teoria della Misura secondo Lebesgue fin dal primo anno di università richiede una
capacità di astrazione che gli studenti non sembrano aver maturato negli anni scolastici. Il presente capitolo fornisce una trattazione sufficiente ad affrontare, a tempo
debito, lo studio delle teoria dell'integrazione più moderne.

S. Secchi, *Analisi Matematica*, La Matematica per il 3+2,
https://doi.org/10.1007/978-3-032-20804-0_13

13.1   Partizioni di un intervallo

Fissiamo un intervallo compatto $[a, b]$ di $\mathbf{R}$.

Definizione 13.1   Una partizione di $[a, b]$ è un insieme P di punti[1] $x_i, i = 0, \ldots, n$, tali che

$$a = x_0 < x_1 < x_2 < \cdots < x_{n-1} < x_n = b.$$

I punti $x_0, \ldots, x_n$ di una partizione sono anche detti nodi della partizione. Indichiamo con Π la famiglia di tutte le partizioni di $[a, b]$.[2]

Definizione 13.2   Siano P e Q due elementi di Π. Diremo che P è più fine di Q se $P \supset Q$. In tal caso scriveremo $P \geq Q$.

In concreto, una partizione di $[a, b]$ è concretamente una suddivisione di $[a, b]$ in in n sotto-intervalli $[x_{i-1}, x_i]$ a due a due adiacenti. Una partizione P è più fine di una partizione Q se ogni nodo di Q è anche nodo di P.[3]

Teorema 13.1   *Per ogni coppia di partizioni P, Q di Π, esiste un elemento $R \in \Pi$ tale che $R \geq P$ e $R \geq Q$.*

Dimostrazione   È sufficiente considerare $R = P \cup Q$.   □

Osservazione 13.1   La partizione R del teorema precedente è detta il raffinamento comune delle due partizioni P e Q. Evidentemente è la più piccola partizione di $[a, b]$ che sia simultaneamente più fine di P e di Q.

Osservazione 13.2   Segue dall'ultimo enunciato che Π è un insieme diretto dalla relazione $\geq$ introdotta sopra. Questa circostanza sarà di fondamentale importanza nell'interpretazione dell'integrale di Riemann come limite di successioni (MS).

Un'interessante variazione sul tema appena introdotto è quello delle *partizioni puntate*.

Definizione 13.3   Una partizione puntata dell'intervallo $[a, b]$ è una coppia ordinata $(P, \mathbf{c})$ tale che $P \in \Pi$ e

$$\mathbf{c} = \{c_1, c_2, \ldots, c_n\}$$

---

[1] Alcuni preferiscono pensare che una partizione sia la collezione dei sotto-intervalli $[x_{j-1}, x_j]$ invece che la collezione dei punti x_j. Questa diversa prospettiva è tuttavia solo apparente.

[2] È chiaro che sarebbe necessario un simbolo più descrittivo, ad esempio $\Pi([a, b])$. Nella maggior parte dei casi, l'intervallo $[a, b]$ è considerato fissato, sicché non ci sembra opportuno appesantire le notazioni.

[3] È ragionevole supporre che l'unico caso interessante sia quello dell'inclusione *stretta* di Q in P, che corrisponde alla richiesta che P contenga almeno un nodo non appartenente a Q.

è un insieme di punti tali che $x_{i-1} \leq c_i \leq x_i$ per $i = 1, \ldots, n$. Denoteremo con il simbolo

$$\dot{\Pi}$$

la famiglia di tutte le partizioni puntate di $[a, b]$.

È possibile rendere $\dot{\Pi}$ un insieme diretto, analogamente a quanto fatto nella Definizione 13.2.

Definizione 13.4 Siano $(P, \mathbf{c})$ e $(Q, \mathbf{d})$ due partizioni puntate di $[a, b]$. Scriveremo

$$(P, \mathbf{c}) \geq (Q, \mathbf{d})$$

se $P \geq Q$ (cioè se P è più fine di Q).

La relazione di direzione introdotta nella Definizione 13.4 è indipendente dai punti di $\mathbf{c}$ e $\mathbf{d}$. Si tratta di uno stratagemma classico nella teoria delle successioni (MS).

Dopo aver introdotto questi concetti, sviluppiamo una teoria dell'integrazione che non faccia un uso esplicito del linguaggio delle successioni (MS). Pur avendo ormai tutti gli strumenti per definire l'integrale di Riemann come il limite di successioni generalizzate, dal punto di vista dell'efficacia didattica riteniamo che sarebbe svantaggioso liquidare tutto così rapidamente. Preferiamo *fingere* di non conoscere la teoria della convergenza topologica, ed introdurre il calcolo integrale secondo modalità più classiche. Solo alla fine della costruzione tradizionale risulterà chiara l'equivalenza della nostra costruzione con il semplice calcolo dei limiti di opportune successioni (MS).

13.2 Somme di Darboux e di Riemann

Sia $f : [a, b] \to \mathbf{R}$ una funzione limitata. Anticipiamo che l'ipotesi di limitatezza è un requisito indispensabile per ogni costruzione dell'integrale secondo Riemann.

Definizione 13.5 Sia $P \in \Pi$. Le somme superiore ed inferiore di Darboux della funzione f relativa a P sono

$$U(P, f) = \sum_{i=1}^{n} m_i \Delta x_i,$$

$$L(P, f) = \sum_{i=1}^{n} M_i \Delta x_i,$$

dove

$$m_i = \inf_{x_{i-1} \leq x \leq x_i} f(x), \quad M_i = \sup_{x_{i-1} \leq x \leq x_i} f(x), \quad \Delta x_i = x_i - x_{i-1}$$

per $i = 1, \ldots, n$.

Definizione 13.6   Sia $(P, \mathbf{c}) \in \dot{\Pi}$. La somma di Riemann della funzione f relativa a $(P, \mathbf{c})$ è

$$R((P, \mathbf{c}), f) = \sum_{i=1}^{n} f(c_i) \Delta x_i,$$

dove $\Delta x_i = x_i - x_{i-1}$ per $i = 1, \ldots, n$.

Osservazione 13.3   Nei manuali scolastici, è molto frequente leggere che l'integrale secondo Riemann di f esteso all'intervallo $[a, b]$ è il limite delle somme di Riemann, quando $n \to +\infty$, oppure quando il numero di nodi della partizione aumenta indefinitamente. Questa definizione è evidentemente discutibile, dal momento che una somma di Riemann non è riducibile ad una successione della quale si voglia calcolare il limite. Non è affatto scontato che la *scelta* dei nodi di P e dei punti di $\mathbf{c}$ sia indifferente, e che il passaggio al limite dipenda solo dal *numero* dei nodi. La giustificazione di (sedicenti) definizioni come questa è molto banale: con le sole conoscenze della matematica trattata nelle scuole superiori non è possibile definire rigorosamente l'integrale come limite. Occorre il concetto di successione generalizzata, come vedremo nel seguito.

Come primo passo, mostriamo che le somme superiori di Darboux diminuiscono, e le somme inferiori aumentano, passando da una partizione ad una partizione più fine.

Teorema 13.2   *Se $Q \geq P$, allora $U(Q, f) \leq U(P, f)$ e $L(Q, f) \geq L(P, f)$.*

Dimostrazione   Supponiamo che Q contenga esattamente un solo nodo oltre a quelli di P, diciamo $Q = P \cup \{w\}$. Per qualche indice k, $x_{k-1} \leq w < x_k$, dove i punti x_i sono i nodi della partizione P. Evidentemente l'estremo inferiore di f su ciascuno degli intervalli $[x_{k-1}, w]$ e $[w, x_k]$ è maggiore o uguale a m_k, mentre l'estremo superiore di f su ciascuno degli intervalli $[x_{k-1}, w]$ e $[w, x_k]$ è minore o uguale a M_k. Pertanto

$$\begin{aligned}
L(Q, f) &= \sum_{i=1}^{k-1} m_i \Delta x_i \\
&\quad + \left(\inf_{x_{k-1} \leq x \leq w} f(x) \right)(w - x_{k-1}) + \left(\inf_{w \leq x \leq x_k} f(x) \right)(x_k - w) \\
&\quad + \sum_{i=k}^{n} m_i \Delta x_i \\
&\geq \sum_{i=1}^{k-1} m_i \Delta x_i + m_k(w - x_{k-1}) + m_k(x_k - w) + \sum_{i=k}^{n} m_i \Delta x_i \\
&= L(P, f).
\end{aligned}$$

Analogamente,

$$U(Q, f) = \sum_{i=1}^{k-1} M_i \Delta x_i$$
$$+ \left(\sup_{x_{k-1} \leq x \leq w} f(x) \right)(w - x_{k-1}) + \left(\sup_{w \leq x \leq x_k} f(x) \right)(x_k - w)$$
$$+ \sum_{i=k}^{n} M_i \Delta x_i$$
$$\leq \sum_{i=1}^{k-1} M_i \Delta x_i + M_k(w - x_{k-1}) + M_k(x_k - w) + \sum_{i=k}^{n} M_i \Delta x_i$$
$$= U(P, f).$$

Nel caso generale, la partizione Q è ottenuta da P aggiungendo un numero finito di nodi. L'argomento appena visto può essere ripetuto per ciascuno di tali nodi aggiuntivi, e si conclude la dimostrazione. $\square$

Corollario 13.1 *Se P e Q sono due partizioni di $[a, b]$, esiste una partizione R di $[a, b]$ tale che*

$$L(P, f) \leq L(R, f) \leq U(R, f) \leq U(Q, f).$$

Dimostrazione È sufficiente considerare $R = P \cup Q$, raffinamento comune delle due partizioni. $\square$

Definizione 13.7 Sia $f \colon [a, b] \to \mathbf{R}$ una funzione limitata. Definiamo l'integrale inferiore di f come

$$\underline{\int_a^b} f = \sup_{P \in \Pi} L(P, f),$$

e l'integrale superiore di f come

$$\overline{\int_a^b} f = \inf_{P \in \Pi} U(P, f),$$

Osservazione 13.4 È importante sottolineare che, se $m \leq f \leq M$ in $[a, b]$, allora

$$m(b - a) \leq L(P, f) \leq U(P, f) \leq M(b - a)$$

per qualsiasi $P \in \Pi$. Pertanto l'integrale inferiore e l'integrale superiore di f sono entrambi numeri reali (finiti).

Definizione 13.8   La funzione limitata f è integrabile secondo Riemann in $[a, b]$
se

$$\int_{\underline{a}}^{b} f = \overline{\int}_{a}^{b} f. \tag{R}$$

In tal caso scriveremo $f \in \mathsf{R}(a, b)$, e chiameremo integrale secondo Riemann di f
da a a b il valore comune del primo e secondo membro di (R). In simboli,

$$\int_{a}^{b} f.$$

Osservazione 13.5   Dai discorsi precedenti segue che una funzione f è Riemann-integrabile se e solo se gli insiemi di tutti i valori $L(P, f)$ e di tutti i valori $U(P, f)$, al variare di P in Π, formano due classi contigue. L'unico elemento separatore è, per definizione, $\int_a^b f$.

Osservazione 13.6   La notazione scelta per l'integrale è la più economica possibile, in quanto dipende solo da f, a e b. Nella tradizione didattica, sono spesso utilizzati simboli ridondanti come

$$\int_{a}^{b} f(x)\,\mathrm{d}x.$$

Nulla, ovviamente, ci impedisce di utilizzare una variabile muta nel simbolo dell'integrale, ed anzi è spesso conveniente, perché ci autorizza a scrivere formule quali

$$\int_{0}^{1} x^2\,\mathrm{d}x.$$

Nel seguito, soprattutto quando la funzione integranda f sia generica (cioè non esplicitata attraverso una formula algebrica), preferiremo la notazione sintetica $\int_a^b f$.

Osservazione 13.7   Da un punto di vista storico, la Definizione 13.8 dovrebbe essere attribuita al matematico francese Gaston Darboux. Tuttavia è pur vero che l'idea di integrale risale a Riemann, e Darboux ne perfezionò la costruzione attraverso l'uso rigoroso dell'assioma di continuità invece che di un passaggio al limite spesso non giustificato.

13.3 Funzioni semplici

È possibile interpretare la costruzione dell'integrale di Darboux in modo funzionale.

Definizione 13.9 Una funzione semplice subordinata all'intervallo $[a,b]$ è una funzione del tipo

$$\sum_{k=1}^{n} \lambda_k \chi_{I_k},$$

dove $\lambda_1,\dots,\lambda_k$ sono numeri reali, e gli intervalli $I_1,\dots,I_k$ sono a due a due disgiunti e tali che

$$[a,b] = \bigcup_{k=1}^{n} I_k.$$

Infine, per qualunque insieme A, la funzione caratteristica χ_A dell'insieme A è definita da

$$\chi_A(x) = \begin{cases} 1 & \text{se } x \in A \\ 0 & \text{altrimenti.} \end{cases}$$

Osservazione 13.8 Concretamente, gli intervalli I_k sono individuati da una partizione $P = \{x_0, x_1, \dots, x_n\}$ di $[a,b]$:

$$\begin{aligned} I_1 &= [a, x_1) \\ I_k &= [x_{k-1}, x_k) \qquad (k = 2, \dots, n-1) \\ I_n &= [x_{n-1}, b]. \end{aligned}$$

La parziale asimmetria di tali intervalli, secondo la quale l'ultimo intervallo I_n è chiuso mentre tutti gli altri sono aperti a destra, è puramente formale, ed è possibile (si veda ad esempio [10]) sviluppare l'intera teoria su intervalli del tipo $[a,b)$. D'altronde è intuitivo che modificare il valore di una funzione in un singolo punto non deve pregiudicarne l'integrabilità, né il valore dell'integrale. In altre parole, è possibile assegnare ad una funzione integrabile qualunque valore nel punto b, e la scelta non altera il valore dell'integrale della funzione.

Definizione 13.10 L'insieme di tutte le funzioni semplici subordinate ad $[a,b]$ è denotata con $\mathcal{S}(a,b)$.

È conveniente introdurre due sottoinsiemi di $\mathcal{S}(a,b)$.

Definizione 13.11 Sia $f\colon [a,b] \to \mathbf{R}$ una funzione limitata. L'insieme delle funzioni semplici minoranti è

$$\mathcal{S}^- = \mathcal{S}^-(f,[a,b]) = \{\varphi \in \mathcal{S} \mid \varphi \leq f \text{ in } [a,b]\}.$$

Analogamente, l'insieme delle funzioni semplici maggioranti è

$$\mathcal{S}^+ = \mathcal{S}^+(f,[a,b]) = \{\psi \in \mathcal{S} \mid f \leq \psi \text{ in } [a,b]\}.$$

Osserviamo che, se P è una partizione di $[a,b]$, con gli stessi simboli della Definizione 13.5,

$$\sum_{k=1}^{n} m_k \chi_{I_k} \in \mathcal{S}^-$$

e

$$\sum_{k=1}^{n} M_k \chi_{I_k} \in \mathcal{S}^+.$$

Definizione 13.12 L'integrale di una funzione semplice $\varphi = \sum_{k=1}^{n} \lambda_k \chi_{I_k}$ subordinata ad $[a,b]$ è il numero

$$\mathcal{I}(\varphi) = \sum_{k=1}^{n} \lambda_k \Delta x_k.$$

Segue immediatamente da questa definizione che

$$L(P,f) = \mathcal{I}\left(\sum_{k=1}^{n} m_k \chi_{I_k}\right)$$

e

$$U(P,f) = \mathcal{I}\left(\sum_{k=1}^{n} M_k \chi_{I_k}\right).$$

È facile convincersi a questo punto che

$$\underline{\int_a^b} f = \sup\{\mathcal{I}(\psi) \mid \psi \in \mathcal{S}^-\}$$

e

$$\overline{\int_a^b} f = \inf\{\mathcal{I}(\varphi) \mid \varphi \in \mathcal{S}^+\}.$$

È quindi possibile sviluppare tutta la teoria dell'integrazione secondo Riemann con il linguaggio delle funzioni semplici, invece che con il linguaggio delle partizioni. Questa è la strada sviluppata, tra gli altri, nel classico manuale [10]. Come sempre, ogni scelta tende ad avere vantaggi e svantaggi. In questo caso, il principale vantaggio è che la costruzione assomiglia alla costruzione dell'integrale secondo Lebesgue, che costituisce la teoria dell'integrazione più flessibile ed astratta. Uno degli svantaggi è che gli insiemi di funzioni possono risultare poco concreti in una prima introduzione alla materia. Molti studenti sembrano essere più a loro agio con le partizioni che con gli insiemi di funzioni semplici. Inoltre, bisogna ricordare che l'integrale di Riemann è stato sviluppato in un'epoca in cui l'Analisi Matematica non aveva ancora ricevuto quella dose di astrazione che permette oggi di considerare le funzioni come *punti* di opportuni spazi. Ai tempi di Riemann, una funzione era ancora un oggetto isolato dal contesto, spesso pensato come grafico sul foglio.

Per tutte queste ragioni eviteremo di affrontare la teoria dell'integrazione con il linguaggio delle funzioni, e continueremo a lavorare con le partizioni.

13.4 Il criterio di integrabilità

Ricordiamo che, nei fatti, l'integrale di una funzione è l'elemento separatore di due classi contigue di numeri reali. Siamo ormai consapevoli che una definizione siffatta, fondata evidentemente sull'assioma di Dedekind del campo reale, si presta male alle operazioni di calcolo. Vediamo subito che, fortunatamente, è possibile riformulare la condizione di integrabilità in modo più flessibile.

Teorema 13.3 *Una funzione f, limitata sull'intervallo $[a,b]$, è integrabile secondo Riemann se e solo se, per ogni $\varepsilon > 0$, esiste una partizione $P_\varepsilon \in \Pi$ tale che*

$$U(P_\varepsilon, f) - L(P_\varepsilon, f) < \varepsilon. \tag{13.1}$$

Dimostrazione Supponiamo che $f \in \mathrm{R}(a,b)$, e sia $\varepsilon > 0$. Per ipotesi, esistono una partizione $P_1 \in \Pi$ tale che

$$\underline{\int_a^b} f - \frac{\varepsilon}{2} < L(P_1, f)$$

e una partizione $P_2 \in \Pi$ tale che

$$U(P_2, f) < \overline{\int_a^b} f + \frac{\varepsilon}{2}.$$

Se P_ε denota il raffinamento comune di P_1 e P_2, il Teorema 13.2 garantisce che

$$U(P_\varepsilon, f) - L(P_\varepsilon, f) \le U(P_2, f) - L(P_1, f) < \varepsilon.$$

Viceversa, sia $\varepsilon > 0$ e supponiamo che valga (13.1). Evidentemente

$$0 \leq \int_a^{\overline{b}} f - \int_{\underline{a}}^{b} f \leq U(P_\varepsilon, f) - L(P_\varepsilon, f) < \varepsilon.$$

L'arbitrarietà di $\varepsilon > 0$ implica che

$$\int_a^{\overline{b}} f - \int_{\underline{a}}^{b} f = 0,$$

e concludiamo che $f \in \mathsf{R}(a, b)$. $\square$

Il Teorema 13.3 è lo strumento fondamentale con il quale dimostreremo quasi tutti i risultati di integrabilità. È quindi essenziale averne compreso sia l'enunciato, sia la dimostrazione.

13.5 Lo spazio vettoriale delle funzioni integrabili

Teorema 13.4 *Lo spazio* $\mathsf{R}(a, b)$ *delle funzioni integrabili secondo Riemann è uno spazio vettoriale rispetto alle operazioni di somma e prodotto di funzioni punto per punto. Più precisamente, se* f *e* g *appartengono a* $\mathsf{R}(a, b)$ *e se* α *e* β *sono numeri reali, allora la funzione*

$$x \in [a, b] \mapsto \alpha f(x) + \beta g(x)$$

appartiene a $\mathsf{R}(a, b)$.

Dimostrazione Procediamo in due passi. Dimostriamo innanzitutto che $f + g \in \mathsf{R}(a, b)$. Poniamo per comodità $h = f + g$. Qualunque sia $P \in \Pi$, osserviamo che

$$\inf_{x_{k-1} \leq x \leq x_k} h(x) \geq \inf_{x_{k-1} \leq x \leq x_k} f(x) + \inf_{x_{k-1} \leq x \leq x_k} g(x)$$
$$\sup_{x_{k-1} \leq x \leq x_k} h(x) \leq \sup_{x_{k-1} \leq x \leq x_k} f(x) + \sup_{x_{k-1} \leq x \leq x_k} g(x)$$

Quindi

$$L(P, f) + L(P, g) \leq L(P, h) \leq U(P, h) \leq U(P, f) + U(P, g).$$

Assegnato $\varepsilon > 0$, scegliamo due partizioni P_1 e P_2 tali che

$$U(P_1, f) - L(P_2, f) < \frac{\varepsilon}{2}$$
$$U(P_2, g) - L(P_2, g) < \frac{\varepsilon}{2}.$$

Se P è il raffinamento comune di P_1 e P_2, otteniamo

$$U(P, h) - L(P, h) < \varepsilon,$$

e quindi $h \in \mathsf{R}(a, b)$. Per concludere la dimostrazione, è sufficiente dimostrare che la funzione $c \cdot f$ è integrabile per qualunque costante $c \in \mathbf{R}$. Se $c = 0$, non c'è niente da dimostrare (perché?). Se $c > 0$, qualunque sia la partizione P di $[a, b]$,

$$U(P, cf) - L(P, cf) = c(U(P, f) - L(P, f)),$$

e la tesi segue immediatamente da (13.1). Il caso $c < 0$ richiede un'unica modifica all'argomento appena visto, che lasciamo al lettore. $\square$

Il contenuto del precedente teorema può essere ulteriormente rafforzato: l'applicazione

$$f \in \mathsf{R}(a, b) \mapsto \int_a^b f$$

è un operatore lineare.

Teorema 13.5   *Se f e g appartengono a $\mathsf{R}(a, b)$ e se α e β sono numeri reali, allora*

$$\int_a^b (\alpha f + \beta g) = \alpha \int_a^b f + \beta \int_a^b g.$$

Dimostrazione   Il Teorema 13.4 mostra che $\alpha f + \beta g$ è una funzione integrabile. La validità della formula

$$\int_a^b cf = c \int_a^b f \quad \text{per ogni } c \in \mathbf{R}$$

è immediata, una volta distinti i casi $c < 0$, $c = 0$ e $c > 0$. È sufficiente dimostrare la validità della formula per $\alpha = \beta = 1$. Poniamo $h = f + g$, e per ogni $\varepsilon > 0$ scegliamo due partizioni P_1 e P_2 tali che

$$U(P_1, f) - L(P_2, f) < \frac{\varepsilon}{2}$$
$$U(P_2, g) - L(P_2, g) < \frac{\varepsilon}{2}.$$

Posto $P = P_1 \cup P_2$, vediamo che

$$U(P, f) < \int_a^b f + \frac{\varepsilon}{2}$$
$$U(P, g) < \int_a^b g + \frac{\varepsilon}{2}.$$

Quindi

$$\int_a^b h \le U(P,h) < \int_a^b f + \int_a^b g + \varepsilon.$$

Per l'arbitrarietà di $\varepsilon > 0$,

$$\int_a^b h \le \int_a^b f + \int_a^b g.$$

Ripetendo queste considerazioni con $-f$ al posto di f e $-g$ al posto di g, arriviamo a

$$\int_a^b h \ge \int_a^b f + \int_a^b g.$$

Quindi

$$\int_a^b h = \int_a^b f + \int_a^b g. \qquad\qquad \square$$

13.6   Proprietà elementari dell'integrale

Teorema 13.6   *Sia $c \in (a,b)$. una funzione limitata f è integrabile in $[a,b]$ se e solo se essa è integrabile in $[a,c]$ e in $[c,b]$. In tal caso,*

$$\int_a^b f = \int_a^c f + \int_c^b f.$$

Dimostrazione   Supponiamo che f sia integrabile in $[a,b]$. Fissato $\varepsilon > 0$, esiste una partizione $P \in \Pi$ tale che

$$U(P,f) - L(P,f) < \varepsilon.$$

Se il punto c non appartiene a P, lo aggiungiamo alla partizione. In questo modo $P_l = P \cap [a,c]$ e $P_r = P \cap [c,b]$ sono rispettivamente partizioni di $[a,c]$ e $[c,b]$ tali che

$$U(P_l, f) - L(P_l, f) < \varepsilon$$
$$U(P_r, f) - L(P_r, f) < \varepsilon.$$

Segue pertanto che f è integrabile tanto in $[a,c]$ quanto in $[c,b]$. Viceversa, dato $\varepsilon > 0$, siano P_l e P_r partizioni di $[a,c]$ e di $[c,b]$ rispettivamente, tali che

$$U(P_l, f) - L(P_l, f) < \varepsilon$$
$$U(P_r, f) - L(P_r, f) < \varepsilon.$$

Chiamando $P = P_l \cup P_r$ il raffinamento comune, avremo che

$$U(P, f) - L(P, f) < 2\varepsilon.$$

Questo dimostra che $f \in \mathrm{R}(a, b)$. Per dimostrare l'uguaglianza dell'enunciato, osserviamo che

$$\int_a^b f \le U(P, f) < L(P, f) + 2\varepsilon$$
$$= L(P_l, f) + L(P_r, f) + 2\varepsilon$$
$$\le \int_a^c f + \int_c^b f + 2\varepsilon.$$

Come già fatto precedentemente, l'arbitrarietà di $\varepsilon > 0$ implica che

$$\int_a^b f \le \int_a^c f + \int_c^b f.$$

Ma

$$\int_a^c f + \int_c^b f \le U(P_l, f) + U(P_r, f)$$
$$< L(P_l, f) + L(P_r, f) + 2\varepsilon$$
$$= L(P, f) + 2\varepsilon$$
$$\le \int_a^b f.$$

Concludiamo quindi che $\int_a^b f = \int_a^c f + \int_c^b f$. $\qquad\square$

Teorema 13.7   *Siano f e g due funzioni integrabili in $[a, b]$*

(i)   Se $m \le f \le M$ in $[a, b]$, allora $m(b - a) \le \int_a^b f \le M(b - a)$.
(ii)   Se $f \le g$ in $[a, b]$, allora $\int_a^b f \le \int_a^b g$.
(iii)   La funzione $|f|$ è integrabile in $[a, b]$, e $\left| \int_a^b f \right| \le \int_a^b |f|$.

Dimostrazione   Qualunque sia la partizione P di $[a, b]$, per definizione

$$L(P, f) \le \int_a^b f \le U(P, f).$$

Scegliendo $P = \{a, b\}$ otteniamo (i). Per dimostrare (ii), poniamo $h = g - f$. Dall'ipotesi segue che $h \ge 0$ in $[a, b]$. Quindi

$$\int_a^b h = \int_a^b g - \int_a^b f \ge 0.$$

Ovviamente questa disuguaglianza equivale a (ii). Infine, osserviamo che $-|f| \leq f \leq |f|$. Il punto (ii) mostra la validità della disuguaglianza enunciata in (iii). Resta però da verificare che $|f| \in R(a, b)$. In generale, presi due numeri reali qualunque x' e y', dalla disuguaglianza triangolare segue che

$$||x'| - |y'|| \leq |x' - y'|.$$

Applicando questa disuguaglianza con $x' = f(x)$ e $y' = f(y)$, deduciamo che

$$||f(x)| - |f(y)|| \leq |f(x) - f(y)|$$

per ogni scelta di x e y in $[a, b]$. Per l'arbitrarietà di x e y, ne consegue che

$$\sup |f| - \inf |f| \leq \sup f - \inf f,$$

dove sup e inf sono estesi a qualunque sottoinsieme di $[a, b]$. È ormai facile convincersi che, presa una qualunque partizione P di $[a, b]$, risulta

$$U(P, |f|) - L(P, |f|) \leq U(P, f) - L(P, f).$$

Un'applicazione del solito Teorema 13.3 conclude la dimostrazione. $\qquad\qquad\square$

13.7   Integrabilità del prodotto

Teorema 13.8 *Il prodotto di due funzioni integrabili secondo Riemann è una funzione integrabile.*

Dimostrazione Siano f e g due funzioni integrabili in $[a, b]$, e dunque necessariamente limitate. Facciamo una considerazione generale: supponiamo che h sia una funzione definita in $[a, b]$ e tale che $|h| \leq M$ in $[a, b]$. Allora, per ogni scelta di x e y in $[a, b]$, risulta

$$\begin{aligned}
\left|(h(x))^2 - (h(y))^2\right| &= |h(x) + h(y)|\,|h(x) - h(y)| \\
&\leq 2M\,|h(x) - h(y)|
\end{aligned}$$

Quindi, se h è integrabile in $[a, b]$, allora anche h^2 è integrabile.

Ora, consideriamo la funzione $(f + g)^2$. Osservando che

$$4fg = (f + g)^2 - (f - g)^2,$$

quanto appena dimostrato ci permette di concludere che fg è somma di due funzioni integrabili, e dunque essa stessa è integrabile in $[a, b]$. $\qquad\square$

13.8 Integrabilità delle funzioni composte

L'argomento fondamentale nella dimostrazione del Teorema 13.8, cioè la dimostrazione che il quadrato di una funzione integrabile è a sua volta integrabile, suggerisce che possa valere un risultato analogo per composizioni più generali del solo elevamento al quadrato. Infatti vale il seguente risultato.

Teorema 13.9 *Sia $f \in \mathsf{R}(a,b)$ una funzione tale che $m \leq f \leq M$ in $[a,b]$. Se $\phi\colon [m, M] \to \mathbf{R}$ è una funzione continua, allora $\phi \circ f \in \mathsf{R}(a,b)$.*

Dimostrazione Seguiamo [21]. Assegnato $\varepsilon > 0$, la continuità uniforme di ϕ nell'intervallo compatto $[m, M]$ garantisce l'esistenza di un numero $\delta > 0$ tale che $\delta < \varepsilon$ e $|\phi(s) - \phi(t)| < \varepsilon$ ogni volta che $|s - t| < \delta$. Scegliamo una partizione

$$P = \{x_0, x_1, \ldots, x_n\}$$

tale che $U(P, f) - L(P, f) < \delta^2$. Definiamo

$$M_i = \sup_{x_{i-1} \leq x \leq x_i} f(x), \quad m_i = \inf_{x_{i-1} \leq x \leq x_i} f(x)$$

$$M_i^* = \sup_{x_{i-1} \leq x \leq x_i} \phi(f(x)), \quad m_i^* = \inf_{x_{i-1} \leq x \leq x_i} \phi(f(x)).$$

A questo punto, suddividiamo l'insieme $\{0, 1, \ldots, n\}$ degli indici di P in due classi: $i \in A$ se $M_i - m_i < \delta$, e $i \in B$ se $M_i - m_i \geq \delta$.

Ora, se $i \in A$ allora $M_i^* - m_i^* \leq \varepsilon$. Se invece $i \in B$, allora $M_i^* - m_i^* \leq 2K$, avendo posto $K = \max_{[m,M]} |\phi|$. Quindi

$$\delta \sum_{i \in B} \Delta x_i \leq \sum_{i \in B} (M_i - m_i)\Delta x_i < \delta^2,$$

sicché $\sum_{i \in B} \Delta x_i < \delta$. In conclusione,

$$U(P, \phi \circ f) - L(P, \phi \circ f) = \sum_{i \in A} (M_i^* - m_i^*)\Delta x_i + \sum_{i \in B} (M_i^* - m_i^*)\Delta x_i$$

$$\leq (b - a)\varepsilon + 2K\delta < (b - a + 2K)\varepsilon.$$

La funzione composta $\phi \circ f$ risulta pertanto integrabile, e la dimostrazione è completa. $\square$

Il seguente corollario contiene una dimostrazione (apparentemente) alternativa del Teorema 13.7 (iii).

Corollario 13.2 *Se f è integrabile in $[a,b]$, allora f_+, f_- e $|f|$ sono integrabili in $[a,b]$.*

Dimostrazione   Ricordiamo che

$$f_+(x) = \max\{f(x), 0\}, \qquad f_-(x) = \max\{-f(x), 0\}.$$

La funzione

$$t \mapsto \phi(t) = \max\{t, 0\}$$

è continua. Per il Teorema 13.9, f_+ è integrabile. Con lo stesso ragionamento si mostra che f_- è integrabile. Infine, $|f| = f_+ + f_-$ è integrabile in quanto somma di funzioni integrabili.   □

13.9   L'integrale come limite

Siamo finalmente pronti a giustificare la costruzione *folkloristica* dell'integrale di Riemann come limite di opportune somme. Per comodità di chi legge, riportiamo due definizioni già presentate, la 13.2 e la 13.4.

Definizione 13.13   Siano P e Q due elementi di Π. Diremo che P è più fine di Q se $P \supset Q$. In tal caso scriveremo $P \geq Q$.

Definizione 13.14   Siano $(P, \mathbf{c})$ e $(Q, \mathbf{d})$ due partizioni puntate di $[a, b]$. Scriveremo

$$(P, \mathbf{c}) \geq (Q, \mathbf{d})$$

se $P \geq Q$ (cioè se P è più fine di Q).

In questo modo, sia Π che $\dot{\Pi}$ diventano due insiemi diretti (la semplice dimostrazione di questa affermazione è lasciata per esercizio). Inoltre, le funzioni

$$P \in \Pi \mapsto U(P, f)$$
$$P \in \Pi \mapsto L(P, f)$$
$$(P, \mathbf{c}) \in \dot{\Pi} \mapsto R((P, \mathbf{c}), f)$$

sono successioni (MS). Esplicitiamo, per maggiore chiarezza, la nozione di convergenza della terza successione (MS): un numero reale I è limite di R se per ogni $\varepsilon > 0$ esiste $P_\varepsilon \in \Pi$ tale che

$$|R((P, \mathbf{c}), f) - I| < \varepsilon$$

per ogni $(P, \mathbf{c}) \in \dot{\Pi}$ tale che $P \geq P_\varepsilon$.

Osservazione 13.9 Osserviamo che, scegliendo arbitrariamente i punti $\mathbf{c}_\varepsilon$, possiamo riformulare la convergenza di R in questo modo: un numero reale I è limite di R se per ogni $\varepsilon > 0$ esiste $(P_\varepsilon, \mathbf{c}_\varepsilon) \in \dot\Pi$ tale che

$$|R((P, \mathbf{c}), f) - I| < \varepsilon$$

per ogni $(P, \mathbf{c}) \in \dot\Pi$ tale che $(P, \mathbf{c}) \geq (P_\varepsilon, \mathbf{c}_\varepsilon)$. Come noto, la direzione $\geq$ in $\dot\Pi$ non coinvolge alcun ordinamento rispetto ai punti $\mathbf{c}$.

Teorema 13.10 *Sia $f : [a, b] \to \mathbf{R}$ una funzione limitata. Sono affermazioni equivalenti:*

(i) $R \to I$;
(ii) U e L convergono allo stesso limite;
(iii) $f \in \mathsf{R}(a, b)$.

Dimostrazione Supponiamo che valga (ii), e indichiamo con I il limite comune delle successioni (MS) U e P rispetto alla direzione $\geq$ di Π. Fissiamo arbitrariamente $\varepsilon > 0$. Esistono partizioni P_1 e P_2 tali che

$$I - \frac{\varepsilon}{2} \leq L(P_1, f) \leq I \leq U(P_2, f) \leq I + \frac{\varepsilon}{2}.$$

Il raffinamento comune $P = P_1 \cup P_2$ soddisfa $P \geq P_1$ e $P \geq P_2$. Inoltre

$$I - \frac{\varepsilon}{2} \leq L(P, f) \leq I \leq U(P, f) \leq I + \frac{\varepsilon}{2}.$$

Pertanto $f \in \mathsf{R}(a, b)$. Supponiamo adesso che valga (iii), e che $\varepsilon > 0$. Sia $P_\varepsilon \in \Pi$ una partizione tale che

$$U(P_\varepsilon, f) - L(P_\varepsilon, f) < \varepsilon.$$

Se $(P_1, \mathbf{c}_1)$ e $(P_2, \mathbf{c}_2)$ soddisfano $P_1 \geq P_\varepsilon$ e $P_2 \geq P_\varepsilon$, risulta

$$L(P_\varepsilon, f) \leq L(P_1, f) \leq R((P_1, \mathbf{c}_1), f) \leq U(P_1, f) \leq U(P_\varepsilon, f)$$

e

$$L(P_\varepsilon, f) \leq L(P_2, f) \leq R((P_2, \mathbf{c}_2), f) \leq U(P_2, f) \leq U(P_\varepsilon, f).$$

Pertanto

$$|R((P_1, \mathbf{c}_1), f) - R((P_2, \mathbf{c}_2), f)| < U(P_\varepsilon, f) - L(P_\varepsilon, f) < \varepsilon.$$

La validità di (i) segue ora dal Teorema 12.2. Infine, supponiamo che valga (i). Dato $\varepsilon > 0$, esiste una partizione $P_\varepsilon \in P$ tale che

$$|R((P_\varepsilon, \mathbf{c}), f) - I| < \varepsilon$$

per qualunque scelta dei punti $\mathbf{c}$. Scegliamo tali punti c_i in maniera che $f(t_i) > M_i - \varepsilon$ per ogni i. Vediamo allora che

$$R((P_\varepsilon, \mathbf{c}), f) = \sum_{i=0}^{n} f(t_i)\Delta x_i > U(P_\varepsilon, f) - (b-a)\varepsilon.$$

Ne segue che

$$\overline{\int_a^b} f \leq U(P_\varepsilon, f) < R((P_\varepsilon, \mathbf{c}), f) + (b-a)\varepsilon$$
$$< I + (b - a + 1)\varepsilon.$$

L'arbitrarietà di $\varepsilon > 0$ garantisce infine che

$$\overline{\int_a^b} f \leq I.$$

Con un argomento del tutto analogo di dimostra che

$$I \leq \underline{\int_a^b} f.$$

Questo mostra che vale (ii), e la dimostrazione è conclusa. $\qquad\square$

Abbiamo così visto che il linguaggio della convergenza per successioni (MS) si rivela quello più naturale per interpretare la definizione dell'integrale secondo Riemann come limite in un senso rigoroso. L'approccio delle somme di Riemann è vantaggioso per concludere che $R(a, b)$ è uno spazio vettoriale. Sommariamente, la somma di Riemann di $f + g$ è

$$R((P, \mathbf{c}), f + g) = R((P, \mathbf{c}, f) + R((P, \mathbf{c}), g),$$

pertanto l'integrale della somma è la somma degli integrali. All'opposto, gran parte della considerazioni teoriche derivano più comodamente dalla costruzione di Darboux, dal momento che ci si sbarazza dei punti indeterminati $\mathbf{c}$, altrimenti difficili da gestire in modo quantitativo.

13.10 L'integrale come limite rispetto all'ampiezza della partizione

Definizione 13.15 Sia $[a, b]$ un intervallo, e sia $P = \{x_0, x_1, \ldots, x_n\} \in \Pi$. L'ampiezza della partizione P è il numero

$$|P| = \max_{1 \leq i \leq n} (x_i - x_{i-1}).$$

Definizione 13.16 Sia $f:[a,b] \to \mathbf{R}$ una funzione limitata. Diciamo che $I \in \mathbf{R}$ è l'integrale di Riemann di f se, per ogni $\varepsilon > 0$ esiste $\delta > 0$ tale che

$$|R((P,\mathbf{c}),f) - I| < \varepsilon$$

per ogni partizione puntata $(P,\mathbf{c})$ di $[a,b]$ tale che $|P| < \delta$.

Osservazione 13.10 La definizione precedente è spesso scritta nella forma

$$I = \int_a^b f = \lim_{|P| \to 0} R((P,\mathbf{c}),f).$$

Teorema 13.11 *Una funzione limitata f è integrabile sull'intervallo $[a,b]$ nel senso della Definizione 13.16 se e solo se è integrabile nel senso della Definizione 13.8. In tal caso, l'integrale di f nell'una e nell'altra definizione coincidono.*

Dimostrazione Una direzione è abbastanza immediata: supponiamo infatti che f sia integrabile nel senso della Definizione 13.16. Assegnato $\varepsilon > 0$, esiste $\delta > 0$ tale che, se $(P,\mathbf{C})$ è una partizione puntata di $[a,b]$ con $|P| < \delta$, allora

$$|R((P,\mathbf{c}),f) - I| < \frac{\varepsilon}{4},$$

dove I è l'integrale di Riemann di f. Fissiamo una partizione P siffatta, e scegliamo i punti $\mathbf{c} = \{c_1, c_2, \ldots, c_n\}$ in modo che

$$f(c_i) - m_i < \frac{\varepsilon}{4(b-a)}.$$

Ne segue

$$R((P,\mathbf{c}),f) - L(P,f) < \frac{\varepsilon}{4}.$$

In modo analogo, scegliamo $\mathbf{c}' = \{c_1', \ldots, c_n'\}$ tali che

$$U(P,f) - R((P,\mathbf{c}'),f) < \frac{\varepsilon}{4}.$$

Pertanto

$$\begin{aligned} U(P,f) - L(P,f) &= (U(P,f) - R((P,\mathbf{c}'),f)) + (R((P,\mathbf{c}'),f) - I) \\ &\quad + (I - R((P,\mathbf{c}),f)) + (R((P,\mathbf{c}),f) - L) \\ &< \varepsilon. \end{aligned}$$

Come al solito, questo implica che f sia integrabile nel senso della Definizione 13.8.

La dimostrazione dell'implicazione opposta è decisamente più delicata: la definizione 13.16 è fondata esclusivamente sull'ampiezza delle partizioni. Ora, diminuire l'ampiezza di una partizione non implica in generale che si passi a partizioni più fini. Inoltre le somme di Riemann su partizioni puntate non godono delle proprietà di monotonia che abbiamo dimostrato per le somme di Darboux.

Per prima cosa, scegliamo $M > 0$ tale che $-M \leq f(x) \leq M$ per ogni $x \in [a, b]$. Questo è possibile per l'ipotesi di limitatezza di f. Per ogni $\varepsilon > 0$, esiste una partizione P_1 di $[a, b]$ tale che

$$U_1 - L_1 < \frac{\varepsilon}{3},$$

dove $U_1 = U(P_1, f)$ e $L_1 = L(P_1, f)$. Indicato con n_1 il numero degli intervalli individuati dai nodi della partizione P_1, scegliamo

$$\delta = \frac{\varepsilon}{6Mn_1}.$$

Sia P una qualunque partizione di $[a, b]$ avente ampiezza strettamente minore di δ. Scegliamo arbitrariamente $\mathbf{c} = \{c_1, \ldots, c_n\}$. Affermiamo che

$$|R((P, \mathbf{c}), f) - I| < \varepsilon,$$

dove $I = \int_a^b f$ è l'integrale di f nel senso della Definizione 13.8. Per dimostrare questa affermazione, poniamo $P^* = P \cup P_1$. Come abbiamo già osservato,

$$L_1 \leq L(P^*, f) \leq U(P^*, f) \leq U_1.$$

Poiché P^* è un raffinamento di P, ogni intervallo $I_j^* = [x_{j-1}^*, x_j^*]$ di P^* è contenuto in qualche intervallo $I_i = [x_{i-1}, x_i]$ di P. Ad esclusione di n_1 intervalli *eccezionali* I_j^* di P^*, risulta $I_j^* = I_i$ e $M_j^* = M_i$, dove M_j^* e M_i denotano l'estremo superiore di f su I_j^* e I_i, rispettivamente. Deduciamo che $U(P, f) - U(P^*, f)$ si riduce ad una somma estesa solamente agli n_1 intervalli eccezionali visti sopra. Definiamo

$$\mathcal{I} = \{i \mid I_i \text{ contiene intervalli eccezionali}\}$$
$$\mathcal{J}(i) = \{j \mid I_i^* \text{ è un intervallo eccezionale contenuto in } I_i\},$$

e osserviamo che

$$0 \leq U(P, f) - U(P^*, f)$$
$$= \sum_{i \in \mathcal{I}} M_i \Delta x_i - \sum_{i = \in \mathcal{I}} \sum_{j \in \mathcal{J}(i)} M_j^* \Delta x_j^*$$
$$= \sum_{i = \in \mathcal{I}} \sum_{j \in \mathcal{J}(i)} \left(M_i - M_j^*\right) \Delta x_j^*,$$

dal momento che $\Delta x_i = \sum_{j \in \mathcal{J}(i)} \Delta x_j^*$. Ora, $0 \le M_i - M_j^* \le 2M$, ed il numero degli intervalli eccezionali non supera n_1, ciascuno dei quali di lunghezza minore o uguale a δ, deduciamo che

$$0 \le U(P, f) - U(P^*, f) \le 2M n_1 \delta < \frac{\varepsilon}{3}.$$

Ragionamenti simili permettono di concludere che $L(P^*, f) - L(P, f) < \varepsilon/3$. In conclusione,

$$\begin{aligned} U(P, f) - L(P, f) = (U(P, f) - U(P^*, f)) \\ + (U(P^*, f) - L(P^*, f)) + (L(P^*, f) - L(P, f)) \\ < \varepsilon. \end{aligned}$$

Ricordiamo che $\int_a^b f$ e $R((P, \mathbf{c}), f)$ cadono entrambi fra $L(P, f)$ e $U(P, f)$, possiamo affermare che

$$\left| \int_a^b f - R((P, \mathbf{c}), f) \right| < \varepsilon.$$

Per l'arbitrarietà di $\varepsilon > 0$, la dimostrazione è completa. $\square$

Nell'insieme $\dot{\Pi}$ è possibile verificare che la relazione $(Q, \mathbf{d}) \ge (P, \mathbf{c})$ se e solo se $|Q| \le |P|$ è una direzione. La definizione 13.16 si rivela essere, semplicemente, la definizione di convergenza della successione R rispetto a tale direzione. Una volta di più, l'integrale secondo Riemann è il limite di una successione (MS).

Riassumendo: la costruzione di Darboux, quella basata sulle partizioni puntate qualunque, e quella basata sulle partizioni puntate di ampiezza tendente a zero conducono allo stesso integrale. Di volta in volta, sarà lecito utilizzare una qualunque di queste tre definizioni, a seconda dell'opportunità.

Esempio 13.1   Consideriamo la funzione $f: [0, 1] \to \mathbf{R}$, definita da $f(x) = x^p$, dove $p > 0$ è un numero reale fissato. Suddividiamo l'intervallo $[0, 1]$ in n parti uguali, dove n è un intero positivo qualunque. La somma di Riemann associata a questa partizione è

$$\sum_{k=1}^n \frac{1}{n} \left(\frac{1^p}{n^p} + \frac{2^p}{n^p} + \cdots + \frac{n^p}{n^p} \right) = \frac{1^p + 2^p + \cdots + n^p}{n^{p+1}}.$$

Deduciamo da quanto dimostrato sopra che

$$\lim_{n \to +\infty} \frac{1^p + 2^p + \cdots + n^p}{n^{p+1}} = \int_0^1 x^p \, dx = \frac{1}{p + 1}.$$

L'esempio appena visto si basa su un'idea di carattere generale: scrivere una serie numerica come se fosse una somma di Riemann associata — ovviamente in modo opportuno — ad una funzione. È chiaro che la scelta della funzione più adatta diventa la parte... creativa dell'esercizio.

13.11   Classi di funzioni integrabili

Teorema 13.12 *Le funzioni continue su un intervallo $[a,b]$ sono ivi integrabili.*

Dimostrazione   Sia f una funzione continua su $[a,b]$. Poiché $[a,b]$ è un insieme compatto, f è uniformemente continua in $[a,b]$. Preso $\varepsilon > 0$, esiste $\delta > 0$ tale che

$$|f(x) - f(y)| < \varepsilon$$

per ogni scelta dei punti x e y in $[a,b]$ con il vincolo che $|x - y| < \delta$. Costruiamo dunque una partizione

$$P = \{x_0, x_1, \ldots, x_n\}$$

di $[a,b]$ tale che $|P| < \delta$. In particolare, per ogni $i = 1, \ldots, n$,

$$M_i - m_i \leq \varepsilon,$$

dove M_i e m_i hanno il solito significato.

$$U(P, f) - L(P, f) = \sum_{i=1}^{n} (M_i - m_i)\Delta x_i \leq \varepsilon \sum_{i=1}^{n} \Delta x_i = (b - a)\varepsilon.$$

La dimostrazione è ormai conclusa.																				$\square$

Il Teorema 13.12 garantisce l'integrabilità della gran parte delle funzioni elementari di uso più comune. La possibile presenza di un numero finito di punti di discontinuità può essere gestita come mostra il prossimo risultato.

Teorema 13.13 *Sia f una funzione limitata in $[a,b]$ e continua in (a,b). Allora f è integrabile in $[a,b]$.*

Dimostrazione   Fissiamo un numero $0 < \varepsilon < \frac{b-a}{2}$. Sia $I_\varepsilon = [a + \varepsilon, b - \varepsilon]$. Poiché I_ε è compatto, per il Teorema 13.12 $f \in \mathsf{R}(I_\varepsilon)$. Esiste una partizione $P = \{x_0, \ldots, x_n\}$ di I_ε tale che

$$U(P, f) - L(P, f) < \varepsilon.$$

Possiamo costruire la partizione P' ottenuta aggiungendo ai nodi di P i due estremi a e b Se $m = \inf_{[a,b]} f$ e $M = \sup_{[a,b]} f$, evidentemente

$$U(P', f) - L(P', f) = \varepsilon \left(\sup_{a \leq x \leq a+\varepsilon} f(x) - \inf_{a \leq x \leq a+\varepsilon} f(x) \right) +$$

$$+ \sum_{i=1}^{n} (M_i - m_i) \Delta x_i + \varepsilon \left(\sup_{b-\varepsilon \leq x \leq b} f(x) - \inf_{b-\varepsilon \leq x \leq b} f(x) \right)$$

$$\leq (2(M - m) + 1)\varepsilon. \qquad \square$$

Osservazione 13.11   Le proprietà di stabilità delle funzioni continue (somme, prodotti, quozienti, composizioni e inversioni di funzioni continue sono funzioni continue, con le già viste restrizioni) rende questa classe di funzioni particolarmente favorevole alla teoria dell'integrazione. Alcuni testi, ad esempio [18], affrontano la costruzione dell'integrale solo nella classe delle funzioni continue su un intervallo. Questo approccio, introdotto da Augustin-Louis Cauchy, ha indubbi vantaggi, ma allontana eccessivamente dalle esigenze che conducono a sviluppare teorie della misura e dell'integrazione ancora più generali di quella di Riemann.

Corollario 13.3   *Sia f una funzione limitata in $[a,b]$, continua in $[a,b]$ eccetto che in un numero finito di punti. Allora f è integrabile in $[a,b]$.*

Dimostrazione   Siano $u_1 < u_2 < \cdots < u_m$ i punti di discontinuità di f in $[a,b]$. Scrivendo

$$[a,b] = [a, u_1] \cup [u_1, u_2] \cup \cdots \cup [u_{m-1}, b],$$

vediamo che il Teorema 13.13 è applicabile a ciascuno dei sottointervalli a secondo membro. Applicando ripetutamente il Teorema 13.6 concludiamo la dimostrazione.
$$\square$$

Un'altra classe di funzioni necessariamente integrabili è quello delle funzioni (limitate e) monotone.

Teorema 13.14   *Sia f una funzione monotona nell'intervallo $[a,b]$. Allora $f \in$ R(a,b).*

Dimostrazione   Senza ledere la generalità della dimostrazione, supporremo che f sia monotona crescente. Considerando $-f$ al posto di f si tratta il caso delle funzioni decrescenti. L'ipotesi di monotonia implica la limitatezza di f: infatti $f(a) \leq f(x) \leq f(b)$ per ogni $a \leq c \leq b$. Qualunque sia $n \in \mathbf{N}$, dividiamo $[a,b]$ in n parti uguali, ciascuna di lunghezza pari a $(b-a)/n$. Siano

$$a = x_0 < x_1 < \cdots < x_n = b$$

i punti di questa suddivisione. Tali punti individuano univocamente una partizione P di $[a, b]$, per la quale

$$U(P, f) - L(P, f) = \sum_{i=1}^{n}(M_i - m_i)\Delta x_i = \sum_{i=1}^{n}(f(x_i) - f(x_{i-1}))\Delta x_i$$

$$= \frac{b-a}{n} \sum_{i=1}^{n}(f(x_i) - f(x_{i-1}))$$

$$= \frac{b-a}{n}(f(b) - f(a)).$$

Assegnato arbitrariamente un numero $\varepsilon > 0$, possiamo scegliere n così grande che l'ultimo termine della precedente catena di uguaglianze sia minore di ε. La funzione f risulta pertanto integrabile in $[a, b]$. $\qquad\qquad\square$

Osservazione 13.12 Una funzione monotona in un intervallo limitato può avere una quantità numerabile infinita di punti di salto. Pertanto il Teorema 13.14 non è un caso particolare del Corollario 13.3.

13.12   Il criterio di integrabilità di Lebesgue

Definizione 13.17 Un sottoinsieme S di $\mathbf{R}$ ha misura nulla (anche: è un insieme di misura nulla) se, per ogni $\varepsilon > 0$, esiste un insieme numerabile $\{I_k\}_k$ di intervalli aperti tali che

(a) $S \subset \bigcup_{k=1}^{\infty} I_k$,
(b) $\sum_{k=1}^{\infty} \ell(I_k)$,

dove $\ell(I_k)$ indica la lunghezza (euclidea) dell'intervallo I_k.[4]

Esempio 13.2 Ogni insieme finito ha misura nulla. Infatti, se

$$S = \{a_1, a_2, \ldots, a_n\}$$

è un sottoinsieme di $\mathbf{R}$ e se $\varepsilon > 0$, possiamo definire

$$I_k = \left(a_k - \frac{\varepsilon}{3n}, a_k + \frac{\varepsilon}{3n}\right), \quad k = 1, \ldots, n.$$

Ovviamente $S \subset I_1 \cup \cdots \cup I_n$ e

$$\sum_{k=1}^{n} \ell(I_k) = \sum_{k=1}^{n} \frac{2\varepsilon}{3n} = \frac{2}{3}\varepsilon.$$

---

[4] In generale, se $I = (a, b)$, allora $\ell(I) = b - a$.

Esempio 13.3   L'insieme

$$S = \left\{ \frac{1}{n} \mid n = 1, 2, 3, \ldots \right\}$$

ha misura nulla. Infatti, sia $\varepsilon > 0$ qualsiasi. Per ogni $k \in \mathbf{N}$ definiamo l'intervallo

$$I_k = \left(\frac{1}{n} - \frac{\varepsilon}{4 \cdot 2^n}, \frac{1}{n} + \frac{\varepsilon}{4 \cdot 2^n} \right).$$

Risulta

$$\sum_{k=1}^{\infty} \ell(I_k) = \sum_{k=1}^{\infty} \frac{\varepsilon}{2 \cdot 2^n} = \frac{\varepsilon}{2}.$$

Teorema 13.15 (Lebesgue)   *Sia f una funzione limitata definita in $[a, b]$. La funzione f è integrabile secondo Darboux in $[a, b]$ se e solo se l'insieme dei punti di discontinuità di f ha misura nulla.*

Dimostrazione   Chiamiamo D l'insieme dei punti di $[a, b]$ nei quali f sia discontinua. Fissiamo arbitrariamente $x \in$ D. Per ogni intervallo aperto I che contenga x, risulta

$$\sup_I f - \inf_I f > 0.$$

Quindi, per n naturale sufficientemente grande,

$$\sup_I f - \inf_I f > \frac{1}{n}.$$

Detto in modo equivalente, se x è un punto di frontiera per due sottointervalli, considerando l'intervallo I costituito dall'unione dei due sottointervalli possiamo determinare un intero positivo n tale che $\sup_I f - \inf_I > 1/n$ per almeno uno dei due sottointervalli.

Supponiamo che f sia integrabile secondo Darboux. Dati $\varepsilon > 0$ e un intero positivo n, esiste una partizione P_n tale che

$$\sum_{I \in \mathsf{P}_{n,>}} \ell(I) < \frac{\varepsilon}{2 \cdot 2^n},$$

dove $\mathsf{P}_{n,>}$ è l'insieme dei sottointervalli di P_n per cui $\sup_I f - \inf_I f > 1/n$. Ora, questi sottointervalli sono chiusi. Li estendiamo ad intervalli aperti allungando la loro lunghezza di $\frac{\varepsilon}{4m \cdot 2^n}$ in entrambi gli estremi, dove m denota il numero di sottointervalli di $\mathsf{P}_{n,>}$. Indichiamo con $\mathsf{P}_{n,>}^{*}$ l'insieme di questi intervalli estesi.

Evidentemente l'unione di tutti i sottointervalli chiusi di $P_{n,>}$ è contenuta nell'unione di tutti i sottointervalli aperti di $P^*_{n,>}$. Inoltre

$$\sum_{I \in P^*_{n,>}} \ell(I) < \frac{\varepsilon}{2^n}.$$

Messi insieme, i sottointervalli di $\bigcup_{n=1}^{\infty} P^*_{n,>}$ formano una collezione numerabile di intervalli aperti la cui unione contiene D. La somma delle lunghezze di tutti questi sottointervalli è uguale a

$$\sum_{n=1}^{\infty} \sum_{I \in P^*_{n,>}} \ell(I) < \sum_{n=1}^{\infty} \frac{\varepsilon}{2^n} = \varepsilon.$$

Abbiamo così dimostrato che D ha misura nulla.

Viceversa, supponiamo che l'insieme D abbia misura nulla, e dimostriamo che f è integrabile in $[a,b]$. Sia $B = \sup_{x \in [a,b]} |f(x)|$. Fissiamo arbitrariamente $\varepsilon > 0$ e sia $\{I_k\}_k$ una successione di intervalli aperti la cui unione contenga $D \cup \{a,b\}$ e per cui

$$\sum_{k=1}^{\infty} \ell(I_k) < \frac{\varepsilon}{4B}.$$

Sia C l'insieme dei punti in (a,b) nei quali f sia continua. Per ogni $x \in C$ esiste un intervallo aperto J_x contenente x e tale che

$$\sup_{J_x} f - \inf_{J_x} f < \frac{\varepsilon}{4(b-a)}.$$

Ora,

$$\{I_k\}_k \cup \{J_x \mid x \in C\}$$

è un ricoprimento aperto di $[a,b]$, e per compattezza esiste un sottoricoprimento finito. Per chiarezza, esprimiamo tale sottoricoprimento nella forma

$$\{I_k \mid k \in \mathcal{F}_D\} \cup \{J_x \mid x \in \mathcal{F}_C\},$$

dove $\mathcal{F}_D$ e $\mathcal{F}_C$ sono insiemi finiti di indici. Se necessario, rimuoviamo intervalli in eccesso finché nessun punto di $[a,b]$ cada in più di due intervalli del ricoprimento. Costruiamo una partizione $\mathcal{P}$ di $[a,b]$ in questo modo: ignoriamo i punti iniziali e finali di ogni intervallo appartenente alla collezione finita che cadono fuori da (a,b), e usiamo i punti iniziali e finali che cadono in $[a,b]$ come nodi della partizione $\mathcal{P}$. Ora, ogni sottointervallo di $\mathcal{P}$ è contenuto nella chiusura di almeno uno degli intervalli del sottoricoprimento finito, e nessun punto di $[a, b]$ appartiene a più di due intervalli. Pertanto

$$
\begin{aligned}
U(f, \mathcal{P}) - L(f, \mathcal{P}) &= \sum_{I \in \mathcal{P}} \left(\sup_{I} f - \inf_{I} f \right) \ell(I) \\
&\le \sum_{k \in F_D} \left(\sup_{I_k} f - \inf_{I_k} f \right) \ell(I_k) + \sum_{x \in F_C} \left(\sup_{J_x} f - \inf_{J_x} f \right) \ell(J_x) \\
&\le 2B \sum_{k} \ell(I_k) + \frac{\varepsilon}{4(b-a)} \sum_{x \in F_C} \ell(J_x) \\
&< 2B \frac{\varepsilon}{4B} + \frac{\varepsilon}{4(b-a)} 2(b-a) \\
&= \varepsilon.
\end{aligned}
$$

La funzione f è allora integrabile secondo Darboux in $[a, b]$, e la dimostrazione è conclusa. $\qquad\square$

13.13   L'integrale orientato e la funzione integrale

A rigore, tutte le definizioni dell'integrale di Riemann sono legate all'esistenza di una relazione d'ordine su $\mathbf{R}$: basti infatti pensare che la scrittura $[3, 0]$ non è coerente nemmeno con la definizione di intervallo reale. Tuttavia, e soprattutto quando dimostreremo il Teorema Fondamentale del Calcolo, può capitare di dover manipolare gli estremi di integrazione senza sapere *a priori* quale dei due estremi sia numericamente maggiore.

È allora conveniente introdurre la seguente convenzione: se $a < b$ sono due numeri reali,

$$
\int_b^a f = -\int_a^b f. \tag{13.2}
$$

Infine,

$$
\int_a^a f = 0.
$$

Definizione 13.18   Sia $f : [a, b] \to \mathbf{R}$ una funzione integrabile. Per ogni punto $c \in [a, b]$, definiamo la funzione integrale di base c, $F_c : [a, b] \to \mathbf{R}$, attraverso la formula

$$
F_c(x) = \int_c^x f(t) \, dt.
$$

Quando $c = a$, si usa abbreviare la terminologia, e parlare di funzione integrale di f.

Osservazione 13.13   Evidentemente, se $a < x < c < b$, il valore $F_c(x)$ può essere giustificato solo attraverso la definizione (13.2).

Teorema 13.16   *Siano f una funzione integrabile in $[a,b]$ e $a \leq c \leq b$. Per ogni coppia di punti x e y di $[a,b]$, risulta*

$$|F_c(x) - F_c(y)| \leq \left(\sup_{a \leq t \leq b} |f(t)| \right) |x - y|.$$

In particolare, F_c è uniformemente continua in $[a,b]$.

Dimostrazione   Infatti

$$|F_c(x) - F_c(y)| = \left| \int_c^x f - \int_c^y f \right|$$

$$= \left| \int_x^y f \right|$$

$$\leq \int_x^y |f|$$

$$\leq |x - y| \left(\sup_{a \leq t \leq b} |f(t)| \right).$$

L'ultima parte è semplice: per ogni $\varepsilon > 0$, scegliamo un numero

$$0 < \delta < \frac{\varepsilon}{\sup_{a \leq t \leq b} |f(t)|}.$$

Se $\sup_{a \leq t \leq b} |f(t)| = 0$, possiamo scegliere un qualunque $\delta > 0$. Pertanto, se $|x - y| < \delta$, allora

$$|F_c(x) - F_c(y)| \leq \delta \left(\sup_{a \leq t \leq b} |f(t)| \right) < \varepsilon. \qquad \square$$

Teorema 13.17   *Se f è integrabile in $[a,b]$ e continua in un punto $x_0 \in (a,b)$, allora F_c è derivabile in x_0. Inoltre*

$$F_c'(x_0) = f(x_0).$$

Dimostrazione   Fissiamo $\varepsilon > 0$. L'ipotesi di continuità di f in x_0 garantisce l'esistenza di $\delta > 0$ tale che

$$|f(t) - f(x_0)| < \varepsilon$$

per ogni $t \in [a, b]$ tale che $|t - x_0| < \delta$. Qualunque sia $x \in [a, b] \cap (x_0 - \delta, x_0 + \delta)$, $x \neq x_0$, possiamo scrivere

$$
\begin{aligned}
\left| \frac{F_c(x) - F_x(x_0)}{x - x_0} - f(x_0) \right| &= \left| \frac{1}{x - x_0} \int_{x_0}^{x} (f(t) - f(x_0))\, dt \right| \\
&\leq \frac{\int_{x_0}^{x} |f(t) - f(x_0)|\, dt}{|x - x_0|} \\
&< \frac{\varepsilon |x - x_0|}{|x - x_0|} = \varepsilon.
\end{aligned}
$$

Per l'arbitrarietà di $\varepsilon > 0$, concludiamo che

$$
\lim_{x \to x_0} \frac{F_c(x) - F_c(x_0)}{x - x_0} = f(x_0),
$$

e la dimostrazione è conclusa. $\square$

13.14   Primitive e integrali di Riemann

Definizione 13.19   Siano I un intervallo di $\mathbf{R}$ e f una funzione reale definita in I. Diremo che una funzione F è una primitiva di f in I se

$$
F'(x) = f(x) \quad \text{per ogni } x \in I.
$$

Denoteremo con il simbolo

$$
\mathsf{D}^{-1}(f, I)
$$

l'insieme di tutte le (funzioni) primitive di f nell'intervallo I. Il simbolo $F \in \mathsf{D}^{-1}(f, I)$ significa dunque che la funzione F è una primitiva della funzione f in I.

Osservazione 13.14

- Le funzioni primitive sono chiamate *antiderivate* nella letteratura angloamericana.
- Molto spesso l'intervallo I è sottinteso, e il contesto chiarisce in quale intervallo si stia lavorando. Per questo si parla frequentemente di primitive di una funzione (senza specificare I), e si usa il simbolo più conciso $\mathsf{D}^{-1} f$.
- La stessa funzione f possiede — in generale — infinite primitive. Più precisamente, se F è una primitiva di f, allora $F(\cdot) + C$ è una primitiva per f, qualunque sia la costante C. Torneremo con maggior precisione su questa circostanza.

- La maggioranza assoluta dei manuali di Analisi Matematica denota l'insieme $D^{-1} f$ con il simbolo

$$\int f,$$

il cosiddetto *integrale indefinito* della funzione f. Questa notazione è problematica per vari motivi, il più evidente dei quali è che non è affatto chiaro come specificare l'intervallo $I = [a, b]$ senza creare una confusione tragica: notazioni come

$$\int_a^b f, \quad \int_{[a,b]} f$$

e similari sono già utilizzate per l'integrale di Riemann di f esteso ad $[a, b]$, e non possono quindi essere utilizzate senza rischio di confusione. Come se ciò non bastasse, è molto comune scrivere formule quali

$$F = \int f$$

per significare che F è una primitiva di f. Poiché f possiede genericamente infinite primitive, è sbagliato utilizzare il simbolo di uguaglianza, e bisognerebbe scrivere $F \in \int f$, esattamente come si scrive $F \in D^{-1}(f)$.
- La funzione $x \mapsto \log |x|$ è primitiva della funzione $x \mapsto 1/x$ in ciascuno degli intervalli $(-\infty, 0)$ e $(0, +\infty)$. Tuttavia non possiamo scrivere che $x \mapsto \log |x|$ è primitiva in $\mathbf{R}$, dal momento che essa non è nemmeno definita nel punto $x = 0$, né può essere prolungata con continuità in tale punto.

Teorema 13.18 *Ogni funzione continua in un intervallo I possiede una primitiva in I.*

Dimostrazione Abbiamo già dimostrato che la funzione integrale è primitiva nei punti di continuità della funzione integranda. $\square$

Se abbiamo già osservato che l'esistenza di una primitiva implica l'esistenza di infinite primitive, resta aperta una domanda: a parte sommare costanti arbitrarie, esistono primitive di natura diversa per una data funzione?

Teorema 13.19 *Due primitive di una funzione f in un intervallo $I = [a, b]$ differiscono per una costante.*

Dimostrazione Siano F_1 e F_2 due primitive di f in I. Quindi

$$F_1'(x) - F_2'(x) = f(x) - f(x) = 0 \quad \text{per ogni } x \in I.$$

Per il Teorema di Lagrange, la funzione $F_1 - F_2$ è dunque costante in $[a, b]$, cioè esiste $C \in \mathbf{R}$ tale che

$$F_1(x) = F_2(x) + C \quad \text{per ogni } x \in [a, b].$$

La dimostrazione è conclusa. $\qquad\qquad\qquad\qquad\qquad\qquad\qquad\qquad\qquad\qquad\quad\square$

Osservazione 13.15   Il Teorema 13.19 è falso se all'intervallo $[a, b]$ si sostituisce un generico insieme (non connesso). Senza pretendere di scrivere un controesempio dettagliato, supponiamo che F_1 e F_2 siano due primitive nell'insieme $A = [0, 1] \cup [2, 3]$. Quel che possiamo dire è che F_1 ed F_2 differiscono per *una* costante C in $[0, 1]$, e per un'*altra* costante D in $[2, 3]$. Quando $C \neq D$, non è in generale possibile concludere che F_1 ed F_2 differiscono per una *stessa* costante in A.

Rimandiamo al capitolo successivo le tecniche del cosiddetto calcolo integrale indefinito. Questo è invece il momento ideale per stabilire il *legame* tra primitive ed integrale di Riemann.

Teorema 13.20   *Sia* $f : [a, b] \to \mathbf{R}$ *una funzione integrabile, e sia* F *una sua primitiva (in* $[a, b]$*). Allora*

$$\int_a^b f = F(b) - F(a).$$

Dimostrazione   Sia $\varepsilon > 0$ un numero arbitrario. Per ipotesi esiste una partizione $P \in \Pi$ tale che

$$U(P, f) - L(P, f) < \varepsilon.$$

Se $x_0 < x_1 < \ldots < x_n$ sono i nodi della partizione P, per il Teorema di Lagrange esistono punti $t_i \in [x_{i-1}, x_i]$ tali che

$$F(x_i) - F(x_{i-1}) = F'(t_i)\Delta x_i = f(t_i)\Delta x_i, \quad i = 1, \ldots, n.$$

Quindi

$$\left| F(b) - F(a) - \int_a^b f \right| = \left| \sum_{i=1}^n (F(x_i) - F(x_{i-1})) - \int_a^b f \right|$$

$$= \left| \sum_{i=1}^n f(t_i)\Delta x_i - \int_a^b f \right|$$

$$\leq U(P, f) - L(P, f) < \varepsilon.$$

L'arbitrarietà di $\varepsilon > 0$ implica la tesi. $\qquad\qquad\qquad\qquad\qquad\qquad\qquad\quad\square$

La dimostrazione del Teorema 13.20 si semplifica notevolmente aggiungendo l'ipotesi che f sia continua in $[a,b]$. Infatti la funzione

$$F(x) = \int_a^x f(t)\,dt$$

è una primitiva di f per il Teorema 13.17. Quindi $\int_a^b f = F(b) - F(a)$. Se poi G è una qualsiasi primitiva di f in $[a,b]$, allora $G(x) = F(x) + C$ per qualche costante C reale. Per concludere, basta osservare che

$$G(b) - G(a) = F(b) + C - F(a) - C = F(b) - F(a).$$

Osservazione 13.16   Una consuetudine molto comoda è quella di introdurre una notazione abbreviata per la differenza $F(b) - F(a)$. Tra i simboli più comuni ci sono

$$[F(x)]_a^b, \qquad [F(x)]_{x=a}^{x=b},$$

mentre sconsigliamo l'uso del simbolo

$$F(x)\big|_a^b,$$

suscettibile di malintesi e piuttosto sgradevole alla vista.

13.15   Somme di Darboux-Stieltjes

Le idee essenziali che ci hanno condotto alla costruzione dell'integrale di Riemann-Darboux possono essere ulteriormente generalizzate. In questo capitolo vedremo i capisaldi del cosiddetto integrale di Riemann-Stieltjes. Tuttavia, in onore all'approccio che seguiremo, parleremo più spesso di integrale di Darboux-Stieltjes.

L'idea è piuttosto semplice: invece di misurare le lunghezze euclidee

$$\Delta x_i = x_i - x_{i-1}$$

di ciascun sotto-intervallo di una partizione P di $[a,b]$, consideriamo una lunghezza del tipo

$$\Delta \alpha_i = \alpha(x_i) - \alpha(x_{i-1}),$$

dove α è una funzione monotona crescente sull'intervallo $[a,b]$. La scelta $\alpha : t \mapsto t$ restituisce il caso precedente.

In perfetta analogia con la Definizione 13.5, per ogni partizione P di $[a,b]$ tale che

$$a = x_0 < x_1 < \ldots < x_{n-1} < x_n = b$$

definiamo le somme superiore ed inferiore di Darboux-Stieltjes della funzione limitata $f : [a, b] \to \mathbf{R}$ relativa a P come

$$U(P, f, \alpha) = \sum_{i=1}^{n} m_i \, \Delta\alpha_i$$

$$L(P, f, \alpha) = \sum_{i=1}^{n} M_i \, \Delta\alpha_i,$$

dove

$$m_i = \inf_{x_{i-1} \le x \le x_i} f(x)$$

$$M_i = \sup_{x_{i-1} \le x \le x_i} f(x)$$

$$\Delta\alpha_i = \alpha(x_i) - \alpha(x_{i-1})$$

per $i = 1, \ldots, n$.

Definizione 13.20   L'integrale inferiore e superiore secondo Darboux-Stieltjes della funzione f su $[a, b]$ sono definiti rispettivamente da

$$\underline{\int_a^b} f \, d\alpha = \sup\{L(P, f, \alpha) \mid P \in \Pi\}$$

$$\overline{\int_a^b} f \, d\alpha = \inf\{U(P, f, \alpha) \mid P \in \Pi\},$$

dove Π denota (come prima) la famiglia di tutte le partizioni di $[a, b]$.

Definizione 13.21   La funzione limitata $f : [a, b] \to \mathbf{R}$ è integrabile secondo Darboux-Stieltjes se

$$\underline{\int_a^b} f \, d\alpha = \overline{\int_a^b} f \, d\alpha.$$

Quanto ciò accade, scriviamo $f \in \mathcal{R}(\alpha)$.

Osservazione 13.17   La notazione $f \in \mathcal{R}(\alpha)$ è ovviamente imprecisa, giacché omette qualunque riferimento all'intervallo $[a, b]$. Nella maggior parte delle situazioni, la scelta dell'intervallo di integrazione è chiara dal contesto. In alcuni enunciati specifici sarà opportuno perfezionare questa notazione con simboli più descrittivi, ad esempio $f \in \mathcal{R}(\alpha, [a, b])$. Sussiste infine una descrizione dell'integrabilità in termini di classi contigue di numeri reali, esattamente come nel caso dell'integrale di Darboux. Lasciamo i dettagli come esercizio.

Buona parte della teoria relativa all'integrale di Riemann-Darboux si estende senza modifiche sostanziali all'integrale di Darboux-Stieltjes. Ovviamente occorre sostituire Δx_i con $\Delta\alpha_i$ nelle varie occorrenze. Solo a titolo di esempio, riportiamo la seguente estensione del Teorema 13.3. La dimostrazione è identica.

Teorema 13.21 *Una funzione f, limitata sull'intervallo $[a,b]$, è integrabile secondo Darboux-Stieltjes se, e solo se, per ogni $\varepsilon > 0$ esiste una partizione P_ε dell'intervallo $[a,b]$ tale che*

$$U(P, f, \alpha) - L(P, f, \alpha) < \varepsilon.$$

L'integrale di Darboux-Stieltjes è lineare separatamente sia rispetto alla funzione f, che alla funzione α. La prima osservazione è già stata discussa per l'integrale di Riemann. La seconda è conseguenza immediata delle definizioni, quindi ci accontentiamo di enunciarla.

Teorema 13.22 *Se $f \in \mathcal{R}(\alpha_1)$ e $f \in \mathcal{R}(\alpha_2)$, allora $f \in \mathcal{R}(\alpha_1 + \alpha_2)$, e vale l'uguaglianza*

$$\int_a^b f\, d(\alpha_1 + \alpha_2) = \int_a^b f\, d\alpha_1 + \int_a^b f\, d\alpha_2.$$

Se $f \in \mathcal{R}(\alpha)$ e se $c > 0$ è una costante positiva, allora $f \in \mathcal{R}(c\alpha)$, e vale l'uguaglianza

$$\int_a^b f\, d(c\alpha) = c \int_a^b f\, d\alpha.$$

Dopo aver adattato la definizione dell'integrale di Riemann-Darboux al caso Darboux-Stieltjes, mostriamo l'integrabilità di alcune specifiche classi di funzioni. Le dimostrazioni richiedono solo piccoli accorgimenti per tenere conto della funzione α.

Teorema 13.23 *Se f è continua in $[a,b]$, allora $f \in \mathcal{R}(\alpha)$.*

Dimostrazione Fissiamo $\varepsilon > 0$. Scegliamo un numero $\eta > 0$ tale che

$$[\alpha(b) - \alpha(a)]\eta < \varepsilon.$$

Per la continuità uniforme di f nel compatto $[a,b]$, esiste $\delta > 0$ tale che

$$|f(x) - f(t)| < \eta$$

se $x \in [a,b]$, $t \in [a,b]$, $|x - t| < \delta$. Per qualunque partizione P di $[a,b]$ tale che $\Delta x_i < \delta$, $i = 1, \ldots, n$, risulta

$$M_i - m_i \leq \eta,$$

e dunque

$$U(P, f, \alpha) - L(P, f, \alpha) = \sum_{i=1}^{n} (M_i - m_1)\Delta\alpha_i$$

$$\leq \eta \sum_{i=1}^{n} \Delta\alpha_i = \eta[\alpha(b) - \alpha(a)]$$

$$< \varepsilon.$$

Concludiamo che f è integrabile secondo Darboux-Stieltjes in $[a, b]$. $\square$

Teorema 13.24   *Se f è monotona in $[a, b]$ e se α è (monotona crescente e) continua in $[a, b]$, allora $f \in \mathcal{R}(\alpha)$.*

Dimostrazione   Sia $\varepsilon > 0$. Per ogni numero naturale n scegliamo una partizione P tale che

$$\Delta\alpha_i = \frac{\alpha(b) - \alpha(a)}{n}, \qquad i = 1, 2, \ldots, n.$$

La scelta di una partizione siffatta è possibile grazie al Teorema 9.1. Per fissare le idee, supporremo da questo momento che f sia crescente: il caso decrescente si tratta con considerazioni speculari. Dunque risulta

$$M_i = f(x_i), \quad m_i = f(x_{i-1})$$

per ogni i, e pertanto

$$U(P, f, \alpha) - L(P, f, \alpha) = \sum_{i=1}^{n} (M_i - m_i)\Delta\alpha_i$$

$$= \frac{\alpha(b) - \alpha(a)}{n} \sum_{i=1}^{n} f(x_i) - f(x_{i-1})$$

$$= \frac{\alpha(b) - \alpha(a)}{n} (f(b) - f(a)) < \varepsilon$$

se n è sufficientemente grande. $\square$

Teorema 13.25   *Supponiamo che f sia integrabile in $[a, b]$ secondo Darboux-Stieltjes, e che $m \leq f \leq M$ in $[a, b]$. Se ϕ è una funzione continua definita in $[m, M]$ e se $h = \phi \circ f$, allora $h \in \mathcal{R}(\alpha)$.*

Dimostrazione   Sia $\varepsilon > 0$. Per la continuità uniforme di ϕ in $[m, M]$, esiste $\delta > 0$ tale che $\delta < \varepsilon$ e

$$|\phi(s) - \phi(t)| < \varepsilon$$

se $|s - t| \leq \delta$ e s, t appartengono a $[m, M]$. Sia

$$P = \{x_0, x_1, \ldots, x_n\}$$

una partizione di $[a, b]$ tale che

$$U(P, f, \alpha) - L(P, f, \alpha) < \delta^2.$$

Siano

$$M_i = \sup_{x_{i-1} \leq x \leq x_i} f(x), \quad m_i = \inf_{x_{i-1} \leq x \leq x_i} f(x),$$
$$M_i^* = \sup_{x_{i-1} \leq x \leq x_i} h(x), \quad m_i^* = \inf_{x_{i-1} \leq x \leq x_i} h(x).$$

L'insieme dei numeri $1, 2, \ldots, n$ può essere diviso in due classi: $i \in A$ se $M_i - m_i < \delta$, e $i \in B$ se $M_i - m_i \geq \delta$.

Ora, per ogni $i \in A$ risulta $M_i^* - m_i^* \leq \varepsilon$. Se $i \in B$, invece, $M_i^* - m_i^* \leq 2K$, dove si è posto

$$K = \sup_{m \leq t \leq M} |\phi(t)|.$$

Ma allora

$$\delta \sum_{i \in B} \Delta\alpha_i \leq \sum_{i \in B} (M_i - m_i)\Delta\alpha_i < \delta^2,$$

sicché $\sum_{i \in B} \Delta\alpha_i < \delta$. Riassumendo,

$$\begin{aligned}
U(P, h, \alpha) - L(P, h, \alpha) &= \sum_{i \in A} (M_i^* - m_i^*)\Delta\alpha_i + \sum_{i \in B} (M_i^* - m_i^*)\Delta\alpha_i \\
&\leq \varepsilon(\alpha(b) - \alpha(a)) + 2K\delta \\
&< \varepsilon(\alpha(b) - \alpha(a) + 2K).
\end{aligned}$$

L'arbitrarietà di $\varepsilon > 0$ permette ormai di concludere. $\qquad\square$

Teorema 13.26 *Se $f \in \mathcal{R}(\alpha)$ e $g \in \mathcal{R}(\alpha)$, allora*

(a) $fg \in \mathcal{R}(\alpha)$;
(b) $|f| \in \mathcal{R}(\alpha)$ e $\left| \int_a^b f \, d\alpha \right| \leq \int_a^b |f| \, d\alpha$.

Dimostrazione Se definiamo $\phi(t) = t^2$, il Teorema 13.25 mostra che $f^2 \in \mathcal{R}(\alpha)$. Osservando che

$$4fg = (f + g)^2 - (f - g)^2,$$

deduciamo immediatamente la validità di (a). In modo del tutto analogo, scegliendo $\phi(t) = |t|$, vediamo che $|f| \in \mathcal{R}(\alpha)$. A questo punto, sia $c \in \{-1, +1\}$ tale che $c \int_a^b f \, d\alpha \geq 0$. Poiché $cf \leq |f|$, avremo

$$\left| \int_a^b f \, d\alpha \right| = c \int_a^b f \, d\alpha = \int_a^b cf \, d\alpha \leq \int_a^b |f| \, d\alpha.$$

Questo completa la dimostrazione dell'affermazione (b). $\square$

Concludiamo con un risultato che, sotto ipotesi opportune, permette di ricondurre gli integrali di Stieltjes a quelli di Riemann.

Teorema 13.27 *Supponiamo che α sia una funzione monotona crescente e che $\alpha' \in \mathcal{R}$ in $[a,b]$. Sia f una funzione reale limitata in $[a,b]$. Sotto queste ipotesi, $f \in \mathcal{R}(\alpha)$ se e solo se $f\alpha' \in \mathcal{R}$. Inoltre*

$$\int_a^b f \, d\alpha = \int_a^b f(x)\alpha'(x) \, dx.$$

Dimostrazione Fissiamo arbitrariamente $\varepsilon > 0$. Per l'ipotesi di integrabilità di α', esiste una partizione

$$P = \{x_0, x_1, \ldots, x_n\}$$

di $[a, b]$ tale che

$$U(P, \alpha') - L(P, \alpha') < \varepsilon.$$

Per il Teorema di Lagrange, esistono punti $t_i \in [x_{i-1}, x_i]$ tali che

$$\Delta\alpha_i = \alpha'(t_i)\Delta x_i, \quad i = 1, \ldots, n.$$

Se $s_i \in [x_{i-1}, x_i)$, allora

$$\sum_{i=1}^n |\alpha'(t_i) - \alpha'(s_i)|\Delta x_i < \varepsilon.$$

Definiamo $M = \sup_{x \in [a,b]} |f(x)|$. Osservando che

$$\sum_{i=1}^n f(s_i)\Delta\alpha_i = \sum_{i=1}^n f(s_i)\alpha'(t_i)\Delta x_i,$$

deduciamo facilmente che

$$\left| \sum_{i=1}^n f(s_i)\Delta\alpha_i - \sum_{i=1}^n f(s_i)\alpha'(t_i)\Delta x_i \right| \leq M\varepsilon. \tag{13.3}$$

Quindi

$$\sum_{i=1}^{n} f(s_i)\Delta\alpha_i \leq U(P, f\alpha') + M\varepsilon,$$

e l'arbitrarietà dei punti s_i ci permette di dedurre che

$$U(P, f, \alpha) \leq U(P, f\alpha') + M\varepsilon.$$

In modo simmetrico, da (13.3) perveniamo a

$$U(P, f\alpha') \leq U(P, f, \alpha) + M\varepsilon,$$

e pertanto

$$|U(P, f, \alpha) - U(P, f\alpha')| \leq M\varepsilon.$$

Lo stesso argomento implica

$$|L(P, f, \alpha) - L(P, f\alpha')| \leq M\varepsilon,$$

e la prima parte della tesi segue immediatamente. Queste due disuguaglianze continuano a valere se sostituiamo a P un suo raffinamento. Per definizione di integrale risulta allora

$$\left| \int_a^b f\,d\alpha - \int_a^b f(x)\alpha'(x)\,dx \right| \leq M\varepsilon,$$

e l'arbitrarietà di $\varepsilon > 0$ porge da ultimo l'uguaglianza dei due integrali. La dimostrazione è conclusa. $\square$

Mostriamo da ultimo come operano i cambiamenti di variabile negli integrali di Stieltjes.

Teorema 13.28 *Sia φ una funzione strettamente crescente che trasforma l'intervallo $[A, B]$ nell'intervallo $[a, b]$. Supponiamo che α sia una funzione monotona crescente sull'intervallo $[a, b]$, e che $f \in \mathcal{R}(\alpha)$. Se definiamo*

$$\beta(y) = \alpha(\varphi(y)), \quad g(y) = f(\varphi(y)),$$

allora $g \in \mathcal{R}(\beta)$ e

$$\int_A^B g\,d\beta = \int_a^b f\,d\alpha.$$

Dimostrazione La funzione iniettiva φ induce una corrispondenza biunivoca tra le partizioni

$$P = \{x_0, x_1, \ldots, x_n\}$$

di $[a, b]$ e le partizioni

$$Q = \{y_0, y_1, \ldots, y_n\}$$

di $[A, B]$, attraverso la relazione $x_i = \varphi(y_i)$. La funzione f assume su $[x_{i-i}, x_i]$ gli stessi valori che g assume su $[y_{i-1}, y_i]$. In particolare

$$U(Q, g, \beta) = U(P, f, \alpha), \quad L(Q, g, \beta) = L(P, f, \alpha).$$

Per ipotesi, è possibile scegliere la partizione P in modo che $U(P, f, \alpha)$ e $L(P, f, \alpha)$ siano arbitrariamente vicini a $\int_a^b f \, d\alpha$. Ne consegue che $U(Q, g, \beta)$ e $L(Q, g, \beta)$ sono arbitrariamente vicini a $\int_A^B g \, d\beta$, e che

$$\int_A^B g \, d\beta = \int_a^b f \, d\alpha. \qquad \square$$

Osservazione 13.18 Nel caso $\alpha(x) = x$ per ogni x, cioè nel caso dell'integrale di Riemann, il Teorema 13.27 mostra che

$$\int_a^b f(x) \, dx = \int_A^B f(\varphi(y))\varphi'(y) \, dy$$

sotto la condizione che φ' sia integrabile in $[A, B]$.

13.16 Integrale di Stieltjes e serie

La teoria dell'integrale secondo Stieltjes è molto flessibile, e la scelta della funzione α permette di trattare questioni apparentemente diverse in modo unitario. A titolo di esempio, mostriamo un legame astratto fra la teoria delle serie numeriche e quella dell'integrazione. Cominciamo dalla definizione di una funzione particolarmente utile in molti settori della Fisica.

Definizione 13.22 La funzione I di Heaviside è definita da

$$I(x) = \begin{cases} 1 & \text{se } x \geq 0 \\ 0 & \text{se } x < 0. \end{cases}$$

Teorema 13.29 *Sia f una funzione definita in $[a,b]$ e ivi limitata. Sia $a < s < b$, e sia $\alpha(x) = I(x - s)$. Se f è continua nel punto s, allora*

$$\int_a^b f \, d\alpha = f(s).$$

Dimostrazione Se P è la partizione di $[a,b]$ costituita dai quattro punti

$$a, s, x_2, b,$$

allora

$$U(P, f, \alpha) = M_2, \quad L(P, f, \alpha) = m_2,$$

dove M_2 e m_2 indicano rispettivamente l'estremo superiore ed inferiore di f nell'intervallo $[s, x_2]$. Per la definizione di α, le stesse uguaglianze continuano a sussistere nel passaggio dalla partizione P ad un suo raffinamento. Per concludere è sufficiente osservare che $M_2 \to f(s)$ e $m_2 \to f(s)$ quando $x_2 \to s$. $\square$

Teorema 13.30 *Supponiamo che $c_n \geq 0$ per ogni n naturale, e che la serie $\sum_n c_n$ converga. Sia $\{s_n\}_n$ una successione di numeri reali distinti in un intervallo (a, b), e definiamo*

$$\alpha(x) = \sum_{n=1}^{\infty} c_n I(x - c_n).$$

Se f è continua in $[a, b]$, allora

$$\int_a^b f \, d\alpha = \sum_{n=1}^{\infty} c_n f(s_n).$$

Dimostrazione Per ogni x reale,

$$|\alpha(x)| \leq \sum_{n=1}^{\infty} c_n,$$

sicché la funzione α è ben definita su $\mathbf{R}$. Evidentemente $\alpha(a) = 0$, $\alpha(b) = \sum_{n=1}^{\infty} c_n$, e α è una funzione monotona crescente in $[a, b]$.

Assegnato arbitrariamente $\varepsilon > 0$, scegliamo un numero naturale N tale che

$$\sum_{n=N+1}^{\infty} c_n < \varepsilon.$$

Decomponiamo la funzione α come

$$\alpha_1(x) = \sum_{n=1}^{N} c_n I(x - s_n)$$

$$\alpha_2(x) = \sum_{n=N+1}^{\infty} c_n I(x - s_n).$$

Per il Teorema 13.30 risulta

$$\int_a^b f \, d\alpha_1 = \sum_{n=1}^{N} c_N f(s_n).$$

Essendo $\alpha_2(b) - \alpha_2(a) < \varepsilon$, è anche

$$\left| \int_a^b f \, d\alpha_2 \right| \le M\varepsilon,$$

dove abbiamo posto $M = \sup_{x \in [a,b]} |f(x)|$. Osservando che $\alpha = \alpha_1 + \alpha_2$, le ultime disuguaglianze garantiscono che

$$\left| \int_a^B f \, d\alpha - \sum_{n=1}^{N} c_n f(s_n) \right| \le M\varepsilon.$$

Quindi, per definizione di serie,

$$\sum_{n=1}^{\infty} c_n f(s_n) = \int_a^b f \, d\alpha,$$

e la dimostrazione è conclusa. $\qquad\qquad\square$

13.17 Problemi

13.1 Supponiamo che $\pi = a/b$, per qualche scelta di due numeri interi positivi a e b.

1. Consideriamo il polinomio

$$P(x) = \frac{x^n (a - bx)^n}{n!},$$

dove n è un numero naturale che sceglieremo opportunamente, e sia

$$Q(x) = P(x) - P''(x) + P^{(4)}(x) - \cdots + (-1)^n P^{(2n)}(x).$$

2. Il polinomio P e tutte le sue derivate fino all'ordine $n-1$ sono nulle nel punto $x=0$, mentre le derivate di ordine da n a $2n$ assumono valori interi.
3. Le conclusioni del punto precedente valgono anche nel punto $x = \pi = a/b$, grazie all'identità $P(x) = P\left(\frac{a}{b} - x\right)$.
4. $Q(0)$ e $Q(\pi)$ sono numeri interi.
5. Le derivate di P di ordine superiore a $2n$ sono identicamente nulle, e pertanto $Q''(x) = P(x) - Q(x)$. Inoltre

$$D\big(Q'(x)\sin x - Q(x)\cos x\big) = Q''(x)\sin x + Q(x)\sin x = P(x)\sin x.$$

6. Vale l'uguaglianza

$$\int_0^\pi P(x)\sin x \,\mathrm{d}x = Q(\pi) + Q(0).$$

7. La funzione P raggiunge un massimo nel punto $x = \frac{a}{2b} = \frac{\pi}{2}$, e se $0 < x < \pi$ allora

$$0 < P(x)\sin x < \frac{\pi^n a^n}{4^n n!}.$$

In particolare,

$$0 < \int_0^\pi P(x)\sin x \,\mathrm{d}x < \frac{\pi^{n+1} a^n}{4^n n!}.$$

8. Se n è sufficientemente grande, risulta $0 < \int_0^\pi P(x)\sin x \,\mathrm{d}x < 1$, e questo contraddice il fatto che l'integrale $\int_0^\pi P(x)\sin x \,\mathrm{d}x$ sia un numero intero.
9. Necessariamente π è un numero irrazionale. Questa dimostrazione è attribuita a Ivan Niven.

13.2   Se f è una funzione decrescente e di classe C^1, e se $\lim_{x\to+\infty} f(x) = 0$, allora l'integrale improprio

$$\int_0^{+\infty} f(x)\sin x \,\mathrm{d}x$$

è convergente.

13.3

1. Per ogni n naturale risulta

$$\int_0^{+\infty} x^n e^{-x} \,\mathrm{d}x = n!$$

2. Vale l'uguaglianza

$$n! = \int_{-n}^{+\infty} (x+n)^n e^{-x-n} \, dx$$
$$= \int_{-n}^{0} (x+n)^n e^{-x-n} \, dx + \int_{0}^{+\infty} (x+n)^n e^{-x-n} \, dx.$$

In particolare,

$$n! = n^n e^{-n} \left(\int_{-n}^{0} \left(1+\frac{x}{n}\right)^n e^{-x} \, dx + \int_{0}^{+\infty} \left(1+\frac{x}{n}\right)^n e^{-x} \, dx \right)$$

3. Poniamo

$$t = -\sqrt{x - n\log\left(1+\frac{x}{n}\right)}$$

nel primo integrale del punto precedente, e

$$t = \sqrt{x - n\log\left(1+\frac{x}{n}\right)}$$

nel secondo integrale. Per il Teorema di Taylor con resto di Lagrange, esiste un punto ξ compreso tra 0 e x/n (e dunque esiste ϑ compreso tra 0 e 1 tale che $\xi = \vartheta \frac{x}{n}$) tale che

$$\log\left(1+\frac{x}{n}\right) = \frac{x}{n} - \frac{x^2}{2n^2}\frac{1}{(1+\xi)^2} = \frac{x}{n} - \frac{x^2}{2n^2}\frac{1}{\left(1+\vartheta\frac{x}{n}\right)^2}$$

4. Dedurre che

$$t^2 = \frac{x^2}{2n^2}\frac{1}{\left(1+\vartheta\frac{x}{n}\right)^2},$$

e dunque

$$\frac{1}{x} = \frac{1}{t\sqrt{2n}} - \frac{\vartheta}{n}.$$

5. Per la formula di cambiamento di variabile nell'integrale,

$$n! = n^n e^{-n} \sqrt{2n} \left(\int_{-\infty}^{+\infty} e^{-t^2} \, dt + \frac{1}{\sqrt{2n}} \int_{-\infty}^{+\infty} (1-\vartheta) 2t e^{-t^2} \, dt \right).$$

6. Accettando il fatto che $\int_{-\infty}^{+\infty} e^{-t^2}\, \mathrm{d}t = \pi$, osserviamo che

$$\int_{-\infty}^{+\infty} (1 - \vartheta)2t e^{-t^2}\, \mathrm{d}t = \int_{-\infty}^{0} \int_{-\infty}^{+\infty} (1 - \vartheta)2t e^{-t^2}\, \mathrm{d}t$$
$$+ \int_{0}^{+\infty} \int_{-\infty}^{+\infty} (1 - \vartheta)2t e^{-t^2}\, \mathrm{d}t.$$

Il primo integrale è negativo, il secondo è positivo, ed entrambi sono maggiorati in valore assoluto da

$$\int_{0}^{+\infty} 2t e^{-t^2}\, \mathrm{d}t = 1.$$

7. In conclusione,

$$n! = n^n e^{-n}\left(\sqrt{2\pi n} + \alpha_n\right),$$

dove $|\alpha_n| < 1$. In particolare,

$$\lim_{n \to +\infty} \frac{n!}{n^n e^{-n} \sqrt{2\pi n}} = 1. \tag{13.4}$$

La formula (13.4) è la formula di Stirling.

13.4 Sia $\{a_n\}_n$ una successione decrescente di numeri reali non negativi. Supponiamo che esista una funzione continua e decrescente $\phi \geq 0$ tale che $a_n = \phi(n)$ per ogni n naturale.

1. Valgono le disuguaglianze

$$\phi(1) \geq \int_{1}^{2} \phi(x)\, \mathrm{d}x \geq \phi(2)$$
$$\phi(2) \geq \int_{2}^{3} \phi(x)\, \mathrm{d}x \geq \phi(3)$$
$$\vdots$$
$$\phi(n-1) \geq \int_{n-1}^{n} \phi(x)\, \mathrm{d}x \geq \phi(n).$$

2. Quindi

$$\phi(1) + \phi(2) + \cdots + \phi(n-1) \geq \int_{1}^{n} \phi(x)\, \mathrm{d}x \geq \phi(2) + \phi(3) + \cdots + \phi(n). \tag{13.5}$$

3. Posto $\Phi(x) = \int_1^x \phi(t)\,\mathrm{d}t$, per la monotonia e la positività di ϕ possiamo affermare che (i) $\Phi(x) \to \ell \in \mathbf{R}$ per $x \to +\infty$, oppure (ii) $\Phi(x) \to +\infty$ per $x \to +\infty$.

4. Nel caso (i), le somme $\sum_{k=1}^n a_k = \sum_{k=1}^n \phi(k) \le \ell$ per ogni n naturale, e dunque la serie $\sum_{n=1}^{+\infty} a_n$ è convergente. Nel caso (ii) deduciamo da

$$\phi(1) + \phi(2) + \cdots + \phi(n-1) \ge \Phi(n)$$

che $\sum_{n=1}^{+\infty} a_n$ è divergente. Questo è il criterio dell'integrale improprio per le serie a termini positivi. La dimostrazione precedente è ispirata a [12].

5. Definiamo, per ogni n naturale,

$$E_n = \sum_{k=1}^n \phi(n) - \int_1^n \phi(x)\,\mathrm{d}x.$$

Dedurre da (13.5) che

$$0 \le E_n \le \phi(1).$$

6. Osservando che

$$E_{n+1} - E_n = \phi(n+1) - \int_n^{n+1} \phi(x)\,\mathrm{d}x \le 0,$$

dedurre che la successione $\{E_n\}_m$ è monotona decrescente, e dunque converge ad un limite positivo.

7. Scegliendo $\phi: x \mapsto 1/x$ per ogni $x > 0$, deduciamo che

$$\gamma = \lim_{n \to +\infty} \left(\sum_{k=1}^n \frac{1}{k} - \int_1^n \frac{\mathrm{d}x}{x} \right)$$

esiste finito, ed anzi $0 < \gamma \le 1$. La costante γ è la costante di Eulero-Mascheroni. . Non è noto se γ sia razionale o irrazionale.

13.5 Per ogni funzione integrabile $f: [a,b] \to \mathbf{R}$ sono definiti il momento

$$M = \int_a^b x f(x)\,\mathrm{d}x$$

e il baricentro

$$b = \frac{\int_a^b x f(x)\,\mathrm{d}x}{\int_a^b f(x)\,\mathrm{d}x}.$$

13.6   Siano $0 < a < b$ e $f(x) = 1/x^2$ per ogni $x > 0$. Per ogni partizione $\{x_0, x_1, \ldots, x_n\}$ di $[a, b]$, si utilizzi la tecnica dell'Esempio 13.1 per calcolare $\int_a^b f$ come

$$\lim_{n \to +\infty} \sum_{k=1}^{n} (x_k - x_{k-1}) f(\xi_k),$$

essendo $\xi_k = \sqrt{x_k x_{k-1}}$ per ogni k.

Capitolo 14
Il polinomio di Taylor

Estratto La collocazione di questo capitolo può apparire inconsueta a molti docenti di Analisi Matematica. La teoria dell'approssimazione di Taylor nell'intorno di un punto è tipicamente considerata come la parte conclusiva del Calcolo Differenziale. Tra i motivi per i quali abbiamo pensato di attendere fin qui è che l'integrazione secondo Riemann è uno strumento utile per esprimere il resto nella cosiddetta forma integrale, senza dover spezzare la discussione in un *prima* e in un *dopo* l'insegnamento del Calcolo Integrale.

14.1 Linearizzazione di ordine superiore

Il titolo di questa sezione è volutamente paradossale e *incoerente*: sappiamo già che la linearizzazione di una funzione (nell'intorno di un punto) equivale alla differenziazione, e la derivata individua univocamente la *migliore* approssimazione locale di grado uno, cioè la migliore linearizzazione. È tuttavia comodo pensare all'approssimazione polinomiale (secondo Taylor) come una *estensione* del concetto stesso di linearizzazione, secondo lo schema che ci accingiamo a presentare.

Sia f una funzione (a valori reali) definita in un intorno U del punto x_0. La derivabilità di f in x_0 è equivalente all'esistenza di un numero reale $f'(x_0)$ tale che

$$f(x) = f(x_0) + f'(x_0)(x - x_0) + o(x - x_0) \qquad (14.1)$$

per $x \to x_0$. Se definiamo il polinomio

$$p_1(x) = f(x_0) + f'(x_0)(x - x_0),$$

possiamo parafrasare la relazione (14.1) nel modo seguente: la funzione f è somma di un polinomio di primo grado p_1 e di un *resto*

$$R_1(x, x_0) = f(x) - p_1(x)$$

tale che

$$\lim_{x \to x_0} \frac{R_1(x, x_0)}{|x - x_0|} = 0.$$

Ma quali proprietà *caratterizzano* il polinomio p_1? Come visto, le due condizioni che lo individuano univocamente sono

$$p_1(x_0) = f(x_0), \quad p_1'(x_0) = f'(x_0).$$

Se ci prefiggiamo l'obiettivo di generalizzare questa costruzione per determinare — se possibile — polinomi p_n di grado $n > 1$ con proprietà analoghe a (14.1), sarà conveniente supporre che f sia derivabile un certo numero di volte nel punto x_0.

Vogliamo costruire un polinomio di grado (al più) $n - 1$, p_{n-1}, che soddisfi le condizioni

$$
\begin{aligned}
p_{n-1}(x_0) &= f(x_0) \\
p_{n-1}'(x_0) &= f'(x_0) \\
p_{n-1}''(x_0) &= f''(x_0) \\
&\;\;\vdots \\
p_{n-1}^{(n-1)}(x_0) &= f^{(n-1)}(x_0).
\end{aligned}
\tag{14.2}
$$

Poiché il polinomio p_{n-1} può essere scritto nella forma

$$p_{n-1}(x) = a_0 + a_1(x - x_0) + a_2(x - x_0)^2 + \cdots + a_{n-1}(x - x_0)^{n-1},$$

è immediato convincersi che le condizioni (14.2) determinano univocamente i coefficienti a_k, $k = 0, \ldots, n - 1$ attraverso la formula

$$k!\, a_k = f^{(k)}(x_0).$$

Pertanto

$$p_{n-1}(x) = \sum_{k=0}^{n-1} \frac{f^{(k)}(x_0)}{k!}(x - x_0)^k,$$

e in particolare $p_{n-1}^{(n-1)}(x) = f^{(n-1)}(x)$ per ogni $x \in U$. Possiamo a questo punto raccogliere le considerazioni precedenti in un enunciato rigoroso.

Teorema 14.1 (Approssimazione di Taylor con il resto di Peano) *Sia f una funzione derivabile $n - 1$ volte nell'intervallo $[x_0, x_0 + a]$ e avente derivata n-esima nel punto x_0. Allora vale la formula asintotica*

$$f(x) = f(x_0) + f'(x_0)(x - x_0) + \frac{f''(x_0)}{2!}(x - x_0)^2 + \cdots$$

$$+ \frac{f^{(n-1)}(x_0)}{(n-1)!}(x - x_0)^{n-1} + o(|x - x_0|^n)$$

per $x \to x_0$.

Dimostrazione   Definiamo la funzione

$$x \mapsto \frac{f(x) - p_{n-1}(x)}{(x - x_0)^n}, \tag{14.3}$$

ovviamente definita per $x \neq x_0$. Per il Teorema di De l'Hôpital, le cui ipotesi sono qui soddisfatte, risulta

$$\lim_{x \to x_0} \frac{f(x) - p_{n-1}(x)}{(x - x_0)^n} = \lim_{x \to x_0} \frac{f'(x) - p'_{n-1}(x)}{n(x - x_0)^{n-1}},$$

purché quest'ultimo limite esista. Ricordando la definizione del polinomio p_{n-1}, e in particolare ricordando le condizioni (14.2), possiamo applicare ripetutamente il Teorema di De l'Hôpital e concludere che

$$\lim_{x \to x_0} \frac{f(x) - p_{n-1}(x)}{(x - x_0)^n} = \lim_{x \to x_0} \frac{f^{(n-1)}(x) - p_{n-1}^{(n-1)}(x)}{n!(x - x_0)},$$

purché quest'ultimo limite esista. Ora, per definizione di derivata,

$$\lim_{x \to x_0} \frac{f^{(n-1)}(x) - p_{n-1}^{(n-1)}(x)}{n!(x - x_0)} = \frac{f^{(n)}(x_0)}{n!},$$

sicché

$$\frac{f(x) - p_{n-1}(x)}{(x - x_0)^n} = \frac{f^{(n)}(x_0) + o(1)}{n!}$$

per $x \to x_0$, cioè la tesi. $\square$

Osservazione 14.1   Il Teorema 14.1 si estende con ovvie modifiche al caso di una funzione f definita in un intorno sinistro di x_0, e in conclusione ad una funzione definita in un intorno qualunque del punto x_0.

L'approssimazione di f mediante un polinomio p_{n-1} descritta nel Teorema 14.1 ha natura intrinsecamente *locale*, e descrive l'errore di approssimazione unicamente in termini asintotici. Può essere utile, in determinati contesti, avere una rappresentazione più *quantitativa* dell'errore.

Teorema 14.2 (Approssimazione polinomiale con resto di Lagrange)   *Sia f una funzione definita in un intervallo $[x_0, x_0 + a]$, derivabile $n - 1$ volte in tale intervallo, e dotata di derivata n-esima in $(x_0, x_0 + a)$. Per ogni $x \in (x_0, x_0 + a)$ esiste un punto $\xi \in (x_0, x)$ tale che*

$$f(x) = f(x_0) + f'(x_0)(x - x_0) + \frac{f''(x_0)}{2!}(x - x_0)^2 + \cdots$$
$$+ \frac{f^{(n-1)}(x_0)}{(n-1)!}(x - x_0)^{n-1} + \frac{f^{(n)}(\xi)}{n!}(x - x_0)^n.$$

Dimostrazione   Torniamo a considerare la funzione definita in (14.1). Applichiamo il Teorema del Valor Medio di Cauchy alla coppia di funzioni

$$f(x) - p_{n-1}(x), \quad (x - x_0)^n,$$

ottenendo l'esistenza di un punto $\xi_1 \in (x_0, x)$ tale che

$$\frac{f(x) - p_{n-1}(x)}{(x - x_0)^n} = \frac{f'(\xi_1) - p'_{n-1}(\xi_1)}{n(\xi_1 - x_0)^{n-1}}.$$

Per $n > 1$ possiamo applicare nuovamente il suddetto Teorema di Cauchy al secondo membro dell'ultima uguaglianza, ottenendo l'esistenza di $\xi_2 \in (x_0, \xi_1)$ tale che

$$\frac{f(x) - p_{n-1}(x)}{(x - x_0)^n} = \frac{f''(\xi_2) - p''_{n-1}(\xi_2)}{n(n - 1)(\xi_2 - x_0)^{n-2}}.$$

Questo ragionamento può essere iterato n volte, fino ad ottenere un punto $\xi_n \in (x_0, \xi_{n-1})$ tale che

$$\frac{f(x) - p_{n-1}(x)}{(x - x_0)^n} = \frac{f^{(n)}(\xi_n)}{n!}.$$

A questo punto la tesi segue ripercorrendo a ritroso i calcoli precedenti, e ponendo $\xi = \xi_n$. $\qquad\qquad\qquad\qquad\qquad\qquad\qquad\qquad\qquad\qquad\qquad\qquad\qquad$ □

Ça va sans dire che questo enunciato vale per una funzione definita in un intorno sinistro di x_0, e in particolare per una funzione definita in un intorno qualunque di x_0.

Definizione 14.1   Siano n un numero naturale e f una funzione derivabile n volte nel punto x_0. Il polinomio

$$p_{n-1}(x) = \sum_{k=0}^{n} \frac{f^{(n)}(x_0)}{n!} (x - x_0)^n$$

è detto polinomio di Taylor di grado (al più) n della funzione f nel punto x_0.

Osservazione 14.2   È consuetudine pedagogica, soprattutto nell'insegnamento pre-universitario, attribuire una rilevanza particolare al caso $x_0 = 0$. Il polinomio di Taylor

$$p_n(x) = \sum_{k=0}^{n} \frac{f^{(n)}(0)}{n!} x^n$$

è detto polinomio di MacLaurin. Inutile specificare che la scelta di un valore numerico particolare per x_0 non ha alcuna rilevanza teorica, e preferiamo parlare sempre di polinomio di Taylor.

14.2 Esempi importanti

La funzione esponenziale

$$\exp: x \in \mathbf{R} \mapsto e^x$$

ha la nota proprietà di essere invariante per derivazione:

$$\exp^{(n)}(x) = \exp(x)$$

per ogni $x \in \mathbf{R}$ e ogni naturale n. Pertanto il suo polinomio di Taylor centrato in x_0 sarà

$$\sum_{k=0}^{n} \frac{e^{x_0}}{n!}(x - x_0)^n,$$

Ponendo $x_0 = 0$, per ogni $x \in \mathbf{R}$ esiste ξ compreso tra 0 e x tale che

$$e^x = 1 + x + \frac{x^2}{2!} + \frac{x^3}{3!} + \cdots + \frac{x^{n-1}}{(n-1)!} + \frac{e^{\xi}}{n!}x^n.$$

In particolare,

$$e = 1 + 1 + \frac{1}{2!} + \frac{1}{3!} + \cdots + \frac{1}{(n-1)!} + \frac{e^{\xi}}{n!}$$

per qualche $0 < \xi < 1$.

Teorema 14.3 *Il numero di Nepero e è irrazionale.*

Dimostrazione Supponiamo, al contrario, che esistano due interi positivi p e q tali che $e = p/q$. Scelto un numero intero $n \geq 1 + q$ otteniamo

$$\frac{p}{q}(n-1)! = \left(1 + \frac{1}{1!} + \frac{1}{2!} + \cdots + \frac{1}{(n-1)!}\right)(n-1)! + \frac{e^{\xi}}{n}.$$

Ora, il primo membro di questa uguaglianza è un numero intero, e anche il primo addendo a secondo membro lo è. Inoltre

$$\frac{p}{q}(n-1)! - \left(1 + \frac{1}{1!} + \frac{1}{2!} + \cdots + \frac{1}{(n-1)!}\right)(n-1)! = \frac{e^{\xi}}{n} > 0.$$

Ricordando che $e < 3$, vediamo che $e^{\xi}/n < 3/n$. Se scegliamo un numero naturale $n \geq 3$ tale che $n > q + 1$, deduciamo che il numero intero

$$\frac{p}{q}(n-1)! - \left(1 + \frac{1}{1!} + \frac{1}{2!} + \cdots + \frac{1}{(n-1)!}\right)(n-1)!$$

deve appartenere all'intervallo $(0, 1)$, il che è palesemente assurdo. Questo completa la dimostrazione. $\qquad\square$

Esempio 14.1 La funzione $f \colon \mathbf{R} \to \mathbf{R}$ definita da

$$
f(x) = \begin{cases} \exp\!\left(-\frac{1}{x^2}\right) & \text{se } x \neq 0 \\ 0 & \text{se } x = 0 \end{cases}
$$

è di classe C^∞. Il suo polinomio di Taylor centrato in $x_0 = 0$, di qualsiasi grado, è il polinomio nullo. Infatti si verifica agevolmente per induzione che, per ogni n naturale, esiste un polinomio q_n di grado al più $2n - 2$ tale che

$$
f^{(n)}(x) = \frac{q_n(x)}{x^{3n}} \exp\!\left(-\frac{1}{x^2}\right).
$$

Passando al limite per $x \to 0$ mediante il Teorema di De l'Hôpital si ottiene subito che

$$
f^{(n)}(0) = 0 \quad \text{per ogni } n \in \mathbf{N}.
$$

Per le funzioni goniometriche sussistono i seguenti sviluppi di Taylor (sempre centrati in $x_0 = 0$):

$$
\sin x = x - \frac{x^3}{3!} + \frac{x^5}{5!} + \cdots + (-1)^n \frac{x^{2n+1}}{(2n+1)!} \cos(\theta x)
$$

$$
\cos x = 1 - \frac{x^2}{2!} + \frac{x^4}{4!} + \cdots + (-1)^n \frac{x^{2n}}{(2n)!} \cos(\theta x),
$$

dove θ è compreso tra 0 e x. Non è casuale che la funzione dispari seno abbia polinomi di Taylor contenenti solo potenze dispari, e che la funzione pari coseno abbia polinomi di Taylor contenenti solo potenze pari.

Per comodità del lettore riportiamo di seguito alcuni sviluppi di Taylor, tutti di fondamentale importanza.

$$
e^x = 1 + x + \frac{x^2}{2!} + \frac{x^3}{3!} + \cdots + \frac{x^n}{n!} + o(x^n)
$$

$$
\log(1 + x) = x - \frac{x^2}{2} + \frac{x^3}{3} - \cdots + (-1)^n \frac{x^{n+1}}{n+1} + o(x^{n+1})
$$

$$
\sin x = x - \frac{x^3}{3!} + \frac{x^5}{5!} - \cdots + (-1)^n \frac{x^{2n+1}}{(2n+1)!} + o(x^{2n+2})
$$

$$
\cos x = 1 - \frac{x^2}{2!} + \frac{x^4}{4!} - \cdots + (-1)^n \frac{x^{2n}}{(2n)!} + o(x^{2n+1})
$$

$$
\tan x = x + \frac{x^3}{3} + \frac{2x^5}{15} + o(x^6)
$$

$$
\arcsin x = x + \frac{x^3}{2 \cdot 3} + \frac{1 \cdot 3 x^5}{2 \cdot 4 \cdot 5} + \cdots + \frac{(2n-1)!!}{(2n)!!(2n+1)} x^{2n+1} + o(x^{2n+2})
$$

$$
\arccos x = \frac{\pi}{2} - x - \frac{x^3}{2 \cdot 3} - \frac{1 \cdot 3 x^5}{2 \cdot 4 \cdot 5} - \cdots - \frac{(2n-1)!!}{(2n)!!(2n+1)} x^{2n+1} + o(x^{2n+2})
$$

$$
\arctan x = x - \frac{x^3}{3} + \frac{x^5}{5} - \cdots + (-1)^n \frac{x^{2n+1}}{2n+1} + o(x^{2n+2})
$$

$$\sinh x = x + \frac{x^3}{3!} + \frac{x^5}{5!} + \cdots + \frac{x^{2n+1}}{(2n+1)!} + o(x^{2n+2})$$

$$\cosh x = 1 + \frac{x^2}{2!} + \frac{x^4}{4!} + \cdots + \frac{x^{2n}}{(2n)!} + o(x^{2n+1})$$

$$\tanh x = x - \frac{x^3}{3} + \frac{2x^5}{15} + o(x^6)$$

$$\tanh^{-1} x = x + \frac{x^3}{3} + \frac{x^5}{5} + \cdots + \frac{x^{2n+1}}{2n+1} + o(x^{2n+2}),$$

dove

$$n! = n(n-1)(n-2)\cdots 3 \cdot 2 \cdot 1$$

$$(2n)!! = 2n \cdot (2n-2) \cdot (2n-4) \cdots 4 \cdot 2$$

$$(2n+1)!! = (2n+1)(2n-1)(2n-3)\cdots 3 \cdot 1$$

Esempio 14.2   Come applicazione della teoria appena introdotta, mostriamo una possibile risoluzione del primo punto del Problema 7.14. Ricordiamo che l'affermazione da dimostrare è

$$\frac{x^2}{4} \le x - \log(1+x) \le \begin{cases} \frac{x^2}{2} & \text{se } 0 < x < 1 \\ \frac{x^2}{2(1+x)} & \text{se } -1 < x \le 0. \end{cases}$$

Fissato $0 < x < 1$, esiste $0 < \theta < x$ tale che

$$x - \log(1+x) = \frac{x^2}{2} - \frac{\theta^3}{3} \le \frac{x^2}{2}.$$

Sia ora $-1 < x \le 0$. Esiste $-1 < \theta < x$ tale che

$$x - \log(1+x) - \frac{x^2}{2(1+x)} = \left(\frac{1}{2} - \frac{1}{3}\right)x^3 + \left(\frac{1}{4} - \frac{1}{2}\right)\theta^4 \le 0.$$

Abbiamo così verificato le disuguaglianza a destra. La disuguaglianza a sinistra è meno immediata, e l'uso del polinomio di Taylor non fornisce la disuguaglianza desiderata. Infatti, procedendo come sopra,

$$x - \log(1+x) = \frac{x^2}{2} - \frac{x^3}{3} + \frac{\theta^4}{4}$$

per qualche θ compreso tra 0 e x. Poiché $|x| < 1$, si ha $x^3 < x^2$, sicché

$$x - \log(1+x) = \frac{x^2}{2} - \frac{x^3}{3} + \frac{\theta^4}{4} \ge \left(\frac{1}{2} - \frac{1}{3}\right)x^2 + \frac{\theta^4}{4} \ge \frac{x^2}{6}.$$

A questo punto non sembra possibile sostituire il denominatore 6 con il denominatore più piccolo 4. Un approccio più efficace, basato però sul calcolo integrale elementare, è il seguente. Consideriamo la funzione ausiliaria (definita per $t \in (-1, 1)$)

$$\varphi(t) = t - \frac{1}{1+t} - \frac{t}{2}.$$

Qualche semplificazione algebrica conduce all'espressione

$$\varphi(t) = \frac{t(1-t)}{2(1+t)}.$$

Quindi $\varphi(t) \geq 0$ per ogni $t \in (0, 1)$, mentre $\varphi(t) \leq 0$ per ogni $t \in (-1, 0)$. Le proprietà di monotonia dell'integrale di Riemann mostrano ora che $\int_0^x \varphi(t)\,dt \geq 0$ per ogni $x \in (-1, 1)$, cioè

$$\int_0^x \left(1 - \frac{1}{1+t}\right) dt \geq \int_0^x \frac{t}{2}\,dt.$$

Se osserviamo che

$$1 = \frac{d}{dt}t$$

$$\frac{1}{1+t} = \frac{d}{dt}\log(1+t)$$

$$\frac{t}{2} = \frac{d}{dt}\frac{t^2}{4},$$

il Teorema Fondamentale del Calcolo porge infine

$$x - \log(1 + x) \geq \frac{x^2}{4} \quad \text{per ogni } x \in (-1, 1).$$

14.3 Resto in forma integrale

L'errore di approssimazione legato al polinomio di Taylor può essere rappresentato anche in forma integrale.

Teorema 14.4 *Sia f una funzione reale, derivabile fino all'ordine n nell'intervallo $[x_0, x_0 + a]$, con derivate continue. Allora*

$$f(x) = f(x_0) + \frac{1}{1!}f'(x_0)(x - x_0) + \frac{1}{2!}f''(x_0)(x - x_0)^2 + \cdots$$

$$+ \frac{1}{(n-1)!}f^{(n-1)}(x_0)(x - x_0)^{n-1} + \frac{1}{(n-1)!}\int_{x_0}^x (x - t)^{n-1}f^{(n)}(t)\,dt.$$

Dimostrazione   Seguiamo il suggerimento di [18]. Partiamo dall'uguaglianza

$$f(x) - f(x_0) = \int_{x_0}^{x} f'(t)\,dt,$$

cioè dal Teorema Fondamentale del Calcolo. Un'integrazione per parti mostra che

$$\int_{x_0}^{x} f'(t)\,dt = f'(x_0)(x - x_0) - \int_{x_0}^{x} (t - x)f''(t)\,dt.$$

A questo punto possiamo applicare la stessa idea all'ultimo integrale, ottenendo la formula ricorsiva

$$\frac{1}{k!} \int_{x_0}^{x} (x - t)^k f^{(k+1)}(t)\,dt = -\frac{1}{k!}(x - x_0)^k f^{(k)}(x_0)$$
$$+ \frac{1}{(k - 1)!} \int_{x_0}^{x} (x - t)^{k-1} f^{(k)}(t)\,dt,$$

Iterando fino a $k = n$ si ottiene la tesi. $\square$

14.4 Problemi

14.1   Per ogni $x \in \mathbf{R}$, sia $f(x) = x^2 e^{-x^2}$. Posto $c_n = f^{(n)}(0)$ per ogni n naturale, vale la relazione

$$(n - 2)c_n = -2n(n - 1)c_{n-2} \quad \text{per ogni } n > 2.$$

14.2   Se $0 < |x| < 1$, allora

$$\left| 1 - \frac{\sin x}{x} \right| < \frac{x^2}{1 - x^2}.$$

Suggerimento: utilizzare il polinomio di Taylor con resto di Lagrange.

14.3   Ricordiamo che la costante di Eulero-Mascheroni è definita da

$$\gamma = \lim_{n \to +\infty} \left(\frac{1}{2} + \frac{1}{3} + \cdots + \frac{1}{n} - \log n \right).$$

Introduciamo le funzioni f e g, definite in $[1, +\infty)$ dalle formule

$$f(x) = \frac{1}{x}, \qquad g(x) = \frac{1}{[x]},$$

dove $[x]$ denota la parte intera del numero $x \geq 1$. Poiché $f(x) \leq g(x)$ per ogni $x \geq 1$, la monotonia dell'integrale garantisce che

$$\int_1^n f(x)\,dx \leq \int_1^n g(x)\,dx,$$

cioè

$$\log n \leq \sum_{k=1}^{n-1} \frac{1}{k} < \sum_{k=1}^{n} \frac{1}{k}.$$

1. Sia

$$S_n = \sum_{k=1}^{n} \frac{1}{k} - \log(n+1).$$

Allora

$$\lim_{n \to +\infty} S_n = \sum_{k=1}^{\infty} D_k,$$

dove

$$D_k = \int_k^{k+1} (g(x) - f(x))\,dx = \frac{1}{k} - \log(k+1) + \log k > 0.$$

2. Risulta $\gamma \geq \sum_{k=1}^{\infty} D_k$, ed in particolare $\gamma > 0$.

14.4 Determinare il massimo valore della costante positiva K tale che $K \log x \leq \sqrt{x}$ per ogni $x > 0$.

14.5 Determinare il minimo numero positivo K tale che

$$\left| x^2 e^{-x} - y^2 e^{-y} \right| \leq L|x - y|$$

per ogni $x, y \in [0, 3]$.

14.6 Sia g una funzione di classe C^1 su $[0, 1]$. Se $g(0) = 0$ e se $|g'(x)| \leq g(x)$ per ogni $x \in [0, 1]$, allora g è identicamente nulla.

14.7 Sia $f \in C^2([a, b])$ e sia

$$S(h) = \frac{f(x+h) - f(x-h)}{2h}.$$

Allora $S(h) - f'(x) = O(h)$ per $h \to 0$.

14.8 Determinare il massimo intero positivo k per il quale

$$\log(e^x + x) - \log(e^x - x) = O(x^k) \quad \text{per } x \to 0.$$

14.9 Definiamo, per una funzione reale di variabile reale f, le differenze finite

$$\Delta f(x, h) = f(x + h) - f(x)$$
$$\Delta^2 f(x, h) = \Delta(\Delta f(x, h)) = f(x + 2h) - 2f(x + h) + f(x)$$
$$\vdots$$
$$\Delta^n f(x, h) = \Delta(\Delta^{n-1} f(x, h)) = \sum_{k=0}^{n} (-1)^{n-k} \binom{n}{k} f(x + kh).$$

1. Se f è di classe C^n in $[a, b]$, se $x_0 \in (a, b)$ e se h è tale che $x_0 + nh \in (a, b)$, allora esiste $\xi \in (x_0, x_0 + h)$ tale che $\Delta f(x_0, h) = hf'(\xi)$.
2. Esiste ξ_n tale che $\Delta^n f(x_0, h) = h^n f^{(n)}(\xi_n)$.
3. Vale la relazione

$$f^{(n)}(x_0) = \lim_{h \to 0} \frac{\Delta^n f(x_0, h)}{h^n}.$$

14.10 Siano f, g due funzioni, e indichiamo con P_n, Q_n i rispettivi polinomi di Taylor (centrati in un punto x_0) di ordine n.

1. La funzione prodotto $x \mapsto f(x)g(x)$ possiede polinomio di Taylor R_n centrato in x_0.
2. Per $x \to x_0$ risulta

$$f(x)g(x) - P_n(x)Q_n(x) = o((x - x_0)^n).$$

Può essere utile scrivere il primo membro nella forma $f(x)(g(x) - Q_n(x)) + Q_n(x)(f(x) - P_n(x))$.
3. Vale la relazione

$$P_n(x)Q_n(x) = R_n(x) + o((x - x_0)^n)$$

per $x \to x_0$.

Questo esercizio può essere di aiuto per scrivere il polinomio di Taylor di un prodotto.

14.11 Qual è l'ordine di infinitesimo della funzione

$$x \mapsto (1 + x)^{1/x} - e$$

per $x \to 0$?

Capitolo 15
Il calcolo delle primitive

Estratto Questo capitolo è dedicato alla presentazione delle regole del cosiddetto calcolo integrale indefinito, cioè alle tecniche per la determinazione delle funzioni primitive di una funzione assegnata.

15.1 Primitive immediate

Cominciamo subito con un'affermazione drastica ma onesta: non esiste una formula magica per calcolare le primitive di qualunque funzione elementare assegnata. Un celebre teorema di Liouville afferma ad esempio che l'integrale indefinito $\int e^{-x^2}\,dx$ non è esprimibile in termini di funzioni elementari.[1]

La tabella 15.1 raccoglie alcune primitive che dovrebbero essere ricordate a memoria. La teoria dell'integrazione indefinita — ammesso che di teoria si possa parlare — consiste nell'avere una buona memoria e nell'imparare ad applicare le uniche due regole di integrazione disponibili.

Osservazione 15.1 Il concetto stesso di primitiva immediata è del tutto infondata: qualunque primitiva è immediata, dopo averla calcolata. Inevitabilmente, è impossibile pretendere di raccogliere in una tabella *tutte* le primitive immediate.

15.2 Integrazione per parti

Teorema 15.1 *Siano f e g due funzioni definite in un intervallo $[a, b]$, e siano F, G primitive di f e g, rispettivamente. Vale la relazione*

$$\int Fg = FG - \int fG,$$

---

[1] Si veda ad esempio M. Rosenlicht. *Integration in finite terms.* The American Mathematical Monthly, Vol. **79**, No. 9. (Nov., 1972), pp. 963-972

S. Secchi, *Analisi Matematica*, La Matematica per il 3+2,
https://doi.org/10.1007/978-3-032-20804-0_15

Tabella 15.1 Primitive immediate

Funzione	Integrale
x^a	$\displaystyle\int x^a \, dx = \frac{x^{a+1}}{a+1} + C \quad (a \neq -1)$
$\dfrac{1}{x}$	$\displaystyle\int \frac{1}{x} \, dx = \ln|x| + C$
e^x	$\displaystyle\int e^x \, dx = e^x + C$
a^x	$\displaystyle\int a^x \, dx = \frac{a^x}{\ln a} + C \quad (a > 0,\ a \neq 1)$
$\sin x$	$\displaystyle\int \sin x \, dx = -\cos x + C$
$\cos x$	$\displaystyle\int \cos x \, dx = \sin x + C$
$\sec^2 x$	$\displaystyle\int \sec^2 x \, dx = \tan x + C$
$\csc^2 x$	$\displaystyle\int \csc^2 x \, dx = -\cot x + C$
$\sec x \tan x$	$\displaystyle\int \sec x \tan x \, dx = \sec x + C$
$\csc x \cot x$	$\displaystyle\int \csc x \cot x \, dx = -\csc x + C$
$\dfrac{1}{\sqrt{1-x^2}}$	$\displaystyle\int \frac{1}{\sqrt{1-x^2}} \, dx = \arcsin x + C$
$\dfrac{1}{1+x^2}$	$\displaystyle\int \frac{1}{1+x^2} \, dx = \arctan x + C$

più leggibile nella forma

$$\int F(x)g(x)\,dx = F(x)G(x) - \int f(x)G(x)\,dx.$$

Dimostrazione   Segue direttamente dalla formula di derivazione

$$D(FG) = F'G + FG' = fG + Fg.$$

Pertanto il prodotto FG è primitiva di $fG + Fg$, come volevasi dimostrare. $\square$

Una formulazione analoga sussiste per l'integrale di Riemann.

Teorema 15.2   *Siano f e g due funzioni continue in un intervallo $[a,b]$, e siano F, G primitive di f e g, rispettivamente. Vale la relazione*

$$\int_a^b F(x)g(x)\,dx = F(b)G(b) - F(a)G(a) - \int_a^b f(x)G(x)\,dx.$$

Dimostrazione   Si applica il Teorema 15.1 insieme al Teorema Fondamentale del Calcolo. $\square$

15.3 Integrazione per sostituzione

Teorema 15.3 *Sia $\phi\colon [\alpha, \beta] \to [a, b]$ un diffeomorfismo. Se F è una primitiva di f in $[a, b]$, allora $F \circ \phi$ è una primitiva di $(f \circ \phi)\phi'$ in $[\alpha, \beta]$. In particolare,*

$$F = \left(\int (f \circ \phi)\phi' \right) \circ \phi^{-1}.$$

Dimostrazione La tesi è una conseguenza diretta della regola di derivazione delle funzioni composte:

$$D(F \circ \phi) = (f \circ \phi)\phi'$$

Quindi $F \circ \phi$ è una primitiva della funzione $(f \circ \phi)\phi'$. Infine, se $\Psi \in \mathsf{D}^{-1}((f \circ \phi)\phi')$, allora $F = \Psi \circ \phi^{-1}$. $\square$

Per utilizzare una notazione meno categoriale e più classica, supponiamo di voler calcolare una primitiva F di f. Nell'integrale indefinito

$$\int f(x)\, dx$$

cambiamo variabile, ponendo $x = \phi(t)$. Il Teorema 15.3 afferma che è sufficiente calcolare l'integrale indefinito

$$\int f(\phi(t))\phi'(t)\, dt,$$

e nella primitiva così calcolata sostituiamo $t = \phi^{-1}(x)$ per avere la primitiva F desiderata.

Osservazione 15.2 Le ipotesi del Teorema 15.3 sono in qualche senso eccessive. La condizione che la funzione ϕ sia un diffeomorfismo (cioè una funzione derivabile con inversa derivabile) non è necessaria perché sia vera la prima affermazione. Come si evince dalla prima parte della dimostrazione, la regola di derivazione della funzione composta non richiede alcuna ipotesi sulla funzione inversa ϕ^{-1}. Quindi

$$\int_\alpha^\beta f(\phi(t))\phi'(t)\, dt = F(\phi(\beta)) - F(\phi(\alpha))$$

sotto la sola ipotesi che $t \mapsto f(\phi(t))\phi'(t)$ sia integrabile in $[\alpha, \beta]$. Si tratta della cosiddetta classe degli integrali *quasi immediati*. Tuttavia, nella pratica, lo scopo del gioco è quello di determinare una primitiva F di f in $[a, b]$, e per fare questo dobbiamo poter ricavare F da $F \circ \phi$. Quindi dobbiamo saper invertire ϕ, e questo spiega perché abbiamo preferito enunciare il Teorema 15.3 sotto ipotesi più onerose.

Esempio 15.1 L'integrale

$$\int t \cos(t^2)\, dt$$

è un integrale quasi immediato. Infatti basta scegliere $f(x) = \cos x$ e $\phi(t) = t^2$. Pertanto

$$\int t \cos(t^2)\, dt = \sin(t^2) + C.$$

Molto formalmente, il cambiamento di variabile $x = t^2$ non è un diffeomorfismo di $\mathbf{R}$ su $\mathbf{R}$, mentre $\sin(t^2)$ è una primitiva per ogni $t \in \mathbf{R}$. Tuttavia, si vede facilmente che è possibile spezzare il cambiamento di variabile in due parti: $0 \leq t < +\infty$ e $-\infty < t \leq 0$. La restrizione di ϕ a ciascuno di questi intervalli è un diffeomorfismo su $[0, +\infty)$, e possiamo applicare la regola del cambiamento di variabile.

Osservazione 15.3 La regola del cambiamento di variabile negli integrali si presta ad un automatismo particolarmente suggestivo: per calcolare

$$\int f(x)\, dx$$

si pone $x = \phi(t)$ e si scrive $dx = \phi'(t)\, dt$. Quindi si risolve (o si cerca di risolvere!) l'integrale

$$\int f(\phi(t))\phi'(t)\, dt$$

e si sostituisce $t = \phi^{-1}(x)$. Va da sé che la suggestione diventa quasi magia se si scrive

$$\frac{dx}{dt} = \phi'(t),$$

che suggerisce l'uguaglianza $dx = \phi'(t)\, dt$. Il grande fascino del Calcolo Differenziale, non casualmente definito anche *Calcolo sublime*, è spesso contenuto in queste formule eleganti e naturali, in cui il calcolo algebrico si sovrappone al passaggio al limite in modo pressoché invisibile. Avvertiamo il nostro lettore che queste manipolazioni delle derivate e degli integrali trovano adeguata trattazione rigorosa nello studio delle forme differenziali, una tematica che unisce idealmente la Geometria e l'Analisi.

15.4 L'integrazione delle funzioni razionali

Definizione 15.1 Una funzione razionale R è il quoziente di due funzioni polinomiali A e B:

$$R = \frac{A}{B},$$

definita sull'insieme

$$\{x \in \mathbf{R} \mid Q(x) \neq 0\}.$$

Un risultato notevole è che sia possibile costruire un *algoritmo* di integrazione per qualunque funzione razionale, cioè un procedimento costruttivo che, in un numero finito di passi, conduca ad una formula per esprimere le primitive di qualunque funzione razionale. Lo proponiamo sulle orme di [18].

Teorema 15.4 *Ogni funzione razionale è integrabile mediante una combinazione lineare di funzioni razionali e di funzioni del tipo*

$$x \mapsto \log\!\left(ax^2 + bx + c\right)$$
$$x \mapsto \arctan\!\left(ax^2 + bx + c\right),$$

per opportuni valori delle costanti reali a, b e c.

Procediamo per passi successivi.

Lemma 15.1 *Per ogni $n \in \mathbf{N}$,*

$$\int \frac{dx}{x^n} = \begin{cases} \log|x| + C & \text{se } n = 1 \\ -\frac{1}{(n-1)x^{n-1}} + C & \text{se } n > 1. \end{cases}$$

Dimostrazione È sufficiente calcolare la derivata della funzione a secondo membro. $\square$

Lemma 15.2 *Per ogni $n \in \mathbf{N}$,*

$$\int \frac{x}{(1 + x^2)^n}\, dx = \begin{cases} \frac{1}{2}\log(1 + x^2) + C & \text{se } n = 1 \\ -\frac{1}{2(n-1)(1+x^2)^{n-1}} + C & \text{se } n > 1. \end{cases}$$

Dimostrazione Cambiando variabile $y = x^2 + 1$ si trova

$$\int \frac{x}{(1 + x^2)^n}\, dx = \frac{1}{2} \int \frac{dy}{y^n},$$

e la conclusione segue dal Lemma 15.1. $\square$

Ci proponiamo adesso di calcolare, per ogni $n \in \mathbf{N}$, l'integrale

$$\int \frac{dx}{(1 + x^2)^n}. \tag{15.1}$$

Il caso $n = 1$ è immediato:

$$\int \frac{dx}{1 + x^2} = \arctan x + C.$$

Per determinare una primitiva nel caso generale $n > 1$ svilupperemo una formula ricorsiva. Poniamo

$$I_n = \int \frac{dx}{(1 + x^2)^n}.$$

Integrando l'identità

$$\frac{1}{(1 + x^2)^n} = \frac{1}{(1 + x^2)^{n-1}} - \frac{x^2}{(1 + x^2)^n}$$

otteniamo

$$I_n = I_{n-1} - \int \frac{x^2}{(1 + x^2)^n} dx.$$

Quest'ultimo integrale può essere semplificato per parti, scrivendo

$$\int \frac{x^2}{(1 + x^2)^n} dx = \int x \cdot \frac{x}{(1 + x^2)^n} dx.$$

Grazie al Lemma 15.2,

$$I_n = I_{n-1} + \frac{x}{2(n-1)(1 + x^2)^{n-1}} - \frac{1}{2(n-1)} \int \frac{dx}{(1 + x^2)^{n-1}},$$

cioè

$$I_n = \frac{x}{2(n-1)(1 + x^2)^{n-1}} + \frac{2n-3}{2n-2} I_{n-1}. \tag{15.2}$$

La formula (15.2) permette di calcolare, in successione, $I_1, I_2, \ldots, I_n$.

Nel seguito, denoteremo con $\deg A$ il grado del polinomio A. Per calcolare l'integrale indefinito

$$\int \frac{A(x)}{B(x)} dx,$$

possiamo innanzitutto supporre che $\deg A < \deg B$. In caso contrario, è sempre possibile effettuare la *divisione* tra i polinomi A e B, ottenendo due polinomi q ed r tali che

$$A(x) = q(x)B(x) + r(x)$$

e $\deg r < \deg B$. Quindi

$$\int \frac{A(x)}{B(x)}\,dx = \int q(x)\,dx + \int \frac{r(x)}{B(x)}\,dx,$$

e ci siamo ricondotti al caso in cui il grado del numeratore è minore del grado del denominatore. Da questo momento, supporremo sistematicamente che A/B sia una funzione razionale propria, cioè $\deg A < \deg B$.

Teorema 15.5 *Data una funzione razionale A/B con* $\deg A < \deg B$, *se α è radice di B con molteplicità μ, sono univocamente determinati una costante a ed una funzione razionale propria A_1/B_1 tali che* $\deg B_1 < \deg B$ *e*

$$\frac{A(x)}{B(x)} = \frac{a}{(x-\alpha)^\mu} + \frac{A_1(x)}{B_1(x)}$$

per ogni x.

Dimostrazione   Dall'ipotesi segue l'esistenza di un polinomio $\tilde{B}$ che non sia annulla in α e tale che

$$B(x) = (x-\alpha)^\mu \tilde{B}(x).$$

Quindi

$$\frac{A(x)}{B(x)} - \frac{a}{(x-\alpha)^\mu} = \frac{A(x) - a\tilde{B}(x)}{(x-\alpha)^\mu \tilde{B}(x)}.$$

Dobbiamo determinare la costante a in modo che la frazione a secondo membro abbia le proprietà richieste. Osserviamo innanzitutto che le radici di $\tilde{B}$ non possono essere radici di $A(x) - a\tilde{B}(x)$, poiché A e $\tilde{B}$ non hanno radici comuni. Per abbassare il grado del denominatore, occorre che numeratore e denominatore abbiano una radice in comune. Per quanto appena detto, l'unica radice comune può essere α: sarà pertanto sufficiente scegliere il numero a in modo tale che

$$A(\alpha) - a\tilde{B}(\alpha) = 0.$$

Questa equazione (nell'incognita a) è univocamente risolvibile:

$$a = \frac{A(\alpha)}{\tilde{B}(\alpha)}.$$

Con questa scelta di a abbiamo l'identità

$$\frac{A(x) - a\,\tilde{B}(x)}{(x - \alpha)^\mu\,\tilde{B}(x)} = \frac{A_1(x)}{B_1(x)},$$

dove $\deg A_1 < \deg B_1 < \deg B$. È infine chiaro che esiste $\nu < \mu$ tale che $B_1(x) = (x - \alpha)^\nu\,\tilde{B}(x)$, sicché la dimostrazione è completa.   □

Arrivati a questo punto, se il denominatore B della funzione razionale A/B possiede solo radici reali, applicando ripetutamente il Teorema 15.5 è possibile scomporre A/B in una somma di funzioni razionali del tipo

$$\frac{1}{(x - \alpha)^n}.$$

Avendo già determinato le primitive di tali funzioni, possiamo ritenerci soddisfatti.

Resta da trattare il caso in cui B abbia radici complesse. Premettiamo un'osservazione. Poiché B è un polinomio a coefficienti reali, se il numero complesso $\alpha + i\beta$ è radice di B, allora anche $\alpha - i\beta$ è radice di B. Inoltre, la molteplicità μ delle due radici è la stessa. Quindi B è divisibile per il polinomio di grado 2μ

$$(x - \alpha - i\beta)^\mu (x - \alpha + i\beta)^\mu = \big((x - \alpha)^2 + \beta^2\big).$$

Teorema 15.6   *Data la funzione razionale propria A/B a coefficienti reali con A e B privi di fattori comuni, se $\alpha + i\beta$ è una radice complessa di B con parte immaginaria $\beta \neq 0$ e molteplicità μ, allora esistono e sono univocamente determinate: due costanti reali b e c ed una funzione razionale propria A_1/B_1 tali che $\deg B_1 < \deg B - 2$ e*

$$\frac{A(x)}{B(x)} = \frac{bx + c}{((x - \alpha)^2 + \beta^2)^\mu} + \frac{A_1(x)}{B_1(x)}$$

per ogni x.

Dimostrazione   Scriviamo

$$B(x) = \big((x - \alpha)^2 + \beta^2\big)^\mu\,\tilde{B}(x);$$

per ipotesi $\tilde{B}(\alpha + i\beta) \neq 0$ $\tilde{B}(\alpha - i\beta) \neq 0$. Vogliamo determinare due costanti b e c tali che

$$\frac{A(x)}{B(x)} - \frac{bx + c}{((x - \alpha)^2 + \beta^2)^\mu} = \frac{A(x) - (bx + c)\tilde{B}(x)}{((x - \alpha)^2 + \beta^2)^\mu\,\tilde{B}(x)}$$

abbia le proprietà desiderate. Dobbiamo pertanto imporre che il polinomio a numeratore si annulli in $x = \alpha + i\beta$ e in $x = \alpha - i\beta$. Otteniamo allora il sistema (nelle incognite b e c):

$$A(\alpha + i\beta) - (b(\alpha + i\beta) + c)\tilde{B}(\alpha + i\beta) = 0$$
$$A(\alpha - i\beta) - (b(\alpha - i\beta) + c)\tilde{B}(\alpha - i\beta) = 0.$$

Questo sistema è equivalente a

$$b(\alpha + i\beta) + c = \frac{A(\alpha + i\beta)}{\tilde{B}(\alpha + i\beta)}$$
$$b(\alpha - i\beta) + c = \frac{A(\alpha - i\beta)}{\tilde{B}(\alpha - i\beta)}.$$

Per sottrazione troviamo

$$2ib\beta = \frac{A(\alpha + i\beta)}{\tilde{B}(\alpha + i\beta)} - \frac{A(\alpha - i\beta)}{\tilde{B}(\alpha - i\beta)}.$$

Il secondo membro di questa uguaglianza è la differenza di due numeri complessi, tra loro coniugati. Pertanto il secondo membro è un numero immaginario puro, e dunque esiste uno ed un solo $b \in \mathbf{R}$ per cui l'uguaglianza sia vera. Sommando invece le precedenti equazioni si determina uno ed un solo $c \in \mathbf{R}$ con analoghe proprietà. Con tale scelta di b e c, nella funzione razionale

$$\frac{A(x) - (bx + c)\tilde{B}(x)}{((x - \alpha)^2 + \beta^2)^\mu \tilde{B}(x)}$$

il numeratore ed il denominatore hanno un fattore comune del tipo $((x-\alpha)^2 + i\beta^2)^\mu$ per qualche $\mu \geq 1$. Con una semplificazione algebrica si ottiene finalmente la tesi. $\square$

In conclusione: abbiamo ricondotto il calcolo di una primitiva per A/B al calcolo dell'integrale

$$\int \frac{bx + c}{((x - \alpha)^2 + \beta^2)^\mu}\,dx.$$

Ponendo $x - \alpha = \beta y$, risulta

$$\int \frac{bx + c}{((x - \alpha)^2 + \beta^2)^\mu}\,dx = \frac{b}{\beta^{2(\mu-1)}} \int \frac{y}{(1 + y^2)^\mu}\,dy + \frac{\alpha b + c}{\beta^{2\mu-1}} \int \frac{dy}{(1 + y^2)^\mu}.$$

Gli integrali a secondo membro sono quelli discussi nei Lemmi 15.1, 15.2 e in (15.1). A questo punto, il Teorema 15.4 è completamente dimostrato.

15.5 Problemi

15.1 Supponiamo che $P = ax + b$ sia un polinomio di primo grado, e che $f = f(x, y)$ sia una funzione razionale delle due variabili x e y. Per calcolare

$$\int f(x, \sqrt[m]{P(x)})dx$$

possiamo porre $P(x) = t^m$. L'integrale si trasforma in

$$\frac{m}{a} \int f\left(\frac{t^m - b}{a}, t\right) t^{m-1}\, dt,$$

che è l'integrale di una funzione razionale. Come applicazione, possiamo calcolare

$$\int \frac{\sqrt{x}}{\sqrt{x} + 1}dx = x - 2\sqrt{x} + 2\log(\sqrt{x} + 1) + C.$$

15.2 Più in generale, il metodo del Problema 15.1 può essere utilizzato per calcolare lo stesso integrale, in cui però

$$P(x) = \frac{\alpha x + \beta}{\gamma x + \delta},$$

a patto che $\alpha\delta \neq \beta\gamma$.

15.3 Supponiamo che $f = f(x, y)$ sia una funzione razionale, e che $g = g(x, y)$ sia un polinomio di grado 2 nelle variabili x e y. Vogliamo calcolare l'integrale abeliano

$$\int f(x, y(x))dx,$$

dove y è una funzione continua in un opportuno intervallo e soddisfa $g(x, y(x)) = 0$ per ogni x in tale intervallo. Un esempio esplicito è

$$\int \frac{x}{x + \sqrt{x - x^2}}dx.$$

Infatti $f(x, y) = x/(x + y)$, $y(x) = \sqrt{x - x^2}$, e $g(x, y) = x^2 + y^2 - x$. Un caso particolarmente semplice da gestire è quello in cui la curva algebrica di equazione $g(x, y) = 0$ sia parametrizzabile nella forma

$$x = \varphi(t), \quad y = \psi(t),$$

dove φ e ψ sono opportune funzioni derivabili. L'integrale $\int f(x, y(x))dx$ si riduce allora all'integrale

$$\int f(\varphi(t), \psi(t))\varphi'(t)\, dt,$$

che è un integrale di funzione razionale. Come applicazione, consideriamo il caso

$$g(x, y) = ax^2 + 2bxy + cy^2 + dx + ey + f,$$

che è l'equazione cartesiana della generica conica. Per parametrizzare tale conica, consideriamo il fascio di rette di equazione $y = tx$, al variare del parametro t reale. Intersecando con la conica, otteniamo dopo qualche calcolo algebrico

$$x = \varphi(t) = -\frac{d + et}{a + 2bt + ct^2}$$

$$y = \psi(t) = -\frac{dt + et^2}{a + 2bt + ct^2}.$$

Quindi gli integrali abeliani associati ad una qualsiasi conica $g(x, y) = 0$ sono elementarmente calcolabili. Verificare con questa tecnica che

$$\int \frac{x}{x + \sqrt{x - x^2}}dx = \log\left(\sqrt{x} + \sqrt{1 - x}\right) - \arctan\sqrt{\frac{x - 1}{x}} + C.$$

15.4 Un caso particolare del Problema 15.3 è quello in cui la conica sia un'iperbole. Essendo ben noto che le iperboli possiedono due asintoti, una parametrizzazione più semplice consiste nell'intersecare l'iperbole con un fascio di rette parallele ad uno degli asintoti. Ad esempio, per $g(x, y) = x^2 - y^2 - 1$, calcoliamo

$$\int \sqrt{x^2 - 1}\, dx.$$

Consideriamo il fascio di rette $y = x - t$, al variare del parametro reale t. Ognuna di queste rette è parallela all'asintoto $y = x$. Intersecando otteniamo

$$x^2 - \left(x^2 - 2xt + t^2\right) = 1,$$

da cui

$$x = \frac{1 + t^2}{2t}$$

$$y = \frac{1 + t^2}{2t} - t.$$

Quindi

$$dx = \frac{1}{2}\frac{t^2-1}{t^2}\,dt,$$

e infine

$$\begin{aligned}
\int \sqrt{x^2-1}\,dx &= \int \left(\frac{1+t^2}{2t}-t\right)\frac{t^2-1}{t^2}dt \\
&= -\frac{1}{4}\int \left(t-\frac{2}{t}+\frac{1}{t^3}\right)dt \\
&= -\frac{1}{4}\left(\frac{t^2}{2}-2\log|t|-\frac{1}{2t^2}\right)+C.
\end{aligned}$$

Ricavando

$$t = x-\sqrt{x^2-1}, \quad \frac{1}{t}=x+\sqrt{x^2-1},$$

concludiamo che

$$\int \sqrt{x^2-1}\,dx = \frac{1}{2}x\sqrt{x^2-1}+\frac{1}{2}\log\left(x+\sqrt{x^2-1}\right)+C.$$

15.5 Ogni funzione continua su un intervallo $[a,b]$ soddisfa il cosiddetto Teorema della Media Integrale: esiste un punto $\xi \in [a,b]$ tale che

$$\int_a^b f = (b-a)f(\xi).$$

La validità di questa uguaglianza segue dal fatto già visto che

$$\inf_{[a,b]} f \le \frac{1}{b-a}\int_a^b f \le \sup_{[a,b]} f$$

e dal Teorema dei Valori Intermedi per le funzioni continue.

15.6 Per ogni intero positivo k, definiamo $k!!$ come il prodotto di tutti gli interi positivi non superiori a k, che abbiano la stessa parità di k.[2]

(i)   Per ogni $m \in \mathbf{N}$, vale l'uguaglianza

$$\int_0^\pi (\sin x)^m\,dx = \frac{m-1}{m}\int_0^\pi (\sin x)^{m-2}\,dx.$$

---

[2] Quindi tutti pari se k è pari, tutti dispari se k è dispari.

(ii)   Per ogni $r \in \mathbf{N}$, vale l'uguaglianza

$$\int_0^\pi (\sin x)^{2r}\, dx = \frac{(2r-1)!!}{(2r)!!}\pi.$$

(iii)   Per ogni $r \in \mathbf{N}$, vale l'uguaglianza

$$\int_0^\pi (\sin x)^{2r+1}\, dx = \frac{(2r)!!}{(2r+1)!!}\pi.$$

(iv)   Integrando in $[0, \pi]$ le disuguaglianze

$$(\sin x)^{2r+1} \le (\sin x)^{2r} \le (\sin x)^{2r-1}$$

si ottiene

$$\frac{(2r)!!}{(2r+1)!!} \cdot 2 < \frac{(2r-1)!!}{(2r)!!}\pi < \frac{(2r-2)!!}{(2r-1)!!} \cdot 2,$$

e pertanto

$$\left(\frac{(2r)!!}{(2r-1)!!}\right)^2 \frac{1}{r+\frac{1}{2}} < \pi < \left(\frac{(2r)!!}{(2r-1)!!}\right)^2 \frac{1}{r}.$$

(v)   Esiste quindi un numero $0 < \theta_r < \frac{1}{2}$ tale che

$$\pi = \left(\frac{(2r)!!}{(2r-1)!!}\right)^2 \frac{1}{r+\theta_r}.$$

(vi)   Sussiste la formula di Wallis

$$\pi = \lim_{r \to +\infty} \left(\frac{(2r)!!}{(2r-1)!!}\right)^2 \frac{1}{r}.$$

(vii)   Sussistono le relazioni asintotiche

$$\frac{(2r-1)!!}{(2r)!!} = \frac{1}{\sqrt{\pi r}} + O\!\left(r^{-3/2}\right)$$

$$\frac{(2r)!!}{(2r+1)!!} = \frac{1}{2}\sqrt{\frac{\pi}{r}} + O\!\left(r^{-3/2}\right).$$

15.7

(i)   Per ogni $t \ge 0$ sussistono le disuguaglianze

$$1 - t \le e^{-t} \le \frac{1}{1+t}.$$

(ii) Per ogni intero positivo m,

$$\int_{-1}^{1} \left(1 - x^2\right)^m dx < \int_{-\infty}^{+\infty} e^{-mx^2} dx < \int_{-\infty}^{+\infty} \frac{dx}{(1 + x^2)^m}.$$

(iii) Un cambiamento di variabile e il Problema 15.6 conducono a

$$\int_{-1}^{1} \left(1 - x^2\right)^m dx = \int_{0}^{\pi} (\sin\theta)^{2m+1} d\theta = \frac{1}{\sqrt{\pi m}} + O\left(m^{-3/2}\right)$$

$$\int_{-\infty}^{+\infty} \frac{dx}{(1 + x^2)^m} = \frac{(2m - 3)!!}{(2m - 2)!!}\pi = \sqrt{\frac{\pi}{m - 1}} + O\left(m^{-3/2}\right)$$

$$= \sqrt{\frac{\pi}{m}} + O\left(m^{-3/2}\right).$$

(iv) Sussiste la relazione asintotica

$$\int_{-\infty}^{+\infty} e^{-mx^2} dx = \sqrt{\frac{\pi}{m}} + O\left(m^{-3/2}\right).$$

(v) Infine, cambiando variabile,

$$\int_{-\infty}^{+\infty} e^{-x^2} dx = \sqrt{\pi} + O\left(\frac{1}{m}\right),$$

e per $m \to +\infty$ si ottiene

$$\int_{-\infty}^{+\infty} e^{-x^2} dx = \sqrt{\pi}.$$

15.8

(i) Per ogni $y > 0$ risulta

$$\frac{y}{\pi} \int_{-\infty}^{+\infty} \frac{dx}{x^2 + y^2} = 1.$$

(ii) Per qualunque funzione continua e limitata f risulta

$$\lim_{y \to 0+} \frac{y}{\pi} \int_{-\infty}^{+\infty} \frac{f(x)}{x^2 + y^2} dx = f(0).$$

Capitolo 16
L'integrale in senso improprio

Estratto Il difetto più grave della teoria dell'integrazione secondo Riemann è la necessità di lavorare con funzioni *limitate* definite su intervalli *limitati*. Questa peculiarità può essere superata elegantemente dalla teoria della misura e dell'integrazione secondo Lebesgue, che tuttavia richiede una certa maturità matematica per essere compreso. Scegliamo pertanto la via del compromesso: ci proponiamo di generalizzare la definizione di integrale secondo Riemann ai due casi esclusi:

(a) l'integrazione di una funzione limitata su un intervallo illimitato;
(b) l'integrazione di una funzione illimitata su un intervallo limitato.

Il caso completo, cioè quello dell'integrazione di una funzione illimitata su un intervallo illimitato, sarà conseguenza dei casi (a) e (b).

16.1 L'integrale improprio su intervalli illimitati

Definizione 16.1 Una funzione reale f è localmente integrabile in un insieme A se la restrizione di f ad ogni intervallo $[a, b] \subset A$ è integrabile.

Esempio 16.1 Il caso più semplice di funzione localmente integrabile è quello delle funzioni continue. Per la teoria già vista, qualunque funzione continua è localmente integrabile in $\mathbf{R}$.

Definizione 16.2 Siano $a \in \mathbf{R}$ ed f una funzione localmente integrabile in $[a, +\infty)$. Diremo che f è integrabile in senso improprio in $[a, +\infty)$ se esiste finito il

$$\lim_{b \to +\infty} \int_a^b f.$$

In tal caso, definiamo l'integrale improprio di f su $[a, +\infty)$ il valore

$$\int_a^{+\infty} f = \lim_{b \to +\infty} \int_a^b f.$$

S. Secchi, *Analisi Matematica*, La Matematica per il 3+2,
https://doi.org/10.1007/978-3-032-20804-0_16

Osservazione 16.1 Quando si parla di integrali impropri, è frequente imbattersi in terminologie diverse: invece di affermare che una funzione f è integrabile in senso improprio su $[a, +\infty)$, si dice spesso che l'integrale improprio $\int_a^{+\infty} f$ è convergente, o che è finito. Per contrapposizione, dicendo che $\int_a^{+\infty} f$ è divergente si intende affermare che f non è integrabile in senso improprio su $[a, +\infty)$.

La Definizione 16.2 può essere ripetuta per semirette illimitate a sinistra.

Definizione 16.3 Siano $b \in \mathbf{R}$ ed f una funzione localmente integrabile in $(-\infty, b]$. Diremo che f è integrabile in senso improprio in $(-\infty, b]$ se esiste finito il

$$\lim_{a \to -\infty} \int_a^b f.$$

In tal caso, definiamo l'integrale improprio di f su $(-\infty, b]$ il valore

$$\int_{-\infty}^b f = \lim_{a \to -\infty} \int_a^b f.$$

Esempio 16.2 Per ogni $p \in \mathbf{R}$, consideriamo l'integrale improprio

$$\int_1^{+\infty} \frac{dx}{x^p}.$$

Vogliamo discutere il carattere di questo integrale. Innanzitutto, il caso $p < 0$ è particolarmente banale. In effetti $x^{-p} > 1$ per ogni $x > 1$, e dunque

$$\lim_{c \to +\infty} \int_1^c x^{-p}\, dx \geq \lim_{c \to +\infty} (c - 1) = +\infty.$$

Possiamo dunque restringere le nostre considerazioni al caso $p \geq 0$, o addirittura al caso $p > 0$: se $p = 0$, la funzione è costante e uguale a 1, dunque non è integrabile in senso improprio. Sia pertanto $p > 0$ assegnato. Per $p \neq 1$, risulta

$$\int \frac{dx}{x^p} = \frac{x^{1-p}}{1-p} + C,$$

sicché

$$\lim_{c \to +\infty} \int_1^c \frac{dx}{x^p} = \lim_{c \to +\infty} \frac{c^{1-p}}{1-p} - \frac{1}{1-p}.$$

Tale limite esiste finito se e solo se $1 - p < 0$, cioè se e solo se $p > 1$. Dunque l'integrale improprio converge per $p > 1$ e diverge per $p < 1$. Resta aperto il solo caso $p = 1$, nel quale

$$\int \frac{dx}{x} = \log |x| + C.$$

È ormai facile concludere che

$$\lim_{c \to +\infty} \int_1^c \frac{dx}{x} = \lim_{c \to +\infty} \log c = +\infty.$$

Esempio 16.3   Consideriamo adesso l'integrale improprio

$$\int_0^1 \frac{dx}{x^p}.$$

Similmente a quanto visto nell'esempio precedente, possiamo restringere la nostra attenzione al caso $p > 0$. Per $p \le 0$ l'integrale non è nemmeno un integrale improprio. Ovviamente la funzione integranda ha la stessa primitiva precedentemente costruita. Per $p \ne 1$ risulta

$$\lim_{c \to 0+} \int_c^1 \frac{dx}{x^p} = \lim_{c \to 0+} \frac{1}{1-p} - \frac{c^{1-p}}{1-p}.$$

Quest'ultimo limite esiste finito se $p < 1$, ed è uguale a $+\infty$ se $p > 1$. Lasciamo al lettore l'esercizio di controllare che per $p = 1$ l'integrale improprio diverge.

Una domanda ormai inevitabile è come si possa definire l'integrale di una funzione su $\mathbf{R} = (-\infty, +\infty)$. Nel seguito ci atterremo alla definizione seguente, ma torneremo più avanti su questo problema.

Definizione 16.4   Sia f una funzione localmente integrabile in $\mathbf{R}$. Diremo che f è integrabile in senso improprio su $\mathbf{R}$ se, preso un punto $c \in \mathbf{R}$, i due integrali impropri

$$\int_{-\infty}^c f, \qquad \int_c^{+\infty} f$$

sono convergenti. In tal caso scriveremo

$$\int_{-\infty}^{+\infty} f = \int_{-\infty}^c f + \int_c^{+\infty} f.$$

Osservazione 16.2   La Definizione 16.4 è indipendente dal punto c. Per dimostrarlo, consideriamo un punto $d \ne c$. Senza perdita di generalità, supponiamo che $c < d$. Ora, per ogni $a \in \mathbf{R}$,

$$\int_a^d f = \int_a^c f + \int_c^d f.$$

Il limite $\lim_{a \to -\infty} \int_a^d f$ esiste finito se e solo se $\lim_{a \to -\infty} \int_a^c f$ esiste finito, poiché f è localmente integrabile e dunque $\int_c^d f$ è un numero reale finito. Analoga considerazione vale per $\lim_{b \to +\infty} \int_c^b f$ e $\lim_{b \to +\infty} \int_d^b f$.

Osservazione 16.3   La Definizione 16.4 recupera eleganza mediante il concetto di limite per funzioni di due variabili reali. Infatti potremmo definire

$$\int_{-\infty}^{+\infty} f = \lim_{\substack{a\to-\infty \\ b\to+\infty}} \int_a^b f.$$

Esplicitamente, questa relazione di limite significa: per ogni $\varepsilon > 0$ esiste $M > 0$ tale che, se $a < -M$ e $b > M$, allora

$$\left| \int_a^b f - \int_{-\infty}^{+\infty} f \right| < \varepsilon.$$

Vogliamo sottolineare che, in questa relazione di limite, le variabili a e b sono considerate del tutto *indipendenti* l'una dall'altra.

16.2   L'integrale di funzioni non limitate

In senso stretto, scrivere un integrale del tipo

$$\int_0^1 \frac{dx}{\sqrt{x}}$$

non ha senso: la funzione $x \mapsto 1/\sqrt{x}$, anche se definita con un valore qualunque nel punto $x = 0$, non è limitata dall'alto.

Definizione 16.5   Sia f una funzione localmente integrabile nell'intervallo $(a, b]$. Diremo che f è integrabile in senso improprio in $(a, b]$ se esiste finito

$$\lim_{c\to a+} \int_c^b f.$$

In tal caso porremo

$$\int_a^b f = \lim_{c\to a+} \int_c^b f.$$

Osservazione 16.4   La precedente definizione assume un significato non banale nel caso in cui f non si mantenga limitata nell'intorno (destro) del punto a. Altrimenti, assegnando eventualmente un valore arbitrario ad f nel punto a, risulta

$$\left| \int_c^b f - \int_a^b f \right| = \left| \int_a^c f \right| \le (c - a) \sup_{a < x \le b} |f(x)|.$$

Facendo tendere $c \to a+$, concludiamo immediatamente che l'integrale improprio di f coincide con l'integrale di Riemann della funzione f, eventualmente prolungata nel punto $x = a$. Questa osservazione giustifica — se possibile — la notazione decisamente ambigua che utilizziamo per questo tipo di integrale improprio. È infatti impossibile capire dalla semplice notazione se un integrale sia improprio o proprio.

Definizione 16.6   Sia f una funzione localmente integrabile nell'intervallo $[a, b)$. Diremo che f è integrabile in senso improprio in $[a, b)$ se esiste finito

$$\lim_{c \to b-} \int_c^b f.$$

In tal caso porremo

$$\int_a^b f = \lim_{c \to b-} \int_c^b f.$$

Come ci dobbiamo comportare se una funzione localmente integrabile sia illimitata in un punto *interno* all'intervallo di integrazione? Ad esempio, come si definisce

$$\int_{-1}^1 \frac{dx}{x}?$$

Definizione 16.7   Sia f una funzione definita in $[a, b]$, con l'eventuale eccezione del punto $x_0 \in (a, b)$. La funzione f è integrabile in senso improprio in $[a, b]$ se esistono finiti gli integrali impropri

$$\int_a^{x_0} f, \qquad \int_{x_0}^b f.$$

In questo caso,

$$\int_a^b f = \int_a^{x_0} f + \int_{x_0}^b f.$$

Esattamente come visto nell'Osservazione 16.4, tutte queste definizioni sono significative solo nel caso in cui la funzione da integrare non sia limitata.

16.3   Criteri di convergenza per integrali impropri

In un parallelismo pressoché perfetto con la teoria delle serie numeriche, lo studio del carattere di un integrale improprio può trarre vantaggio da alcuni criteri di convergenza.

Teorema 16.1 (Criterio di Cauchy I) *Supponiamo che f sia una funzione definita e localmente integrabile in $[a,b)$. Condizione necessaria e sufficiente affinché l'integrale improprio di f in $[a,b)$ sia finito è che, per ogni $\varepsilon > 0$, esista un valore $\bar{c} \in (a,b)$ tale che*

$$\left| \int_{c'}^{c''} f \right| < \varepsilon$$

per ogni coppia di valori c' e c'' tali che $\bar{c} \leq c' \leq c'' < b$.

Dimostrazione Per il Corollario 5.4, il limite

$$\lim_{c \to b-} \int_a^c f$$

esiste finito se e solo se è soddisfatta la condizione dell'enunciato. Infatti

$$\left| \int_a^{c'} f - \int_a^{c''} f \right| = \left| \int_{c'}^{c''} f \right|. \qquad \square$$

In maniera analoga si dimostra il seguente

Teorema 16.2 (Criterio di Cauchy II) *Supponiamo che f sia una funzione definita e localmente integrabile in $[a, +\infty)$. Condizione necessaria e sufficiente affinché l'integrale improprio di f in $[a, +\infty)$ sia finito è che, per ogni $\varepsilon > 0$, esista un valore $K > a$ tale che*

$$\left| \int_{c'}^{c''} f \right| < \varepsilon$$

per ogni coppia di valori c' e c'' tali che $K \leq c' \leq c''$.

Da questi criteri astratti possiamo dedurre i fondamentali criteri di confronto per gli integrali impropri.

Teorema 16.3 *Supponiamo che f sia una funzione definita e localmente integrabile in $[a,b)$. Se $\varphi \colon [a,b) \to [0, +\infty)$ è integrabile in senso improprio in $[a,b)$ e se*

$$|f(x)| \leq \varphi(x) \quad \text{per ogni } x \in [a,b),$$

allora anche f è integrabile in senso improprio in $[a,b)$.

Dimostrazione   Per ogni $\varepsilon > 0$, esiste $\bar{c} \in [a, b)$ tale che

$$0 \le \int_{c'}^{c''} \varphi < \varepsilon$$

per ogni c', c'' tali che $\bar{c} \le c' \le c'' < b$. Ma allora

$$\left| \int_{c'}^{c''} f \right| \le \int_{c'}^{c''} |f| \le \int_{c'}^{c''} \varphi < \varepsilon.$$

Si conclude per il Criterio di Cauchy I. $\square$

Simmetricamente, utilizzando il Criterio di Cauchy II, si dimostra la validità del seguente

Teorema 16.4   *Supponiamo che f sia una funzione definita e localmente integrabile in $[a, +\infty)$. Se $\varphi \colon [a, +\infty) \to [0, +\infty)$ è integrabile in senso improprio in $[a, b)$ e se*

$$|f(x)| \le \varphi(x) \quad \text{per ogni } x \in [a, +\infty),$$

allora anche f è integrabile in senso improprio in $[a, +\infty)$.

16.4   Il valore principale secondo Cauchy

Niente è meglio di un esempio per introdurre l'argomento di questa sezione.

Esempio 16.4   Consideriamo la funzione $f \colon x \mapsto 1/x$. Il più grande insieme in cui possiamo dare un senso a questa formula è $\mathbf{R} \setminus \{0\}$. Abbiamo visto che

$$\lim_{c \to 0+} \int_c^1 \frac{dx}{x} = \lim_{c \to 1}(-\log c) = +\infty,$$

e

$$\lim_{c \to 0+} \int_{-1}^{-c} \frac{dx}{x} = \lim_{c \to 0+} \log |c| = -\infty.$$

Invece

$$\lim_{c \to 0+} \int_{-1}^{-c} \frac{dx}{x} + \int_c^1 \frac{dx}{x} = \lim_{c \to 0+} (\log |c| - \log |c|) = 0.$$

Osserviamo che $[-1, -c] \cup [c, 1] = [-1, 1] \setminus (-c, c)$.

L'esempio precedente mostra che trattare con eccessiva *simmetria* gli integrali impropri può condurre a risultati sorprendenti, e soprattutto opposti alle nostre aspettative. Nella nostra definizione di integrale improprio, abbiamo scelto di rimuovere un intervallo (a, b) contenente 0, e di far tendere *indipendentemente* $a \to 0-$ e $b \to 0+$. Nell'esempio qui sopra, abbiamo scelto $a = -b$. I risultati non concordano.

Definizione 16.8 Sia f una funzione definita in un intervallo $[a, b] \setminus \{x_0\}$, localmente integrabile. Il valore principale secondo Cauchy è il valore del limite

$$\lim_{\varepsilon \to 0+} \left(\int_a^{x_0 - \varepsilon} f + \int_{x_0 + \varepsilon}^b f \right),$$

purché esista finito o infinito.

Osservazione 16.5 È chiaro che se f è integrabile in senso improprio nell'intervallo $[a, b]$, allora il suo valore principale è finito. Il viceversa è falso, come mostra l'Esempio 16.4.

Il senso del valore principale secondo Cauchy di un integrale improprio è quello di avere una definizione più permissiva per l'integrabilità nell'intorno di un punto. L'introduzione di forti vincoli di simmetria non è sempre ragionevole. Ad esempio, se pretendessimo di definire

$$\int_{-\infty}^{+\infty} f = \lim_{M \to +\infty} \int_{-M}^{+M} f,$$

qualunque funzione localmente integrabile e dispari avrebbe un integrale improprio nullo!

16.5 Problemi

16.1 Al variare dei parametri reali p e q, discutere il carattere dell'integrale improprio

$$\int_2^{+\infty} \frac{dx}{x^p (\log x)^q}.$$

16.2 L'integrale improprio

$$\int_0^{+\infty} \frac{\sin x}{x} dx$$

è convergente. È sufficiente verificare che l'integrale improprio

$$\int_{\pi/2}^{+\infty} \frac{\sin x}{x}\,dx$$

sia convergente. Per ogni $c > \pi/2$,

$$\int_{\pi/2}^{c} \frac{\sin x}{x}\,dx = \left[-\frac{\cos x}{x}\right]_{\pi/2}^{c} - \int_{\pi/2}^{c} \frac{\cos x}{x^2}\,dx.$$

Per confronto, l'integrale improprio $\int_{\pi/2}^{c} \frac{\cos x}{x^2}\,dx$ è convergente.

Al contrario, l'integrale improprio

$$\int_{0}^{+\infty} \frac{|\sin x|}{x}\,dx$$

è divergente. Infatti, per ogni intero positivo n,

$$\int_{0}^{n\pi} \frac{|\sin x|}{x}\,dx = \sum_{k=1}^{n} \int_{(k-1)\pi}^{k\pi} \frac{|\sin x|}{x}\,dx$$

$$> \sum_{k=1}^{n} \frac{1}{k\pi} \int_{(k-1)\pi}^{k\pi} |\sin x|\,dx$$

$$= \frac{2}{\pi} \sum_{k=1}^{n} \frac{1}{k}.$$

Poiché la serie armonica è divergente, passando al limite per $n \to +\infty$ si ottiene la divergenza dell'integrale improprio considerato.

V
Appendici

Capitolo 17
Teoria degli insiemi, teoria delle classi

Estratto In questa appendice esponiamo i fondamentali della Teoria Assiomatica degli Insiemi. La lettura di questa parte non è strettamente necessaria per uno studenti di Analisi Matematica, ma ci sembra importante offrire a chi legge qualche spunto per ulteriori indagini.

17.1 Motivazioni

Come abbiamo visto all'inizio del libro, tutta l'analisi matematica moderna è fondata sul concetto di *insieme*. La teoria *naïve* che praticamente tutti noi utilizziamo quotidianamente quando parliamo di matematica si rivela più che sufficiente nella grandissima maggioranza dei casi. È però facile imbattersi, talvolta più per curiosità che per reale esigenza, nei cosiddetti paradossi (paradosso di Russell, paradosso di Burali-Forti, ecc.).

Molti di questi paradossi, per semplificare all'eccesso, hanno origine nel cosiddetto *schema di classificazione*, cioè nella libertà di definire insiemi mediante l'assegnazione di proprietà caratterizzanti. Per esempio, possiamo caratterizzare l'insieme dei numeri dispari scrivendo:

$$\{n \mid n \in \mathbb{Z},\ n = 2k + 1 \text{ per qualche } k \in \mathbf{Z}\}.$$

Come si è detto, siamo tutti abituati a *definire* un insieme A attraverso una scrittura del tipo

$$A = \{x \mid P(x)\},$$

dove $P(x)$ è una proposizione (ben formata) che contiene la variabile libera x.

Ora, abbiamo avuto modo di osservare precedentemente che la scelta

$$P(x) = \text{``}x \in x\text{''}$$

non è legittima: non esiste alcun insieme R tale che $R \in R$ se e solo se $R \notin R$. Ne consegue — e torneremo più avanti su questa deduzione — che non esiste il fantomatico *insieme di tutti gli insiemi*.

Per evitare che troppa libertà nella descrizione degli insiemi possa condurre a questi *fantasmi*, la teoria degli insiemi di Zermelo-Fraenkel sceglie di limitare la definizione ai sottoinsiemi. Un po' più formalmente, la possibilità di descrivere insiemi mediante proprietà è riassumibile in questo principio: per ogni insieme universo U, esiste l'insieme di tutti gli elementi x tali che $P(x)$. Ancora più pragmaticamente, secondo la teoria ZF è necessario avere un *contenitore U* dal quale selezionare gli elementi ai quali applicare il test P. La teoria assiomatica ZF permette in questo modo di scongiurare i paradossi della teoria ingenua degli insiemi senza pregiudicare le abitudini consolidate.

Quella di Zermelo e Fraenkel non è però l'unica possibilità per eliminare dalla teoria ingenua i noti paradossi. Un secondo approccio, forse meno popolare ma altrettanto efficace consiste nel... cambiare nome agli insiemi. Ovviamente stiamo scherzando, ma fino ad un certo punto. Per capirlo, dobbiamo chiederci quali siano gli *enti primitivi* della teoria degli insiemi. Da una parte sembra inevitabile rispondere che gli elementi non definibili debbano essere proprio gli insiemi, oltre ad una costante indicata con $\in$ e letta `appartiene`.

D'altra parte sappiamo che non è lecito definire un insieme mediante un arbitrario test logico P, a meno di accettare la restrizione che ogni variabile x appartenga ad un insieme U prefissato. La teoria delle classi sceglie allora una via alternativa: gli enti primitivi sono le classi, mentre gli insiemi sono gli elementi delle classi. In qualche senso, è un'idea semplice e geniale.

La teoria delle classi più popolare è la NBG, dalle iniziali di John von Neumann, Paul Bernays e Kurt Gödel. In questa Appendice presenteremo invece una teoria delle classi ancora più potente, e purtroppo vagamente misconosciuta dalla comunità matematica: la teoria KM. Questa costruzione assiomatica è stata proposta da A.P. Morse in un ciclo di lezioni universitarie, pubblicata da J.L. Kelley nell'Appendice del suo manuale di Topologia Generale [13], e infine formalizzata dallo stesso Morse in [17].

Prima di procedere, dobbiamo ammettere che il compendio [17] è sicuramente tanto visionario quanto ostico. Anthony Morse non si limitò a definire una teoria assiomatica delle classi, ma la fece precedere da una Teoria della Notazione e da una Logica che ebbero scarso seguito tra i matematici. Solo per fare qualche esempio, la scrittura

$$\bigwedge y \; \mathbf{u}y$$

può significare tanto

> Per ogni y vale $\mathbf{u}y$,

quanto

> L'intersezione di tutti gli y che soddisfano $\mathbf{u}y$.

La notazione di Morse impediva di scrivere $f(x)$ per indicare il valore della funzione f nel punto x, a causa di vincoli estremamente restrittivi sull'uso delle parentesi tonde. Quindi Morse decise di scrivere

$$.fx$$

oppure

$$\_xf$$

invece di $f(x)$, e altre amenità (seppure necessarie) di tal sorta. La genialità di questo approccio consiste nella completa identificazione della Teoria delle Classi (o degli Insiemi) con la Teoria della Logica. Poiché appare evidente che i limiti del nostro libro non ci consentono di raggiungere queste vette speculative, preferiamo sottoporre all'attenzione del nostro lettore la formulazione di J.L. Kelley.

17.2 Lo schema di classificazione

Il simbolo di uguaglianza è sempre utilizzato nell'accezione dell'identità logica. Ad esempio, '$1 + 1 = 2$' significa che '$1 + 1$' e '2' sono nomi dello stesso oggetto. Alle usuali ed intuitive regole di utilizzo del simbolo di uguaglianza aggiungeremo un principio di sostituzione privo di restrizioni: se in un teorema rimpiazziamo un oggetto con un oggetto uguale ad esso, otteniamo un teorema.

Oltre alla costante '$=$' e alle usuali costanti logiche ben note anche a livello elementare, ammettiamo due costanti primitive. La prima costante è indicata con '$\in$', e sarà letta 'è un elemento di', oppure 'appartiene a'. La seconda costante, che chiameremo 'classificatore', è denotata dal simbolo[1]

$$'\{\dots \mid \dots\}'$$

A parole possiamo leggere 'la classe degli ... tali che ...'. È interessante notare che l'intera teoria potrebbe essere presentata senza mai scrivere la parola 'classe'. Per opportunità pedagogica useremo spesso questo termine, con un'avvertenza importante: in questa Appendice è falso che 'classe' ed 'insieme' non sono sinonimi.

Nel seguito utilizzeremo lettere latine (prevalentemente minuscole, salvo rare eccezioni) per indicare variabili logiche. Il primo passo della teoria consiste inevitabilmente nel definire il concetto di uguaglianza fra classi.

> **Assioma di estensionalità**
> Per ogni x e per ogni y è vero che $x = y$ se e solo se per ogni z, $z \in x$ se e solo se $z \in y$.

---

[1] Kelley scrive '$\{\dots : \dots\}$', ma per coerenza preferiamo sostituire i due punti con la sbarra verticale.

Due classi sono dunque identiche se e solo se ogni membro dell'una è anche membro dell'altra. Per brevità, ometteremo spesso l'espressione 'per ogni': se in un teorema o in una definizione una variabile x appare senza essere preceduta da 'per ogni', si dovrà intendere che x sia quantificata da 'per ogni'. Insomma: quando una variabile è introdotta senza alcun quantificatore, è sottinteso il quantificatore universale 'per ogni'.

Definizione 17.1 x è un insieme se e solo se $x \in y$ per qualche y. Una classe propria è una classe che non è un insieme.

Quindi gli insiemi sono quelle classi che appartengono ad un'altra classe. Vogliamo adesso introdurre lo schema di classificazione, cioè le regole di utilizzo di '$\{\ldots \mid \ldots\}$' per definire classi e insiemi. Dobbiamo premettere due regole logiche riguardanti le formule.

(a) Il risultato di sostituire 'α' e 'β' con variabili è, nelle due scritture seguenti, una formula:

$$\alpha = \beta, \quad \alpha \in \beta.$$

(b) Il risultato di sostituire 'α' e 'β' mediante variabili e 'A' e 'B' mediante formule è, in ciascuna delle scritture, una formula:

   1. Se A allora B
   2. A se e solo se B
   3. è falso che A
   4. A e B
   5. A oppure B
   6. per ogni α, (vale) A
   7. per qualche α, (vale) A
   8. $\beta \in \{\alpha \mid A\}$
   9. $\{\alpha \mid A\} \in \beta$
10. $\{\alpha \mid A\} \in \{\beta \mid B\}$

Le formule sono costruite per ricorrenza, partendo dalle formule primitive di (a) e applicando ripetutamente le regole descritte in (b).

Schema di classificazione Si ottiene un assioma se nella seguente scrittura 'α' e 'β' sono sostituite da variabili, 'A' da una formula $\mathcal{A}$, 'B' dalla formula ottenuta da $\mathcal{A}$ sostituendo ogni occorrenza della variabile che ha preso il posto di 'α' con la variabile che ha preso il posto di 'β': Per ogni β, $\beta \in \{\alpha \mid A\}$ se e solo se β è un insieme e (vale) B.

Sarebbe folle sostenere che il precedente schema di classificazione sia di facile lettura. Per aiutare un po' grossolanamente il lettore, possiamo interpretarlo così. Immaginiamo che una classe sia descritta da

$$\{\alpha \mid A\}.$$

La scrittura

$$\beta \in \{\alpha \mid A\}$$

significa sempre due cose: la prima è che β è un insieme. La seconda è che β gode della proprietà A, nella quale β ha preso il posto della variabile α. Per esempio, consideriamo

$$\{\alpha \mid \alpha \text{ è un cavallo a dondolo}\}.$$

Scrivendo

$$\beta \in \{\alpha \mid \alpha \text{ è un cavallo a dondolo}\}$$

vogliamo affermare che β è un insieme, e che β è un cavallo a dondolo.

Osservazione 17.1 Una questione non essenziale ai fini teorici, ma piuttosto importante nella pratica, è quella del *nome* delle classi. Non è strettamente indispensabile attribuire un nome ad una classe, ma quasi sempre è molto conveniente farlo. Questa procedura presta però il fianco ad un'obiezione: il nome riservato alla classe potrebbe apparire nella formula che definisce la classe stessa. Per capirci: non è possibile definire una classe come

$$A = \{x \mid x \subset A\}.$$

Una siffatta definizione è spesso detta *circolare*, nel senso che definisce un oggetto mediante l'oggetto stesso. Pertanto postuliamo quanto segue: sia $\varphi(x)$ una formula in cui A non appare come variabile libera. Esiste allora la classe

$$A = \{x \mid \varphi(x)\}.$$

Questa restrizione, ad esempio, ci impedisce di *definire* la classe vuota $\emptyset$ come la classe tale che $x \notin \emptyset$ per ogni x. Una definizione sicuramente suggestiva e non del tutto infondata, che però deve essere sostituita da una definizione coerente con le regole del nostro gioco.

Abbiamo finora taciuto un fatto che, nel principiante, suscita tanta confusione: nella teoria delle classi, *tutto* è una classe. Ci sono le classi proprie e gli insiemi, ma non esiste nient'altro. In particolare, cade la necessità ingenua di distinguere gli insiemi dai rispettivi elementi. O, più precisamente, non si attribuisce alcuna distinzione filosofica tra gli insiemi e gli elementi degli insiemi. Siamo abituati a pensare — e siamo stati istruiti a pensare — che il mio gatto sia un oggetto, mentre l'insieme di tutti i gatti del mio quartiere sia un oggetto completamente diverso. Nella teoria KM sono entrambi classi, anche se il mio gatto è in effetti un insieme perché appartiene alla classe di tutti i gatti del mio quartiere. A.P. Morse, con una certa astuzia, usa nel suo libro i termini `insieme` e `punto` per indicare rispettivamente le nostre classi e i nostri insiemi. Anche perché abbiamo in mente che i punti siano elementi degli insiemi, giusto? Nel seguito, a costo di fare un dispetto a Morse, manterremo la terminologia `classe/insieme`.

17.3 Algebra delle classi

Ricordiamo sempre che lo scopo della teoria assiomatica delle classi è quello di legittimare l'uso ingenuo della teoria degli insiemi, sbarazzandosi dei paradossi. Non ci sorprende allora che le classi sopra definite abbiano regole di calcolo, cioè un'algebra.

Definizione 17.2 $x \cup y = \{z \mid z \in x \text{ oppure } z \in y\}$.

Definizione 17.3 $x \cap y = \{z \mid z \in x \text{ e } z \in y\}$.

Il buon senso ci suggerisce di chiamare $x \cup y$ la classe unione di x e y, e di chiamare $x \cap y$ la classe intersezione di x e y.

Teorema 17.1 *$z \in x \cup y$ se e solo se $z \in x$ oppure $z \in y$, e $z \in x \cap y$ se e solo se $z \in x$ e $z \in y$.*

Dimostrazione Per lo schema di classificazione, $z \in x \cup y$ se e solo se z è un insieme, e $z \in x$ oppure $z \in y$. Ma ciascuna della formule $z \in x$, $z \in y$ implica che z sia un insieme, quindi la prima parte della tesi è dimostrata. La seconda è identica, a patto di sostituire 'oppure' con 'e'. □

A questo punto più di un lettore si domanderà che senso abbia la precedente dimostrazione. Sembra una semplice ricopiatura della definizione di unione e intersezione. La sensazione di inutilità accompagna i primi passi di una qualunque teoria assiomatica: bisogna essere pedanti oltre il ragionevole, affinché la mente non salti a conclusioni che le definizioni precedenti non possono giustificare.

Teorema 17.2 $x \cup x = x$ e $x \cap x = x$.

Dimostrazione Infatti $z \in x \cup x$ se e solo se z è un insieme, e $z \in x$ oppure $z \in x$. Quindi se e solo se z è un insieme e $z \in x$. Questo accade se e solo se $z \in x$. Come sopra, la seconda affermazione è identica, purché la disgiunzione 'oppure' sia sostituita dalla congiunzione 'e'. □

Teorema 17.3 $x \cup y = y \cup x$ e $x \cap y = y \cap x$.

Dimostrazione Lasciamo al lettore i dettagli, osservando che la chiave della dimostrazione è in realtà la simmetria delle costanti logiche 'oppure' ed 'e' □

Teorema 17.4 $(x \cup y) \cup z = x \cup (y \cup z)$, e $(x \cap y) \cap z = x \cap (y \cap z)$.

Dimostrazione Infatti $w \in (x \cap y) \cap z$ se e solo se w è un insieme, $w \in x \cap y$ e $w \in z$. Ciò accade se e solo se w è un insieme, $w \in x$, $w \in y$, $w \in z$. Ancora, ciò accade se e solo se w è un insieme, $w \in x$ e $w \in y \cap z$. Abbiamo dunque verificato la seconda affermazione. La prima è del tutto analoga, e lasciamo i dettagli come esercizio. $\qquad\Box$

In particolare, l'ultimo Teorema giustifica le scritture senza parentesi

$$x \cap y \cap z, \qquad x \cup y \cup z.$$

Da questo momento ometteremo quelle dimostrazioni così ripetitive di argomenti già mostrati da risultare noiose. La verifica della proprietà distributiva è una di queste.

Teorema 17.5 $x \cap (y \cup z) = (x \cap y) \cup (x \cap z)$ e $x \cup (y \cap z) = (x \cup y) \cap (x \cup z)$.

Definizione 17.4 $x \notin y$ se e solo se è falso che $x \in y$.[2]

Definizione 17.5 $\sim x = \{y \mid y \notin x\}$.

Il complemento assoluto $\sim x$ di x è spesso e volentieri denotato da $\complement x$. Preferiamo evitare la notazione x^c, che si confonde troppo facilmente con un elevamento a potenza.

Teorema 17.6 $\sim(\sim x) = x$.

Dimostrazione È falso che è falso che $x \in y$ se e solo se è vero che $x \in y$. $\qquad\Box$

Teorema 17.7 (Leggi di De Morgan) $\sim(x \cup y) = (\sim x) \cap (\sim y)$ e $\sim(x \cap y) = (\sim x) \cup (\sim y)$.

Dimostrazione Per ogni z, $z \in \sim(x \cap y)$ se e solo se z è un insieme ed è falso che $z \in x \cap y$. Ora, $z \in x \cap y$ se e solo se $z \in x$ e $z \in y$. Di conseguenza $z \in \sim(x \cap y)$ se e solo se z è un insieme e $z \notin x$ oppure $z \notin y$. Questo accade se e solo se $z \in (\sim x) \cup (\sim y)$. L'affermazione riguardante il complementare dell'unione si dimostra analogamente. $\qquad\Box$

Definizione 17.6 $x \sim y = x \cap (\sim y)$.

La classe $x \sim y$ è spesso chiamata complementare di y in x, o anche differenza di x e y. Il simbolo $x \setminus y$ è sicuramente prevalente nella letteratura moderna, ma in questa Appendice preferiamo scrivere $x \sim y$ per analogia con il simbolo di complementare assoluto. D'altronde non sembra esistere la notazione $\setminus x$ come sinonimo di $\sim x$.

---

[2] Nella notazione della Logica, la negazione è solitamente indicata da $\sim$ o da $\neg$. Quindi dovremmo scrivere $x\neg \in y$ o $x\sim \in y$. Preferiamo qui utilizzare la simbologia tradizionale della cosiddetta sbarra di negazione, sicuramente più sbrigativa e familiare.

Teorema 17.8 $x \cap (y \sim z) = (x \cap y) \sim z$.

Dimostrazione Per ogni w, $w \in (x \cap y) \sim z$ se e solo se w è un insieme, $w \in x$, $w \in y$, e $w \notin z$. Ma ciò equivale a dire che w è un insieme, $w \in x$ e $w \in y$, $w \notin z$, cioè $w \in x \cap (y \sim z)$. $\qquad\qquad\square$

Definizione 17.7 (Zero) $0 = \{x \mid x \neq x\}$.

In questa Appendice utilizzeremo sistematicamente il simbolo 0 per denotare la classe vuota (vedremo più avanti che 0 è in realtà un insieme). Nella manualistica moderna è più diffuso il simbolo $\emptyset$, che qualcuno sostituisce con il raffinato $\{\}$. La scelta di 0 (zero) è particolarmente opportuna nell'ambito della teoria degli insiemi, soprattutto perché zero è ingenuamente associato all'assenza (di elementi, in questo caso), e per il suo ruolo nella costruzione degli ordinali di von Neumann.

Teorema 17.9 _Per ogni x, è falso che $x \in 0$._

Dimostrazione Per ogni x, $x \in 0$ se e solo se x è un insieme e $x \neq x$. In base alla nostra convenzione sull'uso del simbolo di uguaglianza, ogni variabile logica è identica a se stessa, quindi nessun x può essere elemento di 0. $\qquad\qquad\square$

Teorema 17.10 $0 \cup x = x$ e $0 \cap x = 0$.

Dimostrazione Per ogni z, $z \in 0 \cup x$ se e solo se z è un insieme e $z \in 0$ oppure $z \in x$. Essendo falso che $z \in 0$, ciò accade se e solo se $z \in x$. La seconda affermazione si dimostra con un'ovvia modifica del precedente ragionamento. $\qquad\qquad\square$

Definizione 17.8 $\mathsf{U} = \{x \mid x = x\}$.

La classe U prende il nome di (classe) universo. Vedremo in seguito che U non è un insieme; tuttavia il seguente Teorema ne caratterizza il significato.

Teorema 17.11 $x \in \mathsf{U}$ _se e solo se x è un insieme._

Dimostrazione Poiché $x = x$ è una tautologia,[3] $x \in \mathsf{U}$ se e solo se x è un insieme e x soddisfa una tautologia, cioè se e solo se x è un insieme. $\qquad\qquad\square$

In breve: U è la classe di tutti gli insiemi.

Teorema 17.12 $x \cup \mathsf{U} = \mathsf{U}$ e $x \cap \mathsf{U} = x$.

Dimostrazione Per ogni z, $z \in x \cup \mathsf{U}$ se e solo se z è un insieme e $z \in x$ o $z \in \mathsf{U}$. Dal momento che $z \in \mathsf{U}$ se e solo se z è un insieme, questo accade se e solo se $z \in U$.

---

[3] Una tautologia è una proposizione logica sempre vera.

Invece, $z \in x \cap U$ se e solo se z è un insieme, $z \in x$ e $z \in U$. Ma ciò accade se e solo se z è un insieme e $z \in x$. $\square$

Teorema 17.13 $\sim 0 = U$ e $\sim U = 0$.

Dimostrazione Per ogni z, $z \in \sim 0$ se e solo se z è un insieme ed è falso che $z \in 0$. Sapendo che $z \in 0$ è sempre falso, possiamo concludere che $z \in \sim 0$ se e solo se z è un insieme, cioè se e solo se $z \in U$.

Analogamente, $z \in \sim U$ se e solo se z è un insieme ed è falso che $z \in U$. Poiché z non può essere e non essere un insieme, nessun z appartiene a $\sim U$. $\square$

Definizione 17.9

$$\bigcap x = \{z \mid \text{per ogni } y, \text{ se } y \in x \text{ allora } z \in y.\}$$

Definizione 17.10

$$\bigcup x = \{z \mid \text{per qualche } y, \text{ se } y \in x \text{ allora } z \in y.\}$$

La classe $\bigcap x$ è la classe intersezione di x, e la classe $\bigcup x$ è la classe unione di x. Gli elementi di $\bigcap x$ sono elementi di elementi di x, e non possiamo sapere se appartengano o non appartengano ad x.

Dobbiamo rallentare il passo e cercare di motivare le ultime due definizioni. Nessuno studente può evitare qualche imbarazzo di fronte alle nostre notazioni per le intersezioni e per le unioni di classi. Nelle trattazioni più elementari, si utilizzano i cosiddetti indici. Quindi, per esempio, si parte da una collezione[4]

$$\{X_i \mid i \in I\}$$

di classi (o insiemi), e si pone

$$\bigcap_{i \in I} X_i = \{z \mid \text{per ogni } i \in I, z \in X_i.\}$$

Talvolta si usano alfabeti calligrafici per indicare collezioni di classi (o di insiemi), ad esempio $\mathcal{A}$, $\mathcal{B}$, C, ecc. Quindi è naturale scrivere

$$\bigcap \mathcal{A} = \{z \mid z \in x \text{ per ogni } x \in \mathcal{A}\}.$$

A questo punto è sufficiente osservare che l'uso di alfabeti calligrafici è puramente *estetico*: una classe è una classe, indipendentemente dal fatto che sia una classe di classi. Ed eccoci così giunti alle nostre notazioni, sicuramente minimaliste e un po' criptiche, ma del tutto coerenti con il contesto astratto di questa Appendice.

---

[4] Ad essere veramente pignoli, stiamo piuttosto considerando una funzione $i \mapsto X_i$, che ad ogni $i \in I$ associa una classe X_i. In questo senso il simbolo $\{X_i \mid i \in I\}$ è un abuso di notazione, che confonde una funzione con la sua immagine.

Teorema 17.14 $\bigcap 0 = \mathsf{U}$ e $\bigcup 0 = 0$.

Dimostrazione $z \in \bigcap 0$ se e solo se z è un insieme e z appartiene ad ogni elemento di 0. Poiché non esistono elementi di 0, ciò accade se e solo se z è un insieme, cioè se e solo se $z \in \mathsf{U}$. Invece, $z \in \bigcup 0$ se e solo se z è un insieme e z appartiene ad almeno uno degli elementi di 0. Ma 0 non ha elementi, quindi per ogni z è falso che $z \in \bigcup 0$. $\square$

Osservazione 17.2   Attenzione: con gli assiomi introdotti finora non siamo in grado di descrivere $\bigcap \mathsf{U}$ e $\bigcup \mathsf{U}$.

Definizione 17.11 $x \subset y$ se e solo se per ogni z, se $z \in x$ allora $z \in y$.

Come già osservato all'inizio di questo libro, il simbolo $\subset$ di inclusione *classista* è sempre inteso in senso largo: $x \subset y$ non esclude $x = y$. Non utilizzeremo il simbolo $\subseteq$.

Enunciamo alcune proprietà dell'inclusione. Alcune dimostrazioni sono lasciate per esercizio.

Teorema 17.15 $0 \subset x$ e $x \subset \mathsf{U}$.

Dimostrazione   Per ogni z è falso che $z \in 0$. Quindi per ogni $z \in 0$ risulta $z \in x$. Infine, se $z \in x$ allora z è un insieme e dunque $z \in \mathsf{U}$. $\square$

Teorema 17.16   *$x = y$ se e solo se $x \subset y$ e $y \subset x$.*

Teorema 17.17   *Se $x \subset y$ e $y \subset z$, allora $x \subset z$.*

Teorema 17.18   *$x \subset y$ se e solo se $x \cup y = y$.*

Dimostrazione   Supponiamo che $x \subset y$. Per ogni z, $z \in x \cup y$ se e solo se z è un insieme e $z \in x$ o $z \in y$. Se $z \in x$ allora $z \in y$, Quindi $z \in x \cup y$ se e solo se z è un insieme e $z \in y$, cioè se e solo se $z \in y$. Viceversa, se $x \cup y = y$ e se $z \in x$, allora z è un insieme e $z \in y$. $\square$

Teorema 17.19   *$x \subset y$ se e solo se $x \cap y = x$.*

Teorema 17.20   *Se $x \subset y$, allora $\bigcup x \subset \bigcup y$ e $\bigcap y \subset \bigcap x$.*

Dimostrazione   Per ogni z, se $z \in \bigcup x$ allora z è un insieme e z appartiene a qualche elemento di x. Per ipotesi z appartiene a qualche elemento di y, cioè $z \in \bigcup y$. Similmente, se $z \in \bigcap y$ allora z è un insieme e z appartiene ad ogni elemento di y. Per ogni x', se $x' \in x$ allora $x' \in y$. Quindi $z \in x'$, sicché $z \in \bigcap x$. $\square$

Il precedente enunciato, soprattutto la seconda affermazione, può sembrare contro intuitivo. La notazione indiciale è di aiuto. Supponiamo infatti

$$x = \{x_i \mid i \in I\}$$
$$y = \{x_j \mid j \in J\}.$$

L'ipotesi $x \subset y$ può tradursi nella condizione $I \subset J$: ogni x_i, $i \in I$ è anche un x_j, $j \in J$. Ma allora

$$\bigcap_{j \in J} x_j \subset \bigcap_{j \in I} x_j = \bigcap_{i \in I} x_i,$$

per il semplice (?) fatto che l'insieme J contiene tutti gli indici di I, ed eventualmente altri indici.

Teorema 17.21 *Se $x \in y$, allora $x \subset \bigcup y$ e $\bigcap y \subset x$.*

Dimostrazione Poiché x è uno degli elementi di y, ogni $z \in x$ è un elemento di $\bigcup y$. Similmente, sia z un elemento di ciascun elemento di y. Quindi $z \in x$. $\qquad\square$

17.4 Sottoinsiemi

Assioma dei sottoinsiemi
Se x è un insieme, esiste un insieme y tale che per ogni z, se $z \subset x$ allora $z \in y$.

Teorema 17.22 *Se x è un insieme e se $z \subset x$, allora z è un insieme.*

Dimostrazione Se x è un insieme, esiste un insieme y tale che $z \in y$ per ogni $z \subset x$. Quindi, in particolare, z è un elemento di y, e dunque un insieme. $\qquad\square$

In breve: le sottoclassi di un insieme sono essi stessi insiemi. Osserviamo che l'Assioma dei sottoinsiemi non è stato utilizzato nella sua piena forza. In effetti la dimostrazione precedente vale non appena y sia una classe con le proprietà descritte. Il fatto che y sia anche un insieme è irrilevante per la conclusione.

Teorema 17.23 $0 = \bigcap \mathsf{U}$ e $\mathsf{U} = \bigcup \mathsf{U}$.

Dimostrazione Se $x \in \mathsf{U}$, allora x è un insieme. Poiché $0 \subset x$, anche 0 è un insieme. Deduciamo che $0 \in \mathsf{U}$, e a maggior ragione ogni elemento di $\bigcap \mathsf{U}$ appartiene a 0. Quindi $\bigcap \mathsf{U}$ non ha elementi. Invece, $\bigcup \mathsf{U} \subset \mathsf{U}$ per il Teorema 17.15. Se $x \in \mathsf{U}$

allora x è un insieme e per l'assioma dei sottoinsiemi esiste un insieme y tale che, se $z \subset x$, allora $z \in y$. In particolare $x \in y$. Poiché y è un elemento di $\bigcup$, $x \in \bigcup \bigcup$. Ne consegue che $\bigcup \subset \bigcup \bigcup$. $\qquad\square$

Teorema 17.24 *Se $x \neq 0$, allora $\bigcap x$ è un insieme.*

Dimostrazione L'ipotesi $x \neq 0$ garantisce l'esistenza di $y \in x$. Quindi y è un insieme. Ricordando che $\bigcap x \subset y$, anche $\bigcap x$ è un insieme. $\qquad\square$

Definizione 17.12 $2^x = \{y \mid y \subset x\}$.

La classe 2^x è formata dalle sottoclassi di x. Per estensione del linguaggio ingenuo, possiamo chiamare 2^x la classe delle parti di x.

Teorema 17.25 $\bigcup = 2^{\bigcup}$.

Dimostrazione Ogni elemento di $2^{\bigcup}$ è un insieme (per definizione di elemento), e a maggior ragione appartiene a $\bigcup$. Viceversa, ogni elemento di $\bigcup$ è un insieme ed è contenuto in $\bigcup$ (ancora per il Teorema 17.15). Quindi ogni elemento di $\bigcup$ appartiene a $2^{\bigcup}$. $\qquad\square$

Teorema 17.26 *Se x è un insieme allora 2^x è un insieme. Inoltre, per ogni y accade che $y \subset x$ se e solo se $y \in 2^x$.*

Dimostrazione Se x è un insieme, per l'assioma dei sottoinsiemi esiste y tale che y sia un insieme e per ogni z, se $z \subset x$ allora $z \in y$. Affermiamo che $2^x \subset y$. Infatti $z \in 2^x$ se e solo se z è un insieme e $z \subset x$. Poiché x è un insieme, questo accade se e solo se $z \subset x$, dimostrando la seconda parte dell'enunciato. Quindi per ogni z, se $z \in 2^x$ allora $z \in y$. Poiché y è un insieme, 2^x è un insieme per il Teorema 17.22. $\square$

Un'osservazione dovuta e legittima è che l'*esistenza* di insiemi non è ancora dimostrabile partendo dai pochi assiomi a nostra disposizione. Si tratta di un punto cruciale in qualunque teoria assiomatica degli insiemi: prima o poi bisogna *postulare* l'esistenza di almeno un insieme. Nella teoria KM l'effettiva esistenza di un insieme sarà contenuto nell'assioma dell'infinito.

È invece facile dimostrare l'esistenza di classi proprie, cioè di classi che non siano elementi di altre classi.

Teorema 17.27 $R = \{x \mid x \notin x\}$ *non è un insieme.*

Dimostrazione $R \in R$ se e solo se R è un insieme e $R \notin R$. Quindi R non è un insieme. $\qquad\square$

La classe propria R è il fantomatico insieme la cui esistenza conduce al paradosso di Russell nella teoria ingenua. Per KM non sussiste alcuna contraddizione, poiché la proprietà 'R è un insieme' vanifica lo scontro simultaneo fra $R \in R$ e $R \notin R$.

Teorema 17.28 U *non è un insieme.*

Dimostrazione Se U fosse un insieme, allora $R \subset \mathsf{U}$ sarebbe un insieme. $\qquad\square$

Eccoci arrivati alla dimostrazione rigorosa che nella teoria KM non esiste *l'insieme di tutti gli insiemi.*

17.5 Coppie

Nella teoria delle classi esistono due tipi di coppie: le coppie ordinate e le coppie non ordinate. Cominciamo da un tipo particolare di classe.

Definizione 17.13 $\{x\} = \{z \mid \text{se } x \in \mathsf{U} \text{ allora } z = x\}$.

La classe $\{x\}$ è spesso chiamata 'singoletto'.

Teorema 17.29 *Se x è un insieme, allora per ogni y, $y \in \{x\}$ se e solo se $y = x$.*

Dimostrazione Per ogni y, $y \in \{x\}$ se e solo se y è un insieme e $y = x$, dal momento che per ipotesi $x \in \mathsf{U}$. Per la stessa ragione, y è un insieme e $y = x$ se e solo se $y = x$. $\qquad\square$

Teorema 17.30 *Se x è un insieme, allora $\{x\}$ è un insieme.*

Dimostrazione Poiché $\{x\} \subset 2^x$, la conclusione segue dal Teorema 17.26. $\qquad\square$

Teorema 17.31 $\{x\} = \mathsf{U}$ *se e solo se x non è un insieme.*

Dimostrazione Se x è un insieme, allora $\{x\}$ è un insieme e dunque non può coincidere con la classe propria U. Se invece x non è un insieme, allora $x \notin \mathsf{U}$ e $\{x\} = \mathsf{U}$ per la definizione di singoletto. $\qquad\square$

Teorema 17.32 *Se x è un insieme, allora $\bigcap\{x\} = x$ e $\bigcup\{x\} = x$. Se x non è un insieme, allora $\bigcap\{x\} = 0$ e $\bigcup\{x\} = \mathsf{U}$.*

Dimostrazione Nel primo caso la conclusione segue dal Teorema 17.29. Nel secondo caso si usa il Teorema 17.23. $\qquad\square$

Assioma dell'unione
Se x è un insieme e y è un insieme, allora $x \cup y$ è un insieme.

Introduciamo per primo il concetto di coppia non ordinata. La notazione $\{xy\}$ priva di separatore di [13] non appare del tutto convincente, e utilizzeremo la virgola come separatore.

Definizione 17.14 (Coppia non ordinata) $\{x, y\} = \{x\} \cup \{y\}$.

In generale, $\{x, y\}$ è una classe. I seguenti enunciati descrivono in quali casi una coppia non ordinata sia un insieme. Le dimostrazioni seguono dalle precedenti caratterizzazioni dei singoletti come insiemi.

Teorema 17.33   *Se x e y sono due insiemi, allora $\{x, y\}$ è un insieme, e $z \in \{x, y\}$ se e solo se $z = x$ o $z = y$. Accade che $\{x, y\} = \mathsf{U}$ se e solo se almeno uno tra x e y non è un insieme.*

Teorema 17.34   *Se x e y sono due insiemi, allora $\bigcap\{x, y\} = x \cap y$ e $\bigcup\{x, y\} = x \cup y$. Se x oppure y non è un insieme, allora $\bigcap\{x, y\} = 0$ e $\bigcup\{x, y\} = \mathsf{U}$.*

La definizione di coppia ordinata è invece più delicata. A livello ingenuo le coppie ordinate sono enti primitivi caratterizzati dalla richiesta che $(x, y) = (x', y')$ se e solo se $x = x'$ e $y = y'$. In una teoria assiomatica appare invece inutile postulare come assioma il concetto di coppia ordinata.

Definizione 17.15 $(x, y) = \{\{x\}, \{x, y\}\}$.

Teorema 17.35 (x, y) *è un insieme se e solo se x e y sono entrambi insiemi. Se (x, y) non è un insieme, allora $(x, y) = \mathsf{U}$.*

Dimostrazione   Segue dal Teorema 17.33.   □

Teorema 17.36   *Se x e y sono entrambi insiemi, allora $\bigcup(x, y) = \{x, y\}$, $\bigcap(x, y) = \{x\}$, $\bigcup\bigcap(x, y) = x$, $\bigcap\bigcap(x, y) = x$, $\bigcup\bigcup(x, y) = x \cup y$ e $\bigcap\bigcup(x, y) = x \cap y$. Se almeno uno fra x e y non è un insieme, allora $\bigcup\bigcap(x, y) = 0$, $\bigcap\bigcap(x, y) = \mathsf{U}$, $\bigcup\bigcup(x, y) = \mathsf{U}$ e $\bigcap\bigcup(x, y) = 0$.*

Dimostrazione   Le dimostrazioni nel caso in cui x oppure y non sia un insieme sono puramente formali. Occupiamoci del caso in cui (x, y) sia un insieme. Ad esempio, $z \in \bigcap(x, y)$ se e solo se z è un insieme e $z \in \{x\} \cap \{x, y\}$. Ciò accade se e solo se z è un insieme e $z = x$. Quindi $z \in \bigcap\bigcap(x, y)$ se e solo se z è un insieme e $z \in \bigcap\{x\}$, cioè se e solo se z è un insieme e $z \in x$. Le altre relazioni si dimostrano con ragionamenti del tutto analoghi.   □

Definizione 17.16   First coord $z = \bigcap\bigcap z$.

Definizione 17.17   Second coord $z = (\bigcap\bigcup z) \cup ((\bigcup\bigcup z) \sim \bigcup\bigcap z)$.

Le precedenti definizioni della prima e della seconda coordinata di una classe z sono utili quasi esclusivamente nel caso in cui z sia una coppia ordinata. Il Teorema 17.36 mostra allora che la prima coordinata di $z = (x, y)$ è effettivamente la classe x. Per la seconda coordinata bisogna ammettere che la definizione non è propriamente intuitiva. Ammettendo che z sia una coppia ordinata di insiemi,

$$\text{Second coord } (x, y) = (x \cap y) \cup ((x \cup y) \sim x)$$
$$= (x \cap y) \cup y$$
$$= y.$$

Il caso generale è descritto dal seguente

Teorema 17.37 Second coord $\mathsf{U} = \mathsf{U}$.

Teorema 17.38 *Se x e y sono insiemi,* First coord $(x, y) = x$ *e* Second coord $(x, y) = y$. *Se x oppure y non è un insieme,* First coord $(x, y) = \mathsf{U}$ *e* Second coord $(x, y) = \mathsf{U}$.

Dimostrazione Abbiamo già mostrato le relazioni nel caso in cui x e y siano insiemi. Nel caso restante è sufficiente applicare il Teorema 17.36.   □

Teorema 17.39 *Se x e y sono insiemi e $(x, y) = (u, v)$, allora $x = u$ e $x = v$.*

Dimostrazione Se $(x, y) = (u, v)$, segue che $x = \bigcap\bigcap(x, y) = \bigcap\bigcap(u, v) = u$. Analogamente si dimostra che le secondo coordinate devono coincidere.   □

17.6 Relazioni e funzioni

Ogni docente di matematica conosce quel sottile imbarazzo che prende nel momento di introdurre agli studenti il concetto di funzione. Al netto di acrobazie lessicali piuttosto spericolate, la realtà è che quello di funzione (o applicazione) è considerato un concetto primitivo. Al pari del concetto di insieme, dunque.

Una funzione è una *scatola nera* nel quale si mette un *input* e dal quale si estrae magicamente un *output*. Uno *ed un solo* output, naturalmente. Queste scatole nere sono ovunque: nei corsi di Algebra, in quelli di Analisi, in quelli di Geometria, e perfino in quelli di Fisica.

Tuttavia, una delle più gradevoli scoperte per chi legga la teoria ingenua degli insiemi è che il concetto di funzione non è primitivo, ma discende dal concetto di coppia ordinata. Che poi nei corsi elementari si ometta questa semplice verità è un discorso di natura diversa.

Definizione 17.18 r è una relazione se e solo se per ogni elemento z di r esistono x e y tali che $z = (x, y)$.

Per farla breve: una relazione è una classe costituita da coppie ordinate. Si presti attenzione al fatto che `relazione` non deve essere inteso come sinonimo di `funzione`.

Definiamo il dominio e il rango.

Definizione 17.19 $\mathrm{dom}\, r = \{x \mid \text{for some } y,\, (x, y) \in r\}$.

Definizione 17.20 $\mathrm{ran}\, r = \{y \mid \text{for some } x,\, (x, y) \in r\}$.

Le due definizioni precedenti non richiedono necessariamente che r sia una relazione. Anche questa enorme flessibilità è dovuta alla generalità dello schema di classificazione. È comunque chiaro che i concetti di dominio e rango sono interessanti soprattutto se applicati a relazioni.

Teorema 17.40 $\mathrm{dom}\, \mathsf{U} = \mathsf{U}$ e $\mathrm{ran}\, \mathsf{U} = \mathsf{U}$.

Dimostrazione   Ogni elemento di $\mathrm{dom}\, \mathsf{U}$ è necessariamente un insieme. Occorro dunque dimostrare solo l'inclusione $\mathsf{U} \subset \mathrm{dom}\, \mathsf{U}$. Ora, se x è un insieme allora $(x, 0)$ e $(0, x)$ appartengono a U, in quanto $0 \subset x$ e si applica il Teorema 17.22. In particolare x è un elemento di $\mathrm{dom}\, \mathsf{U}$ e di $\mathrm{ran}\, \mathsf{U}$.   □

Definizione 17.21 $\mathrm{fld}\, r = \mathrm{dom}\, r \cup \mathrm{ran}\, r$.

La classe $\mathrm{fld}\, r$ è il campo della classe r. Al solito, questa definizione assume interesse soprattutto se r è una relazione.

Definizione 17.22

$$r \circ s = \left\{ u \,\middle|\, \begin{array}{l} \text{per qualche } x, \text{ qualche } y \text{ e qualche } z, \\ u = (x, z),\ (x, y) \in s \text{ e } (y, z) \in r \end{array} \right\}.$$

Diremo che $r \circ s$ è la composizione di r e s (in questo ordine!), e leggeremo 'r composto s'.

A questo punto la notazione — necessariamente pedante — che abbiamo introdotto ha bisogno di essere alleggerita. Quando il classificatore opera su coppie ordinate, conveniamo che

$$\{(x, y) \mid \ldots\}$$

sia sinonimo di

$$\{u \mid \text{per qualche } x \text{ e qualche } y,\, u = (x, y) \text{ e } \ldots\}.$$

Quindi

$$r \circ s = \{(x, z) \mid \text{esiste } y \text{ tale che } (x, y) \in s \text{ e } (y, z) \in r\}$$

restituisce al concetto di composizione di relazioni un aspetto più familiare.

Teorema 17.41 $(r \circ s) \circ t = r \circ (s \circ t)$.

Teorema 17.42 $r \circ (s \cup t) = (r \circ s) \cup (r \circ t)$ e $r \circ (s \cap t) \subset (r \circ s) \cap (r \circ t)$.

Attenzione all'ultimo enunciato: quando opera l'intersezione, non dobbiamo aspettarci una relazione di uguaglianza.

Definizione 17.23 $r^{-1} = \{(x, y) \mid (y, x) \in r\}$.

Ovviamente nessuno si deve stupire se r^{-1} si chiama relazione inversa di r. L'esponente -1 per questo scopo è effettivamente ambiguo, perché può confondersi con l'operazione algebrica in un gruppo. Tuttavia le notazioni alternative

$$r^{\leftarrow}, \quad \text{inv}\, r, \ldots$$

non sembrano essere convincenti.

Teorema 17.43 $(r^{-1})^{-1} = r$.

Dimostrazione Infatti $(x, y) \in (r^{-1})^{-1}$ se e solo se (x, y) è un insieme e $(y, x) \in r^{-1}$. Questo accade se e solo se (x, y) è un insieme, (y, x) è un insieme, e $(x, y) \in r$. $\qquad\square$

Teorema 17.44 $(r \circ s)^{-1} = s^{-1} \circ r^{-1}$.

Dimostrazione Lasciata per esercizio. $\qquad\square$

Negli ultimi anni il concetto generale di relazione è introdotto già a livello scolastico, sebbene con un linguaggio vagamente metafisico. Ben più popolare, come anticipato, è invece il concetto di funzione. Questa famosa 'scatola nera' deve associare ad ogni elemento in ingresso uno ed un solo elemento in uscita.

Definizione 17.24 f è una funzione se e solo se f è una relazione e per ogni x, ogni y, ogni z, se $(x, y) \in f$ e $(x, z) \in f$, allora $y = z$.

Nel nostro contesto, una funzione è dunque una relazione tale che, per ogni x, la relazione $(x, y) \in f$ possa sussistere al più per un unico elemento y.

Teorema 17.45 *Se f e g sono funzioni, allora $f \circ g$ è una funzione*

Dimostrazione Esercizio. $\qquad\square$

Definizione 17.25

$$f(x) = \bigcap \{y \mid (x, y) \in f\}$$

Come di consueto, $f(x)$ è il valore di f in x. Tuttavia la definizione rigorosa appena proposta è spesso recepita con molta perplessità. A livello ingenuo, il valore di una funzione f in un elemento x è quell'unico elemento y tale che $(x, y) \in f$. Vediamo perché.

Teorema 17.46 *Se $x \notin \mathrm{dom}\, f$, allora $f(x) = \mathsf{U}$. Se $x \in \mathrm{dom}\, f$, allora $f(x) \in \mathsf{U}$.*

Dimostrazione Nel primo caso $\{y \mid (x, y) \in f\} = 0$, quindi $f(x) = \bigcap 0 = \mathsf{U}$. Nel secondo caso $\{y \mid (x, y) \in f\} \neq 0$, e per il Teorema 17.24 $f(x)$ è un insieme. $\square$

Osserviamo che il precedente risultato non richiede nemmeno che f sia una funzione: è sufficiente che f sia una relazione.

Supponiamo ora che x appartenga al dominio della funzione f. Allora $f(x)$ è un insieme, e per definizione di funzione $f(x) = \{y\}$ per qualche y. Ma allora $f(x) = \bigcap\{y\} = y$ per il Teorema 17.32. Ecco che, nell'unico caso realmente significativo, la definizione di `valore` si sovrappone interamente a quella ingenua.

Di natura profondamente diversa sono i concetti di `immagine` e `contro-immagine` rispetto ad una relazione.

Definizione 17.26

$$R_*[a] = \{y \mid \text{per qualche } x,\, x \in a \text{ e } (x, y) \in R\}$$
$$_*R[b] = \{x \mid \text{per qualche } y,\, y \in b \text{ e } (x, y) \in R\}.$$

Per analogia con la terminologia dell'Algebra, R_* è anche chiamato `push-forward`, mentre $_*R$ è anche chiamato `pull-back`. Naturalmente — lasciamo i dettagli della discussione al lettore — immagine e controimmagine sono significativi quando $a \subset \mathrm{dom}\, R$ e $b \subset \mathrm{ran}\, R$.

La discussione appena fatta convalida la seguente caratterizzazione di una funzione: le funzioni coincidono con i loro grafici.

Teorema 17.47 *Se f è una funzione, allora*

$$f = \{(x, y) \mid y = f(x)\}.$$

Teorema 17.48 *Se f e g sono funzioni, $f = g$ se e solo se $f(x) = g(x)$ per ogni x.*

Dimostrazione Se $f = g$, banalmente $f(x) = g(x)$ per ogni x. Viceversa, se $f(x) = g(x)$ per ogni x, allora

$$\begin{aligned} f &= \{(x, y) \mid y = f(x)\} \\ &= \{(x, y) \mid y = g(x)\} \\ &= g. \end{aligned}$$

$\square$

17.7 Prodotti cartesiani

La definizione del prodotto cartesiano di due classi non ci sorprende.

Definizione 17.27 $x \times y = \{(u, v) \mid u \in x,\ v \in y\}$.

Tuttavia, con i soli assiomi a nostra disposizione, non saremmo in grado di dimostrare un risultato ragionevole: il prodotto cartesiano di due insiemi è un insieme. Ovviamente la soluzione migliore non è quella di postulare tale risultato come assioma.

Assioma di sostituzione
Se f è una funzione e dom f è un insieme, allora ran f è un insieme.

Assioma di amalgamazione
Se x è un insieme, allora $\bigcup x$ è un insieme.

Teorema 17.49 *Se u e y sono insiemi, allora $\{u\} \times y$ è un insieme.*

Dimostrazione Per utilizzare l'Assioma di sostituzione, definiamo la funzione

$$\{(w, z) \mid w \in y,\ z = (u, w)\}.$$

Evidentemente il dominio di questa funzione è y e il suo rango è $\{u\} \times y$. Poiché y è un insieme, anche $\{u\} \times y$ lo è. $\square$

Teorema 17.50 *Se x e y sono insiemi, anche $x \times y$ è un insieme.*

Dimostrazione Esiste una ed una sola funzione f il cui dominio sia x tale che $f(u) = \{u\} \times y$ per ogni $u \in x$. Esplicitamente,

$$f = \{(u, z) \mid u \in x,\ z = \{u\} \times y\}.$$

Per l'Assioma di sostituzione, ran f è un insieme. Ma

$$\operatorname{ran} f = \{z \mid \text{per qualche } u,\ u \in x \text{ e } z = \{u\} \times y\}.$$

Per l'Assioma di amalgamazione, $\bigcup \operatorname{ran} f = x \times y$ è un insieme. $\square$

La semplice osservazione che

$$f \subset \operatorname{dom} f \times \operatorname{ran} f$$

per ogni funzione f conduce al seguente risultato.

Teorema 17.51 *Se f è una funzione e il dominio di f è un insieme, allora f è un insieme.*

Definizione 17.28

$$y^x = \{f \mid f \text{ è una funzione, dom } f = x \text{ e ran } f \subset y\}$$

Teorema 17.52 *Se x e y sono insiemi, allora y^x è un insieme.*

Dimostrazione Sia $f \in y^x$. Quindi f è una funzione, il dominio di f coincide con l'insieme x e il rango di f è un sottoinsieme (per l'Assioma di sostituzione) di y. Pertanto ogni elemento di f è una coppia ordinata la cui prima coordinata appartiene a x e la seconda appartiene a y, cioè $f \subset x \times y$. Ricordando che $x \times y$ è un insieme, anche f è un insieme, cioè $f \in 2^{x \times y}$. Ora, $2^{x \times y}$ è un insieme, quindi abbiamo dimostrato che $y \subset 2^{x \times y}$, e l'Assioma dei sottoinsiemi permette di concludere che y^x è un insieme.   □

In questa Appendice non avremo mai la necessità di introdurre la notazione elementare $f : x \to y$ per indicare che $f \in y^x$. In ogni caso, con la consapevolezza che abbiamo ormai sviluppato, si tratterebbe di una semplice definizione.

Definizione 17.29 f è su x se e solo se f è una funzione e $x = \text{dom } f$.

Definizione 17.30 f va verso y se e solo se f è una funzione e ran $f \subset y$.

Definizione 17.31 f ricopre y se e solo se f è una funzione e $y = \text{ran } f$.

Osservazione 17.3 La terminologia italiana contenuta nelle ultime tre definizioni non è completamente soddisfacente. In lingua inglese si dice rispettivamente che 'f is on x', 'f it to y', e 'f is onto y'. Scivere che 'f ricopre y' appare sicuramente pedante e arbitrario, ma nessuna delle alternative mi convinceva.

17.8   Regolarità e infinito

Il sistema assiomatico introdotto fin qui consente di sviluppare rigorosamente tutta la teoria ingenua degli insiemi che siamo soliti presentare all'inizio dei nostri corsi del primo anno. Ciononostante, la prospettiva di voler introdurre i cosiddetti *numeri ordinali* e i *numeri naturali* richiede due ultimi[5] assiomi. Il secondo postula in particolare (e finalmente!) l'esistenza di un insieme. Il primo è piuttosto tecnico, ed impedisce che esiste una classe z tale che ogni elemento di z sia costituito da elementi di z stesso.

---

[5] Per correttezza, dobbiamo dire che un ulteriore assioma sarà discusso nell'appendice successiva.

Assioma di regolarità
Se $x \neq 0$, esiste $y \in x$ tale che $x \cap y = 0$.

Teorema 17.53 *Per ogni x, $x \notin x$.*

Dimostrazione Se $x \in x$, allora x è un insieme non vuoto e $\{x\} \neq 0$. Quindi esiste $y \in \{x\}$ tale che $x \cap y = 0$. Ma l'unico elemento di $\{x\}$ è x, quindi necessariamente $y = x$. Concludiamo che $x \cap \{x\} = 0$ e $x \in x \cap \{x\}$, il che è assurdo. $\square$

Teorema 17.54 *è falso che $x \in y$ e $y \in x$.*

Dimostrazione Se $x \in y \in x$, allora x e y sono entrambi insiemi non vuoti. Inoltre sono gli unici due elementi della classe

$$u = \{z \mid z = x \text{ oppure } z = y\}.$$

Se applichiamo l'Assioma di regolarità a quest'ultima classe, otteniamo un elemento $w \in u$ tale che $w \cap u = 0$. Ma $w = x$ oppure $w = y$. Nel primo caso $x \cap u = 0$ contraddice il fatto che $y \in x$ e $y \in u$. Nel secondo caso si perviene ad una contraddizione speculare. $\square$

All'inizio della precedente dimostrazione abbiamo forzato la mano alle nostre notazioni. Una scrittura del tipo $x \in y \in x$ è — come visto — falsa. Iterando un numero finito di volte possiamo dimostrare che anche

$$x_1 \in x_2 \in \cdots \in x_n \in x_1$$

è falsa.

Assioma dell'infinito
Esiste y tale che y sia un insieme, $0 \in y$, e $x \cup \{x\} \in y$ ogni volta che $x \in y$.

Questo assioma garantisce innanzitutto l'esistenza di un insieme. Inoltre esso implica che 0 sia un insieme, in quanto elemento di un insieme. Infine, questo assioma suggerisce la seguente

Definizione 17.32 $x + 1 = x \cup \{x\}$.

La classe $x + 1$ è chiamata `successore` di x. Ovviamente il simbolo '1' non ha alcun significato numerico, a questo livello di generalità. Avremmo potuto utilizzare una notazione meno ambigua ma anche meno suggestiva, come ad esempio $\mathrm{succ}(x)$.

17.9 Gli ordinali

Ogni adulto italiano ricorda uno dei feticci della pedagogia matematica: i numeri ordinali e i numeri cardinali. Alle scuole elementari ci è stato detto che *uno, due, tre, quattro, ecc* sono numeri cardinali, mentre *primo, secondo, terzo, quarto, ecc* sono numeri ordinali. È chiaro che queste non sono definizioni matematiche rigorose, dal momento che 'primo', 'secondo', ecc. sono aggettivi e non sostantivi. Non ha senso, nemmeno in italiano, riferirsi al 'primo' senza specificare un sostantivo associato.

In questa sezione descriveremo gli ordinali nella teoria delle classi KM. È conveniente introdurre qualche definizione.

Definizione 17.33 $x \, r \, y$ se e solo se $(x, y) \in r$.

Questa definizione è significativa nel caso in cui r sia una relazione.

Definizione 17.34 x r-precede y se e solo se $x \, r \, y$.

Osservazione 17.4 Ovviamente $x \, r \, y$ potrebbe essere letto 'x è in relazione r y'. In alcuni contesti, come vedremo, sarà conveniente restringere l'attenzione a relazioni che chiameremo `ordini`.

Definizione 17.35 r connette x se e solo se, quando u e v sono elementi di x, accade che $u \, r \, v$, oppure $v \, r \, u$, oppure $u = v$.

Definizione 17.36 r è transitiva in x se e solo se, per ogni $u \in x$, ogni $v \in x$, ogni $w \in x$, se $u \, r \, v$ e $v \, r \, w$, allora $u \, r \, w$.

Definizione 17.37 r è un ordine (o relazione d'ordine, o ordinamento) se r è transitiva.

In tal caso diremo anche che 'r ordina x'.

Osservazione 17.5 Nella maggior parte delle trattazioni ingenue, le relazioni d'ordine godono di altre due proprietà: quella riflessiva e quella antisimmetrica. Le nostre relazioni d'ordine sono allora chiamate `pre-ordini`.

Definizione 17.38 r è riflessiva in x se e solo se, per ogni $u \in x$, accade che $u \, r \, u$.

Definizione 17.39 r è antisimmetrica in x se e solo se, quando u e v sono elementi di x e $u \, r \, v$, è falso che $v \, r \, u$.

Osserviamo che ogni ordine (nel nostro senso) può essere esteso ad una relazione riflessiva. Formalmente, se r è transitiva in x, possiamo definire $r_=$ in questo modo:

$$r_= = \{(u, v) \mid u \in x, v \in x, \text{e } u \, r \, v \text{ oppure } u = v\}.$$

Questa costruzione equivale ad aggiungere le coppie $(u, u) \in x \times x$ alla relazione r. È facile convincersi che $r_=$ è transitiva e riflessiva in x. In qualche modo, dunque, non è mai restrittivo supporre che una relazione d'ordine sia riflessiva. Per questa ragione, la proprietà antisimmetrica è spesso proposta nella seguente forma: se $u\, r\, v$ e $v\, r\, u$, allora $u = v$.

Definizione 17.40 z è un r-primo elemento di x se e solo se $z \in x$ e se $y \in x$ allora è falso che $y\, r\, z$.

Definizione 17.41 r ben-ordina x (o r è un buon ordinamento di x) se e solo se r connette x e se $y \subset x$ e $y \neq 0$, allora esiste un r-primo elemento di y.

Osservazione 17.6   Nelle trattazioni ingenue, si dimostra che un insieme ben ordinato è totalmente ordinato (cioè la relazione d'ordine connette l'insieme). La Definizione 17.41, invece, ingloba la condizione di ordinamento totale. Perché? La risposta è semplice: perché nelle teoria ingenue si è soliti formulare la definizione di primo elemento (cioè di elemento minimo) in maniera diversa. Si dice infatti che z è un r-primo elemento di x se e solo se $z \in x$ e per ogni $y \in x$ accade che $y = z$ oppure $z \leq y$. Questa definizione equivale alla nostra se r è antisimmetrica. Una relazione d'ordine ingenua è sempre riflessiva, antisimmetrica e transitiva, e tutto si tiene. Per noi un ordine è una relazione transitiva, non c'è speranza che i due approcci coincidano senza ulteriori condizioni.

Teorema 17.55   *Se r ben-ordina x, allora r è transitiva in x e r è antisimmetrica in x.*

Dimostrazione   Se $u \in x$, $v \in x$, $u\, r\, v$ e $v\, r\, u$, allora $\{u, v\} \subset x$ ed esiste un r-primo elemento z di $\{u, v\}$. Quindi $z = u$, o $z = v$. In entrambi i casi è falso che $v\, r\, u$ o che $u\, r\, v$. Questa contraddizione mostra che r è antisimmetrica in x. Per mostrare che r è transitiva in x, procediamo per negazione. Se r non è transitiva in x, allora esistono elementi u, v e w di x tali che $u\, r\, v$, $v\, r\, w$ e $w\, r\, u$, dal momento che r connette x. Ne consegue che la classe $\{u\} \cup \{v\} \cup \{w\}$ non possiede un r-primo elemento. $\qquad\square$

Osservazione 17.7   Il Teorema 17.55 giustifica, *a posteriori*, la consuetudine di introdurre tutte (o quasi) le nozioni di questa Sezione per le sole relazioni d'ordine (cioè antisimmetriche e transitive). In effetti, se lo scopo ultimo è quello di studiare le proprietà delle relazioni di buon ordinamento, le proprietà antisimmetrica e transitiva sono necessarie in virtù del Teorema 17.55.

Definizione 17.42 y è una r-sezione di x se e solo se r ben-ordina x, $y \subset x$, e per ogni $u \in x$, ogni $v \in y$, se $u\, r\, v$ allora $u \in y$.

La terza condizione della precedente definizione può essere letta così: nessun elemento di $x \sim y$ r-precede un elemento di y.

Teorema 17.56 *Se $n \neq 0$ e ogni elemento di n è una r-sezione di x, allora $\bigcup n$ e $\bigcap n$ sono r-sezioni di x.*

Dimostrazione   Segue direttamente dalla definizione di r-sezione.   □

Il prossimo risultato sarà importante nella costruzione degli ordinali.

Teorema 17.57 *Se y è una r-sezione di x e $y \neq x$, allora esiste $v \in x$ tale che*

$$y = \{u \mid u \in x,\ u\, r\, v\}.$$

Dimostrazione   Per ipotesi $x \sim y \neq 0$. Esiste allora un r-primo elemento v di $x \sim y$. Se $u \in x$ e $u\, r\, v$, allora $u \notin x \sim y$ e pertanto $u \in y$. Deduciamo che

$$y \supset \{u \mid u \in x,\ u\, r\, v\}.$$

Se invece $u \in y$, ricordando che $v \notin y$ e che y è una r-sezione di x, è falso che $v\, r\, u$, e dunque $u\, r\, v$. Ma allora

$$y \subset \{u \mid u \in x,\ u\, r\, v\},$$

e la dimostrazione è completa.   □

Dall'ultimo teorema deriva una conseguenza interessante.

Teorema 17.58 *Se x e y sono r-sezioni di z, allora $x \subset y$ o $y \subset x$.*

Dimostrazione   Possiamo ovviamente supporre che x e y non coincidano con z (altrimenti la conclusione è ovvia). Esistono v' e v'' in z tali che

$$x = \{u \mid u \in x,\ u\, r\, v'\}$$
$$y = \{u \mid u \in x,\ u\, r\, v''\}$$

Ora, o $v' = v''$, oppure uno dei due elementi r-precede l'altro. Se, diciamo, $v'\, r\, v''$, allora $x \subset y$.   □

Cominciamo ad entrare nel dettaglio della definizione degli ordinali.

Definizione 17.43 $\mathsf{E} = \{(x, y) \mid x \in y\}$.

La relazione E è anche chiamata $\in$-relazione. Osserviamo che se $x \in y$ e y non è un insieme, allora $(x, y) = \mathsf{U}$ grazie al Teorema 17.33. Quindi $(x, y) \notin \mathsf{E}$.

Teorema 17.59 E *non è un insieme.*

Dimostrazione   Se $E \in U$, allora $\{E\} \in U$ e $(E, \{E\}) \in E$. Dalla definizione di coppia ordinata segue che

$$E \in \{E\} \in \{\{E\}, \{E, \{E\}\}\} \in E.$$

Troviamo una contraddizione con il Teorema 17.54. $\square$

La successiva definizione degli ordinali può apparire eccessivamente astratta ad una prima lettura. È allora utile tenere a mente un *modello* degli ordinali proposto da John von Neumann, che descriviamo in modo intuitivo mediante la seguente tabella infinita:

$$
\begin{aligned}
0 &= 0 \\
1 &= 0 \cup \{0\} \\
2 &= 1 \cup \{1\} \\
3 &= 2 \cup \{2\} \\
4 &= 3 \cup \{3\} \\
&\;\;\vdots
\end{aligned}
$$

La prima riga, in qualche modo incomprensibile, significa semplicemente che il primo ordinale è l'insieme vuoto. Come detto, questa costruzione è puramente formale: assumendo di aver dato un senso a quei punti verticali, stiamo solo definendo i simboli a sinistra delle uguaglianze. Una definizione rigorosa dei numeri ordinali terrà conto della più evidente proprietà descritta nella tabella: ogni ordinale che precede 3 è non soltanto un elemento di 3, ma anche un suo sottoinsieme.

Definizione 17.44 x è completo se e solo se ogni elemento di x è sottoinsieme di x.

Osservazione 17.8   Una classe x è dunque completa se e solo se ogni elemento di un elemento di x è elemento di x: per ogni u e ogni v, se $u \in v$ e $v \in x$, allora $u \in x$. In altre parole, una classe x è completa se e solo se E è transitiva su x.

Osservazione 17.9   L'aggettivo `completo` è indubbiamente abusato nel linguaggio matematico. Kelley suggerisce in [13, Definition 105] di sostituirlo con `full`, cioè `pieno`. Nella lingua italiana non abbiamo trovato precedenti usi di `pieno` in relazione alla teoria assiomatica degli insiemi, e pertanto preferiamo utilizzare `completo`.

Definizione 17.45 (R.M. Robinson) x è un ordinale se e solo se E connette x e x è completo.

Teorema 17.60   *Se x è un ordinale, allora* E *ben-ordina* x.

Dimostrazione Siano u e v elementi di x tali che u E v. Necessariamente è falso che v E u, quindi E è antisimmetrica. Sia $y \subset x$, $y \neq 0$. Per l'Assioma di regolarità esiste $u \in y$ tale che $u \cap y = 0$. Segue che nessun elemento di y appartiene a u, e u è il E-primo elemento di y. $\square$

Teorema 17.61 *Se x è un ordinale, $y \subset x$, $y \neq x$ e y è completo, allora $y \in x$.*

Dimostrazione Se u E v e v E y, allora u E y perché y è completo. Questo mostra che y è una E-sezione di x. Per il Teorema 17.57, esiste $v \in x$ tale che

$$y = \{u \mid u \in x, \ u \text{ E } v\}.$$

Ricordando che ogni elemento di v è un elemento di x, otteniamo $y = \{u \mid u \in v\}$ e $y = v$. $\square$

Teorema 17.62 *Se x è un ordinale e y è un ordinale, allora $x \subset y$ o $y \subset x$.*

Dimostrazione La classe $x \cap y$ è completa, perché x e y sono classi complete. Il Teorema 17.61 mostra che $x \cap y = x$ o $x \cap y \in x$. Nel primo caso $x \subset y$. Nel secondo caso $x \cap y \notin y$, perché altrimenti $x \cap y \in x \cap y$. Ancora il Teorema 17.61 implica che $x \cap y = y$, cioè $y \subset x$. $\square$

Teorema 17.63 *Se x e y sono ordinali, allora $x \in y$, o $y \in x$, o $x = y$.*

Dimostrazione Segue dai Teoremi 17.62 e 17.61. $\square$

Teorema 17.64 *Se x è un ordinale e $y \in x$, allora y è un ordinale.*

Dimostrazione Siccome x è completo e E connette x, è evidente che E connette y. Poiché $y \in x$, dalla completezza di x segue $y \subset x$. Ricordando che E ben-ordina x, vediamo che E è transitiva. Di conseguenza, se u E v e v E y, allora u E y, e dunque y è completo. $\square$

Definizione 17.46 $R = \{x \mid x \text{ è un ordinale}\}$.

Nella teoria ingenua degli insiemi, il paradosso di Burali-Forti consiste essenzialmente nel fatto che non esiste l'insieme di tutti gli ordinali. Nella teoria KM, ovviamente, questo paradosso scompare e si riduce al seguente

Teorema 17.65 *R è un ordinale e R non è un insieme.*

Dimostrazione I Teoremi 17.63 e 17.64 mostrano che E connette R e che R è completo. Se $R \in U$, allora $R \in R$, e questo contraddice il Teorema 17.53. $\square$

Definizione 17.47 x è un ordinale se e solo se $x \in R$.

Teorema 17.66   *R è l'unico ordinale che non sia un insieme.*

Dimostrazione   Ogni ordinale è elemento di R, per definizione. La conclusione segue dal Teorema 17.63.   □

Teorema 17.67   *Ogni E-sezione di R è un ordinale.*

Dimostrazione   Se la E-sezione x di R non coincide con R, allora esiste $v \in R$ tale che

$$x = \{u \mid u \in R,\ u \in v\}.$$

Poiché ogni elemento di v è un ordinale, $x = \{u \mid u \in v\} = v$.   □

Le prossime due definizioni saranno applicate solo agli ordinali.

Definizione 17.48 $x < y$ se e solo se $x \in y$.

Definizione 17.49 $x \le y$ se e solo se $x < y$ o $x = y$.

La completezza implica il seguente

Teorema 17.68   *Se x e y sono ordinali, allora $x \le y$ se e solo se $x \subset y$.*

Teorema 17.69   *Se x è un ordinale, allora*

$$x = \{y \mid y \in R,\ y < x\}.$$

Dimostrazione   Immediato dalla definizione di $<$ e dal Teorema 17.64.   □

Teorema 17.70   *Se $x \subset R$, allora $\bigcup x$ è un ordinale.*

Dimostrazione   I Teoremi 17.63 e 17.64 garantiscono che E connetta $\bigcup x$. Poiché ogni elemento di x è completo, anche $\bigcup x$ è completo.   □

Teorema 17.71   *Se $x \subset R$ e $x \ne 0$, allora $\bigcap x \in x$.*

Dimostrazione $\bigcap x$ è il E-primo elemento di x.   □

Ricordiamo che $x + 1 = x \cup \{x\}$.

Teorema 17.72   *Se $x \in R$, allora $x + 1$ è il E-primo elemento di*

$$\{y \mid y \in R,\ x < y\}.$$

Dimostrazione Lasciamo per esercizio la verifica che E connetta $x + 1$ e che $x + 1$ sia completo. Quindi $x + 1$ è un ordinale. Se esiste u tale che $x < u$ e $u < x + 1$, allora $x \in u$ e $u \in x \cup \{x\}$. Quindi o $x \in u$ e $u \in x$, oppure $u = x$ e $x \in u$. Entrambe le alternative sono impossibili. $\square$

Teorema 17.73 *Se $x \in R$, allora $\bigcup(x + 1) = x$.*

Dimostrazione Sappiamo che $x + 1$ è un ordinale. Inoltre $x \in x + 1$, quindi $x \subset \bigcup(x + 1)$. Ricordiamo che

$$x = \{y \mid y \in R, \ y < x\}$$
$$x + 1 = \{y \mid y \in R, \ y < x + 1\}$$

Se z appartiene ad un elemento di $x + 1$, allora z è un ordinale e $z < x + 1$. Poiché non esistono ordinali compresi tra x e $x + 1$, allora $z < x$ e dunque $z \in x$. $\square$

Le proprietà degli ordinali ci consentono di dare un significato rigoroso al principio, vagamente *folkloristico*, della definizione di una funzione per ricorrenza. Ci riferiamo qui ad un particolare tipo di ricorrenza, ben più generale di quella elementare nell'insieme dei numeri naturali.

Definizione 17.50 $f \mid x = f \cap (x \times \mathsf{U})$.

Come al solito, sebbene questa definizione sia applicabile a qualsiasi classe f, sarà utilizzata solo nel caso in cui f sia una relazione. Parliamo allora di restrizione della relazione f alla classe x. Il seguente teorema è di immediata dimostrazione.

Teorema 17.74 *Se f è una funzione, allora $f \mid x$ è una funzione il cui dominio è $x \cap \operatorname{dom} f$ e*

$$(f \mid x)(y) = f(y)$$

per ogni $y \in \operatorname{dom} f \mid x$.

Teorema 17.75 *Sia f una funzione il cui dominio sia un ordinale e $f(u) = g(f \mid u)$ per ogni $u \in \operatorname{dom} f$. Se anche h è una funzione il cui dominio sia un ordinale e $h(u) = g(f \mid u)$ per ogni $u \in \operatorname{dom} h$, allora $h \subset f$ oppure $f \subset h$.*

Dimostrazione Poiché i domini di f e di h sono ordinali, per il Teorema 17.62 non è restrittivo supporre che $\operatorname{dom} f \subset \operatorname{dom} h$. Resta da dimostrare che $f(u) = h(u)$ per ogni $u \in \operatorname{dom} f$. Se così non fosse, la classe degli elementi $x \in \operatorname{dom} f$ tali che $f(x) \neq h(x)$ sarebbe diversa da 0. Sia u il E-primo elemento di $\operatorname{dom} f$ tale che $f(u) \neq h(u)$. Per definizione di E-primo elemento, risulta $f(y) = h(y)$ per ogni ordinale y che precede u, e pertanto $f \mid u = h \mid u$. Ne segue che $f(u) = g(f \mid u) = h(u)$, contro la scelta di u. $\square$

Veniamo infine al principio di definizione di una funzione per *induzione transfinita*.

Teorema 17.76   *Per ogni g esiste una ed una sola funzione f tale che* dom *f sia un ordinale e* $f(x) = g(f|x)$ *per ogni ordinale x.*

Dimostrazione   Definiamo

$$f = \left\{ (u,z) \ \middle| \ \begin{array}{l} u \in R \text{ ed esiste una funzione } h \text{ tale che dom } h \text{ sia un ordinale,} \\ h(z) = g(h|z) \text{ per ogni } z \in \text{dom } h \text{ e } (u,z) \in h \end{array} \right\}$$

Il Teorema 17.75 mostra che f è una funzione. Inoltre è chiaro che il dominio di f è una E-sezione di R e dunque è esso stesso un ordinale. Inoltre, se h è una funzione su un ordinale tale che $h(z) = g(h|z)$ per $z \in \text{dom } h$, allora $h \subset f$. Infine, per ogni $z \in \text{dom } f$ si ha $f(z) = g(f|z)$. Per concludere, supponiamo che $x \in R \sim \text{dom } f$. Allora $f(x) = \mathsf{U}$, ed f è un insieme perché dom f è un insieme.

Se $g(f|x) = g(f) = \mathsf{U}$, allora l'uguaglianza $f(x) = g(f|x)$ segue direttamente. In caso contrario, $g(f)$ è un insieme. Siano y il E-primo elemento di $R \sim \text{dom } f$ e $h = f \cup \{(y, g(f))\}$. Il dominio di h è un ordinale e $h(z) = g(h|z)$ per $z \in \text{dom } h$. Quindi $h \subset f$ e $y \in \text{dom } f$, il che è una contraddizione. Concludiamo che $g(f) = \mathsf{U}$, e la dimostrazione è conclusa. $\square$

17.10   Numeri naturali

Definizione 17.51 x è un (numero) naturale se e solo se x è un ordinale e E^{-1} ben-ordina x.

Ricordiamo che gli ordinali sono ben-ordinati da E. Quindi i naturali sono ben-ordinati sia da E che da E^{-1}.

Definizione 17.52 x è un E-ultimo elemento di y se e solo se x è un E^{-1}-primo elemento di y.

Definizione 17.53 $\omega = \{x \mid x \text{ è un naturale}\}$.

A questo punto è d'obbligo una breve digressione sulla scelta dei simboli. Gli elementi di ω sono i (numeri) naturali: (numeri) ordinali con determinate proprietà specificate sopra. Il simbolo più conosciuto **N** — che in questo libro è stato ampiamente utilizzato — è riservato al *modello* di ω definito da John von Neumann: 0, $1 = 0 \cup \{0\}$, $2 = 1 \cup \{1\}$, $3 = 2 \cup \{2\}$, ecc. Per i fini pratici di ogni analista, confondere queste due strutture non è un peccato particolarmente grave. Nulla può escludere che esistano modelli di ω diversi (ma necessariamente isomorfi) da **N**: questo non è però un ostacolo. Si pensi semplicemente al fatto che esistono modelli non identici dei numeri reali (le sezioni di Dedekind, le classi di equivalenza di successioni a valori razionali con la proprietà di Cauchy, ecc.), eppure riusciamo a fare analisi matematica valida per *qualunque* modello di campo totalmente ordinato con la proprietà dell'estremo superiore.

Teorema 17.77 *Un elemento di un naturale è un naturale.*

Dimostrazione Un elemento di un naturale x è un ordinale, è un sottoinsieme di x (perché gli ordinali sono completi) e x è ben-ordinato da E^{-1}. $\square$

Teorema 17.78 *Se $y \in R$ e x è un E-ultimo elemento di y, allora $y = x + 1$.*

In altre parole, ogni ordinale coincide con il successore di qualunque suo E-ultimo elemento.

Dimostrazione Per il Teorema 17.72, $x + 1$ l'unico E-primo elemento di

$$\{z \mid z \in R,\ z < z\}.$$

Poiché $y \in R$ e $x < y$, deve essere $x + 1 \leq y$. Ora, $x + 1 < y$ non può valere: infatti $x < x + 1$ e x è un E-ultimo elemento di y. Quindi $x + 1 = y$. $\square$

Concludiamo questa breve trattazione dei numeri naturali con la dimostrazione degli *Assiomi di Peano*. Va da sé che per noi si tratta di *teoremi* di Peano.

Teorema 17.79 *Se $x \in \omega$ allora $x + 1 \in \omega$.*

Dimostrazione Se x è un ordinale, allora $x + 1$ è un ordinale (si ricordi la dimostrazione del Teorema 17.72). Poiché $x \in x + 1$, risulta $x \subset x + 1$, e quindi E^{-1} ben-ordina $x + 1$. $\square$

Teorema 17.80 $0 \in \omega$ *e* $0 \neq x + 1$ *per ogni* $x \in \omega$.

Dimostrazione L'insieme 0 è un naturale per implicazione vuota. Ricordando che $x + 1 = x \cup \{x\}$, $x + 1$ non è mai uguale a 0. $\square$

Teorema 17.81 *Se $x \in \omega$, $y \in \omega$ e $x + 1 = y + 1$, allora $x = y$.*

Dimostrazione Per ogni $x \in R$, sappiamo che $\bigcup(x + 1) = x$. Quindi

$$x = \bigcup(x + 1) = \bigcup(y + 1) = y.$$ $\square$

Teorema 17.82 (Principio di induzione matematica) *Se $x \subset \omega$, $0 \in x$ e $u + 1 \in x$ per ogni $u \in x$, allora $x = \omega$.*

Dimostrazione   Se $x \neq \omega$, per buon-ordinamento esiste il E-primo elemento y di $\omega \sim x$. Deve essere $y \neq 0$, altrimenti $0 \in x \cap (\sim x)$. Poiché $y \subset y + 1$ e $y \in \omega$, esiste un E-ultimo elemento u di y, e chiaramente $u \in x$. Per il Teorema 17.78, $y = u + 1$. Per ipotesi $y = u + 1 \in x$, contro la definizione di y. Ma allora $x = \omega$, e la dimostrazione è conclusa. $\qquad\qquad\square$

Teorema 17.83 ω *è un insieme, e* $\omega \in R$.

Dimostrazione   Applichiamo l'Assioma dell'infinito: per qualche insieme y, $0 \in y$ e, se $x \in y$, allora $x + 1 \in y$. Il Teorema 17.82 implica allora che $\omega \cap y = \omega$. Segue che $\omega \subset y$, e $\omega \in \mathsf{U}$ per l'Assioma dei sottoinsiemi. Infine, gli elementi di ω sono ordinali, E connette ω e ω è completo perché ogni elemento di un naturale è un naturale per il Teorema 17.77. $\qquad\qquad\square$

La definizione di numero naturale che abbiamo proposto non è la più comune. In chiusura di questa Appendice vogliamo convincere il lettore che la tipica definizione dell'insieme dei numeri naturali come il più piccolo (dal punto di vista dell'inclusione) insieme induttivo venga sostanzialmente a coincidere con quella proposta.

Definizione 17.54 x è induttivo se e solo se $0 \in x$ e per ogni y, se $y \in x$ allora $y + 1 \in x$.

Definizione 17.55 n è un (numero) naturale se e solo se, per ogni x induttivo, risulta $n \in x$.

Definizione 17.56 $\omega = \{n \mid n$ è un numero naturale$\}$.

I teoremi che abbiamo raccolto sotto la dizione di *Assiomi di Peano* dimostrano che ogni naturale nel senso della Definizione 17.53 è anche un naturale nel senso della Definizione 17.56. Resta da verificare che ogni naturale della Definizione 17.56 è anche un naturale della Definizione 17.53. Concretamente, occorre mostrare che ogni naturale della Definizione 17.55 è un ordinale e che E^{-1} lo ben-ordina.

Per brevità, da qui alla fine di questo Capitolo, 'numero naturale' sarà sinonimo di 'numero naturale nel senso della Definizione 17.55', e ω sarà inteso nel senso della Definizione 17.56.

Teorema 17.84   *Ogni numero naturale è completo.*

Dimostrazione   Sia

$$I = \{n \mid n \text{ è un numero naturale e } n \text{ è completo}\}.$$

Per implicazione vuota, $0 \in I$. Ogni $n \in I$ è completo. È allora sufficiente dimostrare che $\bigcup(n+1) \subset n+1$. Ora,

$$\bigcup(n+1) = \bigcup(n \cup \{n\})$$
$$= \bigcup n \cup \bigcup\{n\}$$
$$= \bigcup n \cup n$$
$$= n.$$

Quindi $\bigcup(n+1) = n$. Poiché $n \subset n+1$, concludiamo che $\bigcup(n+1) \subset n+1$. Quindi $n+1$ è completo, e dunque $n+1 \in I$. Avendo dimostrato che I è induttivo, risulta $\omega \subset I$. $\qquad\square$

Teorema 17.85 *Se n, m sono numeri naturali tali che $n+1 = m+1$, allora $n = m$.*

Dimostrazione Abbiamo visto che n e m sono completi. Da $n+1 = m+1$ segue $\bigcup(n+1) = \bigcup(m+1)$, e dunque $n = m$ perché $\bigcup(n+1) = n$ e $\bigcup(m+1) = m$. $\qquad\square$

Teorema 17.86 *La classe ω della Definizione 17.56 è completa.*

Dimostrazione Sia

$$I = \{n \mid n \in \omega,\ n \subset \omega\}.$$

Evidentemente $0 \in I$, in quanto 0 è sottoclasse di ω. Sia $n \in I$: vogliamo dimostrare che $n+1 \in I$. Per ogni $k \in n+1$ abbiamo che $k \in n$ oppure $k = n$. Nel primo caso $k \in \omega$, e $k \in n$ in quanto $n \in I$. Nel secondo caso, $k \in \omega$ in quanto $n \in \omega$. Quindi $n+1 \in I$. Segue che I è induttivo, e $\omega \subset I$. $\qquad\square$

Per concludere che ω è un ordinale, dobbiamo ancora mostrare che E connette ω.

Teorema 17.87 *Per ogni naturale m, accade che $0 = m$ oppure $0 \in m$.*

Dimostrazione Affermiamo che

$$I = \{m \mid m \in \omega,\ 0 = m \text{ oppure } 0 \in m\}$$

è induttivo. Evidentemente $0 \in I$. Se $m \in I$, allora $0 = m$ o $0 \in m$. Se $0 = m$, dal fatto che $m \in m+1$ segue $0 \in m+1$. Se $0 \in m$, allora $0 \in m$ e $m \in m+1$. Per completezza, $0 \in m+1$. In entrambi i casi $m+1 \in I$. Dunque $I = \omega$. $\qquad\square$

Teorema 17.88 *Se n ed m sono naturali e $m \in n$, allora $m+1 \in n+1$.*

Dimostrazione Introduciamo

$$I = \{n \mid n \in \omega \text{ e } m \in n \text{ implica } m + 1 \in n + 1\}.$$

Per implicazione vuota, $0 \in I$. Sia $n \in I$, e supponiamo che $m \in n + 1$. Affermiamo che $m + 1 \in (n + 1) + 1$. Osserviamo che

$$n + 1 \in (n + 1) + 1. \tag{17.1}$$

Poiché $m \in n + 1$, risulta $m = n$ oppure $m \in n$. Nel secondo caso $m + 1 \in n + 1$ perché $n \in I$. Ora (17.1) e la completezza implicano $m + 1 \in (n + 1) + 1$. Se, invece, $m = n$, allora $m + 1 = n + 1$. Ancora (17.1) implica $m + 1 \in (n + 1) + 1$. In entrambi i casi $n + 1 \in$, e $I = \omega$. $\qquad\square$

Teorema 17.89 *Per ogni n e ogni m in ω, $m \in n$ se e solo se $m + 1 \in n + 1$.*

Dimostrazione Per il Teorema 17.88 è sufficiente dimostrare che $m + 1 \in n + 1$ implica $m \in n$. Ricordiamo che $m \in m + 1$. Dall'ipotesi $m + 1 \in n + 1$ segue che $m + 1 \in n$ oppure $m + 1 = n$. Nel primo caso $m \in n$ per completezza. Se $m + 1 = n$, allora $m \in n$. $\qquad\square$

Dimostriamo che E connette ω.

Teorema 17.90 *Se n e m sono naturali, allora $m \in n$, o $m = n$, o $n \in m$.*

Dimostrazione Per l'Assioma di regolarità, osserviamo che le tre relazioni della tesi sono esclusive, nel senso che al più una di esse è valida. Ora, sia $m \in \omega$, e definiamo

$$I = \{n \mid n \in \omega \text{ e } m \in n, \text{ o } m = n, \text{ o } n \in m\}.$$

Il Teorema 17.87 mostra che $0 \in I$. Supponiamo che $n \in I$, e dimostriamo che $m \in n + 1$, o $m = n + 1$ o $n + 1 \in m$. Per ipotesi $m \in$ o $m = n$ o $n \in m$. Analizziamo ciascun caso. Se $m \in n$ allora $m \in n + 1$, perché $n \in n + 1$ e per completezza. Se $m = n$ allora $m \in n + 1$ semplicemente perché $n \in n + 1$. Infine, se $n \in m$, il Teorema 17.88 porge $n + 1 \in m + 1$. Quindi $n + 1 \in m$ o $n + 1 = m$. In tutti i casi abbiamo verificato che $m \in n + 1$, o $m = n + 1$ o $n + 1 \in m$. $\qquad\square$

Tiriamo le fila del discorso: abbiamo dimostrato che ogni numero naturale n (nel senso della Definizione 17.55 è un ordinale. Per concludere che esso è anche un naturale per la Definizione 17.51, dobbiamo dimostrare che E^{-1} ben-ordina n.

La dimostrazione di questo fatto è una conseguenza diretta del seguente Principio di Buon Ordinamento.

Osservazione 17.10 Ricordiamo sempre che stiamo lavorando con una definizione di ω *diversa* da quella considerata precedentemente. Non abbiamo dimostrato che ω è un ordinale, quindi non possiamo essere sicuri che E ben-ordini ω.

Teorema 17.91 *Se $A \subset \omega$ e $A \neq 0$, allora esiste $\ell \in A$ tale che, per ogni $a \in A$, risulta $\ell \in a$ oppure $\ell = a$.[6]*

Dimostrazione Supponiamo che la tesi sia falsa, e definiamo

$$I = \{n \mid n \in \omega \text{ e per ogni } a \in A \text{ è falso che } a \in n\}.$$

Deve essere $A \cap I = 0$, altrimenti ogni elemento di $A \cap I$ soddisferebbe la tesi. Affermiamo che I è induttivo. Come prima, $0 \in I$ per il Teorema 17.87. Sia $n \in I$, cioè $n \in a$ o $n = a$ per ogni $a \in A$. Deve essere $n \notin A$, altrimenti n soddisferebbe la tesi. Quindi $n \in a$ per ogni $a \in A$. Allora $n + 1 \in a$ per ogni $a \in A$. Questo mostra che $n + 1 \in I$, cioè che I è induttivo. Pertanto $I = \omega$, e necessariamente $I \cap A \neq 0$ perché $A \neq 0$. Siamo così pervenuti alla conclusione che, se la tesi fosse falsa, allora $A \cap I = 0$ e $A \cap I \neq 0$. Quindi la tesi è vera, e la dimostrazione è conclusa. $\square$

Teorema 17.92 *Per ogni n, se $n \in \omega$ allora E^{-1} ben-ordina n.*

Dimostrazione Se $n = 0$ la tesi è ovvia. Possiamo allora sostituire n con $n + 1$, e considerare $y \subset n + 1$, $y \neq 0$. Per ogni $z \in y$, $z \in n$ o $z = n$. Quindi

$$A = \{m \mid m \in \omega \text{ e } z \in m \text{ o } z = m \text{ per ogni } z \in y\}$$

è diverso da 0. Sia u il E-primo elemento di A. Se $u = z$ per qualche $z \in y$, allora $u \in y$ e u è il E-primo elemento di y. Supponiamo che $u \notin y$. Poiché $y \neq 0$, $u \neq 0$. Quindi esiste $k \in \omega$ tale che $u = k + 1$.[7] Sappiamo che, per ogni $z \in y$, è $z \in u = k + 1$. Quindi $z \in k$ o $z = k$. Pertanto $k \in A$ e $k \in u$, contro la scelta di u. Questa contraddizione mostra che $u \in y$, e la dimostrazione è conclusa. $\square$

Possiamo finalmente affermare che le due costruzioni astratte della classe dei numeri naturali coincidono.

---

[6] Questo equivale ad affermare che $a \in \ell$ è falsa, per il Teorema 17.90.
[7] Ogni naturale m diverso da zero si scrive $m = k + 1$ per qualche naturale k. Questa affermazione si dimostra considerando $\{m \in \omega \mid \text{esiste } k \in \omega \text{ tale che } k + 1 = m\}$ e dimostrando che è un insieme induttivo.

Capitolo 18
L'Assioma della scelta

Estratto La possibilità di scegliere un elemento da un insieme non vuoto sembra un'ovvietà. Vedremo invece che anche questa semplice operazione richiede un assioma indipendente.

18.1   L'ultimo assioma

Per definizione, ogni classe non vuota contiene (almeno) un elemento. La precedente affermazione è una conseguenza immediata della definizione della classe vuota, e gli assiomi introdotti nella precedente Appendice sono sufficienti a darne conto. Un problema molto meno banale è il seguente: assegnata una classe $\mathcal{A}$ di insiemi non vuoti, vogliamo *scegliere* uno ed uno solo elemento da ciascun insieme di $\mathcal{A}$. Qui non si tratta più di affermare che ogni insieme di $\mathcal{A}$ contiene almeno un elemento. Qui si tratta di giustificare l'esistenza di una *funzione c* che ad ogni $A \in \mathcal{A}$ associa uno ed un solo $c(x) \in A$.

Definizione 18.1   Una funzione di scelta è una funzione c tale che $c(x) \in x$ per ogni $x \in \operatorname{dom} c$.

Purtroppo gli assiomi della teoria delle classi precedentemente raccolti non bastano a garantire l'esistenza di una funzione di scelta il cui dominio sia una classe $\mathcal{A}$ di insiemi non vuoti.

> **Assioma della scelta globale**
> Esiste una funzione di scelta il cui dominio sia $U \sim \{0\}$.

© The Author(s), under exclusive license to Springer Nature Switzerland AG 2026

S. Secchi, *Analisi Matematica*, La Matematica per il 3+2,

https://doi.org/10.1007/978-3-032-20804-0_18

La formulazione dell'Assioma della scelta che abbiamo proposto qui sopra è quella di [13]. Detto diversamente, esiste una funzione c tale che $c(x) \in x$ per ogni insieme non vuoto x. Evidentemente, se $\mathcal{A}$ è una classe di insiemi non vuoti, la funzione c associa ad ogni $A \in \mathcal{A}$ uno ed un solo elemento $c(A)$ *scelto* dall'insieme A.

L'assioma della scelta ha molte formulazioni equivalenti. Tra quelle di verifica più agevole citiamo la seguente.

Assioma relazionale della scelta   Per ogni relazione R, esiste una funzione F tale che $F \subset R$ e dom $F =$ dom R.

Supponiamo infatti che valga l'Assioma della scelta, e sia c una funzione di scelta. Possiamo definire

$$F = \{(x, y) \mid x \in \mathrm{dom}\, R, \ y = c(\{y \mid (x, y) \in R\})\}.$$

è chiaro che F è una funzione di dominio dom R e che $F \subset R$. Dunque abbiamo dedotto la validità dell'Assioma relazionale della scelta.

Viceversa, assumiamo la validità dell'Assioma relazionale della scelta. In particolare possiamo utilizzare la relazione R così definita: $x \, R \, y$ se e solo se $y \in x$. Il dominio di R è $\bigcup \sim \{0\}$. Per ipotesi esiste una funzione F tale che $F \subset R$ e dom $F =$ dom R. È ormai agevole verificare che F è una funzione di scelta con dominio $\bigcup \sim \{0\}$. Quindi vale l'Assioma della scelta.

Una variante molto più popolare dell'Assioma della scelta è il seguente.

Assioma della scelta locale   Sia $\mathcal{A}$ un insieme di insiemi non vuoti. Esiste una funzione di scelta per $\mathcal{A}$.

Occorre leggere molto attentamente l'enunciato precedente: $\mathcal{A}$ è un *insieme* di insiemi, e non già una classe qualunque di insiemi. Ad esempio, la scelta $\mathcal{A} = \bigcup \sim \{0\}$ non è lecita. È invece sufficiente — e si tratta del caso più comune — richiedere che gli elementi di $\mathcal{A}$ siano sottoinsiemi non vuoti di un *unico* universo $\mathbf{X}$. In questo modo $2^{\mathbf{X}}$ è un insieme (perché $\mathbf{X}$ lo è), e $\mathcal{A} \subset 2^{\mathbf{X}}$ è un insieme per l'assioma dei sottoinsiemi.

È infine chiaro che l'Assioma della scelta globale implica direttamente l'Assioma della scelta locale.

18.2   Principi equivalenti all'Assioma della Scelta

In questa Sezione conveniamo che l'espressione `assioma della scelta` sia sinonimo di `assioma della scelta locale`. In prima battuta non sarà un peccato troppo grave il pensare che tutti gli insiemi che nomineremo siano sottoinsiemi di un unico insieme $\mathbf{X}$ non vuoto.

Osservazione 18.1 A volte può essere conveniente utilizzare una notazione indiciale per le collezioni di insiemi. Supponiamo che $\{X_i \mid i \in I\}$ sia una classe di insiemi non vuoti. L'Assioma della Scelta si esprime dicendo che esiste una funzione c che ad ogni $i \in I$ associa un elemento $c(i) \in X_i$.

Definizione 18.2 Sia $\{X_i \mid i \in I\}$ una classe di insiemi non vuoti. Il prodotto cartesiano

$$\prod_{i \in I} X_i$$

è definito come l'insieme di tutte le funzioni $f: I \to \bigcup \{X_i \mid i \in I\}$ tali che $f(i) \in X_i$ per ogni $i \in I$.

È ormai evidente che l'Assioma della scelta sia equivalente al seguente enunciato.

Teorema 18.1 *Se* $\{X_i \mid i \in I\}$ *è una classe di insiemi non vuoti, allora*

$$\prod_{i \in I} X_i \neq 0.$$

Tra gli innumerevoli enunciati equivalenti all'Assioma della scelta, i più utilizzati sono sicuramente quelli che coinvolgono una relazione d'ordine. Rammentiamo alcune definizioni essenziali per facilitare la lettura.

Una relazione d'ordine $\leq$ su un insieme X è una relazione che gode delle proprietà:

riflessiva   se $x \in X$, allora $x \leq x$;
antisimmetrica se $x \leq y$ e $y \leq x$, allora $x = y$;
transitiva   se $x \leq y$ e $y \leq z$, allora $x \leq z$.

Come di consueto $y \geq x$ sarà sinonimo di $x \leq y$, e $x < y$ sarà sinonimo di

$$(x \leq y) \wedge (x \neq y).$$

- Se $x \leq y$, diremo che x è un predecessore di y e che y è un successore di x.
- In un insieme ordinato X, due elementi x e y sono confrontabili se $x \leq y$ oppure $y \leq x$.
- Diremo che X è totalmente ordinato da $\leq$ se due suoi qualsiasi elementi sono confrontabili.
- Diremo che $x \in X$ è un massimo se $x \geq y$ per ogni $y \in X$, che 'e un elemento massimale se non vi sono elementi $y \in X$ tali che $x < y$.
- Se Y è un sottoinsieme di X, un maggiorante di Y è un elemento x di X tale che $x \geq y$ per ogni $y \in Y$. In modo analogo si possono definire le nozioni di minimo, elemento minimale e minorante.

- Una catena in X è un sottoinsieme totalmente ordinato di X.
- Se C è una catena in X, l'estremo superiore di C (se esiste) è il minimo tra gli $x \in X$ tali che $x \geq c$ per ogni $c \in C$; in modo analogo si definisce la nozione di estremo inferiore.
- Diremo che un insieme semiordinato X è induttivo se ogni catena in X ha un maggiorante.

Teorema 18.2 (Principio di massimalità di Hausdorff)   *Ogni insieme ordinato contiene catene massimali.*

La dimostrazione del Teorema 18.2 riposa su un risultato preliminare di carattere tecnico.

Teorema 18.3   *Supponiamo che l'insieme ordinato X abbia minimo e che ogni catena in X possieda estremo superiore. Allora esistono elementi di X che non hanno successori.*

Dimostrazione   Ragioniamo per assurdo, supponendo che ogni elemento di X abbia un successore, supponendo cioè che per ogni $x \in X$ l'insieme dei successori di x sia non vuoto. L'assioma della scelta dice allora che esiste una funzione c che associa ad ogni $x \in X$ un suo successore $c(x)$. Indichiamo con p il minimo di X. Chiameremo p-successione un sottoinsieme Y di X con le seguenti proprietà'a:

1. $p \in Y$;
2. se $x \in Y$, allora $c(x) \in Y$;
3. se C è una catena in Y, il suo estremo superiore appartiene a Y.

Osserviamo innanzitutto che esistono p-successioni, dato che X stesso è una p-successione. Notiamo poi che l'intersezione di una famiglia di p-successioni è una p-successione. Dunque l'intersezione di tutte le p-successioni, che indichiamo con P, è una p-successione. Chiameremo un elemento di P privilegiato se è confrontabile con ogni elemento di P. Per ogni x privilegiato poniamo

$$A_x = \{y \in P \mid y \leq x \text{ oppure } y \geq c(x)\}.$$

Mostriamo che A_x è una p-successione, e quindi è uguale a P, dato che è in esso contenuta. In altre parole, se x è privilegiato, per ogni $y \in P$ si ha che $y \leq x$ o $y \geq c(x)$. Innanzitutto $p \in A_x$. Se $y \in A_x$, per mostrare che $c(y) \in A_x$ distinguiamo vari casi. Se $y < x$, $f(y) \leq x$ dato che x è confrontabile con ogni elemento di P, e dunque in particolare con $c(y)$. Se $y = x$, allora $c(y) \geq c(x)$. Se $y \geq c(x)$, allora $c(y) > y \geq c(x)$. In ogni caso si conclude che $c(y) \in A_x$. Sia infine C una catena in A_x, e sia m il suo estremo superiore. Se esiste $y \in C$ tale che $y \geq c(x)$, allora $m \geq y \geq c(x)$, e quindi $m \in A_x$. Altrimenti $y \leq x$ per ogni $y \in C$, e dunque $m \leq x$. In ogni caso, $m \in A_x$. Ciò dimostra quanto affermato, cioè che A_x è una p-successione. Una conseguenza di quanto abbiamo mostrato è che l'insieme di tutti gli elementi privilegiati di P è una p-successione. In effetti, se x è privilegiato e

y è un elemento qualsiasi di P, sappiamo che o $y \leq x < c(x)$, oppure $y \geq c(x)$. Dunque $c(x)$ è confrontabile con ogni elemento di P, cioè è privilegiato. Se invece C è una catena di elementi privilegiati, m è il suo estremo superiore, e y è un elemento di P, possiamo distinguere due casi. O esiste $x \in C$ tale che $x \geq y$, nel qual caso $m \geq x \geq y$, oppure $x \leq y$ per ogni $x \in C$, e quindi $m \leq y$; in ogni caso si conclude che m è confrontabile con ogni elemento di P. Poiché l'insieme degli elementi privilegiati di P è una p-successione, deve coincidere con P; ne segue in particolare che P è totalmente ordinato. A questo punto possiamo concludere la dimostrazione del lemma 1 raggiungendo una contraddizione. Poiché P è una catena in X, ha estremo superiore m per ipotesi; dato che P è una p-successione, m appartiene a P. Allora, sempre perché P è una p-successione, $c(m) \in P$. Ma questo è assurdo, perché $c(m) > m$ e m è l'estremo superiore di P. □

Dimostriamo il Teorema 18.2. Sia X un insieme ordinato e sia Z l'insieme delle catene in X. L'insieme Z è a sua volta ordinato per inclusione, e possiede un minimo, cioè l'insieme vuoto. Sia C una catena in Z. L'insieme $\bigcup C$ è una catena in X. Infatti se x e y sono elementi di $\bigcup C$, esistono elementi A e B di C tali che $x \in A$ e $y \in B$. Poiché C è una catena in Z, $A \subset B$ oppure $B \subset A$. Dunque x e y sono entrambi contenuti in A o in B. Dato che A e B sono catene, x e y sono confrontabili. Inoltre $\bigcup C$ è l'estremo superiore di C. Infatti una catena in X che contenga ogni elemento di C deve necessariamente contenere $\bigcup C$. Il Teorema 18.3 dice allora che esiste una catena D in X che non possiede successori. Una tale catena deve essere necessariamente massimale. Se infatti esistesse una catena E che la contenesse strettamente, se vi fosse cioè un elemento $x \in E$ che non appartenesse a D, la catena $D \cup \{x\}$ sarebbe un successore di D.

Teorema 18.4 (Lemma di Zorn) *Ogni insieme ordinato, non vuoto e induttivo contiene elementi massimali.*

Dimostrazione Se X è ordinato, contiene una catena massimale C per il Teorema 18.2. Se X è induttivo, questa catena ha un maggiorante m. Se m non fosse un elemento massimale di X, esisterebbe $x \in X$ tale che $x > m$. Ma allora $C \cup \{x\}$ sarebbe una catena contenente strettamente C, contro la massimalità di quest'ultima. □

Teorema 18.5 (Principio del buon-ordinamento) *Ogni insieme può essere ben-ordinato.*

Dimostrazione Sia X un insieme non vuoto, e sia Z l'insieme delle coppie $a = (I_a, \leq_a)$, dove I_a è un sottoinsieme di X e $\leq_a$ è un buon ordinamento su I_a. Introduciamo un ordinamento su Z ponendo $a \leq b$ se $I_a \subset I_b$, la restrizione di $\leq_b$ ad I_a è $\leq_a$, e inoltre $x \leq_b y$ ogni volta che $x \in I_a$, $y \in I_b$ ma $y \notin I_a$. L'insieme Z non è vuoto, perché ogni insieme finito ammette un buon ordinamento. Mostriamo che Z è induttivo. Sia C una catena in Z. Poniamo $A = \bigcup_{a \in C} I_q$, e consideriamo gli ordinamenti $\leq_a$ come relazioni su A, cioè come sottoinsiemi di $A \times A$. Poniamo poi

$\leq_A = \bigcup_{a \in C} \leq_a$. È chiaro che $\leq_A$ è un ordinamento totale su A che, per ogni $a \in C$, induce l'ordinamento $\leq_a$ su I_a; mostriamo che è anche un buon ordinamento. Sia D un sottoinsieme non vuoto di A, e sia x un suo elemento. Allora esiste $a \in C$ tale che $x \in I_a$. Se y è un elemento di A che precede x, esiste $b \in C$ tale che $y \in I_b$. Se $b \leq a$, $y \in I_a$. Se invece $a \leq b$, deve comunque appartenere ad I_a altrimenti, per la definizione dell'ordinamento su Z, sarebbe un successore di x. Ora $I_a \cap D$ è un sottoinsieme di I_a, e quindi ha minimo. Per quanto si è appena osservato, questo minimo è un minimo anche per D. È ora chiaro che $(A, \leq_A)$ è l'estremo superiore di C. Dunque Z è induttivo, e quindi ammette un elemento massimale $(F, \leq_F)$. Se F fosse strettamente contenuto in X, cioè se vi fosse un elemento $x \in X$ non appartenente a F, potremmo estendere $\leq_F$ a un ordinamento di $F \cup \{x\}$ imponendo a x di seguire ogni elemento di F. Questo sarebbe un buon ordinamento su $F \cup \{x\}$, contro la massimalità di $(F, \leq_F)$. In conclusione, $\leq_F$ è un buon ordinamento su $X = F$. $\qquad\qquad\square$

Siamo ormai pronti per chiudere il cerchio. Se dimostriamo che il Teorema 18.5 implica l'Assioma della scelta locale, possiamo affermare che

(a) l'Assioma della scelta locale,
(b) il principio di massimalità di Hausdorff,
(c) il lemma di Zorn,
(d) il principio del buon ordinamento

sono fra loro equivalenti.

Teorema 18.6 *Il principio del buon ordinamento implica l'Assioma della scelta locale.*

Dimostrazione Sia $\mathcal{A}$ un insieme di insiemi non vuoti. Per l'Assioma dell'unione, $\bigcup \mathcal{A}$ è un insieme. Per ipotesi $\bigcup \mathcal{A}$ è ben-ordinato. La funzione c che ad ogni $A \in \mathcal{A}$ associa $c(A) = \min A \in A$ è una funzione di scelta per $\mathcal{A}$. $\qquad\square$

Osservazione 18.2 Principi equivalenti all'Assioma di scelta globale (o relazionale) sono documentati in letteratura. Per una discussione approfondita rimandiamo al classico volume [20]. A titolo di esempio, l'Assioma di scelta globale è equivalente al seguente enunciato: la classe U è ben-ordinabile. Questa proprietà implica che $U \sim 0$ sia ben-ordinabile, e dunque l'esistenza di una funzione di scelta c il cui dominio coincida con $U \sim 0$ segue immediatamente come nel Teorema 18.6. Come osservato nel manuale [16], l'Assioma di scelta globale è estremamente potente, ma per la quasi totalità degli scopi dell'Analisi Matematica è già sufficiente l'Assioma di scelta locale.

Capitolo 19
Insiemi equipotenti

Estratto Introduciamo in questo capitolo una teoria sintetica della cardinalità, che giustifica rigorosamente alcune considerazioni spesso presentate in modo intuitivo nei primi corsi di Analisi.

19.1 Numeri cardinali

Definizione 19.1 f è 1-1 se e solo se f e f^{-1} sono funzioni.

Osservazione 19.1 Una funzione f è pertanto 1-1 se e solo se per ogni x, y appartenenti al dominio di f, la condizione $f(x) = f(y)$ implica $x = y$.

Definizione 19.2 $x \approx y$ se e solo se esiste una funzione 1-1 f tale che dom $f = x$ e ran $f = y$. In tal caso diremo che x e y sono equipotenti.

Teorema 19.1 *Per ogni x, y, z, valgono le seguenti proprietà:*

(a) $x \approx x$,
(b) se $x \approx y$, allora $y \approx x$,
(c) se $x \approx y$ e $y \approx z$, allora $x \approx z$.

Dimostrazione Esercizio. □

Definizione 19.3 x è un numero cardinale se e solo se x è un numero ordinale e, se $y \in R$ e $y < x$, allora è falso che $x \approx y$.

Più concretamente, un numero cardinale è un numero ordinale che non sia equipotente ad alcun ordinale strettamente più piccolo.

Definizione 19.4 $C = \{x \mid x$ è un numero cardinale$\}$.

© The Author(s), under exclusive license to Springer Nature Switzerland AG 2026

S. Secchi, *Analisi Matematica*, La Matematica per il 3+2,
https://doi.org/10.1007/978-3-032-20804-0_19

Ricordando che E ben-ordina R, abbiamo immediatamente che

Teorema 19.2 E *ben-ordina C.*

A questo punto lo sviluppo rigoroso della teoria dei cardinali nell'ambito della teoria assiomatica degli insiemi prende una china alquanto ripida. In particolare, che cos'è la cardinalità di un insieme? La risposta è contenuta nella seguente

Definizione 19.5 $P = \{(x, y) \mid x \approx y \text{ e } y \in C\}$.

Con una costruzione che qui omettiamo, è possibile dimostrare che

Teorema 19.3 P *è una funzione,* dom $P = \bigcup e$ ran $P = C$.

In altri termini, per ogni insieme x è possibile definire la cardinalità di x come $P(x)$. Inoltre, ogni numero cardinale è la cardinalità di qualche insieme. In questa Appendice preferiamo proporre un approccio meno strutturato, che potremmo definire *ingenuo*. Come visto, la possibilità di assegnare ad ogni *insieme x* una cardinalità $P(x)$ passa necessariamente attraverso l'uso della *classe propria R* degli ordinali. Ancora una volta, la classe di tutti gli insiemi non è un insieme, e questo rende molto difficile *definire* la funzione P.

Con un approccio pragmatico, nel seguito ci occuperemo sostanzialmente delle proprietà degli insiemi equipotenti. Per noi, la cardinalità di un insieme sarà un *simbolo* — che indicheremo con card — di fatto indefinito. L'oggetto del nostro interesse non sarà il *valore* di card, ma lo studio delle conseguenze dell'uguaglianza

$$\text{card } x = \text{card } y.$$

19.2 Insiemi equipotenti

In questa sezione torniamo sugli argomenti introdotti nella Sezione 2.9, aggiungendo qualche dettaglio e proponendo alcune dimostrazioni differenti. Seguiremo da vicino la bellissima esposizione contenuta in [4].

Esempio 19.1 L'insieme **N** dei numeri interi è equipotente all'insieme

$$\mathbf{N}^+ = \{n \mid n \in \mathbf{N}, n \geq 1\}$$

nei numeri naturali non nulli. In effetti la funzione $f : n \mapsto n + 1$ è 1-1 da **N** su $\mathbf{N}^+$. Quindi

$$\text{card } \mathbf{N} = \text{card } \mathbf{N}^+.$$

Definizione 19.6 card $\mathbf{N} = \aleph_0$.

Ripetiamo che la Definizione 19.6 è per noi del tutto simbolica. La lettera $\aleph$ (si pronuncia più o meno *alef*) appartiene all'alfabeto ebraico, e non a caso ne è la prima lettera. Infatti nessun insieme infinito può avere cardinalità minore di $\aleph_0$.

Esempio 19.2 La funzione lineare affine

$$f : x \mapsto (b-a)x + a$$

è 1-1 da $[0,1]$ su $[a,b]$. Pertanto $\operatorname{card}[0,1] = \operatorname{card}[a,b]$ per ogni scelta dei numeri reali $a < b$. La stessa funzione mostra che

$$\operatorname{card}(0,1) = \operatorname{card}(a,b).$$

Infine, utilizzando la funzione

$$f : x \mapsto \frac{x}{1+|x|}$$

si vede che $\operatorname{card}(-1,1) = \operatorname{card}\mathbf{R}$.

Definizione 19.7 $\aleph = \operatorname{card}\mathbf{R}$. Diremo anche che $\aleph$ è la potenza del continuo.

Definizione 19.8 Se X e Y sono insiemi, scriveremo $\operatorname{card} X \leq \operatorname{card} Y$ se e solo se esiste una funzione 1-1 di dominio X a valori in Y.[1]

Osservazione 19.2 $\operatorname{card} X \leq \operatorname{card} Y$ se e solo se esiste $Y_0 \subset Y$ tale che $\operatorname{card} X = \operatorname{card} Y_0$.

Osservazione 19.3 è facile dimostrare, utilizzando opportunamente le composizioni di funzioni, che la relazione $\leq$ fra cardinalità dipende solo dalla cardinalità, e non già dalla particolare scelta di due insiemi X e Y rappresentativi. Più rigorosamente, supponiamo che

$$\operatorname{card} X = \operatorname{card} X', \quad \operatorname{card} Y = \operatorname{card} Y'.$$

Risulta $\operatorname{card} X \leq \operatorname{card} Y$ se e solo se $\operatorname{card} X' \leq \operatorname{card} Y'$.

Esempio 19.3 Per ogni X, se $A \subset X$ allora $\operatorname{card} A \leq \operatorname{card} X$. Infatti è sufficiente considerare l'inclusione

$$\iota : A \to X, \quad a \mapsto a.$$

---

[1] Lentamente stiamo tornando ad utilizzare un linguaggio meno rigido e più convenzionale. Qui avremmo dovuto parlare di una funzione f tale che f fosse 1-1, $\operatorname{dom} f = X$ e $\operatorname{ran} f \subset Y$. Ben pochi analisti utlizzano regolarmente un linguaggio così pesante.

Definizione 19.9   card $\emptyset = 0$.[2] L'insieme vuoto è un insieme finito. Un insieme non vuoto X è finito se e solo se esiste $n \in \mathbf{N}$ tale che card $X = \mathrm{card}\{1, \ldots, n\}$. Un insieme è infinito se e solo se non è finito.

Teorema 19.4   *Per ogni insieme X esiste una funzione s che assegna ad ogni sottoinsieme $A \neq X$ di X un elemento di $X \setminus A$.*

Dimostrazione   Sia c una funzione di scelta per l'insieme $2^X \setminus \{\emptyset\}$. È sufficiente definire

$$s(A) = c(X \setminus A)$$

per ogni $A \subset X$, $A \neq X$. $\square$

Esempio 19.4   Sia X un insieme infinito. Per il Teorema 19.4 esiste una funzione s che assegna ad ogni sottoinsieme proprio A di X un elemento di $X \setminus A$. Definiamo $\phi(1) = s(\emptyset)$, e supponiamo che ϕ sia definita e 1-1 sull'insieme $\{1, \ldots, n\}$. L'insieme $A_n = \phi(\{1, \ldots, n\})$ contiene esattamente n elementi, quindi $A_n \neq X$ ed è lecito definire $\phi(n + 1) = s(A_n)$. In questo modo è definita una funzione ϕ di dominio $\mathbf{N}$ che risulta 1-1 in X. In particolare

$$\aleph_0 \leq \mathrm{card}\, X.$$

Il precedente esempio può essere riassunto nel seguente

Teorema 19.5 $\aleph_0$ *è la più piccola cardinalità infinita.*

Inoltre l'argomento dell'Esempio 19.4 mostra che

Teorema 19.6   *Ogni insieme infinito ha la stessa cardinalità di un suo sottoinsieme proprio.*

Osservazione 19.4   Come spesso accade, i matematici faticano a trovare un accordo condiviso sulla scelta dei termini. Alcuni matematici affermano che X è numerabile quando card $X = \aleph_0$. Altri affermano che X è (al più) numerabile quando X è finito oppure ha la cardinalità di $\mathbf{N}$. Esistono ragioni condivisibili per entrambe le convenzioni, a seconda del contesto.

Teorema 19.7 (Cantor-Schröder-Bernstein)   *Se X e Y sono insiemi tali che* card $X \leq$ card Y *e* card $Y \leq$ card X, *allora* card $X =$ card Y.

---

[2] Torniamo ad utilizzare il simbolo $\emptyset$ per denotare l'insieme vuoto. Il simbolo astratto 0 sarebbe qui eccessivamente ambiguo, poiché esso denota già il numero naturale zero. Ovviamente sappiamo che il numero naturale 0 è esattamente l'insieme vuoto nel senso degli ordinali di von Neumann, ma sarebbe difficile mantenere questa sovrapposizione di simboli più a lungo.

Dimostrazione Per ipotesi esistono $X_1 \subset X$ e $Y_1 \subset Y$ tali che $X \approx Y_1$ e $Y \approx X_1$. Siano

$$f : X \to Y_1, \quad g : Y \to X_1$$

due funzioni 1-1 su Y_1 e su X_1, rispettivamente. Definiamo

$$X_2 = g(f(X)) = g(Y_1) \subset X_1$$

e

$$Y_2 = g(g(X)) = f(X_1) \subset Y_1.$$

Chiaramente $X_2 \subset X_1$ e $X_2 \approx X$, mentre $Y_2 \subset Y_1$ e $Y_2 \approx Y$. Per ogni $k \in \mathbf{N}$ definiamo $X_{k+2} \subset X$ come $g(f(X_k))$. Abbiamo così costruito una successione di insiemi

$$X \supset X_1 \supset X_2 \supset \cdots \supset X_k \supset X_{k+1} \supset \cdots$$

Poniamo

$$D = \bigcap \{X_k \mid k \geq 1\}.$$

Possiamo evidentemente scrivere

$$X = D \cup (X \setminus X_1) \cup (X_1 \setminus X_2) \cup \cdots \cup (X_k \setminus X_{k+1}) \cup \cdots ,$$

sicché X è unione disgiunta dei sottoinsiemi a secondo membro. È anche chiaro che

$$X_1 = D \cup (X_1 \setminus X_2) \cup \cdots \cup (X_k \setminus X_{k+1}) \cup \cdots .$$

Poniamo infine

$$M = (X_1 \setminus X_2) \cup \cdots \cup (X_k \setminus X_{k+1}) \cup \cdots$$
$$N = (X \setminus X_1) \cup (X_1 \setminus X_2) \cup \cdots \cup (X_k \setminus X_{k+1}) \cup \cdots$$
$$N_1 = (X_2 \setminus X_3) \cup \cdots \cup (X_k \setminus X_{k+1}) \cup \cdots$$

Con queste notazioni,

$$X = D \cup M \cup N$$
$$X_1 = D \cup M \cup N_1.$$

Ora, $g(f(X \setminus X_1)) = X_2 \setminus X_1$, quindi $X \setminus X_1$ è equipotente a $X_2 \setminus X_3$. Per lo stesso motivo, $g(f(X_2 \setminus X_3)) = X_4 \setminus X_5$ e $X_2 \setminus X_3$ è equipotente a $X_4 \setminus X_5$. Questo argomento può essere iterato, fino a dimostrare che $N \approx N_1$. Quindi $X \approx X_1$. Ricordando che $X_1 \approx Y$ otteniamo finalmente che $X \approx Y$. $\qquad\square$

Osservazione 19.5 Una dimostrazione molto elegante del Teorema 19.7 è proposta in [13]. Apparsa precedentemente in [3] e successivamente riproposta in [11], essa si basa su una costruzione suggestiva che può essere letta anche in [22]. Di seguito ne sviluppiamo i passaggi essenziali mettendo in luce il carattere *induttivo*, fondato cioè su un procedimento indicizzato da numeri naturali. Siano $f: X \to Y$ e $g: Y \to X$ due funzioni iniettive. Se X e Y sono insiemi finiti, il risultato è evidente e può essere stabilito direttamente usando le cardinalità finite di X e Y. In questo caso particolare, f e g sono esse stesse biezioni (inizialmente solo supposte iniettive).

Supponiamo quindi X e Y infiniti. Se g è già biettiva, non c'è nulla da dimostrare. Poniamo allora

$$X_0 = X \setminus g(Y).$$

L'insieme X_0 è non vuoto, al pari dei seguenti insiemi:

$$X_1 = g(f(X_0)), \quad X_2 = g(f(X_1)), \quad X_{i+1} = g(f(X_i)).$$

Definiamo

$$X_\infty = \bigcup_{i=0}^{\infty} X_i, \quad X' = X \setminus X_\infty.$$

Si ha $X_0 \subset X_\infty$, quindi $X' \subset g(Y)$. Inoltre

$$g(f(X_\infty)) = \bigcup_{i=1}^{\infty} g(f(X_i)) = \bigcup_{i=1}^{\infty} X_{i+1} \subset X_\infty.$$

Definiamo l'applicazione $\varphi: X \to Y$ nel modo seguente:

- se $x \in X'$, allora $\varphi(x) = g^{-1}(x)$ (questo è possibile perché $X' \subset g(Y)$ e g è iniettiva),
- se $x \in X_\infty$, allora $\varphi(x) = f(x)$.

Quindi $\varphi(X') = g^{-1}(X')$ e $\varphi(X_\infty) = f(X_\infty)$.

Affermazione 1: $\varphi(X_\infty) \cap \varphi(X') = \emptyset$. Supponiamo infatti che $y \in \varphi(X_\infty) \cap \varphi(X')$. Allora $y = g^{-1}(x')$ con $x' \in X'$, quindi $g(y) = x' \in X'$. Ma anche $y = f(x)$ con $x \in X_\infty$, quindi $g(y) = g(f(x)) \in X_\infty$. Contraddizione poiché X_∞ e X' sono disgiunti.

Affermazione 2: φ è iniettiva. Occorre partire da $\varphi(x) = \varphi(x')$ e dedurre che $x = x'$. Bisogna distinguere i possibili casi di appartenenza delle due variabili x e x'; poiché tali variabili appaiono in modo simmetrico, è sufficiente trattare i casi in cui (i) sia x che x' appartengono a X', (ii) sia x che x' appartengono a X_∞, e (iii) $x \in X_\infty$ e $x' \in X'$. L'ipotesi di iniettività di f e g permettono in tutti i casi di concludere che solo la condizione $x = x'$ risulta possibile.

Affermazione 3: φ è suriettiva. Sia $y \in Y$. Allora $g(y) \in X_\infty$ oppure $g(y) \in X'$. Nel primo caso, esiste $x \in X_\infty$ tale che $y = f(x) = \varphi(x)$. Nel secondo, esiste $x' \in X'$ tale che $y = g^{-1}(x') = \varphi(x')$. Dunque φ è suriettiva.

Abbiamo così dimostrato che φ è una biezione da X su Y. È interessante notare che, invertendo i ruoli di A e B, si può porre:

$$Y_0 = B \setminus f(A), \quad Y_{i+1} = f(g(Y_i)).$$

Poi $Y_\infty = \bigcup_{i=1}^\infty Y_i$ e $Y' = B \setminus Y$. Si ottiene quindi nello stesso modo una funzione iniettiva e suriettiva reciproca di φ.

Esempio 19.5   Consideriamo due numeri reali $a < b$. L'intervallo aperto (a, b) è ovviamente contenuto nell'intervallo chiuso $[a, b]$. Viceversa, se $a' < a$ e $b < b'$, allora $[a, b] \subset (a', b')$. Ne segue che $\mathrm{card}(a, b) \leq \mathrm{card}[a, b]$, e $\mathrm{card}[a, b] \leq \mathrm{card}(a', b')$. Ora, sappiamo che $\mathrm{card}(a, b) = \mathrm{card}(a', b')$ (Esempio 19.2). Possiamo allora applicare il Teorema 19.7 e concludere che $\mathrm{card}[a, b] = \mathrm{card}(a, b)$. È anche interessante osservare che una corrispondenza biunivoca tra l'intervallo aperto (a, b) e quello chiuso $[a, b]$ non è particolarmente intuitiva: è infatti indispensabile prescindere dalla continuità, giacché $[a, b]$ è un intervallo compatto, mentre (a, b) non lo è.

Teorema 19.8 *Per ogni coppia di cardinali c e d, accade che $c \leq d$ oppure $d \leq c$.*

Dimostrazione   Siano X ed Y due insiemi tali che $\mathrm{card}\, X = c$ e $\mathrm{card}\, Y = d$. Chiamiamo Z l'insieme di tutte le funzioni 1-1 fra sottoinsiemi di X e di Y.[3] Introduciamo una relazione d'ordine su Z nel seguente modo: $f \leq g$ se e solo se $f \subset g$.[4] Se $\mathcal{K}$ è un sottoinsieme totalmente ordinato di Z, allora $\bigcup \mathcal{K}$ è un elemento di Z ed è un maggiorante di $\mathcal{K}$. Il Lemma di Zorn garantisce l'esistenza di un elemento massimale $\Phi_0 \in Z$. Ricordiamo che Φ_0 è una funzione 1-1 con dominio — diciamo — A e con range B. Se $X \setminus A \neq \emptyset$ e $Y \setminus B \neq \emptyset$, possiamo scegliere elementi $x_0 \in X \setminus A$ e $y_0 \in Y \setminus B$ ed estendere Φ_0 ad una funzione Φ_1 mediante la posizione

$$\Phi_1(x) = \begin{cases} \Phi_0(x), & \text{se } x \in A \\ y_0, & \text{se } x = x_0. \end{cases}$$

è evidente che $\Phi_1 \in Z$, contro la massimalità di Φ_0. Pertanto $A = X$ oppure $B = Y$, e la tesi segue immediatamente. $\square$

Il Teorema 19.8 mostra che la relazione di confronto tra cardinalità è totale. Il seguente risultato dimostra che, data una cardinalità qualsiasi, esiste una cardinalità strettamente maggiore.

---

[3] Un elemento di Z è una funzione 1-1 il cui dominio sia un sottoinsieme di X e il cui rango sia una sottoinsieme di Y.

[4] Poiché f e g sono relazioni, $f \subset g$ significa che $\mathrm{dom}\, f \subset \mathrm{dom}\, g$ e che $f = g$ su $\mathrm{dom}\, f$.

Teorema 19.9 (Cantor) *Per ogni insieme X, card X < card 2^X.*

Dimostrazione La funzione che ad ogni $x \in X$ associa $\{x\} \in 2^X$ è 1-1. Quindi card $X \leq$ card 2^X. Resta da mostrare che le due cardinalità non possono essere uguali. Ragioniamo per assurdo, supponendo l'esistenza di una funzione $\phi\colon X \to 2^X$ iniettiva e suriettiva. Sia

$$A = \{x \in X \mid x \notin \phi(x)\}.$$

Per ipotesi esiste ed è unico $x_0 \in X$ tale che $A = \phi(x_0)$. Se $x_0 \in A$, allora $x_0 \in \phi(x_0)$, contro la definizione di A. Se $x_0 \in X \setminus A$, allora $x_0 \notin \phi(x_0)$, e dunque $x_0 \in A$. Questa contraddizione dimostra che una siffatta ϕ non può esistere. Quindi card X < card 2^X. $\qquad\qquad\square$

Esempio 19.6 Se X contiene esattamente n elementi, è un esercizio di calcolo combinatorico dimostrare che 2^X contiene esattamente 2^n elementi.[5] Il Teorema trova conferma in questo esempio elementare.

Veniamo, infine, alla cosiddetta *aritmetica* dei numeri cardinali.

Definizione 19.10 Siano c e d numeri cardinali, e siano X e Y insiemi tali che $c =$ card X e $d =$ card Y. Definiamo il prodotto

$$c\,d = \mathrm{card}(X \times Y).$$

Se X e Y sono disgiunti, definiamo la somma

$$c + d = \mathrm{card}(X \cup Y).$$

Osservazione 19.6 È invero sempre possibile *scegliere* rappresentanti X e Y disgiunti per le cardinalità c e d della Definizione 19.10. In effetti è sufficiente sostituire X con $X \times \{1\}$ e Y con $Y \times \{2\}$. Evidentemente questa sostituzione non modifica le cardinalità. Più in generale, sia C un insieme di insiemi qualunque. Per ogni $E \in C$ scriviamo $E' = E \times \{E\}$. La funzione $x \mapsto (x, E)$ è allora 1-1 da E in E', e l'insieme C' di tutti gli insiemi E' ottenuti al variare di $E \in C$ è composta di insiemi a due a due disgiunti. Nel caso concreto di nostro interesse, possiamo sostituire a X e Y rispettivamente $X \times \{X\}$ e $Y \times \{Y\}$. Questi insiemi sono ovviamente disgiunti non appena $X \neq Y$.

---

[5] Non è casuale che $2^n = (1 + 1)^n = \sum_{k=0}^{n} \binom{n}{k}$: a parte l'insieme vuoto che ha cardinalità zero, prima si contano i sottoinsiemi di cardinalità 1, poi quelli di cardinalità 2, e così via fino ai sottoinsiemi di cardinalità $n - 1$. L'unico sottoinsieme di cardinalità n è ovviamente X stesso.

Esempio 19.7

1. $c + 0 = 0 + c = c$ e $c1 = 1c = c$ per ogni cardinalità c.
2. $\aleph_0 + 1 = \aleph_0$. Questa affermazione è l'Esempio 19.1. È poi facile procedere per induzione e verificare che $\aleph_0 + n = n + \aleph_0 = \aleph_0$ per ogni $n \in \mathbf{N}$.
3. La funzione $n \mapsto 2n$ è 1-1 da $\mathbf{N}$ sul sottoinsieme dei numeri naturali pari. La funzione $n \mapsto 2n - 1$ è 1-1 da $\mathbf{N}$ sul sottoinsieme dei numeri naturali dispari. Poiché $\mathbf{N}$ è l'unione disgiunta dei numeri pari e dei numeri dispari, vediamo che $\aleph_0 + \aleph_0 = \aleph_0$.
4. $\operatorname{card} \mathbf{Z} = \aleph_0 + \aleph_0$, dal momento che i numeri interi relativi si spezzano nell'unione disgiunta dei numeri naturali e dei numeri interi strettamente negativi, e banalmente $n \mapsto -n$ è biunivoca tra l'insieme dei naturali non nulli e l'insieme dei numeri interi strettamente negativi. Quindi $\operatorname{card} \mathbf{Z} = \aleph_0$.

Teorema 19.10 $\aleph_0 \aleph_0 = \aleph_0$.

Dimostrazione Definiamo $p \colon \mathbf{N} \times \mathbf{N} \to \mathbf{N}$ mediante la posizione

$$p(m,n) = \frac{(m + n - 1)(m + n - 2)}{2} + m.$$

La verifica che p sia 1-1 su $\mathbf{N}$ è lasciata per esercizio. $\square$

Capitolo 20
Il teorema fondamentale dell'algebra

La motivazione più forte che ha condotto i matematici ad *ampliare* il campo ordinato $\mathbf{R}$ dei numeri reali è certamente l'impossibilità di risolvere alcune semplici equazioni. Come visto, l'equazione algebrica

$$x^2 + 1 = 0$$

non può avere soluzioni reali x, giacché $x^2 + 1 \geq 1 > 0$ per ogni x reale. In questa appendice scopriremo che il campo (non ordinato) dei numeri complessi $\mathbf{C}$ è la struttura algebrica ottimale per risolvere qualunque equazione algebrica.

Definizione 20.1 Una funzione $p \colon \mathbf{C} \to \mathbf{C}$ si chiama polinomio complesso se esistono $n \in \mathbf{N}$ e numeri complessi $a_0, a_1, \ldots, a_n$ tali che

$$p(z) = a_0 + a_1 z + \cdots + a_n z^n \quad \text{per ogni } z \in \mathbf{C}.$$

Se $a_n \neq 0$, il numero naturale n è il grado del polinomio p.

Osservazione 20.1 I polinomi di grado zero sono le funzioni costanti. Per svariate ragioni non è opportuno escludere questo caso molto banale dalla famiglia di tutti i polinomi.

Osservazione 20.2 In alcune applicazioni, è conveniente *centrare* un polinomio in un numero complesso assegnato z_0, cioè scriverlo nella forma alternativa

$$b_0 + b_1(z - z_0) + \cdots + b_n(z - z_0)^n.$$

Non è difficile convincersi che *ogni* polinomio può essere rappresentato in questo modo, ci limitiamo qui a dare un algoritmo. Supponiamo che

$$p(z) = a_0 + a_1 z + \cdots + a_n z^n$$

© The Author(s), under exclusive license to Springer Nature Switzerland AG 2026

S. Secchi, *Analisi Matematica*, La Matematica per il 3+2,

https://doi.org/10.1007/978-3-032-20804-0_20

sia un polinomio a coefficienti complessi. Cerchiamo coefficienti complessi $b_0, b_1, \ldots, b_n$ tali che

$$p(z) = b_0 + b_1(z - z_0) + \cdots + b_n(z - z_0)^n.$$

Ovviamente $b_0 = p(z_0)$, come si vede per sostituzione diretta. In maniera formale,

$$p'(z) = b_1 + 2b_2(z - z_0) + \cdots + nb_n(z - z_0)^{n-1}.$$

Quindi $b_1 = p'(z_0)$. Similmente $2b_2 = p''(z_0)$, cioè $b_2 = \frac{1}{2}p''(z_0)$, $b_3 = \frac{1}{3!}p'''(z_0)$, e in generale

$$b_k = \frac{1}{k!}p^{(k)}(z_0), \quad k = 1, 2, \ldots, n. \tag{20.1}$$

La formula (20.1) mostra come rappresentare un qualunque polinomio p centrato in un assegnato punto z_0. Il lettore scettico può sostituire l'uso un po' leggero delle derivate con il seguente argomento ricorsivo. Supponendo di aver determinato $b_0, \ldots, b_k$, si osservi che

$$p(z) - b_0 - b_1(z - z_0) - \cdots - b_k(z - z_0)^k = b_{k+1}(z - z_0)^{k+1} + \cdots + b_n(z - z_0)^n,$$

quindi

$$b_{k+1} = \lim_{z \to z_0} \frac{p(z) - b_0 - b_1(z - z_0) - \cdots - b_k(z - z_0)^k}{(z - z_0)^{k+1}}.$$

Per induzione (finita), la sequenza dei coefficienti $b_0, \ldots, b_n$ è univocamente determinata.

Definizione 20.2 Un numero $z \in \mathbf{C}$ si chiama radice del polinomio complesso p se

$$p(z) = 0.$$

Osservazione 20.3 Un'equazione del tipo $p(z) = 0$ nell'incognita $z \in \mathbf{C}$ si chiama equazione algebrica. Se il grado del polinomio è zero, evidentemente l'equazione $p(z) = 0$ è priva di soluzioni, dal momento che $a_0 \neq 0$.

Osserviamo che se i coefficienti a_i di un polinomio complesso p sono in realtà numeri reali, la restrizione di p all'asse reale induce un polinomio reale. Quindi i polinomi reali e le equazioni algebriche reali sono casi particolari dei corrispondenti oggetti complessi. Il passaggio dal campo reale al campo complesso introduce però una profonda differenza: ogni equazioni algebrica possiede almeno una soluzione *complessa*. Questo profondo risultato, che enunceremo tra poco, non sussiste nel campo reale. Ad esempio l'equazione algebrica *reale* $x^2 + 1 = 0$ non possiede alcuna soluzione $x \in \mathbf{R}$.

Teorema 20.1 (Teorema fondamentale dell'algebra)   *Ogni polinomio in* **C** *di grado maggiore o uguale ad uno ha almeno una radice complessa.*

Dimostrazione   La dimostrazione segue, con minime modifiche, quella di [9]. Sia $p \colon \mathbf{C} \to \mathbf{C}$ un polinomio complesso di grado n, diciamo

$$p(z) = a_0 + a_1 z + \cdots + a_n z^n,$$

e supponiamo che $a_n \neq 0$. Suddividiamo la dimostrazione del teorema in due passi.

Passo 1. Esiste $z_0 \in \mathbf{C}$ tale che $|p(z_0)| \leq |p(z)|$ per ogni $z \in \mathbf{C}$.

Infatti,

$$\lim_{|z| \to +\infty} \left| a_n + \frac{a_{n-1}}{z} + \cdots + \frac{a_0}{z^n} \right| = |a_n| \neq 0.$$

Quindi $\lim_{|z| \to +\infty} |p(z)| = +\infty$. Scegliamo $R > 0$ tale che $|p(z)| > |a_0|$ per ogni $z \in \mathbf{C}$ tale che $|z| > R$. L'insieme

$$K = \{ z \mid z \in \mathbf{C}, \ |z| \leq R \}$$

è compatto e la funzione polinomiale p è continua, esiste $z_0 \in K$ tale che

$$|p(z_0)| \leq |p(z)| \quad \text{per ogni } z \in K. \tag{20.2}$$

In particolare, $|p(z_0)| \leq |p(0)| = |a_0|$. Ricordando (20.2) concludiamo che $|p(z_0)| \leq |p(z)|$ per ogni $z \in \mathbf{C}$, e il primo passo è dimostrato.

Passo 2. Se $p(z_1) \neq 0$ per qualche $z_1 \in \mathbf{C}$, allora esiste $w \in \mathbf{C}$ tale che $|p(w)| < |p(z_1)|$.

In virtù dell'Osservazione 20.2, cominciamo a riscrivere il polinomio nella forma

$$p(z) = b_0 + b_1(z - z_1) + \cdots + b_n(z - z_1)^n$$

per opportuni coefficienti complessi b_i. Ovviamente $b_n \neq 0$, perché $a_n \neq 0$. Per ipotesi $b_0 = p(z_1) \neq 0$. Sia q il più piccolo intero positivo minore o uguale a n tale che $b_q \neq 0$. Fissiamo un numero complesso α tale che

$$b_q \alpha^q = -b_0,$$

e poniamo

$$w = z_1 + t\alpha, \quad 0 < t < 1.$$

Se $q = n$, abbiamo

$$\begin{aligned}
|p(w)| &= \left|b_0 + b_q t^q w^q\right| = \left|b_0 - b_0 t^q\right| = |b_0|(1 - t^q) \\
&= |b_0| - t^q |b_0| < |b_0|.
\end{aligned}$$

Osservando che $b_0 = p(z_1)$, in questo caso l'affermazione del Passo 2 è dimostrata. Se invece $q < n$, abbiamo

$$\begin{aligned}
|p(w)| &= \left|b_0 + b_q t^q w^q + b_{q+1} t^{q+1} w^{q+1} + \cdots + b_n t^n w^n\right| \\
&= \left|b_0 - b_0 t^q + b_{q+1} t^{q+1} w^{q+1} + \cdots + b_n t^n w^n\right| \\
&\leq |b_0|(1 - t^q) + M t^{q+1},
\end{aligned}$$

avendo posto $M = |b_{q+1} w^{q+1}| + \cdots + |b_n w^n|$. Se scegliamo $t > 0$ tale che

$$t < \min\left\{1, \frac{M}{|b_0|}\right\},$$

vediamo che $|p(w)| < |b_0| = |p(z_1)|$. Anche in questo caso l'affermazione del Passo 2 è dimostrata.

Conclusione. Come nel Passo 1, scegliamo z_0 tale che $|p(z_0)| \leq |p(z)|$ per ogni $z \in \mathbf{C}$. Se fosse $p(z_0) \neq 0$, per il Passo 2 esisterebbe w tale che $|p(w)| < |p(z_0)|$, in palese contraddizione con la precedente disuguaglianza. Quindi $p(z_0) = 0$, e la dimostrazione è conclusa. $\qquad\square$

Osservazione 20.4 Inutile dire che il Teorema Fondamentale dell'Algebra non è un risultato computazionale: la risolvibilità di qualunque equazione algebrica complessa non significa che esista una *formula* per determinare tale soluzioni. Anzi, è ben noto che non esiste una formula generale per determinare le soluzioni di equazioni algebriche di grado pari o superiore a cinque.

Riferimenti bibliografici

1. Apostol, T.M.: Mathematical analysis, 2^a ed. World student series edition. Addison-Wesley, Reading, MA (1974)
2. Bacciotti, A., Ricci, F.: Analisi matematica I, 2^a ed. Liguori editore (1995)
3. Birkhoff, G., MacLane, S.: A survey of modern algebra. The Macmillan Company, New York (1941)
4. Brown, A., Pearcy, C.: An introduction to analysis. Graduate texts in mathematics, vol. 154. Springer, New York (1995). https://doi.org/10.1007/978-1-4612-0787-0
5. Checcucci, V., Tognoli, A., Vesentini, E.: Lezioni di topologia generale. Collana di matematica. Feltrinelli (1976)
6. Conti, F.: Calcolo. Teoria e applicazioni. Serie di matematica. McGraw-Hill (1993)
7. Dieudonné, J.: Foundations of modern analysis. Pure and applied mathematics, vol. 10. Academic Press, New York, NY (1960)
8. Dubreil, P., Dubreil-Jacotin, M.L.: Leçons d'algèbre moderne, 2^a ed. Collection universitaire de mathématiques. Dunod, Paris (1964)
9. Fefferman, C.: An easy proof of the fundamental theorem of algebra. The American Mathematical Monthly **74**(7), 854–855 (1967)
10. Giusti, E.: Analisi matematica 1. Bollati Boringhieri (1988)
11. Halmos, P.R.: Naive set theory. Dover, Mineola, NY (2017). Reprint of the 1960 original published by Van Nostrand
12. Hardy, G.H.: A course of pure mathematics. Dover, Mineola, NY (2018). Reprint of the 3rd edition published 1921 by Cambridge University Press
13. Kelley, J.L.: General topology. The university series in higher mathematics. D. van Nostrand, New York (1955)
14. Kelley, J.L.: Algebra. A modern introduction. The university series in undergraduate mathematics. D. Van Nostrand, Princeton, NJ, Toronto, New York, London (1965). With the assistance of Roy Dubisch, Scott Taylor and Jamesine Friend
15. Knopp, K.: Theorie und Anwendung der unendlichen Reihen, 6^a ed. Springer, Berlin (1996). https://eudml.org/doc/203202
16. Monk, D.J.: Introduction to set theory. McGraw-Hill, New York, London, Sydney (1969)
17. Morse, A.P.: A theory of sets, 2^a ed. Pure and applied mathematics, vol. 108. Academic Press, Orlando, FL (1986). With a foreword by Trevor J. McMinn
18. Prodi, G.: Analisi matematica. Bollati Boringhieri (1970)
19. Pugh, C.C.: Real mathematical analysis, 2^a ed. Undergraduate texts in mathematics. Springer, Cham (2015). https://doi.org/10.1007/978-3-319-17771-7
20. Rubin, H., Rubin, J.E.: Equivalents of the axiom of choice, 2^a ed. Studies in logic and the foundations of mathematics, vol. 116. Elsevier, Amsterdam (1985)

S. Secchi, *Analisi Matematica*, La Matematica per il 3+2,
https://doi.org/10.1007/978-3-032-20804-0

21. Rudin, W.: Principles of mathematical analysis, 3ᵃ ed. international series in pure and applied mathematics. McGraw-Hill, Düsseldorf (1976)
22. Secchi, S.: A circle-line study of mathematical analysis. Unitext, vol. 141. Springer, Cham (2022). https://doi.org/10.1007/978-3-031-19738-3
23. Willard, S: General topology. Addison-Wesley (1970)

Indice analitico

V

Valore principale secondo Cauchy, 358

W
Wallis
    Formula di, 349